LSD UND DAS BEWUSSTSEIN DES UNIVERSUMS

—

Christopher M. Bache, Ph.D.

LSD
UND DAS BEWUSSTSEIN DES UNIVERSUMS

Christopher M. Bache, Ph.D.

NACHTSCHATTEN VERLAG

»Chris Bache ist ein unerschrockener Psychonaut, dessen 20-jährige Odyssee eine außergewöhnliche Ernte leuchtender Einsichten in die tiefere Struktur der Realität und die zugrunde liegende Dynamik der menschlichen Existenz erbracht hat. Bereite dich darauf vor, erstaunt, erregt, geläutert, erschüttert, erleuchtet und wiedergeboren zu werden, indem du zum Kern dieser verblüffenden Offenbarung für unsere Zeit vordringst.

David Lorimer, Programmdirektor am Scientific and Medical Network

»Dieses höchst bemerkenswerte Buch verbindet die kritische Argumentation der Religionsphilosophie mit den Offenbarungen des Geistes, die sich aus dem direkten gnostischen Zugang zu einigen der tiefsten Strukturen des Universums ergeben. Die Tatsache, dass diese unmöglichen Offenbarungen durch eine höchst bemerkenswerte wissenschaftliche Entdeckung, LSD, ermöglicht wurden, die heute kriminalisiert ist, verstärkt nur noch die Kraft von Chris' bemerkenswerter Enthüllung darüber, wer und was wir wirklich sind.«

Jeffrey J. Kripal, Hält den J. Newton Rayzor Chair in Philosophy and Religious Thought an der Rice University

»Wir haben umfangreiche historische, kulturübergreifende und experimentelle Belege dafür, dass Psychedelika einen erheblichen therapeutischen und religiösen Nutzen haben können. Jetzt haben wir eine neue Art von Daten: die sorgfältigen Überlegungen eines bedeutenden Philosophen und Theologen über seine eigenen intensiven und systematischen psychedelischen Erkundungen der ferneren Bereiche menschlicher Erfahrung.«

Roger N. Walsh, MD, PhD, professor für Psychiatry and Human Behaviour an der University of California Irvine

»Chris Bache ist in weitgehend unbekannte Gefilde gereist, um die weiten Bereiche psychedelischer Erfahrungen zu erforschen, und hat hart erkämpfte Einsichten in unsere Welt und unseren historischen Augenblick mitgebracht. Seine Memoiren werden für künftige Generationen ein Leitfaden sein. Dies ist ein Juwel von einem Buch.«

Duane Elgin, Autor von *The Living Universe*

IMPRESSUM

—

Christopher M. Bache
LSD und das Bewusstsein des Universums
Diamanten des Himmels

Nachtschatten Verlag AG
Kronengasse 11
CH - 4500 Solothurn
www.nachtschatten.ch
info@nachtschatten.ch

Die Originalausgabe dieses Buches ist unter dem Titel
LSD and the mind of the universe – Diamonds from Heaven
bei Inner Traditions, Rochester, Vermont erschienen.

Der Nachtschatten Verlag wird vom Bundesamt für Kultur mit einem Strukturbeitrag für die Jahre 2026 bis 2028 unterstützt.

Übersetzung: Beate Damasky
Lektorat/Korrektorat: Beate Damasky, Agnes Karl, Markus Berger
Grafik/Layout: Quadraat.ch | Raphaël Picard
Umschlaggestaltung: Nina Seiler

Druck: Printed in EU
ISBN: 978-3-03788-713-4

Auslieferung EU:
Agorando Technologies GmbH
An der Südspitze 1–12
D-04571 Rötha
info@agorando.com

Dieses Buch ist folgenden Personen gewidmet
Stanislav Grof
und
Christina Hardy

Ohne Stan wäre ich diese Reise nicht angetreten,
ohne Christina wäre dieses Buch nicht geschrieben.

INHALT

Entfremdung von der Natur und der Verlust der Erfahrung, Teil der lebendigen Schöpfung zu sein, ist die größte Tragödie unseres materialistischen Zeitalters. Sie ist der ursächliche Grund für die ökologische Verwüstung und den Klimawandel. Deshalb messe ich dem Bewusstseinswandel allerhöchste Bedeutung bei. Ich betrachte Psychedelika als Katalysatoren dafür. Sie sind Werkzeuge, die unsere Wahrnehmung in tiefere Bereiche unserer menschlichen Existenz lenken, sodass wir uns unserer spirituellen Essenz wieder bewusst werden.

Albert Hofmann
19. April 2007

DANKSAGUNGEN

Dieses Buch zu schreiben, war in vielerlei Hinsicht eine Herausforderung, und ich möchte einem Kreis von Freunden, die mir bei seiner Entstehung geholfen haben, meinen tiefsten Dank aussprechen. Jeder von ihnen brachte eine einzigartige Sensibilität in das frühe Manuskript ein, und ihre vielen Vorschläge verbesserten die Erzählung erheblich. Auf einer tieferen Ebene haben ihre Liebe und Unterstützung meine Hoffnung gestärkt, dass diese Geschichte für andere nützlich sein könnte. Mein herzlicher Dank gilt Manuel Aicher, Anne Baring, Jessica und Travis DiRuzza, Duane und Coleen Elgin, Roger und Brenda Gibson, Bob Lyman und Kaia Svien, Amey Park, Janis Phelps, Richard Welker und Tom Zinzer. Ich möchte auch Jorge Ferrer, Ralph Metzner und Richard Tarnas für ihr sehr hilfreiches Feedback zum Manuskript danken. Ein besonderer Dank geht an Bill Roepke, mit dem ich viele Tage damit verbracht habe, diese Kapitel durchzugehen und die darin enthaltenen Erfahrungen zu diskutieren. Ich möchte auch dem Redaktionsteam von Inner Traditions für seine enorme Unterstützung und Hilfe bei der Verbesserung dieses Buches danken.

Ich verdanke Stanislav Grof mehr, als ich ausdrücken kann. Ohne die Klarheit seiner Gelehrsamkeit und die Kraft seines persönlichen Beispiels hätte ich diese Reise nicht angetreten oder den Mut gehabt, ihr zu folgen, wohin sie führte. Ich werde für immer in seiner Schuld stehen.

Schließlich möchte ich meiner Frau und Partnerin, Christina Hardy, danken, die so fest an mich und an diese Arbeit geglaubt hat. Sie war meine Lebensgefährtin auf dem langen Weg hinauf auf den psychedelischen Berg. Ohne sie hätte ich dies nicht tun können.

VORWORT

Ervin László

Als der Autor dieses bemerkenswerten Buches an mich herantrat, um ein Vorwort zu schreiben, habe ich, da ich seine früheren Arbeiten kenne, gerne zugesagt. Nachdem ich nun das Manuskript gelesen habe, bereue ich meine Entscheidung nicht. Ich fühle mich gezwungen, ein echtes »Vor-Wort« zu verfassen – keine lange Abhandlung, sondern ein paar Worte. Mehr ist nicht nötig, denn die auf diesen Seiten enthaltenen Informationen stehen für sich selbst. Sie müssen aufgenommen und absorbiert, nicht erklärt werden. In Anbetracht der Kontroverse um die Verwendung von Psychedelika zur Gewinnung von Informationen über die reale Welt bedürfen die intellektuellen Bedingungen, unter denen dieses Buch geschrieben wurde, jedoch einer kurzen Einführung. Dieses Vorwort ist dieser Aufgabe gewidmet.

Dies ist eines der aufschlussreichsten und bedeutendsten Bücher, die ich je gelesen habe. Aber um seine Bedeutung zu verstehen und seiner Botschaft beizupflichten, muss man bereit sein, drei Voraussetzungen zu akzeptieren:

Dass es eine Intelligenz hinter den Dingen gibt, die im Universum existieren.
Dass diese Intelligenz einen Zweck verfolgt.
Und dass es für die Menschheit möglich ist, auf einige Elemente dieser Intelligenz zuzugreifen und einige Aspekte ihrer Absicht zu erfahren.

Über diese Prämissen wird seit Jahrtausenden diskutiert, wobei die Debatten in der Regel auf den Bereich der Theologie und der Spiritualität beschränkt waren. Heute können sie jedoch im Kontext des neuen Paradigmas, das sich in der Wissenschaft abzeichnet, zur Sprache gebracht werden. Wenn sie in diesem Kontext angesprochen und erörtert werden, verlieren die üblichen Einwände gegen die Verwendung von Psychedelika zur Erlangung gültiger Erkenntnisse über das Universum ihre Stichhaltigkeit. Wenn wir dieser sich abzeichnenden Beweislage aufgeschlossen gegenüberstehen, erkennen wir, wie Bache sagt, dass unser Geist ein Fenster zum Universum ist, und durch dieses Fenster erhalten wir Informationen nicht nur über physikalische Objekte und Prozesse, sondern auch über die dahinter liegende Wirkung und den Zweck dieser Wirkung.

Unser Fenster zum Universum ist kein schmaler Schlitz, durch den nur physikalische Informationen eindringen können, wie die Mainstream-Wissenschaft behauptet. Unter den richtigen Bedingungen öffnet sich unser Fenster für holographisch komplette Informationen, die der Intelligenz entstammen, die das Universum durchdringt. In seinem normalen Zustand ist unser Gehirn nicht in der Lage, alle oder auch nur die meisten dieser Informationen zu entschlüsseln; es ist darauf ausgelegt, nur die Aspekte und Segmente zu entschlüsseln, die für unser unmittelbares Leben notwendig oder nützlich sind. Unter bestimmten Bedingungen können die Aufnahmefähigkeit des Gehirns jedoch erhöht und diese Aspekte und Segmente erweitert werden. Es gibt viele Möglichkeiten, dies zu tun, und es ist unerheblich, welche Mittel gewählt werden, solange sie wirksam sind und weder dem Gehirn noch dem übrigen Organismus oder dem Gewebe des Lebens, in das das Gehirn und der Organismus eingebettet sind, schaden. Unter den verschiedenen Methoden zur Erweiterung unseres Bewusstseinsfeldes, wie dem Holotropen Atmen, der Meditation und dem Trancetanz, zeigt Bache, dass Psychedelika eine besonders kraftvolle Methode sind, wenn sie auf sichere und therapeutisch strukturierte Weise eingesetzt werden.

Natürlich müssen wir gültige und echte Informationen von irreführenden und illusorischen unterscheiden. Unter dem Einfluss von Psychedelika erhalten wir einen erweiterten Informationsstrom, und der größte Teil dieses Stroms wird vom modernen Verstand immer noch als illusorisch angesehen. Wir müssen Maßnahmen ergreifen, um sicherzustellen, dass die Informationen, die wir durch die chemisch veränderte Aufnahmefähigkeit unseres Gehirns aufnehmen, echt sind, auch wenn sie über das Verständnis des modernen Verstandes von der Realität hinausgehen, und das ist die Aufgabe der kritischen philosophischen Reflexion.

Mit seiner Ausweitung des therapeutischen Protokolls auf das Protokoll der psychedelischen Exploration hat Chris Bache uns einen Leitfaden an die Hand gegeben, um echte Informationen aus tiefen Bewusstseinszuständen zu erhalten, die durch Psychedelika hervorgerufen werden.

Die Befolgung seines Protokolls garantiert nicht die Wahrheit der drei oben genannten Prämissen; es handelt sich um Prämissen, nicht um Schlussfolgerungen. Es gibt jedoch unabhängig davon zwingende Gründe, die Gültigkeit dieser Prämissen anzunehmen, wie ich in meinen jüngsten Büchern erörtert habe, insbesondere in *Was ist Realität? (2016)* und *The Intelligence of the Cosmos (2017)*.

Wenn wir die Gültigkeit dieser Prämissen erkennen, wird unser Geist empfänglicher für die Informationen, die uns in diesen erweiterten Zuständen erreichen. Auf diese Weise erfassen wir tiefere und breitere Schichten der Realität und kommen dem Verständnis des Zwecks unserer Existenz näher. Dies wird in Baches faszinierender und mutiger Untersuchung der tiefen Bereiche des Bewusstseins, die sich unter dem Einfluss von LSD öffnen, ausführlich dargestellt.

Ervin László ist Wissenschaftsphilosoph, Systemwissenschaftler und Präsident des von ihm gegründeten Think Tanks *Club of Budapest*. Er wurde zweimal für den Friedensnobelpreis nominiert und hat mehr als 83 Bücher und unzählige Artikel und Forschungsarbeiten veröffentlicht. Er lebt in der Toskana.

EINFÜHRUNG

73 TAGE

Kurz nach Beginn meiner Laufbahn als Universitätsprofessor im Nordosten Ohios traf ich eine Entscheidung, die den Verlauf meines Lebens veränderte. Zwischen 1979 und 1999 entschied ich mich, 73 Mal LSD in sorgfältig geplanten, therapeutisch strukturierten Sitzungen zu nehmen. Ich tat dies, um mein Bewusstsein und das Bewusstsein des Universums so tief und systematisch wie möglich zu erforschen. In diesem Buch geht es darum, was an diesen 73 Tagen geschah und warum es wichtig ist.

Seit Urzeiten haben sich Männer und Frauen unter dem Nachthimmel versammelt und Substanzen eingenommen, die ihnen halfen, mit ihrem inneren Wesen und dem Leben, das alle Dinge durchdringt, in Verbindung zu treten. Sie saßen im Gebet und in der Stille und suchten nach Heilung und Führung, damit sie als bessere Menschen in ihr Leben zurückkehren und mehr mit dessen tieferen Strömungen in Einklang stehen konnten. Weil diese Substanzen sie für die spirituelle Dimension der Existenz öffneten, wurden sie »heilig« genannt. Weil sie die Wunde des Vergessens, wer und was wir wirklich sind, heilten, wurden sie »Medizin« genannt. Schon bevor die Geschichte geschrieben wurde, war der Weg der heiligen Medizin einer von vielen spirituellen Wegen, die Menschen gegangen sind, um sich selbst, einander und das Göttliche zu finden.

In meiner Ecke der Welt wurden die meisten dieser Arzneimittel jedoch 1970 verboten. Offiziell als Halluzinogene eingestuft, wurde ihnen kein medizinischer oder therapeutischer Wert beigemessen. Die mächtigen Visionen, die sie auslösten, wurden als Verzerrungen der Realität angesehen und bekamen daher keinen philosophischen Wert. Mit der Verabschiedung des Controlled Substances Act[1] wurden Psychedelika nicht nur für Psychotherapeut*innen, sondern auch für Philosoph*innen zu einem Tabuthema.

Das Jahr 2014 wurde zum Wendepunkt, in dem die Psychedelika in die seriöse wissenschaftliche und intellektuelle Forschung zurückkehrten. Bis zu diesem Jahr war

---

1 Der *Controlled Substances Act* (CSA) wurde 1970 vom 91. Kongress der Vereinigten Staaten verabschiedet und bildet die Grundlage für die bundesweite US-amerikanische Drogenpolitik. Das Gesetz regelt die Herstellung, Einfuhr, den Besitz, die Nutzung und den Vertrieb bestimmter Substanzen. Dieser Entscheid beeinflusste indirekt die internationale Drogenpolitik durch die Stärkung der UN-Drogenkonventionen, die wiederum nationale Betäubungsmittelgesetze in Europa prägten. (Wikipedia) [A. d. Ü.]

eine Handvoll heroischer Studien über die therapeutische Verwendung von MDMA, Psilocybin, LSD und Ibogain zur Behandlung von Posttraumatischen Belastungsstörungen, Substanzabhängigkeit und krebsbedingten Depressionen veröffentlicht worden. Zeitungen und Zeitschriften begannen, über diese Studien zu berichten und beriefen sich dabei häufig auf die bahnbrechenden Bemühungen der Multidisciplinary Association for Psychedelic Studies (MAPS), die psychedelische Forschung wieder als legitimes wissenschaftliches Forschungsgebiet zu etablieren. Im Februar 2014 veröffentlichte *Scientific American* dann einen historischen Leitartikel mit dem Titel »End the Ban on Psychoactive Drug Research«. Die Schlagzeile lautete: »Es ist an der Zeit, Wissenschaftler untersuchen zu lassen, ob LSD, Marihuana und Ecstasy psychiatrische Störungen lindern können.« Im selben Jahr wurden zwei wichtige Bücher über Psychedelika veröffentlicht. Das erste war *Acid Test* vom preisgekrönten Journalisten Tom Shroder, der das Wiederaufleben der Forschung über Psychedelische Therapie und die dadurch geheilten Leben beschrieb. Das zweite war *Seeking the Sacred with Psychoactive Substances,* eine zweibändige Anthologie über die spirituelle Verwendung von Psychedelika im Laufe der Geschichte, herausgegeben von dem Psychologen und Theologen J. Harold Ellens. Bald folgten zwei weitere wichtige Bücher über die Renaissance der psychedelischen Forschung: William Richards' *Heilige Erkenntnis* (2019) und Michael Pollans Bestseller *Verändere dein Bewusstsein* (2018/2022).

Offensichtlich findet ein kultureller Wandel im Zusammenhang mit Psychedelika statt. Forscher an der Harvard University, der Johns Hopkins University, der University of California, Los Angeles, der New York University, der University of Wisconsin, der University of New Mexico und der University of Alabama führen derzeit rechtlich genehmigte Forschungen zum therapeutischen Potenzial von Psychedelika durch.

Psychedelische Forschung wird auch in England, Kanada, Deutschland, der Schweiz, Israel, Spanien, Mexiko und Neuseeland betrieben. In San Francisco hat das California Institute of Integral Studies das *Center for Psychedelic Therapy and Research* eingerichtet, um die nächste Generation zertifizierter psychedelischer Forscher auszubilden. In Brasilien haben Psychologen die positiven sozialen Auswirkungen von Ayahuasca in den Kirchen von Santo Daime und União de Vegetal dokumentiert. Die MAPS Psychedelic Science Conference 2017 verzeichnete eine Rekordbeteiligung von 2.700 Teilnehmern. Da die Wissenschaft langsam die Politik als Schiedsrichter darüber ersetzt, ob Psychedelika einen therapeutischen Wert haben, scheinen wir langsam zu unseren Vorfahren unter dem Nachthimmel zurückzukehren und diesen alten Weg in der modernen Therapeutenpraxis zu wiederholen.

Wenn sich dieser Trend fortsetzt, ist es nur eine Frage der Zeit, bis wir dokumentieren, was viele frühe Psychedelika-Forscher schon vor Jahrzehnten entdeckten – dass diese Substanzen nicht nur die psychischen Wunden des Lebens heilen, sondern auch die bemerkenswerte Fähigkeit besitzen, uns in eine tiefere Erfahrung des Universums selbst einzuführen. Wir stehen kurz davor, wiederzuentdecken, dass Psychedelika nicht nur einen großen *therapeutischen*, sondern auch einen großen *philosophischen Wert* haben.

Ich wurde als Religionsphilosoph ausgebildet, und es ist vor allem die philosophische Bedeutung der Psychedelika, die mich fasziniert, nämlich ihre Fähigkeit, die sensorische Barriere zu durchbrechen und uns für die tiefere Landschaft des Bewusstseins zu öffnen. Mein Interesse an Psychedelika begann 1978, als ich zum ersten Mal Stanislav Grofs *Topographie des Unbewussten las*. Ich war damals 29 Jahre alt, frisch von der Graduiertenschule und auf der Suche nach einem Weg für meine Forschung, nachdem meine Dissertation abgeschlossen war. Als ich Grofs Buch las, erkannte ich sofort die Relevanz seiner Arbeit für die Kernfragen, für die ich als Philosoph ausgebildet worden war: die Fragen, ob das Leben Sinn und Zweck hat, ob Menschen den Tod überleben, und ob es eine bewusste Intelligenz gibt, die im und durch das Universum operiert. In diesem Buch fasste Stan jahrzehntelange klinische Forschung mit Hunderten von Probanden und Tausenden von psychedelischen Sitzungen zusammen. In einer einzigen Lektüre überzeugte er mich davon, dass LSD, wenn es in einem therapeutisch strukturierten Rahmen eingenommen wird, gefahrlos zur Erforschung unseres Bewusstseins eingesetzt werden kann, mit positiven Ergebnissen. Darüber hinaus schlug er vor, dass wir in diesem Rahmen nicht nur unseren eigenen Geist, sondern auch den Geist des Universums selbst kennen lernen könnten. Die letztgenannte Behauptung fesselte meine Aufmerksamkeit. Ich musste einfach herausfinden, was mich diese Substanz über unser Universum lehren könnte.

Das Problem war natürlich, dass meine Kultur Psychedelika gerade erst für illegal erklärt hatte. Ich konnte den Job, den ich liebte, nicht behalten oder Teil der akademischen Gemeinschaft bleiben, wenn ich offen mit psychedelischen Mitteln arbeitete. Harvard hatte dies bewiesen, als Timothy Leary und Richard Alpert 1963 entlassen wurden. Um 1970 war die Ära der aktiven psychedelischen Forschung vorbei. Angesichts dieser Umstände traf ich eine schwierige Entscheidung. Ich entschied mich, Grofs Methoden für die therapeutische Arbeit mit LSD zu erlernen und nutze sie, um mein eigenes Bewusstsein privat zu erforschen.

Um dies zu tun, musste sich ein großer Teil meines Lebens im Untergrund abspielen. In meinem öffentlichen Leben setzte ich meine Arbeit als Professor in der Abteilung für Philosophie und Religionswissenschaften an der Youngstown State University fort und tat die Dinge, die Professoren normalerweise tun. Ich gab Kurse, war in Ausschüssen tätig, veröffentlichte und wurde mit der Zeit als einigermaßen wertvolles Mitglied meiner Gemeinschaft angesehen, zumindest was Stipendien,

Auszeichnungen und Freundschaften anbelangt. In der Zwischenzeit zog ich mich in meinem Privatleben in einen Kreis der Geheimhaltung zurück und begann eine intensive innere Reise, die schließlich 20 Jahre dauerte.

2011 ging ich nach 33 Dienstjahren an meiner Universität in den Ruhestand. Meine gesamte Laufbahn lag zwischen dem Zeitpunkt, als Psychedelika verboten wurden, und dem Zeitpunkt, als *Scientific American* die Aufhebung des Verbots forderte. Hätte ich darauf gewartet, dass mein Land diese Substanzen wieder einführt, wie es jetzt der Fall zu sein scheint, hätte ich eine Gelegenheit verpasst, die sich nur einmal im Leben bietet. Ich konnte mir diese Chance einfach nicht entgehen lassen. Angesichts der rechtlichen Probleme im Zusammenhang mit LSD kann ich erst jetzt, Jahre nach Beendigung meines langen Selbstversuchs und meinem Ausscheiden aus dem aktiven Universitätsdienst, offen über meine psychedelische Arbeit sprechen.

Ich hoffe, dass die Menschen die Entscheidung, die ich 1979 getroffen habe, verstehen werden, wenn Psychedelika wieder vollständig in den öffentlichen Diskurs aufgenommen worden sind. Ich hoffe, dass die Tatsache, dass ich ein sozial verantwortliches und engagiertes Leben geführt habe, mir ein kleines Maß an Glaubwürdigkeit verleiht, wenn ich die folgende ungewöhnliche Geschichte erzähle. Ich hoffe, dass die Leser erkennen, dass die mächtigen Bewusstseinszustände, die Psychedelika auslösen können, in das Leben eines vielbeschäftigten Haushaltsvorstandes integriert werden können. Und schließlich hoffe ich, dass Menschen, die beängstigende Erfahrungen mit Psychedelika gemacht haben, Kraft aus der Erkenntnis schöpfen, dass man sich in beängstigende Erfahrungsbereiche begeben und unbeschadet, ja sogar gestärkt zurückkehren kann.

Gesetzlich genehmigte Forschung an Psychedelika ist inzwischen wieder aufgenommen worden, aber es wird wahrscheinlich noch Jahre dauern, bis die Forscher die tieferen Dimensionen des Bewusstseins erforschen dürfen, die mich mein ganzes Erwachsenenleben lang beschäftigt haben. Gegenwärtig konzentriert sich die psychedelische Forschung auf die Heilung der persönlichen Psyche und die Erforschung der neurologischen und biochemischen Wege, die Psychedelika aktivieren. Dies sind wichtige Schritte auf dem Weg zur Rückforderung dieser mächtigen Mittel, aber wie Grof und andere frühere Forscher schon vor Jahrzehnten gezeigt haben, ist die Heilung der Wunden der persönlichen Psyche nur die erste Etappe einer viel längeren Reise. Wenn die persönliche Psyche abfällt, kommt ein tieferer Horizont zum Vorschein. Ich musste herausfinden, was ich dort entdecken und wie weit ich diese neue Grenze ausweiten konnte.

Ich kam zu dieser Arbeit als psychedelischer Neophyt und mit einer tiefen Skepsis gegenüber dem Transzendenten. Ich bin im tiefen Süden aufgewachsen, ging auf eine katholische High School und studierte Theologie an der Universität von Notre

Dame. Die psychedelischen 1960er Jahre gingen völlig an mir vorbei. Als ich meinen intellektuellen Horizont an der Cambridge University und dann an der Brown University erweiterte, kam ich psychedelisch höchstens durch das Rauchen von ein wenig Gras weiter. Trotz meiner frühen religiösen Wurzeln war ich nach Abschluss meines Studiums ein atheistisch veranlagter Agnostiker, der sich mit dem Aufstieg der Wissenschaft und der Verdrängung der Religion im modernen Denken gut auskannte. Im Grunde genommen hatte ich mich ganz von der Religion losgesagt. In meiner Dissertation über die Logik religiöser Metaphern kam ich zu dem Schluss, dass unsere endliche Sprache es uns einfach nicht erlaubt, mit Präzision über das Unendliche zu sprechen, und dass jede Diskussion über Gott nichts anderes ist, als mit Taschenlampen auf die Sterne zu leuchten. Von meinem Hintergrund und meiner Ausbildung her bin ich die letzte Person, von der man erwarten würde, dass sie das Buch geschrieben hat, das du gerade in der Hand hältst. Aber dann kam LSD.

Es gibt keine Möglichkeit, die Tatsache abzumildern, dass die Geschichte, die ich hier mit dir teilen werde, eine radikale Geschichte ist, die viele der tiefsten Überzeugungen unserer Kultur über die Realität infrage stellt. Zu Beginn meiner Karriere wurden meine Artikel von Fachzeitschriften abgelehnt, weil ihre Redakteure einfach nicht glauben konnten, dass die psychedelischen Erfahrungen, die ich auf der Grundlage von Grofs Forschung analysierte, möglich waren. Sie schrieben an den Rand Kommentare wie: »Wie ist es möglich, dass ein Mensch so etwas tatsächlich erleben kann? Meinst du das metaphorisch?« In Ermangelung eigener Erfahrungen in diesen Bereichen konnten die Redakteure nicht nachvollziehen, wie die Grenzen der Erfahrung so extrem ausgedehnt werden konnten. Ich verstehe ihre Vorbehalte. Wenn ich an ihrer Stelle gewesen wäre, hätte ich wahrscheinlich dasselbe gedacht. Diese frühen Ablehnungen haben mich gelehrt, dass die philosophische Diskussion über psychedelische Erfahrungen gerade erst beginnen kann. Die Menschen würden es brauchen, die innere Funktionsweise dieser Erfahrungen besser zu verstehen. Dies würde keine Argumente und Fußnoten erfordern, sondern den offenen Austausch und die Darstellung der eigenen psychedelischen Erfahrungen als ersten Schritt zu einer breiteren Diskussion.

LSD und das Bewusstsein des Universums sind die Memoiren eines psychedelischen Forschers. Es ist die Geschichte der Reise eines Menschen in den Geist des Kosmos. Ich habe versucht, diese Geschichte so prägnant wie möglich zu erzählen, mich auf die Reise selbst zu konzentrieren und theoretische Diskussionen auf ein Minimum zu beschränken. Ich werde es anderen Autoren überlassen, dem Leser die Geschichte und Wissenschaft der Psychopharmaka, ihre Psychopharmakologie und ihre klinischen Anwendungen zu vermitteln. Ich teile meine psychedelischen Erfahrungen hier nicht, weil ich sie für etwas Besonderes oder Einzigartiges halte, denn das sind sie nicht, sondern weil sie alles in allem das wertvollste Geschenk sind, das ich dem psychedelischen Gespräch anzubieten habe.

Ich habe viele Jahre lang über diese Erfahrungen sinniert und versucht, ihre komplexen Muster zu ergründen. Letztendlich denke ich, dass die Erfahrungen selbst vielleicht wertvoller sind als alles, was ich über sie sage. Die Interpretation mag sich im Laufe der Zeit ändern, aber die Erfahrung bleibt als Maßstab für das, was möglich ist, bestehen. Ich stelle diese Erfahrungen neben die vielen anderen, die von der psychedelischen Gemeinschaft berichtet werden, sowohl in gedruckter Form als auch in den umfangreichen Online-Erfahrungsarchiven von Erowid. Die psychedelische Landschaft ist so riesig, dass eine Person nicht alles erfassen kann. Unsere Stärke liegt eindeutig in unserer kollektiven Vision und unseren sich überschneidenden Erkenntnissen.

Und schließlich hat dieses Buch zwei Titel, was die Tibeter als einen äußeren und einen inneren Titel benennen würden. *LSD und das Bewusstsein des Universums* ist der äußere Titel, der beschreibt, worum es in dem Buch geht – die Erforschung des Geistes des Universums durch sorgfältig durchgeführte LSD-Sitzungen. *Diamanten des Himmels* ist der Titel, der die innerste Essenz des Buches beschreibt, denn im Zentrum des Bewusstseins des Universums betritt man das unendliche klare Licht des diamantenen Leuchtens.

Ich hoffe aufrichtig, dass die Geschichte dieser Reise für andere nützlich sein wird, auch für diejenigen, die selbst nie ein Psychedelikum nehmen. Letztendlich ist nicht die Methode der Erforschung wichtig, sondern das, was diese Methode uns über das außergewöhnliche Universum zeigt, in dem wir leben.

EINS

DER PFAD DER ZEITWEILIGEN VERSENKUNG

Die leidenschaftliche Sehnsucht des menschlichen Herzens bestand schon immer darin, die Grenzen des Bekannten zu überschreiten, die Begrenzungen unseres Verständnisses zu durchbrechen und den Horizont des Bewusstseins zu erweitern. Dies ist vielleicht unsere grundlegendste und wesentlichste Freiheit.

Anne Baring, *The Dream of the Cosmos*

In diesem Eröffnungskapitel möchte ich offen beschreiben, wie ich mit LSD gearbeitet habe und einige grundlegende Beobachtungen über den psychedelischen Prozess mitteilen. Auch wenn die psychedelische Forschung wieder aufgenommen wird, gibt es in unserer Kultur immer noch viele Fehlinformationen und Misstrauen gegenüber psychedelischen Substanzen. Indem ich meine Karten von vornherein auf den Tisch lege, hoffe ich, ein möglichst übersichtliches Feld für die folgende Geschichte zu erstellen. Leser, die mit der psychedelischen Literatur nicht vertraut sind, werden ein solides Verständnis davon bekommen, wie diese Untersuchungsmethode funktioniert, während diejenigen, die diese Literatur gut kennen, sehen werden, wie ich sie angepasst und personalisiert habe.

Ich habe Verständnis dafür, wenn einige Leserinnen und Leser diese Vorbemerkungen überspringen und direkt zu den Sitzungen übergehen, aber wenn sie das tun, hoffe ich, dass sie später noch einmal zurückkommen und dieses Kapitel lesen werden. Die Erfahrungen, die ich in vorliegendem Buch vermitteln werde, gehen so weit über das hinaus, was die meisten Menschen für möglich halten, dass es wichtig ist, dafür eine solide Grundlage zu schaffen, und genau das tut dieses Kapitel. In meinen Kursen an der Universität lautete meine Strategie immer: langsam anfangen, stark aufbauen und weit gehen. So auch hier, denn weiter habe ich noch nie jemanden gebeten, mich zu begleiten.

Das therapeutische Protokoll

Ich habe nie LSD genommen und ein Konzert besucht, noch nie die Nacht mit Freunden auf einem Trip verbracht. Als ich an diesen 73 Tagen LSD nahm, betrat ich einen sorgfältig konstruierten Raum, der der Selbsttransformation gewidmet war. Ich war in meinem Haus oder im privaten Büro meiner Frau von der Außenwelt isoliert und vor allen Unterbrechungen geschützt. Ich lag auf einer Matratze auf dem Boden, umgeben von Kissen, und trug eine Augenbinde und Kopfhörer. Die Musik wurde sorgfältig ausgewählt, um die Phasen der Eröffnung und des Abschließens zu unterstützen – sanfte Musik, wenn die Substanz einsetzt, kraftvolle, bewegende Musik, wenn sie an Fahrt gewinnt, ausladende Musik für die Stunden der Plateauphase und sanfte Musik für die lange, langsame Rückkehr.

Diejenigen, die eine ernsthafte Reise unternommen haben, kennen den Rahmen und das Setting gut. Man bereite sich mit einer Zentrierungspraxis wie Yoga oder Meditation vor, schalte äußere Ablenkungen aus, damit man weiß, dass das, womit man konfrontiert wird, ganz aus dem Inneren kommt, gebe die Verantwortung für die Betreuung und Sicherheit an einen Sitter ab, nehme die Medizin und öffne sich dann für das, was in der inneren Erfahrung auftaucht. Ich bin bei all meinen Sitzungen nach demselben Schema vorgegangen. Sie begannen immer am frühen Morgen und dauerten den ganzen Tag, etwa acht Stunden. Es waren alles Einzelreisen; ich habe nicht in Gruppen gearbeitet. So konnte jede Sitzung individuell gestaltet werden, um dem zu folgen, wohin die Erfahrung mich führen würde. Meine Sitterin war eine begabte klinische Psychologin, die zufällig auch meine Frau war. Carol lernte das therapeutische Protokoll, indem sie mit mir die psychedelische Literatur studierte. Es hat Vor- und Nachteile, wenn man seinen Partner als Sitter einsetzt, aber für uns hat es gut genug funktioniert. Wir lernten, während wir arbeiteten, und ich werde Carol immer dankbar sein für die Unterstützung, die sie mir bei dieser Arbeit zukommen ließ.

Der Kern des therapeutischen Protokolls ist, das Unterbewusstsein kraftvoll zu erweitern, seine Muster in das Bewusstsein zu bringen und sich komplett dem hinzugeben, was in der persönlichen Erfahrung auftaucht.[1] Durch das uneingeschränkte Einlassen auf die innere Erfahrung werden die Muster an Intensität zunehmen, bis sie eine kritische Schwelle erreichen. Die gleichen Muster tauchen immer wieder in verschiedenen Formen auf, bis ein Höhepunkt des Ausdrucks erreicht ist – eine innere Gestalt wird bewusst erkannt oder ein Schmerzreservoir entleert – und dann lösen sie sich spontan auf. Die in diesen Mustern eingeschlossene Energie wird freigesetzt, und die Psyche ist dann frei, für den Rest der Sitzung in expansivere Zustände des Bewusstseins zu fließen. Wenn dieser Prozess viele Male wiederholt wird, beginnen tiefere Muster aufzutauchen. Wie undurchschaubar diese Muster zu diesem Zeit-

1 Grof beschreibt LSD als einen »mächtigen, unspezifischen Verstärker der biochemischen und neurophysikalischen Prozesse im Gehirn. Es scheint eine Situation allgemeiner undifferenzierter Aktivierung zu schaffen, die das Auftauchen von unbewusstem Material erleichtert« (1980, S.52).

punkt auch sein mögen, schließlich können auch sie durch widerstandslose Hingabe aufgelöst werden, und wenn das geschehen ist, werden sich weiterhin neue Erfahrungswelten eröffnen.[2]

Die Verwendung eines Protokolls, das geschützte Isolation, innere Konzentration und tief bewegende Musik kombiniert, treibt den psychedelischen Zustand weit über das hinaus, was man wahrscheinlich erlebt, wenn man LSD in einer Freizeitumgebung einnimmt. Ich will das Trippen nicht verunglimpfen, denn viele Menschen haben auf diese Weise lebensverändernde Erfahrungen mit Psychedelika gemacht. Ich weise lediglich darauf hin, dass der Kontakt mit der Außenwelt das Muster der Erfahrungen, die sich einstellen, verändert. Sie werden tendenziell oberflächlicher, weniger kathartisch und weniger aufschlussreich sein.

Nach Beendigung der Sitzung geht die Arbeit in kritische Bewertung über. Psychedelische Erfahrungen können außerordentlich bewegend und komplex sein. Um nicht von ihnen weggespült oder einfach von ihrer Neuartigkeit mitgerissen zu werden, ist es wichtig, einen Schritt zurückzutreten und sie kritisch zu bewerten. Was ist in der heutigen Sitzung tatsächlich passiert? Was bedeutet sie? Welche Lehren sollte ich aus ihr ziehen? Sitzungen sind vielschichtig, und diese Schichten verweben sich zu langen, sich überschneidenden Aufgaben, die ein Thema und dann ein anderes auf manchmal unstete Weise voranbringen.

In unseren Sitzungen stehen wir im Dialog mit einer unendlichen Intelligenz, und diese Intelligenz spricht an verschiedenen Tagen aus verschiedenen Tiefen zu uns. Die Weisheit, die aus den verschiedenen Bewusstseinsebenen kommt, hat unterschiedliche Ausprägungen, die unterschiedliche Ausgangspunkte, unterschiedliche Annahmen widerspiegeln. Es braucht Zeit, um die Struktur dieser Sequenzen zu erfassen und die Logik des großen Ganzen zu erkennen.

Zur kritischen Einsicht gehört auch, brutal ehrlich zu sich selbst zu sein. Wir müssen uns unserer Unzulänglichkeiten bewusst sein, wenn wir die größte Gefahr bei der Arbeit mit Psychedelika vermeiden wollen – das psychische Aufblähen. Psychedelika verschaffen uns einen vorübergehenden Zugang zu Realitäten, die über unsere Gehaltsklasse hinausgehen, und ermöglichen uns, Dinge zu erleben, die unsere normalen Fähigkeiten übersteigen. Es ist allzu leicht zu glauben, dass wir, weil wir eine tiefe und profunde Erfahrung gemacht haben, zu einem tiefsinnigen und profunden Menschen geworden sind, aber das ist ein Irrglaube. Selbst wenn Psychedelika es uns

---

2 Mein Handbuch für die Durchführung meiner psychedelischen Sitzungen war Grofs *LSD- Psychotherapie* (1980). Drei ausgezeichnete neuere Bücher über psychedelische Therapie, ihre Geschichte und ihre Wiedergeburt sind: *Handbuch für nachhaltige Erfahrungen mit Entheogenen*, von Ralph Metzner (2015), *Heilige Erkenntnis* von William Richards (2019) und *Verändere Dein Bewusstsein* von Michael Pollan (2018).

ermöglichen, die Person zu erleben, die wir gerade werden, müssen wir der Tatsache ins Auge sehen, dass wir weder zu dieser Person geworden sind, noch haben wir die wunderbaren Eigenschaften, die wir vielleicht vorübergehend berührt haben, vollständig verinnerlicht.

In den Händen eines Philosophen

Obwohl Grofs therapeutisches Protokoll die Grundlage meiner psychedelischen Praxis war, möchte ich betonen, dass ich diese Arbeit nicht als Klinikarzt, sondern als Philosoph machte. In erster Linie war ich nicht auf der Suche nach Heilung, sondern nach einem Verständnis unseres Universums. Ich wollte das Universum so tief wie möglich erfahren und wissen, was ich im Kern meines Wesens, unter all den Schichten der sozialen und psychischen Konditionierung, bin. Dabei verfolgte ich eine philosophische Methode, die in der Neuzeit auf William James' *Die Vielfalt religiöser Erfahrung* zurückgeht. Dort beschreibt James im Rahmen seiner umfassenden Analyse spiritueller Erfahrungen seine eigenen Selbstversuche mit Lachgas, die zu seiner berühmten Beobachtung führten:

> Eine Schlussfolgerung drängte sich mir damals auf, und mein Eindruck von ihrer Wahrheit ist seither unerschüttert geblieben. Es ist nämlich so, dass unser normales Wachbewusstsein, das rationale Bewusstsein, wie wir es nennen, nur eine besondere Art von Bewusstsein ist, während überall um es herum, getrennt durch die filigransten Abschirmungen, potenzielle Formen des Bewusstseins liegen, die völlig anders sind... Keine Darstellung des Universums in seiner Gesamtheit kann endgültig sein, die diese anderen Formen des Bewusstseins völlig außer Acht lässt (James [1902] 2002; S.300-301).

Mit dem disziplinierten Gebrauch von Psychedelika haben Philosophen nun die Möglichkeit, durch die von James geöffnete Tür zu treten und das Gebiet zu erforschen, das er kurz erblickte. Damit werden wir nicht nur Zeuge der Geburt neuer Erkenntnisse über das Bewusstsein, sondern auch einer neuen Art, Philosophie zu betreiben. Diese neue philosophische Methode lässt sich in drei grundlegenden Aspekten zusammenfassen:

1. Die Grenzen der Erfahrung in sorgfältig strukturierten psychedelischen Sitzungen systematisch zu erweitern.
2. Eine vollständige und genaue Aufzeichnung der Erfahrungen unmittelbar nach jeder Sitzung zu erstellen und

3. Die eigene Erfahrung kritisch zu analysieren und sie mit anderen Wissensgebieten und den Erfahrungen anderer Psychonauten in einen Dialog zu bringen.

Durch das systematische Hin- und Herbewegen zwischen psychedelisch erweiterten Bewusstseinszuständen und unserem gewöhnlichen Bewusstsein, in dem diese Erfahrungen verdaut und bewertet werden können, wird der philosophische Diskurs erweitert und vertieft. Die Bedeutung dieses historischen Übergangs kann kaum überschätzt werden. Mit den Psychedelika treten wir in eine neue Ära der Philosophie ein.[3]

LSD-Sitzungen als Weg des spirituellen Erwachens

Wie viele aus meiner Generation fühlte ich mich anfangs zur Arbeit mit Psychedelika angezogen, weil ich an Erleuchtung interessiert war. Ich hatte einige Jahre lang meditiert und war auf die üblichen Blockaden gestoßen, die sich in den frühen Phasen der Sitzpraxis zeigen. Ich dachte, dass ich durch einige therapeutisch ausgerichtete LSD-Sitzungen diese Blockaden schneller überwinden und mein spirituelles Erwachen beschleunigen könnte. Ich entschied mich für die Arbeit mit LSD, weil dies das primäre Psychedelikum war, mit dem Stanislav Grof seine frühen Forschungen durchgeführt hatte, und ich vertraute dem, was ich dort sah. Sowohl die östlichen als auch die westlichen spirituellen Traditionen, die ich studiert hatte, betonten den Tod des Selbst als Tor zur Befreiung, was mit Grofs Betonung der Ich-Auflösung übereinzustimmen schien.

Aus historischer Sicht sind therapeutisch strukturierte LSD-Sitzungen eine moderne Variante eines alten spirituellen Weges, der von Gelehrten gut dokumentiert wurde.[4] Von den eleusinischen Mysterienriten im alten Griechenland über die Peyote-Rituale der nordamerikanischen Ureinwohner bis hin zu den Ayahuasca-Kirchen im heutigen Brasilien haben Menschen seit Jahrtausenden bewusstseinserweiternde Substanzen eingenommen und sind alle zu demselben Schluss gekommen: Diese Substanzen sind Sakramente, die helfen, uns wieder mit dem Universum zu verbinden. So gesehen stellen therapeutisch strukturierte LSD-Sitzungen keine Umgehung spiritueller Praktiken dar, wie einige frühe Gelehrte meinten, sondern eine

3 Ich beschreibe diese neue philosophische Methode in *Dark Night, Early Dawn* (2000, Kapitel 1).

4 Siehe *The Long Trip* von Paul Devereau (1997), *Sacred Vine of Spirits: Ayahuasca,* herausgegeben von Ralph Metzner (1997), *Seeking the Sacred with Psychoactive Substances,* herausgegeben von J. Harold Ellens (2014), *Entheogens and the Future of Religion* von Robert Forte (1997), und *Cleansing the Doors of Perception* von Huston Smith (2000).

besonders intensive Form der spirituellen Praxis mit ihren ganz eigenen Merkmalen und Herausforderungen.[5]

In meinen Universitätskursen habe ich den Pfad der heiligen Medizin oft als *den Pfad der zeitweiligen Versenkung* bezeichnet und ihn dem Pfad der Meditation gegenübergestellt. Während die Meditation ein Weg der Selbstklärung ist, der es den Schichten des Geistes erlaubt, sich allmählich zu öffnen, kultiviert der Pfad der heiligen Medizin intensive, aber vorübergehende Bewusstseinsschübe. Indem er unser gegenwärtiges Gewahrsein erweitert, öffnet uns der Medizinpfad schneller für eine tiefere Verbindung mit dem Universum. Das ist eine gute Sache, eine heilende Sache, aber es kann auch heikel sein, denn es ist leicht, die Dauerhaftigkeit dieser drastischen Übungen zu überschätzen. Um Abraham Maslows Vokabular zu verwenden, können wir den Wert unserer *Gipfelerfahrungen* überschätzen und die Herausforderung, stabilere *Plateauerfahrungen* zu erreichen, unterschätzen. Ken Wilber erinnert uns außerdem daran, dass die diversen Zustände des Bewusstseins nicht unbedingt Stufen der spirituellen Entwicklung darstellen müssen. Wenn das ultimative Ziel der spirituellen Praxis die dauerhafte Transformation unseres Bewusstseins ist, dann ist die weiche Schattenseite der Psychedelika ihre vorübergehende Natur. LSD stürzt

5 Als Aldous Huxley 1954 seinen Bericht über seine erste Peyote-Erfahrung, *Die Pforten der Wahrnehmung*, veröffentlichte, löste er unter Theologen eine hitzige Debatte aus, die 15 Jahre lang andauerte. Die große Ähnlichkeit der psychedelischen »Rauschzustände« mit den mystischen »Rauschzuständen« veranlasste die einen, die bewusstseinsöffnenden Substanzen als Beginn einer neuen Ära der Spiritualität zu feiern, während die anderen das kritisierten, was sie als Taschenspielertrick des »Instant-Mystizismus« betrachteten. Die Kritiker behaupteten, der »chemische Mystizismus« sei eine falsche Abkürzung zur Erleuchtung, ein Versuch, ernsthafte spirituelle Praxis zu umgehen und Spiritualität auf die billige Tour zu bekommen. Huston Smith nahm eine vermittelnde Position ein, indem er den echten mystischen Charakter bestimmter psychedelischer Erfahrungen anerkannte, aber ihre Relevanz für die langfristige spirituelle Entwicklung infrage stellte, da sie nicht die Dauerhaftigkeit der Erfahrungen zu haben schienen, die durch traditionellere Methoden hervorgerufen werden. Diese Debatte endete in den späten 1960er Jahren aus mehreren Gründen in einer Sackgasse, wobei der wichtigste Grund darin bestand, dass wir weder Psychedelika noch Mystik gut genug verstanden, um die gestellten Fragen zu beantworten. Dann wurden die Psychedelika 1970 verboten, wodurch sich die ganze Sache erübrigte. Der Nachhall dieser Debatte klingt in Werken wie *Zig Zag Zen* weiter an, herausgegeben von Badiner und Grey (2002), einer Diskussion zwischen Buddhisten und Psychonauten über die spirituellen Vorzüge und Nachteile von Psychedelika.

Was aus heutiger Sicht an dieser frühen Debatte auffällt, ist, dass sie sich nur mit Triperfahrungen befasste und nicht mit dem therapeutischen Einsatz von Psychedelika. Sie befasste sich also nicht mit der schmerzhaften Seite des psychedelischen Prozesses, der Konfrontation mit den eigenen psychischen Blockaden, die regelmäßig in therapeutischen Settings auftreten. Infolgedessen ist diese Debatte durch die Arbeit psychedelisch arbeitender Therapeuten weitgehend überholt worden. William Richards' Buch *Heilige Erkenntnis* (2019) veranschaulicht auf wunderbare Weise den zutiefst spirituellen Charakter psychedelischer Erfahrungen, die manchmal in therapeutischen Kontexten auftauchen. Zu dieser frühen Debatte siehe: Huxley (1954), Zaehner (1959), Clark (1964; 1969), Havens (1964), Pahnke und Richards (1966) und Smith (1964; 1967). Für eine Bewertung dieser Debatte siehe Bache (1991).

uns in intensive spirituelle Manöver, hält uns dort für eine Weile fest und bringt uns dann wieder zurück. Es ist klar, dass wir nicht dort bleiben können, wohin wir gegangen sind; es ist eine falsche Strategie, dies zu versuchen. Wir müssen diese Begrenzungen akzeptieren und mit ihnen arbeiten. Aber wie können wir mit diesen vorübergehenden Zuständen so arbeiten, dass wir unsere dauerhafte Transformation vorantreiben?

Meiner Erfahrung nach gibt es dafür zwei Schlüssel, um das zu schaffen: Mut und Erdung. Erstens müssen wir den Mut haben, uns allen negativen Erfahrungen zu stellen, die in unseren Sitzungen auftauchen mögen. Sich der Glückseligkeit zu öffnen, ist in Ordnung, wenn es das ist, was passiert, aber erst wenn der Schatten sichtbar wird, ist die harte Arbeit getan. In einem therapeutischen Setting können die Herausforderungen, mit denen wir konfrontiert werden, aus vielen Ebenen unseres Seins kommen. Neben denen, die aus unserem persönlichen Unbewussten kommen, gibt es auch Herausforderungen, die aus dem Mutterleib, aus früheren Inkarnationen und aus dem kollektiven Unbewussten stammen. In dieser Arbeit können wir uns mit Barrieren auseinandersetzen, die uns so fremd sind, dass wir nicht erkennen können, wie sie unser Bewusstsein einengen, bevor wir sind nicht zu dem durchdrungen sind, was jenseits von ihnen liegt, und das erfordert Engagement und Entschlossenheit.

Der zweite Schlüssel ist die Erdung. Ohne eine tiefe Erdung können kraftvolle Erfahrungen kommen und gehen, aber auf lange Sicht sehr wenig bewirken. Erstens wird Erdung dadurch erreicht, dass man am Tag der Sitzung ein starkes Set und Setting aufbaut. Aber tiefe Transformation erfordert mehr als das. Damit eine dauerhafte Veränderung in unserem Leben Wurzeln schlagen kann, müssen wir auch ein Gefäß schaffen, in dem wir unsere Erfahrungen zwischen den Sitzungen aufbewahren können – um uns an sie zu erinnern, über sie nachzudenken und ihre Lektionen in die Praxis umzusetzen. Wenn wir das nicht tun, werden wir dazu verleitet, neuen Erfahrungen nachzujagen, bevor wir die Geschenke, die wir bereits erhalten haben, vollständig verdaut haben.

Auf praktischer Ebene war meine psychedelische Praxis in meine langfristigen Verpflichtungen als Ehemann, Vater und Universitätsprofessor eingebettet. Diese starken Bindungen waren die Grundlage meines Lebens, die mich in der Erde verwurzelt hielten, während ich die extremen Bewusstseinsschwankungen absorbierte, die diese Art von Reisen auslöste. Nach jeder Sitzung gab es immer Kinder zu versorgen und Geschirr zu spülen. Wie tief ich am Samstag auch in den Kosmos eingetaucht war, am Montagmorgen stand ich wieder im Klassenzimmer und unterrichtete meine Kurse.

Um den vollen transformativen Wert dieser kraftvollen Erfahrungen zu nutzen, müssen wir sie nicht nur in unseren Geist, sondern auch in unser physisches, emotionales und soziales Wesen integrieren. Dies erfordert die Einbettung unserer psychedelischen Praxis in eine größere Reihe von Transformationspraktiken, die spirituell Praktizierenden überall vertraut sind. Für mich gehören dazu: (1) die ethische Praxis des mitfühlenden Dienens, (2) die psychologische Praxis der Selbsterforschung und (3) die physische Praxis der Pflege des Körpers. Ich möchte hier den letzten Punkt hervorheben, denn obwohl psychedelische Erfahrungen üblicherweise als Bewusstseinszustände bezeichnet werden, sind sie auch tiefgreifende Zustände des Körpers. Bewusstseinsöffnende Zustände sind körperöffnende Zustände, die sich tief auf unser physisches und subtiles Energiesystem auswirken. Dazu möchte ich noch eines hinzufügen: (4) eine tägliche spirituelle Praxis. Je länger ich mit Psychedelika arbeite, desto mehr bin ich davon überzeugt, dass eine tägliche Meditationspraxis unerlässlich ist, um die Wellen von Energie und Einsicht, die uns an einem Sitzungstag durchströmen, nutzbar zu machen.

Obwohl meine ursprüngliche Motivation für die psychedelische Arbeit das spirituelle Erwachen war, eröffnete sich im Laufe der Zeit eine zweite Spur, der das Erleuchtungsprojekt überholte. Dies geschah aufgrund der schieren Kraft des speziellen psychedelischen Protokolls, das ich anwandte. Lass mich also zuerst auf dieses Protokoll eingehen, und dann werde ich die zweite Spur beschreiben.

Niedrigdosierte vs. hochdosierte Sitzungen

Nachdem ich mich in mehreren niedrig dosierten Sitzungen (200 Mikrogramm, [μg]) orientiert hatte, entschied ich mich für die Arbeit mit hohen LSD-Dosen. Für diejenigen, die mit dem Unterschied zwischen niedrig dosierter und hoch dosierter LSD-Therapie nicht vertraut sind, möchte ich kurz Grofs Beschreibung dieser beiden therapeutischen Modalitäten zusammenfassen und dann das von mir angewandte Protokoll beschreiben.

Psycholytische Therapie

Die niedrig dosierte *psycholytische Therapie* (75-300 μg, typischerweise etwa 200 μg) aktiviert das Unbewusste sanfter und ermöglicht eine schrittweise Entfaltung der Psyche. Bei dieser Dosierung gibt die Psyche ihre Geheimnisse und Schmerzen in Schichten frei. Emotionale Abreaktion und andere therapeutische Mechanismen werden intensiviert, was eine flexible, dynamische Zusammenarbeit mit dem Therapeuten erfordert. Grofs frühe Arbeit am Psychiatrischen Forschungsinstitut in Prag war in erster Linie im Rahmen psycholytischer Therapie, bei der die Sitzungen in ein- bis zweiwöchigen Abständen stattfanden und zwischen 15 und 100 Sitzungen umfassten, wobei der Durchschnitt bei etwa 40 Sitzungen lag.

Psychedelische Therapie

Die hochdosierte *psychedelische Therapie* (300 bis 500 µg) ist eine ganz andere Form des psychedelischen Einsatzes. Bei dieser Therapieform wird das Bewusstsein viel stärker erweitert, und die Strategie besteht darin, die psychodynamische Bewusstseinsebene zu durchbrechen und eine Erfahrung des Ego-Todes und der Transzendenz auszulösen. Anstatt die persönlichen Probleme Schicht für Schicht abzuarbeiten, zielt die psychedelische Therapie darauf ab, einen ekstatischen Zustand hervorzurufen, in dem sich die Grenzen zwischen dem Selbst und dem Universum auflösen, man sich wieder mit der spirituellen Wirklichkeit verbinden und eine neue Perspektive auf das eigene Leben gewinnen kann. Die verbale Interaktion während einer Sitzung wird auf ein Minimum beschränkt. Dieses therapeutische Protokoll wird manchmal als die »einzige überwältigende Dosis« bezeichnet. Im Spring Grove Hospital in Baltimore, wo Grof und seine Kollegen mit todkranken Patienten arbeiteten, war die hochdosierte psychedelische Therapie auf drei Sitzungen beschränkt.[6]

Psychedelische Erkundung

Das von mir angenommene Protokoll stellt eine dritte Option dar, die ich als *psychedelische Erkundung* bezeichne. Als ich diese Arbeit machte, sah ich mich nicht ein neues Protokoll entwickeln, sondern ich machte einfach einen erweiterten Kurs in psychedelischer Therapie. Als ich jedoch am Ende dieser Reise angelangt war und auf ihre Dauer zurückblickte, erkannte ich, dass dies etwas anderes war. Was in meinen Sitzungen geschah, ging über die ursprünglich praktizierte Psychotherapie hinaus. Anstatt zu versuchen, eine einzige intensive Erfahrung der Transzendenz herbeizuführen, erzeugte dieses Protokoll eine immer tiefer werdende Spirale der *Einweihung in das Universum*. Diese Einweihungsspirale eröffnete neue Erfahrungsmöglichkeiten, stellte uns aber auch vor neue Herausforderungen, die über die der psychedelischen Therapie hinausgingen.

So wie ich den Begriff verwende, besteht die psychedelische Erkundung aus einer *ausgedehnten Abfolge* von vollständig verinnerlichten, hochdosierten LSD-Sitzungen. Ich habe mit 500 bis 600 µg gearbeitet. Dieses Protokoll beinhaltet zwar die Praktiken und Verfahren der psychedelischen Therapie – physische Isolation, minimale verbale Interaktion und intensive stimmungsvolle Musik – aber die hohe Anzahl

---

6 Grof, *Topographie des Unbewussten* (1978). In *LSD-Psychotherapie* gibt Grof den Bereich der Dosis für die Psychedelische Therapie etwas höher an, nämlich 300 bis 500 µg (1980, 31-38).

der Sitzungen macht es zu einem anderen Unterfangen. Eine Möglichkeit, über dieses dritte Protokoll nachzudenken, ist: Es ist das, was passiert, wenn man die psychedelische Therapie so weit treibt, wie man es kann.

Zur Frage der Dosierung möchte ich anmerken, dass dieses Protokoll nicht repräsentativ für die aktuellen Trends in der psychedelischen Forschung ist, die sich darauf konzentriert, mit viel niedrigeren Dosen und sanfteren Psychedelika zu arbeiten. In keiner staatlich genehmigten psychedelischen Studie wird vorgeschlagen, mit Dosierungen von LSD in dieser Höhe zu arbeiten, und ich denke, das ist eine gute Sache. Es ist wichtig, dass die psychedelische Forschung in dieser neuen Ära langsam und behutsam vorankommt. Gleichzeitig negiert der Wert eines schrittweisen Voranschreitens nicht die Erkenntnisse und Erfahrungen, die mit diesem offensiven Protokoll gewonnen wurden. Ich vertraue darauf, dass die Öffentlichkeit die unterschiedlichen historischen Umstände versteht, unter denen ich diese Arbeit durchgeführt habe, und die unterschiedlichen Möglichkeiten, die sich daraus ergeben.

Ich möchte auch jeden, der die Anwendung dieses Protokolls in Erwägung zieht, eindringlichst ermahnen, lange und gründlich darüber nachzudenken, bevor er es in die Tat umsetzt. Als ich mit dieser Arbeit begann, ging ich davon aus, dass, wenn hochdosierte LSD-Sitzungen ein- bis dreimal sicher durchgeführt werden können, die Anzahl der Sitzungen erhöht werden könnte, ohne das Risiko zu steigern. Ich stellte jedoch fest, dass meine Arbeit zwar immer innerhalb der Sicherheitsgrenzen blieb, dass aber die Erhöhung der Anzahl der Sitzungen ein viel anspruchsvolleres Unterfangen war, als ich erwartet hatte. Ich brauchte all meine inneren Ressourcen, um das zu bewältigen, was sich auf dieser Reise abspielte.

In seinem Buch *Geburt einer psychedelischen Kultur* empfiehlt Ralph Metzner, nicht mit so hohen LSD-Dosierungen zu arbeiten. Wenn die Dosis auf dieses Niveau erhöht wird, sagt er, schlägt das erhöhte Bewusstsein bei den meisten Menschen in dissoziative und/oder dysphorische Reaktionen um. Eine dissoziative Reaktion ist eine Reaktion, bei der die Person im Wesentlichen abschaltet und nicht in der Lage ist, sich an das Erlebnis zu erinnern oder es zu beschreiben. Das Erlebnis kann angenehm, ja sogar glückselig sein, aber die Person kann nicht viel davon zurückbringen. Eine dysphorische Reaktion ist eine, bei der der angeborene Widerstand gegen den Kontrollverlust einen intensiven Kampf und möglicherweise paranoide oder schizoide Reaktionen auslöst. Das Trauma des Überwältigtseins drückt alle positiven Einsichten oder Visionen nieder, die man vielleicht haben könnte.

Metzner versucht, die turbulenten 1960er Jahre hinter sich zu lassen, als 500 µg als Maßstab für »wahre Einweihung« galten, und Terence McKenna »heroische Dosierungen« für diejenigen anpries, die »die Botschaft wirklich verstehen« wollten. Metzner ist der Ansicht, dass dieser »Mehr-ist-besser«-Ansatz zu viele Traumata mit sich brachte und zumindest viel Zeit vergeudete, ohne dauerhafte therapeutische Erfolge zu bringen. Besser ist es, langsamer zu arbeiten und mehr von dem, was man sieht, zu integrieren. Dementsprechend empfiehlt er für LSD einen therapeutischen Dosisbereich zwischen 50 und 200 µg, was im Wesentlichen innerhalb der Grenzen der psycholytischen Therapie liegt.[7]

Es steckt viel Weisheit und klinische Erfahrung in den Empfehlungen von Metzner. In einem therapeutischen Umfeld, in dem eine persönliche Veränderung angestrebt wird, kann es durchaus ratsam sein, im Bereich von 50 bis 200 µg zu bleiben. Bei diesem Aktivierungsgrad bleibt mehr von der psychischen Ausrüstung des Einzelnen intakt, wodurch die Sitzungen weniger bedrohlich und leichter zu verarbeiten sind. Wenn der Zweck der psychedelischen Arbeit die spirituelle Erleuchtung ist, wie sie klassischerweise verstanden wird, ist es besser, diese Arbeit näher an dem Ort zu tun, an dem das Ego in der Welt lebt, und das bedeutet, mit niedrigeren Dosen zu arbeiten.[8] Es ist klar, dass die Arbeit mit niedrigen Dosen viel für sich hat.

Gleichzeitig denke ich, dass ein gerechtfertigter Wert darin besteht, mit hohen LSD-Dosen in sorgfältig gesteuerten Sitzungen in einer sicheren und geschützten Umgebung zu arbeiten. Es ist sicherlich richtig, dass bei hohen Dosen die psychische Abwehr überwältigt wird und die eigene Ich-Identität erschüttert, aber ob dies zu Dissoziation und Dysphorie führt, hängt in hohem Maße davon ab, wie man seine Sitzungen angeht. Das Aufbrechen der eigenen psychischen Grenzen ist eine beängstigende, erschütternde Erfahrung, sowohl physisch als auch psychisch, aber wenn man auf dieses Aufbrechen vorbereitet ist und ihm direkt begegnet, kann es sowohl beherrschbar als auch nützlich sein.

Ich habe die Erfahrung gemacht, dass hochdosierte Sitzungen, wenn sie verantwortungsvoll und gewissenhaft durchgeführt werden, keine Erfahrungen hervorrufen, die so tiefgehend sind, dass man sie nicht zurückholen kann, oder die so beängstigend sind, dass sie nicht bewältigt werden können. Man kann lernen, auf diesen hohen Ebenen produktiv zu arbeiten, mit gutem Abruf und guter Integration, aber es erfordert Disziplin und Übung. Ich werde ganz offen über die Herausforderungen

---

7 Metzner (2015, 73-86). Shulgin und Shulgin (1991; 1997) und Trachsel (2011) stimmen mit Metzner überein, indem sie den wirksamen Dosisbereich von LSD mit 20 bis 200 µg angeben. Ott (1993) gibt einen höheren Dosisbereich von 50 bis 500 µg an. Im *Handbook for the Therapeutic Use of Lycergic Acid Diethylamide-25: Individual and Group Procedures* (1959) geben Blewett und Chwelos ebenfalls einen höheren Dosisbereich von 300 bis 600 µg an.

8 Siehe Stolaroffs Aufsatz »*Are Psychedelics Useful in the Practice of Buddhism?*« (1999), in dem er die Vorteile der Integration niedriger Dosen von LSD (25 bis 50 µg) in die eigene Meditationspraxis erörtert.

sprechen, mit denen ich mit diesem Protokoll konfrontiert wurde und lasse die Leser ihre eigenen Schlussfolgerungen ziehen.[9]

Da es extrem anstrengend ist, auf so hohem Niveau zu arbeiten, ist dieses Protokoll für viele Menschen eindeutig nicht ratsam. Zusätzlich zu den üblichen Kriterien, die bei der Auswahl von Probanden für psychedelische Sitzungen angewandt werden, sollten zusätzliche Vorsichtsmaßnahmen getroffen werden.[10] Die Arbeit auf diesen Ebenen wird weniger zu einem therapeutischen Unternehmen als vielmehr zu einer intensiven Reise der kosmischen Erkundung. Dementsprechend erfordert sie etwas von der Konstitution eines Entdeckers – die Fähigkeit, Bedingungen zu ertragen, die hochgradig stressig, extrem orientierungslos und zutiefst mehrdeutig sind. Darüber hinaus müssen die eigenen Lebensumstände und Unterstützungssysteme stark genug sei, um ein solches Unterfangen abzufedern. Niemand unternimmt eine solche Reise allein.

Obwohl ich glaube, dass ich mit diesen hohen Dosen verantwortungsvoll und produktiv gearbeitet habe, möchte ich klar sagen, dass ich dieses Protokoll nicht empfehle. Wenn ich diese Reise heute noch einmal beginnen würde, würde ich es anders machen. Im Nachhinein denke ich, dass ich mich mehr angestrengt habe, als nötig war, und vielleicht mehr, als klug war. Mit meinem heutigen Wissen würde ich sanfter mit mir umgehen. Ich würde mehr niedrig dosierte Sitzungen in meine Arbeit einbauen. Und da LSD tendenziell ein »Höhen-Psychedelikum« ist, das an die kosmologische Grenze stößt, würde ich es mit mehr »körperlich erdenden« Psychedelika wie Psilocybin und Ayahuasca ausgleichen. Als ich diese Arbeit machte, arbeitete ich jedoch allein, ohne Mentoren, die mir sagten, wie ich mich in diesen Tiefen bewegen sollte, oder die mir rieten, wann ich langsamer werden und wann ich weitergehen sollte. Es waren eine neue Methode und ein neues Territorium, und ich musste diese Dinge im Laufe der Zeit selber herausfinden.

LSD-Sitzungen als Reisen der kosmischen Erkundung

9 Meiner Erfahrung nach führt die systematische Arbeit mit hohen LSD-Dosen nicht zu einer spirituellen Abkürzung, um ungelösten emotionalen Problemen, psychischen Wunden und unerledigten Entwicklungsaufgaben auszuweichen oder sie zu vermeiden. Obwohl man in der Anfangsphase die psychodynamische Ebene des Bewusstseins durchstoßen kann, zieht der wiederholte Eintritt in den psychedelischen Zustand früher oder später unsere unerledigten Aufgaben in unsere Sitzungen hinein. Dies ist ein wesentlicher Unterschied zwischen der psychedelischen Therapie, bei der es nur wenige Sitzungen gibt, und der psychedelischen Exploration, bei der es viele Sitzungen gibt. Mehr dazu ist in Kapitel 10 zu finden.

10 Zu den Screening-Kriterien siehe Grof 1980, 163-166; Johnson, Richards, und Griffiths 2008, 608-f. und Carhart-Harris et al. 2016, 1381. Ich glaube nicht, dass dieses Protokoll z.B. für Personen mit einer persönlichen Geschichte von Trauma- oder Missbrauch geeignet wäre, da seine zerstörerische Kraft alte Wunden in einer Weise reaktivieren könnte, die unproduktiv wäre.

Ursprünglich entschied ich mich für die Arbeit mit hohen LSD-Dosen, weil es schwierig war, in einer Doppelverdiener-Ehe Tage für inneres Reisen zu finden und weil ich einfach das Beste aus jeder Sitzung machen wollte. Ich wusste, dass die Sitzungen herausfordernder sein würden. Aber in der spirituellen Literatur, die ich gelesen hatte, wurde beschrieben, dass die karmische Konditionierung letztlich endlich ist, und ich dachte, dass ich durch diese intensive Transformationsmethode mein Karma schneller abarbeiten könnte, indem ich in jeder Sitzung größere Teile des Karmas durcharbeitete. Ich dachte, wenn ich mich gewissenhaft mit meinem Schatten konfrontieren und die Intensität der Arbeit aushalten könne, würde ich schneller an mein Ziel der persönlichen Befreiung gelangen. Später, nachdem dieses Modell aus Gründen, die ich in Kapitel 6 darlegen werde, zusammengefallen war, arbeitete ich weiter mit hohen Dosen, weil ich Geschmack daran gefunden hatte. Es brachte mich dorthin, wo ich hinwollte, und dann weiter, als ich es für möglich gehalten hätte.

Die Entscheidung, mit hohen Dosen zu arbeiten, hatte enorme Auswirkungen auf das, was sich auf dieser Reise entfaltete. Das hat nicht nur die *Tiefe des Bewusstseins* radikal erweitert, sondern auch dessen *Breite* in jeder Sitzung aktiviert. Es ging nicht einfach darum, dasselbe karmische Mahl in weniger Bissen zu essen, wie ich naiv gedacht hatte. Da das Netz des Lebens von Anfang an ein integriertes Ganzes ist, aktiviert die Arbeit mit hohen LSD-Dosen größere Teile dieses Netzes. Die Arbeit auf diesen Ebenen veränderte nicht nur, wie tief meine Erfahrungen gingen, sondern auch, wer oder was diese Erfahrungen tatsächlich machte, was die »Arbeitseinheit« der Erfahrung in einer Sitzung war. Unter diesen hochenergetischen Bedingungen dehnt sich die Größe des Patienten buchstäblich aus. Was ich damit meine, wird im weiteren Verlauf klarer werden.

Obwohl ich diese Arbeit mit dem Ziel der persönlichen Befreiung begann, begann ich mit der Zeit zu erkennen, dass in meinen Sitzungen vieles stattfand, was nicht in dieses Projekt fiel. Im dritten Jahr wurde ich in ausgedehnte reinigende Übungen hineingezogen, die sich eher auf die kollektive als auf meine persönliche Psyche zu konzentrieren schienen, als ob sich das Ziel von meiner persönlichen Befreiung auf die Befreiung der gesamten menschlichen Gattung verlagert hätte. Dann trieb mich die schiere Kraft der katalytischen Energie, die durch dieses Protokoll freigesetzt wurde, immer wieder durch eine erfahrbare Grenze nach der anderen, wodurch das Terrain der Erkundung immer wieder erweitert wurde. Schließlich wurden meine Sitzungen zu einer periodisch schmerzhaften, aber beständig ekstatischen Reise der kosmischen Entdeckung. Auf dieser Reise wurde ich eingeladen, das Universum auf eine Weise zu erforschen, die weit über mein ursprüngliches Projekt des spirituellen Erwachens hinausging.

Es ist nicht so, dass ich mein Engagement für die spirituelle Befreiung aufgegeben hätte, denn das blieb immer Teil der Arbeit, aber diese Reise brachte Erfahrungen mit sich, die viel zu tief gingen, als dass ich sie nach meiner Rückkehr jemals in einen stabilen

»erwachten Zustand« hätte umwandeln können. Dies war etwas anderes, ein *anderer Weg*, der ein *anderes Ziel* verfolgte. Man muss nicht die Zeit transzendieren, sich in archetypische Realität auflösen oder zur Geburt des Universums zurückkehren, um die eigene essentielle Natur zu erkennen oder im Zustand der Nondualität und Leere zu ruhen. Dies sind unterschiedliche, wenn auch sich gegenseitig verstärkende Unternehmungen.

Mein ganzes Leben lang hatte ich den leidenschaftlichen Wunsch, zu verstehen, wie unser Universum funktioniert. Warum ist unser Leben so, wie es ist? Warum gibt es so viel Leid im Leben? Gibt es eine größere Intelligenz, die im Universum agiert, und wenn ja, mit welchem Ziel? Was ist der Zweck und das Vorhaben der Existenz? Im gegenwärtigen materialistischen Paradigma unserer Kultur, das alles auf physische Materie reduziert, werden diese Fragen als jenseits des Bereichs echten Wissens betrachtet, und Versuche, sie zu beantworten, werden als rein spekulative Unternehmungen angesehen. In meinen Sitzungen wurde mir jedoch die Möglichkeit gegeben, diese Fragen in Übungen mit tiefgründig erfahrbaren Anweisungen zu erforschen, die von einer gewaltigen Intelligenz choreographiert wurden. Mir wurden Dinge gezeigt, die mich verblüfften und fassungslos machten, ich durfte Dinge erleben, die mein Verständnis der Existenz völlig neu ordneten. Welcher Philosoph könnte eine solche Gelegenheit ausschlagen?

Als sich diese Reise vertiefte, fand ich mich in einer spiralförmigen Liebesaffäre mit dieser Intelligenz wieder, einem Wesen, das so groß ist, dass ich es nur mit dem Vokabular des Göttlichen beschreiben kann, auch wenn die Sitzungen selbst immer wieder zeigten, wie begrenzt und kindlich unsere historischen Vorstellungen vom Göttlichen sind. Ich stimme Jonathan Goldman zu, der in Bezug auf Ayahuasca sagte: »Die Rituale des Daime sind nicht als ›Erfahrung‹ gedacht, sondern bieten die Möglichkeit, mit einem Göttlichen Wesen von unvorstellbarer Intelligenz, Mitgefühl, Klarheit und spiritueller Macht intim zu interagieren.«[11] Ich kenne die Grenzen dieses Wesens nicht, und ich zögere, es überhaupt als »Wesen« zu bezeichnen. So wie ich es erfahren habe, ist es das Gewebe der Existenz selbst. Ich betrachte es als die generative Intelligenz unseres Universums, den Geist des Kosmos – sowohl transzendente Quelle als auch manifester Körper der Existenz, jenseits aller Kategorien von Er oder Sie und unendlich mehr als jedes Es.

Da ich wusste, dass ich die tiefste Intimität mit dieser Intelligenz nur für ein paar Stunden an einem bestimmten Tag aufrechterhalten konnte und dass ich keine Kontrolle darüber hatte, welche Sitzung zu einem dieser magischen Tage werden würde, trieb mich das weiter an. Wenn sich die inneren Räume zu öffnen begannen, war dies so intensiv, dass ich mich am Ende des Tages höchst erfüllt fühlte und gleichzeitig schmerzlich trauerte, weil ich nicht bei meiner Geliebten bleiben konnte.

---

11 Alverga 1999, xxxi.

Jeder muss einen Namen für das Absolute wählen, einen Titel, der seiner Wahrheit, Macht und Schönheit gerecht wird. Obwohl ich in diesem Buch viele Begriffe verwenden werde, um es zu beschreiben, nenne ich es im innersten Herzen »*meine Geliebte*«. Einmal in ihrer Umarmung gehalten, einmal in ihrer strahlenden Pracht aufgelöst, gehörte ich ihr für immer. Ich werde ihr bis zu meinem letzten Atemzug gehören und auch danach. Wenn meine Beschreibung in Richtung des Weiblichen tendiert, so liegt das an zwei Dingen – an der besonderen Geschichte der Schöpfung, die auf dieser Reise entstanden ist, und an der Liebe, die die Wiedervereinigung mit dieser Realität in mir geweckt hat.[12]

Zwei Phasen einer Sitzung

Nach dem Protokoll, das ich mir zu eigen machte, bestand jede meiner Sitzungen im Allgemeinen aus zwei Phasen – einer Reinigungsphase, gefolgt von einer ekstatischen Phase. Die ersten ein bis zwei Stunden wurden gewöhnlich mit einer Art intensiver Reinigung und Läuterung verbracht. Dieser Prozess erreichte schließlich einen Höhepunkt, und dann ging die Sitzung für den Rest des Tages in eine ekstatische Phase über. Die Trennung zwischen der Reinigungsphase und der ekstatischen Phase war eine fließende Grenze mit vielen Variationen. Manchmal wurde ich innerhalb einer Sitzung mehrmals über diese Grenze hin- und herbewegt. Gelegentlich wurde eine ganze Sitzung mit der Reinigung verbracht, und die nächste Sitzung begann sofort mit der ekstatischen Ernte. In diesem Fall fungierten die beiden Sitzungen als zwei Hälften eines größeren Ganzen, auch wenn sie mehrere Monate auseinanderlagen.

Soweit ich feststellen konnte, wurde die Tiefe der ekstatischen Phase in meinen Sitzungen von drei Faktoren beeinflusst. Der erste ist die Tiefe der Reinigung, die während der Reinigungsphase der Sitzung stattgefunden hatte. Je tiefer die Reinigung in der ersten Hälfte einer Sitzung war, desto tiefer war in der Regel auch die visionäre Erfahrung in der zweiten Hälfte. Der zweite Faktor ist die Tiefe der Reinigung, die in allen meinen vorherigen Sitzungen stattgefunden hatte. Nach fünfzig Sitzungen erwartet man natürlich eine tiefere Begegnung als nach fünf Sitzungen. Der dritte Faktor ist ein wenig schwieriger zu beschreiben. Es gibt ein *energetisches Momentum,* das sich in den Sitzungen aufbaut, wenn man über einen längeren Zeitraum konsequent arbeitet. Es ist eine greifbare Kraft, die sich ansammelt und einen zu

12 Auch wenn ich manchmal von dieser Realität als dem Göttlichen spreche und eine persönliche Sprache dafür verwende, bin ich eigentlich kein Theist. In meinen Händen lässt sich das »Göttliche« nicht auf den Gott unserer monotheistischen Traditionen reduzieren. Meine metaphysische Ausrichtung geht in Richtung Monismus und Pantheismus. Mein Gott ist der Kosmos. Ich sehe die gesamte Realität, sowohl die physische als auch die spirituelle Realität, als die Manifestation einer einzigen Intelligenz und Macht, deren Wesen sich unserer Fähigkeit, es vollständig zu ergründen, aber nicht unserer Fähigkeit, es bis zu einem gewissen Grad zu erfahren, entzieht.

regelmäßigen Durchbrüchen antreibt, ähnlich wie ein Sportler im Training eine Kraft entwickelt, die ihn regelmäßig zu Höchstleistungen ermächtigt. Ich brauchte Jahre anhaltender Arbeit, genügend Energie aufzubauen, um die Ebenen der Realität zu erreichen, die ich in den späteren Phasen meiner Arbeit betrat. Aus diesem Grund könnte ich heute nicht in einer einzigen Sitzung in dieses Gebiet zurückkehren, egal wie hoch die Dosis wäre, die ich nähme. Es würde Jahre dauern, bis ich die nötige Energie aufbringen könnte, um diese mächtigen Bereiche wieder zu betreten.

Möglicherweise gibt es noch einen weiteren Faktor, der das Ergebnis unserer Sitzungen beeinflusst. Da unser Sonnensystem ständig in Bewegung ist, verändert sich die Variable der Planetenstellung auf subtile Weise von Tag zu Tag und von Monat zu Monat. In ihrer langjährigen Zusammenarbeit haben Stan Grof und Richard Tarnas die gewagte Hypothese aufgestellt, dass sich die Erfahrungen der Menschen in tiefen nicht-alltäglichen Zuständen synchron mit den Rhythmen unseres Sonnensystems bewegen. Anhand von Fallbeispielen hat Grof argumentiert, dass die Geburts- und Transitastrologie den Tenor einer psychedelischen Sitzung an einem bestimmten Tag erhellen und sogar vorhersagen kann.[13] Dies ist ein zu umfangreiches Thema, als dass ich es aufgreifen könnte.

Das Handwerk des Erinnerns

Während das Thema »Setting« in der psychedelischen Literatur viel diskutiert wurde, finde ich, dass der Frage des systematischen Abrufs nach einer Sitzung zu wenig Aufmerksamkeit geschenkt wird. Ich weiß nicht, warum das so ist, denn ich habe festgestellt, dass es eine große Herausforderung sein kann, eine genaue Aufzeichnung jeder Sitzung zu machen. Das mag an den hohen Dosen liegen, mit denen ich gearbeitet habe, aber ich denke, dass es auch ein größeres Problem darstellt.

LSD bewirkt eine starke, aber vorübergehende Steigerung der Sensibilität des Geistes. Unsere gewohnten Konditionierungen werden unterbrochen und unser Bewusstseinsfeld wird tiefgreifend erweitert, aber nach einigen Stunden kehrt unsere Wahrnehmung in ihre gewohnten Muster zurück. Wenn wir keine Maßnahmen ergreifen, um unsere Erfahrungen sofort nach der Rückkehr akkurat aufzuzeichnen, neigt unsere Erinnerung daran dazu, zu verblassen. Was an einem Tag überwältigend stark war, wird am nächsten Tag etwas schwächer und einen Monat später noch schwächer. Wenn wir die Erinnerung an unsere Erfahrungen so sorgfältig wie möglich bewahren, schließt sich der Kreis des Lernens und schafft eine solidere Grundlage für unsere nächste Sitzung.

---

13 Grof 2009; 2012.

Ich beneide Künstler wie Alex Grey, Pablo Amaringo und Martina Hoffmann, die ihre psychedelischen Erfahrungen in beeindruckenden Kunstwerken festgehalten haben. Ich habe diese Gabe nicht. Ich bin Schriftsteller und ich male mit Worten. Ein Teil meines Protokolls für die Arbeit mit LSD bestand daher darin, innerhalb von 24 Stunden einen detaillierten Bericht über jede Sitzung zu schreiben. Ich fand heraus, dass, wenn ich auch nur ein paar Tage wartete, das Erinnern schwieriger und die Niederschrift weniger vollständig war, also lernte ich, nicht zu warten.

Das Aufzeichnen meiner Sitzungen erforderte oft ein Schreiben an der Grenze meines Verständnisses, da ich darum kämpfte, Erfahrungen zu beschreiben, die mir zu diesem Zeitpunkt zutiefst rätselhaft waren. Ich musste wiederholt die Sprache dehnen, um Realitäten zu beschreiben, die ich nicht kannte. Psychedelische Erlebnisse sind kognitiv schwer fassbar. Je weiter eine Sitzung einen in ein neues und ungewohntes Gebiet führt, desto schwieriger ist es, sie genau zu beschreiben. Um diesen Prozess zu erleichtern, habe ich eine Strategie entwickelt.

Wenn ich eine Sitzung aufschreibe, höre ich mir die in der Sitzung verwendete Musik in genau derselben Reihenfolge an, in der sie in der Sitzung gespielt wurde. Ich spiele jedes Stück immer wieder, bis ich das Gefühl habe, dass ich die Essenz der Erfahrung, die ich mit dieser Musik hatte, eingefangen habe, und gehe dann zum nächsten Abschnitt über. Am Tag nach einer Sitzung ist man noch sehr porös. Indem ich die Musik in diesem porösen Zustand hörte, während meine verbalen Funktionen wiederhergestellt waren, stellte ich fest, dass ich in der Lage war, die Ränder meiner Erfahrung wieder zu betreten und sie effektiver zu Papier zu bringen. Ich nannte es, »am Rande des Brunnens stehen«.

An den kostbaren Tagen, an denen ich zu einer neuen Bewusstseinsebene durchbrach, war das Erinnern manchmal schwierig. Meine Aufzeichnungen wiesen dann mehr Lücken auf. Manchmal konnte ich mich nur an Fragmente einer besonders tiefen Erfahrung erinnern, der Rest verschwand in den Schatten. Die Erlebnisse waren so anders als alles, was ich bisher gekannt hatte, dass mein Verstand sie nicht alle festhalten konnte. Ich lernte jedoch, dass sich das Erinnern und Verstehen durch Wiederholung verbesserte. Als ich in den folgenden Sitzungen auf dieselbe Realitätsebene zurückkehrte, konnte ich die Erlebnisse vollständiger behalten. Mein System gewöhnte sich an das neue Gebiet, und ich konnte mich an Dinge erinnern, die ich zuvor vergessen hatte. Die Teile fügten sich allmählich zu kohärenteren Mustern zusammen und die Bedeutungen wurden klarer. Infolgedessen wurden meine Sitzungserzählungen vollständiger.

Dies ist ein wichtiger erkenntnistheoretischer Punkt. *Mit Beharrlichkeit und Übung kann die Wahrnehmung darauf trainiert werden, unter diesen ungewöhnlichen und neuartigen Bedingungen zu funktionieren.* Tiefgreifende Erfahrungen werden einem nicht einfach geschenkt; man muss sich selbst darauf trainieren, sie zu empfangen und sie festzuhalten. Ich kann dies nicht genug betonen. Dies ist besonders wichtig, wenn man psychedelische Arbeit in ein gewagtes Unterfangen einbeziehen will.

In diesem Zusammenhang möchte ich erwähnen, dass ich denke, dass die Unbeschreiblichkeit als Merkmal echter mystischer Erfahrung oft überbewertet wird. In den »*Die Vielfalt religiöser Erfahrung*« machte William James die Unbeschreiblichkeit zu einem der vier Merkmale mystischer Erfahrung, und sie ist in dem von Walter Pahnke und Bill Richards entwickelten Fragebogen zur mystischen Erfahrung zum Standard geworden. Diese Interpretation spiegelt Dantes Einblick in das *Paradies* wider, wo er schrieb:

> *In jenem Himmel*
> *der SEIN Licht am stärksten empfängt,*
> *befand ich mich und erblickte Dinge*
> *die zu erzählen derjenige, der von dort herabsteigt,*
> *weder weiß noch vermag;*
> *denn wenn sich unser Verstand seinem Sehnen nähert,*
> *versinkt er so tief darin,*
> *dass die Erinnerung ihm nicht folgen kann..*
>
> CANTO I: 4-9

Es mag zwar wahr sein, dass die Sprache in Angesicht des Transzendenten ins Wanken gerät, aber wenn man die Unaussprechlichkeit zu einer Kardinaltugend der mystischen Erfahrung macht, deutet das fast darauf hin, dass das Transzendente undurchsichtig bleiben will. Meine Erfahrung ist jedoch, dass das Göttliche erkannt werden will. Ich denke, dass Vergesslichkeit und Undeutlichkeit, selbst ekstatische Undeutlichkeit, in erster Linie ein Symptom dafür sind, dass man an seine Erfahrungsgrenzen stößt. Wenn man nicht beschreiben kann, wo man gewesen ist, hat man sich wahrscheinlich nur verlaufen. Obwohl man immer Teile der Erfahrung verliert, wenn man ein neues Gebiet betritt, gewinnt man diese Teile in späteren Sitzungen wieder und lernt schließlich, wie sie zusammenpassen. Wir sollten uns anstrengen, um die richtigen Worte zu finden, bevor wir uns der Stille hingeben. Der bekannte Mystikforscher Walter Stace hatte ebenfalls große Vorbehalte gegen diese »angebliche Unaussprechlichkeit«, denn, so sagte er, Mystiker beschreiben ihre Erfahrungen sehr wohl, manchmal sogar recht ausführlich.[14]

---

14 Stace 1960, 78-80.

Das Herzstück dieses Buches ist mein psychedelisches Tagebuch, etwa 400 Seiten mit Berichten über Sitzungen. Mit einer aufrichtigen Verbeugung vor Carl Gustav Jung ist dieses Tagebuch mein »Rotes Buch« ohne die Bilder. Es ist die Aufzeichnung meiner tiefsten Erfahrung mit dem Universum, der primäre Text, der für mich vor jeder späteren Interpretation und Reflexion steht. Sobald ich eine Sitzung aufgeschrieben habe, ändere oder bearbeite ich sie nicht mehr. Ich habe gelernt, dass der Versuch, den Bericht zu verbessern, etwas verzerren könnte, was in der ursprünglichen, rohen Sprache enthalten ist, also lasse ich es sein. Wann immer ich in den folgenden Kapiteln aus diesem Tagebuch zitiere, werde ich eine eindeutige Schriftart verwenden. Außerdem werde ich die Sitzungen nummerieren. Die Nummerierung macht es einfach leichter, die einzelnen Etappen der Reise nachzuvollziehen, während sie sich entfaltet.

Die Konversation lenken

Psychedelische Sitzungen sind so multidimensional und multithematisch, dass es schwierig sein kann, in ihnen eine Erzählung zu isolieren. Themen aus persönlichen und transpersonalen Realitätsebenen verflechten sich auf komplizierte Weise miteinander. Die Szenarien wiederholen sich über viele Sitzungen hinweg, und die Handlung verdichtet sich, je mehr Schichten hinzugefügt werden. In den folgenden Kapiteln möchte ich diese Komplexität nicht zu sehr vereinfachen, indem ich die Sitzungen einfacher erscheinen lasse, als sie tatsächlich waren. Gleichzeitig muss ich die Ereignisse zusammenfassen, um sie in einer einigermaßen effizienten Weise zu präsentieren. Ich musste Entscheidungen darüber treffen, was davon wichtig ist und was weggelassen werden kann. Um die wichtigsten Elemente dieser Reise zu vermitteln, habe ich einige sorgfältige Kürzungen vorgenommen.

Während ich mit diesen hohen Dosen arbeitete, stellte ich fest, dass Einsichten in mein Privatleben eher zu Beginn und am Ende einer Sitzung auftauchten, wenn ich mein Leben in der physischen Welt verließ und wieder dorthin zurückkehrte. In den mittleren Stunden, wenn die Sitzung ihren Höhepunkt erreichte, operierte ich gewöhnlich jenseits des Bereichs der persönlichen Realität, zumindest nach den ersten 15 Sitzungen oder so. Das bedeutet nicht, dass das persönliche Element völlig fehlte, denn manchmal wurde mir die mich betreffende Relevanz dieser oder jener Lehre gezeigt, und manchmal wurde eine ganze Sitzung mit individueller Heilung oder Unterweisung verbracht. Aber im Allgemeinen gab es einen deutlichen Unterschied zwischen dem Inhalt der Hauptstunden einer Sitzung und dem Inhalt der Anfangs- und Endstunden. Das folgende Bild mag helfen, diesen Punkt zu verdeutlichen.

Abb. I. Sitzungsspitzen
(Bild von Jason Bache, Nerds Ltd.)

Diese glockenförmigen Kurven stellen eine Reihe von Sitzungen dar. Ich habe sie überlappend gezeichnet, um ihre thematische Kontinuität zu betonen. Die größeren Kreise am oberen Ende der Kurven markieren die Stunden der höchsten visionären Intensität; die kleineren Kreise am unteren Ende markieren die milderen Erfahrungen, die während des Abhebens vom und des Wiedereintritts in das normale Bewusstsein stattfanden.

Die Geschichte, die ich in diesem Buch erzähle, ist aus den visionären Erfahrungen zusammengestellt, die sich innerhalb der Kreise oben auf diesen Kurven ereignet haben. Ich überspringe die Erfahrungen, die sich innerhalb der kleineren Kreise abspielten, wo der Inhalt persönlicher war und sich auf meine unmittelbaren Lebensumstände bezog. Obwohl diese Erfahrungen für mich persönlich wertvoll waren, sind sie philosophisch nicht bedeutsam genug, um sie mit der Welt zu teilen, besonders, wenn es so viele größere Themen zu diskutieren gibt.

LSD und das Bewusstsein des Universums ist in erster Linie eine *kosmologische Erzählung*, keine therapeutische. In einer therapeutischen Erzählung sind die persönlichen Details wichtig, in einer kosmologischen Erzählung sind sie es weniger. Natürlich war diese ganze Reise zutiefst persönlich, aber meine persönliche Geschichte ist hier nicht wichtig, und sie ist auch nicht wesentlich für die Geschichte, die ich vermitteln möchte. Erst wenn man die Untiefen der persönlichen Psyche hinter sich lässt und in den Ozean der tiefen Psyche eintaucht, beginnt die größere und philosophisch interessantere Geschichte, zum Vorschein zu kommen.

So, wie Träume aufeinander aufbauen, wenn man sie aufmerksam verfolgt, bauen psychedelische Sitzungen aufeinander auf, wenn man sich systematisch mit ihnen beschäftigt – zumindest war das bei mir der Fall. Im Laufe der Jahre kam es zu einer systematischen Vertiefung meiner visionären Erfahrung. Ich denke, die Standardisierung der Verfahren, die ich in meinen Sitzungen anwandte – derselbe Sitter, dasselbe Set und Setting, dieselbe Medizin und Dosis, derselbe Ort und derselbe Aufnahmeprozess – trug zur Stabilität und Kontinuität meiner visionären Konversationen bei. Schritt für Schritt in eine große Tiefe geführt zu werden, erlaubt unseren kognitiven Fähigkeiten, sich auf jeder Ebene zu stabilisieren, bevor wir in die nächste geführt werden, ansonsten würden wir von der Ungeheuerlichkeit der Begegnung verschluckt werden, und was würde dan erreicht werden, außer einer flüchtigen Ekstase, die wenig aufbaut?

Wenn wir versuchen, von dieser Blickrichtung aus bestimmte psychedelische Erfahrungen zu verstehen, ist es meiner Meinung nach wichtig, sie im Kontext unserer gesamten Reise zu sehen. In einer nachhaltigen psychedelischen Untersuchung bringen unsere Sitzungen unser Lernen immer voran – manchmal betreten wir Neuland, manchmal klären und kommentieren wir, was in den vorangegangenen Sitzungen stattgefunden hat, und manchmal geben sie uns einen Einblick, wohin wir als nächstes gehen werden. Hinzu kommt, dass auf verschiedenen Realitätsebenen unterschiedlichen Regeln gelten. Worte bekommen eine andere Bedeutung und einen anderen Stellenwert, wenn der Prozess sich vertieft. Wenn wir eine Erfahrung aus ihrem Kontext herausnehmen, wird ihre Bedeutung halbiert.

Lass mich einen Schritt zurücktreten und dies noch einmal vorsichtig ausdrücken. Es gibt eine Reihe wichtiger Erkenntnisse, die sich aus dem Sammeln und Analysieren der psychedelischen Erfahrungen einer großen Anzahl von Menschen ergeben, und dazu müssen die Erfahrungen aus ihrem ursprünglichen Kontext herausgenommen werden. Dies war einer von Stan Grofs unschätzbaren Beiträgen. Durch die phänomenologische Erfassung der psychedelischen Erfahrungen von Tausenden von Menschen hat Stan die ontologische Gültigkeit des transpersonalen Territoriums nachgewiesen.

Eine andere Reihe von Einsichten ergibt sich, wenn wir einer Person durch dieses Gebiet folgen. Ohne diese kollektive Datenbank könnte man die Reise des Einzelnen als bloße private Fantasie abtun. Vor dem Hintergrund dieser kollektiven Datenbank werden jedoch bestimmte Merkmale des psychedelischen Prozesses deutlicher: die verschiedenen Stufen der Initiation, die sich vertiefende Spirale von Tod und Wiedergeburt und die partizipative Dynamik der psychedelischen Offenbarung. Für diese Arbeit ist der Kontext entscheidend. Jede dieser Perspektiven ergänzt und verstärkt sich gegenseitig.

Die partizipatorischen Dynamiken der Offenbarung

Je mehr ich über die außergewöhnliche Bandbreite an Erfahrungen nachgedacht habe, die sich auf meiner Reise auftat, desto mehr habe ich die komplexe Dynamik der psychedelischen Offenbarung zu schätzen gelernt. In diesen Zuständen nutzen wir *das Bewusstsein, um das Bewusstsein zu erforschen*, und es findet ein faszinierender Tanz zwischen dem Geist, der erforscht, und dem größeren Geist, der erforscht wird, statt.

Jede psychedelische Offenlegung ist interaktiv. Alles, was wir in diesen visionären Zuständen sehen und lernen, wird auf subtile Weise von dem geprägt, was wir im Moment des Kontakts *sind*. Das bedeutet nicht, dass die Visionen, die wir erleben, lediglich Projektionen unserer persönlichen Psyche sind, dass wir nicht etwas erleben würden, das im Kosmos wirklich existiert. Vielmehr bedeutet es, dass *jede visionäre Begegnung partizipatorisch ist*. Unser Sein ruft den Teil des Universums hervor, den wir in diesen Zuständen erleben, und je mehr Konditionierung wir losgelassen haben, wenn diese Verbindung stattfindet, desto offener und weitreichender sind die Erfahrungen, die sich bieten.

Meinem Erleben nach ist das Bewusstsein ein unendlicher Ozean von Erfahrungsmöglichkeiten. Wenn wir diese verstärkende Medizin einnehmen, wirkt der Geist, den wir in diesen Ozean fallen lassen, wie ein Keimkristall, der eine bestimmte Reihe von Erfahrungen aus seinem unendlichen Potenzial katalysiert. Während wir durch diese Begegnungen allmählich geheilt, gereinigt und transformiert werden, verändert sich der Keimkristall unseres Geistes. In nachfolgenden Sitzungen katalysiert er noch tiefere Erfahrungen aus diesem Ozean. Wenn wir diesen Prozess viele Male auf nachhaltige Weise wiederholen, findet eine Abfolge von Einweihungen in immer tiefere Bewusstseinsebenen statt und es entfaltet sich eine sich vertiefende visionäre Verbundenheit. Jedes Segment dieser Verbundenheit neigt dazu, dort weiterzumachen, wo das vorherige Segment aufgehört hat. Manchmal gibt es eine sehr enge Kontinuität zwischen den Sitzungen, manchmal ist sie breiter, aber sie ist immer in das Beziehungsgefüge eingewoben.

In diesem Zusammenhang möchte ich erwähnen, dass dies ein Vorteil des langen LSD-Zeitfensters im Vergleich zu kurz wirkenden Psychedelika wie 5-MeO-DMT[15] sein könnte. LSD sprengt einen nicht so schnell durch die vielen Schichten des Kosmos wie 5-MeO-DMT, aber die acht Stunden andauernde Wirkung des LSD lädt ein, treibt an und erzwingt eine Verfeinerung *des* Bewusstseins, welches die Erkundung durchführt, während es von dem erforschten Bewusstsein beeinflusst, angeleitet und geheilt wird. Eine LSD-Sitzung mahlt langsam, aber sie mahlt gut. Sie gibt uns Zeit, uns mit den Realitäten, denen wir begegnen, zu beschäftigen und uns dadurch zu verändern. Ich denke, dieser Schliff beeinflusst beides, die mögliche Klar-

15 5-MeO-DMT ist ein Psychedelikum aus der Klasse der Tryptamine, das vier- bis sechsmal stärker ist als DMT. Es kommt in einer Vielzahl von Bäumen und Sträuchern in Nord- und Südamerika sowie im milchigweißen Gift der im Südwesten der Vereinigten Staaten und im Nordwesten Mexikos beheimateten Coloradokröte vor. Beim Rauchen tritt die Wirkung innerhalb von 30 Sekunden ein, erreicht ihren Höhepunkt nach 1 bis 15 Minuten und hält bis zu einer halben Stunde an. Wird es geschnupft, hat es ein längeres Wirkungsfenster (Oroc 2009; St John 2015; Metzner, 2015).

heit unserer Wahrnehmung in diesen Zuständen und was wir aus diesen Zuständen zurückbringen, sowohl in Bezug auf Heilung als auch Verständnis.[16]

Ebenen der Erfahrung

Die Geschichte, die ich in diesem Buch erzähle, ist daher eine Geschichte des Eintritts in immer tiefere Bewusstseinszustände und des Erlebens immer tieferer Wirklichkeitsebenen durch diese Zustände. Da das Universum holographisch integriert ist, können sich an jedem Punkt des Weges Erfahrungen von großer Tiefe auftun, daher möchte ich keine Heilslehre von einem linearen Fortschritt aufstellen. Viele Variablen beeinflussen, was in den Sitzungen einer Person an einem bestimmten Tag zum Vorschein kommt.[17] Dennoch habe ich die Erfahrung gemacht, dass sich das Universum im Großen und Ganzen in Stufen offenbart, wenn man so viele dieser Variablen wie möglich standardisiert. Jede dieser Phasen hatte ihre besonderen Merkmale und ihre eigene Dynamik. Ich betrachte sie als verschiedene *Ebenen der Erfahrung*. Auf meiner Reise wurde ich über viele Jahre hinweg systematisch von einer Erfahrungsebene zur anderen bewegt.

Ich denke nicht, dass die Reihenfolge, in der diese Ebenen in meinen Sitzungen auftauchten, unbedingt eine universelle, kulturübergreifende Norm widerspiegelt. Neben der bereits erwähnten individuellen Variabilität gibt es in den verschiedenen spirituellen Traditionen auf der ganzen Welt unterschiedliche Abfolgen von Einweihung und eine beträchtliche Meinungsvielfalt darüber, was als tiefere und tiefste Ebenen der Wirklichkeit angesehen wird. In diesem Buch beschreibe ich lediglich die Phasen, in denen das Universum mich aufgenommen hat, ohne zu behaupten, dass diese für andere Menschen in anderen Umgebungen normativ sind. Ich weiß auch, dass ich diese Ebenen nicht in ihrer Gesamtheit erforscht habe. Es gibt so vieles, was ich auf meiner Reise nicht, was aber andere gesehen haben. Am Ende, denke ich, habe ich ein tiefes »Bohrloch« ins Universum gebohrt und bin in viele seiner Schichten eingedrungen, aber ich habe sicherlich nicht das gesamte Gebiet erlebt, das mit einer dieser jeweiligen Schichten verbunden ist.

---

16 Dies entspricht der Beobachtung von Rick Strassman (2001, 266-277), dass die intensive, aber kurz wirkende DMT-Erfahrung im Allgemeinen keine langanhaltende Wirkung auf seine Probanden hatte.

17 In *LSD-Psychotherapie* beschreibt Grof (1980, 48) einige dieser Variablen: »Um die Natur der LSD-Reaktion in ihrer ganzen Komplexität zu verstehen, müssen wir nicht nur die eigentliche pharmakologische Wirkung der Substanz diskutieren, sondern auch die wichtigsten extrapharmakologischen Faktoren – die Rolle der Persönlichkeit der Versuchsperson, ihren emotionalen Zustand und ihre aktuelle Lebenssituation, die Persönlichkeit des Leiters oder Therapeuten, die Art der Beziehung zwischen der Versuchsperson und dem Leiter und einen ganzen Komplex zusätzlicher Faktoren, die gewöhnlich als Kulisse und Setting bezeichnet werden«.

Ich werde Stan Grof folgen und diese Erfahrungsebenen als die psychische, die subtile und die kausale Ebene des Bewusstseins bezeichnen. Ken Wilber verwendete diese Begriffe zusammen mit der Nondualität erstmals in *The Amman Project* (1980), um die seiner Meinung nach vier Stufen der psycho-spirituellen Entwicklung zu beschreiben. Indem er sich weitgehend auf hinduistische und buddhistische Quellen stützte, sah Wilber diese vier Stufen als evolutionäre Sprungbretter, die in der nondualen spirituellen Verwirklichung gipfeln.[18]

Obwohl er sich auf Wilbers Modell bezieht, verwendet Grof diese Begriffe nicht, um die Stufen der spirituellen Entwicklung zu klassifizieren, sondern um verschiedene Bewusstseinszustände zu unterscheiden, die in psychedelischen Sitzungen und holotropen Atemsitzungen auftreten. Das heißt, seine Beschreibung ist eher phänomenologisch als hierarchisch. In diesem Zusammenhang unterscheidet er zwischen niedrigem und hohem psychischen, subtilen und kausalen Bewusstsein und gibt Beispiele aus seinen umfangreichen Archiven.[19]

Wie Grof werde ich diese Begriffe verwenden, um Bewusstseinszustände zu identifizieren, ohne ein bestimmtes Modell der spirituellen Entwicklung zu befürworten. Während sich meine psychedelischen Erfahrungen in dieser allgemeinen Reihenfolge entfaltet haben, gab es auf dem Weg dorthin viele Variationen. Ich werde diese Begriffe auch für die verschiedenen Realitätsebenen verwenden, derer man sich durch diese Zustände bewusst wird. Das heißt, ich akzeptiere die Prämisse, dass subtile Bewusstseinszustände subtile Ebenen der Realität offenbaren, kausale Zustände kausale Ebenen offenbaren und so weiter. Das ist der große Wert des Eintritts in diese Zustände, dass wir durch sie Zugang zu tieferen Dimensionen der Existenz erhalten.[20]

Wie man in einer partizipatorischen Kosmologie nicht anders erwarten würde, wird jeder von uns diese Ebenen der Erfahrung etwas anders erleben. Lass mich demzufolge ein paar Überlegungen darüber teilen, was diese Begriffe für mich persönlich bedeuten – als Ausgangspunkt für die Geschichte, die folgen wird.

Auf der *psychischen Ebene* der transpersonalen Erfahrung dehnt sich das Bewusstsein über die physische in die nicht-physische oder spirituelle Realität aus, aber unsere Erfahrung dieser Realität wird immer noch durch Bedingungen eingeschränkt, die

18 Siehe auch Wilber 1995. Wilbers Modell hat weite Verbreitung gefunden, ist aber auch auf Kritik gestoßen. In *Revisioning Transpersonal Theory* (2002) stellt Ferrer eine Kritik an perennialistischen Darstellungen von Spiritualität vor und kritisiert insbesondere Wilbers Ansatz als starr, hierarchisch und mit einer unangemessenen Privilegierung der nondualen spirituellen Verwirklichung als dem ultimativen Gipfel der spirituellen Entwicklung.

19 Grof erörtert diese Bewusstseinsebenen an vielen Stellen, angefangen bei *Beyond the Brain* (1985), aber am ausführlichsten in *Psychology of the Future* (2000).

20 Ich erlebte nonduales Bewusstsein als inhärentes Merkmal des kausalen Bewusstseins und behandle es daher nicht als separaten Bewusstseinszustand.

aus unserer Raum-Zeit-Erfahrung übernommen wurden. Innerhalb der Raum-Zeit erleben wir beispielsweise, dass das Leben aus getrennten Wesen besteht, und die transpersonale Erfahrung auf der psychischen Ebene spiegelt diese Annahme tendenziell wider. Auf dieser Bewusstseinsebene erleben wir uns oft als eigenständige geistige Wesen in Gesellschaft anderer eigenständiger Wesen. Die Erfahrung hat eine »atomistische«, eine »seelenzentrierte« Qualität, und die Seele, die wir auf dieser Ebene erleben, tendiert dazu, das spirituelle Selbst unseres gegenwärtigen Lebens, unser »körperloses Selbst«, wie es manchmal genannt wird, zu sein.

Auf der *subtilen Ebene* transpersonaler Erfahrung wird die Prägung durch die physische Realität immer stärker in den Hintergrund gedrängt und wir beginnen, uns der tieferen Struktur des Lebens zu öffnen. Ich habe immer gedacht, dass »subtil« eine seltsame Bezeichnung für diese Bewusstseinsstufe ist, denn es gibt wirklich nichts Subtiles an ihr. Eher das Gegenteil ist der Fall. Auf dieser Ebene beginnen wir, in die größeren Realitäten und grundlegenderen Strukturen hineingezogen zu werden, von denen unser individuelles Leben ein Teil ist. Die subtile oder feinstoffliche Realität ist wie die Stahlträger eines Wolkenkratzers; sie ist die tiefere Struktur, die die einzelnen Räume des fertigen Gebäudes trägt.

Auf der subtilen Ebene des Bewusstseins können wir das kollektive Bewusstsein unserer Art und anderer Arten oder sogar die archetypischen Kräfte erfahren, die die Raum-Zeit und alles, was sie enthält, erschaffen. Auf dieser Ebene kann sich die persönliche Seele unseres gegenwärtigen Lebens für die größere Seele unseres wiedergeborenen Selbst öffnen – so werde ich in diesem Buch im Allgemeinen den Begriff »Seele« im Sinne der größeren Seele verwenden. Die subtile Ebene des Bewusstseins umfasst eine breites Spektrum von Phänomenen, die jedoch alle gemeinsam haben, dass sie die grundlegenderen Bausteine der Existenz widerspiegeln. Man erlebt immer noch eine in Teile gegliederte Welt, aber die Teile sind größer und grundlegender als auf der psychischen Ebene.

Auf der *kausalen Ebene* beginnt die Welt der getrennten Teile einer Erfahrung zu weichen, in der sich das Universum als eine einzige Einheit bewegt. Es gibt viele Möglichkeiten, diesen riesigen Bereich zu erfahren, aber für mich ist die Signatur des kausalen Bewusstseins das Einssein. Andeutung von Einssein zeigt sich auch auf niedrigeren Bewusstseinsebenen, denn es ist eine primäre Wahrheit mit vielen Variationen, aber es gibt etwas Besonderes an der Erfahrung des Einsseins auf der kausalen Ebene, wo sie zu einer lebendigen Erfahrung ontologischer Transparenz und allumfassender Ganzheit heranreift. Es gibt keinen Bezugspunkt außerhalb dieser Einheit, von dem aus man eine Perspektive auf sie einnehmen könnte, da sie die gesamte Existenz ist. Hier, wie Plotinus es prägnant ausdrückte, »atmet alles zusammen«. Oder wie Sri Aurobindo es beschrieb: »In dieser Sicht der Dinge wird sich das

Universum in seiner Einheit und Totalität als Manifestation eines einzigen Wesens offenbaren, die Natur als seine Kraft der Manifestation, die Evolution als sein Prozess der allmählichen Offenbarung in der Materie.«[21]

Das zweite Merkmal der kausalen Realität, das für mich hervorsticht, ist Licht. Licht kann auf der subtilen Ebene des Bewusstseins eintreten, aber es wird auf der kausalen Ebene stärker. In dem Maße, wie die Erfahrung des Einsseins auf tieferen kausalen Ebenen verfeinert wird, wird auch die Erfahrung des Lichts verfeinert. Wenn der niedere Kausalbereich die Domäne des einen Gottes ist, dann ist der höhere Kausalbereich für mich die Domäne des diamantenen Leuchtens. Manchmal habe ich das Gefühl, dass der Bereich des diamantenen Leuchtens sogar jenseits der kausalen Realität liegen könnte, aber ich werde diesen Punkt nicht weiter ausführen.

Letztlich sind all diese Kategorien nur Bezeichnungen, die der Annäherung und Zweckmäßigkeit dienen. Man kann das Spektrum der spirituellen Realität auf viele Arten unterteilen, und ich habe kein Interesse daran, eine kosmologische Karte einer anderen vorzu ziehen. Es wäre in der Tat töricht, zu glauben, wir könnten der enormen Weite der spirituellen Realität gerecht werden, wenn wir nur drei oder sechs Kategorien verwenden. Dies sind lediglich grobe Unterteilungen, die ich verwenden werde, um einige der Übergänge auf meiner Reise zu umreißen.

Den Himmel herabrufen

Die visionäre Geschichte, die ich in diesem Buch erzähle, ist keine Geschichte der Flucht in die Transzendenz, sondern eine Geschichte der Vertiefung der heiligen Präsenz auf der Erde. Dies mag zu Beginn und in der Mitte der Geschichte nicht offensichtlich sein, aber am Ende wird es klar werden. Ich erwähne dies, weil die klassischen Religionen des Axialen Zeitalters[22] im Kern Lehren des Aufstiegs sind, und dieser Archetyp ist tief in unserer Kultur verwurzelt.

Sowohl die westlichen als auch die asiatischen Religionen bekräftigen die Lehren von einer Erlösung im Sinne von »Auf-und-Davon«, die das Endziel des Lebens in einem spirituellen Paradies außerhalb des Planeten sehen, sei es der christliche Himmel, der islamische Garten oder das buddhistische Reine Land. Selbst die buddhistischen Bodhisattvas, die versprechen, immer wieder auf die Erde zurückzukehren, um alle fühlenden Wesen zu befreien, versuchen, sie in das *Parinirvana,* die »endgültige Erleuchtung« oder die Erleuchtung ohne Körper, zu befreien.

---

21 Aurobindo 1987, 211.

22 *Axiales Zeitalter* bezeichnet den Zeitraum vom 8. bis zum 3. Jahrhundert v. Chr., in dem die großen Weltreligionen von heute entstanden sind. [A. d. Ü.]

Ich denke, dass Sri Aurobindo Recht hatte, als er sagte, dass diese Kosmologien ein unvollständiges Verständnis der Existenz widerspiegeln. Sie spiegeln die Vertiefung des Kontakts der Menschheit mit dem spirituellen Universum wider, die vor etwa drei- bis viertausend Jahren stattgefunden hat. Als wir begannen, durch Meditation, Yoga und psychedelische Substanzen einen auf Erfahrung beruhenden Zugang zur Glückseligkeit dieses Mutteruniversums zu bekommen, wie konnten wir da nicht zu dem Schluss kommen, dass wir eher dorthin »gehörten« als hierher, dass die Erde nicht unsere »wahre Heimat« war und dass wir durch eine Art kosmischen Fehler aus dem Paradies »gefallen« waren? Unser Enthusiasmus für diese Theologien der Rückkehr ist angesichts ihres historischen Kontextes verständlich, aber im Kontext des drastisch erweiterten Verständnisses des Universums, das sich in der Wissenschaft herausbildet, in Verbindung mit unserer sich vertiefenden psychedelischen Erfahrung, beginnen wir zu erkennen, dass diese Theologien ein unvollständiges Modell des Kosmos widerspiegeln.

Die Wirklichkeit eines spirituellen Universums, das unser physisches Universum umgibt, ist eine große Wahrheit, aber sie ist nur eine halbe Wahrheit. Die andere Hälfte ist die lange evolutionäre Entwicklung des physischen Universums *innerhalb* dieses geistigen Universums und die fortschreitende Infusion des Mutteruniversums in das Tochteruniversum über einen riesigen Zeitrahmen. Die schöpferische Intelligenz, die die Raum-Zeit und alles in der Raum-Zeit hervorgebracht hat, denkt in Größenordnungen, die unsere Horizonte in den Schatten stellen. Wir wachen in einem Garten auf, der seit Milliarden von Jahren im Entstehen begriffen ist und noch Milliarden weiterer Jahre gedeihen wird. Aus dieser Perspektive scheint der Zweck des spirituellen Erwachens nicht darin zu bestehen, der physischen Existenz zu entkommen, wie es diese frühen Religionen propagierten, sondern immer vollständiger in der physischen Existenz zu erwachen und durch unser Erwachen an ihrer kontinuierlichen Selbsterzeugung teilzuhaben. Wenn sich dies zunächst enttäuschend anfühlt, liegt es vielleicht daran, dass wir unterschätzen, wie die Verwirklichung des göttlichen Projekts auf diesem Planeten aussehen könnte.

Das Aufnehmen des heiligen Bewusstseins und die Aktivierung und Stabilisierung unserer angeborenen Fähigkeiten ist die lange und geduldige Arbeit der Reinkarnation, und ich glaube, es ist auch die lange Arbeit der psychedelischen Praxis, zumindest, nachdem die frühe Aufregung ihrer Entdeckung vorüber ist. In unseren späteren Sitzungen rennen wir nicht mehr los, um ein Universum »da draußen« zu erforschen, sondern wir »rufen den Himmel herab«, ziehen höhere Bewusstseinszustände in unser physisches Wesen und vermischen auf alchemistische Weise Himmel und Erde im Gefäß unseres menschlichen Körpers. Wenn Nirwana (Erleuchtung) und Samsara (zyklische Existenz) wirklich eins sind, wenn volle Transparenz im Meer des ständigen Wandels lebt, dann ist der Himmel auf Erden verwirklicht und es gibt kein Bedürfnis mehr, woanders hinzugehen.

Das Leiden durch Tod und Wiedergeburt

Lasst mich dieses Kapitel abschließen, indem ich einen letzten wichtigen Punkt anspreche. Die größte Sorge, die ich habe, wenn ich meine visionäre Erfahrung mit anderen teile, ist, dass die Menschen durch das große Maß an Leid, das sie beinhaltet, erschreckt werden könnten. Ich bin besorgt, dass sie entweder die psychedelische Methode als grob beurteilen oder sich vor dem unsichtbaren Universum fürchten werden. Beides ist das Letzte, was ich möchte. Um dies zu vermeiden, habe ich überlegt, den Schmerz abzuschwächen und seine Rolle in der Handlung zu verwässern, aber das wäre unehrlich. Es kann sein, dass ich beim Erzählen dieser Geschichte Fehler mache, aber ich verpflichte mich, ehrlich zu berichten, was in meinen Sitzungen passiert ist. Es ist daher wichtig, dass wir die Rolle verstehen, die das Leiden im psychedelischen Prozess spielt, und insbesondere das Leiden an Tod und Wiedergeburt. Es ist auch wichtig, dass ich mir eingestehe, dass ein Teil dieses Leidens auf meine persönliche Entscheidung zurückzuführen ist, mich selbst so stark zu fordern, wie ich es tat.

Lasst mich zunächst sagen, dass ich zutiefst und für immer dankbar bin, diese Reise gemacht zu haben. Ich würde diese 73 Tage gegen keinen Schatz der Welt eintauschen wollen. Ich zähle sie zu den wichtigsten Tagen meines Lebens. Den Schmerz, den ich dabei empfand, habe ich bereitwillig in Kauf genommen, und ich wurde durch den Segen, der darauf folgte, mehr als reichlich entschädigt.

Unser natürlicher Instinkt ist es, Schmerzen zu vermeiden. Wir ziehen unsere Hand weg vom Feuer, indem wir uns instinktiv von dem schützen, was uns schadet, und das ist gut so. Aber im *Kontext einer psychedelischen Sitzung* ist Schmerz etwas, das wir lernen zu umarmen. Er ist Teil eines Reinigungsprozesses, und deshalb wird der Schmerz zu unserem Verbündeten bei der Arbeit. Man lernt, seinen Instinkt, Leiden zu vermeiden, umzukehren und sich stattdessen dafür zu öffnen, nicht weil wir gerne leiden, sondern wegen dem, was auf der anderen Seite des Leidens liegt. Padrinho Sebastiao, einer der Begründer der Santo-Daime-Religion, drückte es gut aus, als er sagte: »Sieh, leiden ist das Beste, was es gibt, um sich zu reinigen. Wir leiden, aber wenn wir auf der anderen Seite herauskommen, sagen wir: Gott sei Dank! … Wie diese alte Frau in den letzten Sitzungen – je mehr sie litt, desto mehr dankte sie für die Schönheit.«[23]

23 Alverga 1999, 166f.

Den persönlichen Schatten zu konfrontieren, ist immer eine herausfordernde Arbeit, aber um das tiefere Leiden zu verstehen, das auf dieser Reise auftaucht, müssen wir die Rolle verstehen, die Tod und Wiedergeburt in einer erweiterten psychedelischen Praxis spielen. Die Erfahrung des Sterbens und der Wiedergeburt ist eine der zentralen Dynamiken der therapeutisch ausgerichteten psychedelischen Arbeit. Der Tod ist einfach der Preis, den man zu zahlen hat, um Zugang zu den unzähligen Welten zu erhalten, die jenseits des Körper-Geist-Ichs liegen, Tod nicht als Metapher oder symbolische Inszenierung, sondern als qualvoller Verlust von allem, was wir als real und wahr kennen, der Krampf unseres letzten Atems, die erschreckende Kapitulation. Der Tod kommt in vielen Formen und Größen. Er kann sich sanft anschleichen und unseren Widerstand langsam auflösen, oder er kann gewaltsam und mit Trommelwirbel durch die Tür brechen. So oder so, wenn wir die tieferen Strömungen des Kosmos erfahren wollen, ruft der Tod früher oder später nach uns.

Aber warum ist das so? Warum müssen wir psychisch sterben und alles, was wir wissen, aufgeben, um Zugang zu diesen tieferen Ebenen der Realität zu erhalten? Es läuft auf ein einfaches Prinzip hinaus. So, wie wir jetzt sind, sind wir zu klein, um diese gewaltigen Dimensionen der Existenz zu erfassen. Unsere Fähigkeit zu kosmischer Erfahrung wird durch unsere Konditionierung innerhalb der Raum-Zeit eingeschränkt.

In tiefgehend psychedelischer Arbeit *lernt man durch Werden.* Das gilt besonders, wenn man mit hohen Dosen eines starken Psychedelikums wie LSD arbeitet. Wir können das egoistische Selbst nicht in diese Tiefen transportieren, wo es dann eine »Erfahrung davon haben kann«, wie die Welt dort funktioniert. Um das Universum auf diesen Ebenen zu verstehen, müssen wir Bürger dieser Ebenen *werden.* Wir müssen die Ebene selbst *werden.* Um dies zu tun, muss unser kleineres Selbstgefühl aufhören, der Behälter unserer Erfahrung zu sein. Es muss sterben. Alles aufzugeben, ist einfach der Preis dafür, alles andere zu erben.

Da das Universum unendlich tief und vielschichtig ist, muss man auf dieser Reise viele Tode sterben. Der Ego-Tod ist nur der erste. Tod und Wiedergeburt ist ein Zyklus, der sich mehrfach wiederholt, weil das Universum dazu neigt, seine Schätze in Schichten hervorzubringen. Dem Tod des Egos folgen andere Tode auf tieferen Ebenen, die schwieriger zu beschreiben sind, weil das Terrain weniger vertraut, aber nicht weniger anspruchsvoll zu durchlaufen ist.

Wie ich bereits erwähnte, gibt es einen energetischen Aspekt in diesem Einweihungszyklus. Nach meiner Erfahrung ist jeder Schritt tiefer in unser multidimensionales Universum ein Schritt in ein intensiveres Energiefeld. Tiefere Bewusstseinszustände sind höhere Energiezustände. Dies ist ein untrügliches Gefühl und ein weithin anerkanntes Prinzip in spirituellen Traditionen. Man kann flüchtigen

Kontakt mit tiefen Realitätsebenen haben, ohne dass dies offensichtlich wird, aber um eine *stabile Erfahrung* mit einer bestimmten Realitätsebene zu machen, muss man sich an ihre Energie gewöhnen. So wie wir uns beim Bergsteigen an die atmosphärischen Bedingungen höherer Lagen anpassen müssen, müssen wir uns hier an die energetischen Bedingungen tieferer Realitätsebenen anpassen. Beim Bergsteigen passen wir uns an weniger Sauerstoff an; bei der psychedelischen Arbeit passen wir uns an mehr Energie an, und das löst intensive Reinigungsprozesse aus.

Ich habe viele Jahre gebraucht, um diese Spirale der Reinigung und Einweihung zu verstehen. Die Phänomene, die ich in diesem Buch beschreibe, fügen sich nahtlos in dieses Modell ein, und nur wenige ergeben ohne dieses Modell einen Sinn. Die Spirale von Tod und Wiedergeburt ist der Verbrennungszyklus, der die Arbeit vorantreibt.

Aber warum gibt es dann so viel Leid in dieser Geschichte? Es ist nicht so, dass das Universum will, dass wir als Preis dafür, dass wir es kennen, leiden; es ist vielmehr so, dass es ein gewisses Leiden mit sich bringt, wenn wir immer wieder unsere psychische Haut abstreifen, um tiefer in das Universum einzudringen.

Aber es gibt noch eine zweite Variable, die hier am Werk ist, nämlich die Geschwindigkeit, mit der wir diese Häute abreißen, wie ungeduldig wir sind, das Universum in dieser Tiefe kennenzulernen. Wenn wir eine Form der Transformationspraxis wählen, bei der unsere Konditionierung langsam herausgelöst wird, ist das Ergebnis eine Reihe kleinerer Einweihungen, die sich über einen längeren Zeitraum erstrecken, vielleicht sogar viele Lebenszeiten. Im Gegensatz dazu ist die Arbeit mit einem Psychedelikum wie LSD ein Beispiel für eine transformatorische Praxis, die einen beschleunigten Reinigungsprozess auslöst, der uns einen schnelleren Zugang zu diesen Realitäten verschafft, aber für diesen schnelleren Zugang ist ein Preis zu zahlen. Der Preis ist die Intensivierung des Prozesses von Tod und Wiedergeburt.

Wenn ich die psychedelische Methode stärker vorantrieb, als es manchmal ratsam war, und ich deshalb besonders litt, war das nicht die Schuld des Universums oder der Methode, sondern meine eigene. Als ich entdeckte, dass ich in den Himmel kommen konnte, indem ich die Hölle umarmte, wurde die Umarmung der Hölle zu einer zentralen Praxis in der Arbeit. Umso mehr, als ich meinen Weg in den Himmel aller Himmel fand, wo die Diamanten aufbewahrt werden. Keine Hölle ist zu schrecklich, um sie zu ertragen, wenn sie die Tür zu diesem Paradies öffnet.

Und doch, während ich diesen letzten Satz schreibe, zieht sich etwas in mir zurück. Dies mag meine Wahrheit gewesen sein, aber wenn ich beginne, die Geschichte meiner Reise zu erzählen, stelle ich fest, dass ich niemandem wünschen kann, einige der Prüfungen zu durchlaufen, die ich auf dieser Reise durchgemacht habe. Wenn es keine andere Möglichkeit gäbe, das Paradies zu erreichen, wäre das eine Sache, aber es gibt andere Wege, langsamere Wege, und deshalb rate ich zu einem sanfteren Eintritt in die Große Weite. Ich erkenne jetzt besser, dass das von mir angenommene Protokoll eine extreme Form des heiligen Medizinpfades darstellt. Die folgende Geschichte ist daher nicht repräsentativ für das, was auf diesem Pfad in sanfteren Händen geschieht. Wir müssen uns nicht solchen extremen Torturen unterziehen, um zu unseren »spirituellen Sinnen« zurückzukehren.

Glücklicherweise habe ich den Enthusiasmus meiner Jugend überlebt und bin unversehrt durch diese Reise gekommen. Wenn ich mich auch mehr angestrengt habe, als es manchmal klug war, so hat mir doch ein Universum geholfen, das sich darüber zu freuen schien, von einem seiner Kinder so gut erkannt zu werden. In der Tat schienen unsere gemeinsamen Stunden für es ebenso kostbar zu sein wie für mich. Dies ist die Geschichte, die ich nun mit dir teilen möchte.

ZWEI

DIE GRENZE ZWISCHEN GEBURT UND TOD ÜBERSCHREITEN

Sitzungen 1 bis 10

Bevor du loslegst, gehört die Reise dir.
Nachdem du losgelegt hast, gehörst du der Reise.
MALIDOMA SOMÉ, *THE HEALING WISDOM OF AFRICA*

Wenn ich mit der Geschichte dieser Reise beginne, denke ich vor allem daran, wie viele Bewusstseinsebenen ich den Leser in den folgenden Kapiteln bitten werde, mit mir zu betreten. In dieser Hinsicht unterscheidet sich die folgende Geschichte stark von einigen frühen einflussreichen Berichten über psychedelische Erfahrungen. Aldous Huxley schrieb sein wunderschönes Buch *Die Pforten der Wahrnehmung* nach nur einem Meskalintrip, und er nahm im Laufe seines Lebens nur zehn Mal Psychedelika ein.[1] Als der große Religionshistoriker Huston Smith seine gesammelten Reflexionen über Psychedelika, *Cleansing the Doors of Perception*, veröffentlichte, hatte er nur ein halbes Dutzend Mal LSD genommen. Danach, so sagte er, »schien der Nutzen schnell zu sinken und die Enttäuschung zuzunehmen« was ihn dazu brachte, Alan Watts' Rat anzunehmen: »Wenn du die Botschaft empfangen hast, leg den Hörer auf.«[2] Dieses Buch handelt davon, was passiert, wenn du den Hörer nicht auflegst. Wenn man den Hörer nicht auflegt, beginnt eine lange Reise. Die schiere Länge dieser Reise mit ihren vielen Zwischenstopps hat meinen Sinn dafür geprägt, was von diesen frühen Sitzungen mitzuteilen wichtig ist und was man getrost weglassen kann. Die spirituellen Erfahrungen, die in ihnen auftauchten, waren zum Beispiel so viel magerer als die, die ich später erlebte, dass sie, obwohl sie damals für mich wichtig waren, heute kaum noch der Erwähnung wert erscheinen. Und doch waren auch diese frühen Sitzungen wichtig, denn sie bereiteten den Weg für alles, was danach kam.

LSD löst so fundamental andere Bewusstseinszustände aus als alles, was wir in unserem Alltag erleben, dass wir lernen müssen, damit umzugehen. Wie ein Athlet, der eine anstrengende Sportart betreibt, müssen wir für das Event trainieren. Nicht nur unser Geist muss sich auf die erweiterten Fähigkeiten einstellen, die LSD erweckt,

1 Huxley 1977, 188, Fußnote.

2 Walsh und Grob 2005, 228.

sondern auch unser Körper. Unser subtiles Energiesystem muss trainiert und gestärkt werden, um den enormen Energieströmen, die durch den LSD-Zustand hervorgerufen werden, standzuhalten. Wenn ich auf diese frühen Sitzungen zurückblicke, scheinen sie wie ein intensives Trainingslager gewirkt zu haben, das mich physisch und psychisch auf die lange Reise vorbereitet hat, die nun begann. Sie zerlegten mich auch existentiell und führten mich in meinen ersten Tod und meine erste Wiedergeburt.

Angesichts der Betonung, die heute auf die therapeutischen Anwendungen von Psychedelika gelegt wird, mag es überraschen, zu erfahren, dass meine frühen Sitzungen nicht viel persönliche Heilung beinhalteten. Es gab etwas, aber nicht viel. Wenn ich mit niedrigeren Dosen gearbeitet hätte, wäre wahrscheinlich mehr passiert, aber wenn man mit so hohen LSD-Dosen arbeitet, neigt man dazu, schnell in das persönliche Unbewusste zu fallen, in das, was Stanislav Grof die *perinatale Bewusstseinsebene* nennt. Anstatt sich mit den individuellen Wunden zu befassen, die wir im Leben gesammelt haben, geht man tiefer und konfrontiert sich mit einer universellen Wunde, die alle Menschen teilen - der sicheren Zerstörung von jedem und allem, was wir lieben und was uns wichtig ist, einschließlich uns selbst.

In diesem Kapitel geht es darum, die perinatale Ebene des Bewusstseins zu überschreiten. Es geht darum, die Grenze zwischen Geburt und Tod zu überschreiten, denn Geburt und Tod definieren die Grenzen unserer physischen Existenz. Wir kommen hierher, indem wir geboren werden; wir gehen, indem wir sterben. Um das zu erreichen, was jenseits des Raum-Zeit-Bewusstseins liegt, müssen wir zunächst die Membran unseres physischen Bewusstseins durchbrechen. Diese erste Etappe der Reise dauerte zweieinhalb Jahre und zehn Sitzungen.

Um mir zu helfen, mich an meine Sitzungen zu erinnern und sie zu verinnerlichen, gab ich ihnen Namen, die den Kern der jeweiligen Sitzung widerspiegelten. Wenn ich den Namen sah, kam mir die gesamte Sitzung in den Sinn. Die Namen, die ich diesen ersten zehn Sitzungen gegeben habe, sind:

S 1 Was bin ich?
S 2 Kindliche Wonne
S 3 Bekenntnis zum Universum
S 4 Kosmische Einstimmung
S 5 Overload
S 6 Destillation meines Lebens
S 7 Nahtloses Gewebe
S 8 Extreme Konvulsionen
S 9 Die Mädchen aus der Nachbarschaft
S 10 Die Tötung der Kinder

Wenn ich in den folgenden Kapiteln eine vollständige Sitzung zitiere, werde ich den Namen der Sitzung am Anfang der Sitzung angeben, bei kurzen oder mittellangen Auszügen jedoch nicht. In den wenigen Fällen, in denen es hilfreich ist, einem Auszug einen Titel zu geben, füge ich die Sitzungsnummer in Klammern hinzu.

Wenn ich diese frühen Sitzungen als Ganzes betrachte, dann stechen für mich vier Dinge hervor:

- die Art und Weise, wie das Universum mich willkommen geheißen und gestärkt hat, bevor es mich zerschmetterte
- die intensive Reinigung meines Körpers, die sie mir abverlangten,
- die Konfrontation mit Tod und Sterben und
- der letztendliche Zusammenbruch meiner physischen Identität im Ego-Tod.

Die Begrüßung

In meinen ersten vier Sitzungen hat mich das Universum aufgenommen und mir die Regeln dieses neuen Spiels beigebracht, mich dann geerdet und gestärkt, bevor es mich bat, mit der wirklich harten Arbeit zu beginnen.

In meiner 1. Sitzung war ich absolut und vollständig am Ende. Mein Leben wurde zu einem riesigen Puzzle, das in der Schwerelosigkeit auseinanderdriftete. Ich sah hilflos zu, wie die Teile meines Lebens auseinanderfielen und sich zu einem Gewirr aus mächtigen Energien vermischten, die unter mir aufstiegen. Ich wurde zerlegt, und ich konnte absolut nichts tun, um es aufzuhalten.

> *Lange Zeit konnte ich mich nicht erinnern, wer ich war, egal wie sehr ich mich bemühte. Ich konnte mich nicht daran erinnern, was ich beruflich tat, ob ich eine Ausbildung hatte oder nicht oder wie ich aussah. Ich konnte mich nicht einmal daran erinnern, welches Geschlecht ich hatte. Ich geriet in Panik. Ich versuchte verzweifelt herauszufinden, wer ich war. Ich suchte krampfhaft in tausend Spiegeln, aber ich fand nichts Vertrautes, keine Spur meiner früheren Identität. (S 1)*

Später in der Sitzung kehrte die Kontinuität meines Gedächtnisses zurück, aber ein Punkt war klar geworden. Ich war nicht in der Lage, zu kontrollieren, was in den Sitzungen geschah. Ich konnte nicht einmal mein Selbstgedächtnis kontrollieren, und das ist so grundlegend, wie es nur geht. Die absolute Hingabe, die diese Reise erforderte, erschütterte mich zutiefst. In meinem Tagebuch schrieb ich:

Ich hatte Berichte über den Ego-Tod gelesen und fühlte mich von der Herausforderung und dem Befreiungsversprechen angezogen, aber was hatte ich mir dabei gedacht? Dachte ich, ich könnte sterben, ohne wirklich zu sterben? Plötzlich war es kein Experiment mehr. Alles, was ich war, wurde angegriffen. Der Ego-Tod ist keine Erfahrung, die »ich« machen kann, die »mich« befreit, die »mir« erlaubt, mehr Befriedigung im Leben zu finden. In diesem Tod überlebt nichts. (S 1)

Indem mir diese harte Lektion gleich zu Beginn aufgezwungen wurde, ersparte mir diese Sitzung später viel Zeit und Energie bei dem Versuch, einen Anschein von Kontrolle zu bewahren, als die Dinge auseinanderfielen. Die Erfahrung der Fähigkeit von LSD, mein normales Bewusstsein radikal zu unterbrechen, zwang mich, mich auf das wahre Ausmaß der vor mir liegenden Arbeit vorzubereiten.

In der 2. Sitzung kam die wärmere Seite des Empfangs zum Vorschein, als ich mich direkt für Erinnerungen an meine frühe Kindheit öffnete. Meine Finger kehrten zur unbeholfenen Koordination eines Neugeborenen zurück und ich wurde von Gefühlen des Friedens in den Armen meiner Mutter überflutet. Es gab keinen Kampf um die Geburt, noch nicht mal eine Erinnerungen an die Geburt. Ich fiel einfach direkt in das, was Grof positive Perinatale Grundmatrix I nennt, eine Erinnerungsmatrix, in der unsere frühesten Erinnerungen an Liebe und Fürsorge gespeichert sind.

Zwei Stunden lang erlebte ich einen außerordentlichen Frieden. Es gab Phasen des Denkens, aber die meiste Zeit verbrachte ich in völliger Ruhe in den Armen meiner Mutter. Völliger Friede und »Sein« vor jedem »Tun«. Spontane Störungen, Widerstände oder Gefühle wurden immer wieder weggewischt. (S 2)

Ich finde es interessant, dass dieser Friede vor allen anderen perinatalen Matrizen kam, als ob er ein Segen wäre, der freiwillig gegeben und nicht verdient wurde.

Die 3. Sitzung war eine weitere sanfte Sitzung, in der ich eine Arena der achtsamen inneren Aufmerksamkeit betrat. Während ich mein Leben beobachtete, spürte ich, wie schmerzhafte Erinnerungen aus meiner Kindheit an die Oberfläche kamen, und mir wurde klar, dass ich die Möglichkeit hatte, viele persönliche Lasten loszulassen, die ich mit mir herumgetragen hatte. Vielleicht unter Rückgriff auf meinen katholischen Hintergrund ertappte ich mich dabei, wie ich eine »Beichte an das Universum« ablegte.

Über zwei Stunden lang lag ich ruhig da, brachte verschiedene Teile meines Lebens in den Fokus und ließ die Probleme, die dort existierten, auftauchen. Jede Erinnerung, die nach vorne drängte, wurde erlebt, akzeptiert und dann losgelas-

sen. Nachdem dies lange Zeit so fortgesetzt worden war, begann ich, große kausale Muster zu verstehen, die sich von meiner frühen Kindheit über die Jugend bis ins frühe Erwachsenenalter erstreckten. Indem ich diese mit Verständnis akzeptierte, lösten sie sich spontan auf. Als das so weiterging, fühlte ich mich psychisch leichter, tief ausgeruht und alles war ohne jedes Urteil vergeben. (S 3)

Die 4. Sitzung war meine erste hochdosierte Sitzung, und das Tempo wurde entsprechend erhöht. Es begann mit einigen starken perinatalen Elementen, auf die ich gleich zurückkommen werde, aber was für mich hervorsticht, ist die Erfahrung, beurteilt und für würdig befunden zu werden, gefolgt von einem Prozess tiefer Einstimmung. Dieses Muster der Krise, gefolgt von Auflösung und Neuausrichtung, wiederholte sich in vielen nachfolgenden Sitzungen.

Sitzung 4

Es begann mit schwierigen Episoden von Schmerz und Läuterung. Starke spasmische Zuckungen und Krämpfe. Wenn ich mich übergeben musste, fühlte es sich an, als würde ich Gifte ausspeien.

Irgendwann brachte mich das zu einem Punkt der Entscheidung. Eine Stimme fragte: »Sollen wir jetzt sehen, was drin ist?« In früheren Sitzungen hatten die Fragen gelautet: »War ich gut genug? Habe ich bestanden? War ich echt?« Ich hatte Angst, denn im Grunde meines Herzens war ich mir nicht sicher, ob die Nachricht gut sein würde. Dann hieß es: »Wir kennen deine Zweifel und Ängste. Sollen wir jetzt sehen, was auf der tiefsten Ebene aus dir herauskommt?« Ich antwortete mit »Ja« und trat ängstlich zur Seite. Eine Reihe von Türen öffnete sich, bis eine lange Pause den Beginn meines Entscheids signalisierte. Meine gesamte Existenz hing in der Schwebe, und ich war machtlos, das Ergebnis zu beeinflussen.

Zu meiner völligen Überraschung waren es herrliche Szenen der Natur, die sich mir boten. Das Meer rauschte an einen Strand. Ein klarer, fließender Bach. Ein fliegender Adler. Schneebedeckte Berge. Himmel. Sonne. Ich war überwältigt von der schieren Anmut von alldem. Dieser Anblick symbolisierte, was ich war, nur durch die Tatsache, dass ich am Leben war.

Dann wurde ich durch eine Reihe von Erfahrungen geführt, die mich in eine tiefere Ausrichtung mit dieser Erkenntnis bringen sollten. Mein Körper wurde in eine Haltung perfekter Balance gezogen – die Beine zusammen, die Zehen zugespitzt, der Brustkorb geweitet, die Arme um 90 Grad seitlich ausgestreckt. Ich wurde wie eine menschliche Stimmgabel auf eine Energie gestimmt, die auf einer Ebene reine Liebe war und auf einer tieferen Ebene der stille Urgrund von allem Verschiedenen. Indem ich gestimmt wurde, wurde ich geheilt. In den frühen Stadien hatte diese Heilung die Qualität von Geliebtwerden, und die Beschaffenheit der Liebe änderte sich, als die Heilung sich vertiefte. Ein Kind in der Umarmung einer Mutter; ein Mann, der von einer Frau auserwählt wurde; ein Freund, der sich in der Kameradschaft spiegelt; ein Wahrheitssuchender, der von einem Universum geliebt wird, das sich daran erfreut, erkannt zu werden.

Bald lag die persönliche Lebensgeschichte hinter mir, und die Heilung nahm eine elementare Form an. Sie durchdrang die Details meines Lebens, ging bis zum Kern meines Wesens und verband mich direkt mit dem Universum. Eine elektrische Schnur aus reiner Energie von etwa 20 Zentimetern Durchmesser drang in meinen Unterbauch ein und starke Ströme flossen in mich und durch meinen ganzen Körper. Während ich pulsierend in dieser Umgebung lag, fühlte ich, dass ich geheilt und ganz wurde. Ich fühlte mich vervollkommnet.

Auch wenn diese ersten vier Sitzungen mich ziemlich herausgefordert haben, schienen sie darauf ausgerichtet zu sein, mich für das, was noch kommen würde, zu stärken. Zuerst lehrten sie mich, die Kontrolle abzugeben. Dann brachten sie mich direkt in den Frieden der Kindheit, gefolgt von einer leichten Aufräumarbeit auf der psychodynamischen Ebene. Dann kam die Gnade – ohne ersichtlichen Grund, nur weil ich existierte – für würdig befunden zu werden, gefolgt von einer tiefen Welle heilender Energie. Jetzt würde die harte Arbeit beginnen.

Das perinatale Reich

Sobald ich in der 4. Sitzung zur Arbeit mit höheren Dosen überging, ließen mich die Sitzungen die heftige Seite der perinatalen Erfahrung erfahren. Viele Leser werden wissen, was das bedeutet, wenn sie die Bücher von Stan Grof gelesen haben. Für diejenigen, die das nicht wissen, fasse ich sein Konzept der perinatalen Bewusstseinsebene am Ende dieses Kapitels zusammen. Der perinatale Bereich ist ein komplexes Terrain, das Stan mit großer therapeutischer Einsicht kartiert hat, indem er aufzeigt, welchen Einfluss ein ungelöstes Geburtstrauma auf unsere spätere psychische Entwicklung haben kann. Anstatt eine vollständige Darstellung dieser Dynamik zu geben, möchte ich nur Folgendes sagen:

In Grofs Modell der Psyche ist der perinatale Bereich eine Bewusstseinsebene, die zwischen der persönlichen Psyche und den transpersonalen Bewusstseinsebenen liegt. Sie ist sowohl das Fundament des persönlichen Unbewussten als auch das Tor zu spirituellen Bewusstseinszuständen. Das Betreten dieses Bereichs löst eine äußerst realistische Konfrontation mit dem Tod aus, die oft mit dem Wiedererleben der eigenen Geburt und einer Vielzahl intensiver körperlicher und emotionaler Entladungen verbunden ist. Diese existentielle Konfrontation mit dem Tod und den Grenzen der physischen Existenz führt zu einer grundlegenden Frage: Hat unser Leben einen wirklichen Sinn und Zweck im Gesamtgefüge der Dinge, oder sind wir nur das Zufallsprodukt eines blinden und gleichgültigen Universums? Durch die systematische Auseinandersetzung mit diesen physischen, psychologischen und existentiellen Prozessen arbeitet man sich durch eine Reihe von Kernthemen, die schließlich im völligen Zusammenbruch der eigenen physischen Identität gipfeln, gefolgt von der Wiedergeburt in die spirituellen Realität.

Meine Erfahrungen mit dem perinatalen Bereich entsprachen weitgehend Grofs Beschreibung in *Topographie des Unbewussten.* Als ich dieses Terrain betrat, wurden meine Sitzungen mit fötalen Empfindungen, krampfartigen Anfällen, intensiven Konfrontationen mit der Sinnlosigkeit der Existenz und vielen Sterbeerfahrungen gefüllt. Ich fühlte mich wie ein Vorzeigejunge für den perinatalen Bereich, und ich schätzte es sehr, Grofs Karte dieses verwirrenden Bereichs zu haben. Während der ersten vier Sitzungen waren diese Erfahrungen relativ mild, aber das änderte sich dramatisch in der 5. Sitzung.

In der 5. Sitzung konnte ich zum ersten Mal Musik in meine Sitzungen einbeziehen, was die Erfahrung auf eine neue Ebene der Intensität hob und die wichtige Rolle unterstrich, die Musik dabei spielt, uns zu helfen, sich dem psychedelischen Zustand vollständiger hingeben zu können. Es begann mit unangenehmen fötalen Empfindungen, zunehmender Angst und krampfartigen Zuckungen. Dann trieb mich die Musik in eine rasch eskalierende Spirale der Negativität. Ich wurde von einem extrem starken Strudel negativer Erfahrungen verschlungen. Mein letzter bewusster Gedanke war »Perinataler Vortex!«, dann verlor ich die Kontrolle und verschwand im Strudel.

> *Etwa eine halbe Stunde später wurde ich plötzlich von einem dringenden Gefühl der Gefahr überwältigt. Inmitten des Chaos hatte ich plötzlich das Gefühl, dass etwas, das ich tat, meine Frau und meinen Hund, die mit mir zu Hause waren, gefährdete. Ich war im Begriff, gefährlich gewalttätig zu werden oder so etwas Ähnliches. Ich wusste nicht, worin die Gefahr bestand, aber ich wusste, dass ich aufhören musste, bevor sie verletzt wurden. Mit diesem Gedanken wurde ich plötzlich »nüchtern« und riss mich aus dem psychedelischen Flow. Ich zog den Kopfhörer ab, setzte mich auf und weigerte mich, ihn wieder aufzusetzen, obwohl mein Sitter sich alle Mühe gab. (S 5)*

Als ich später zusammensetzte, was passiert war, fühlte ich mich frustriert. Ich war durch den überwältigenden Angriff aus dem Gleichgewicht gebracht worden und hatte die Bedrohung meines Egos nach außen projiziert, indem ich sie auf meine Umgebung übertrug. Das nächste Mal würde ich besser vorbereitet sein. Und das war ich auch. Ich wurde nie wieder so aus dem Gleichgewicht gebracht.

Die Gewalttätigkeit dieser Sitzung war so unvereinbar mit dem Frieden der vorangegangenen Sitzung, dass ich verstehe, warum Menschen, die mit ähnlichen Torturen konfrontiert sind, denken könnten, sie hätten »schlechtes LSD« bekommen, denn dies war der sprichwörtliche schlechte Trip. Tatsächlich aber sind diese beiden Erfahrungen in dieser Arbeit eng miteinander verbunden. Positive Erfahrungen stärken und helfen uns, die tieferen Ebenen des Aufruhrs, die im psychedelischen Prozess auftauchen, zu bewältigen, auch wenn ich in diesem speziellen Fall kläglich versagt habe. Dieses Muster, dass sich positive Erfahrungen mit negativen Erfahrungen abwechseln, wurde zu einem immer wiederkehrenden Muster in den kommenden Jahren.

Das perinatale Gefecht wurde von diesem Zeitpunkt an intensiver. Die körperlichen Symptome wurden besonders stark. Grof beschreibt diese Symptome in *LSD-Psychotherapie:*

> Die Betroffenen können stundenlang unter qualvollen Schmerzen leiden, mit verzerrtem Gesicht, nach Luft ringend und enorme Mengen an Muskelverspannungen in Form von Zittern, Zuckungen, heftigem Schütteln und komplexen Drehbewegungen abbauen. Das Gesicht kann sich dunkelviolett oder leichenblass verfärben, und der Puls beschleunigt sich erheblich. Die Körpertemperatur schwankt in der Regel in einem weiten Bereich, das Schwitzen kann sehr stark sein, und Übelkeit mit schwallartigem Erbrechen tritt häufig auf (Grof 1980, 72).

Obwohl ich mental auf diese Erfahrungen vorbereitet war, war ich überrascht, wie heftig sie waren. Vielleicht wurden sie durch die hohen Dosen, mit denen ich arbeitete, noch heftiger; ich weiß es nicht. In den ersten Stunden jeder Sitzung erlebte ich heftige elektrische Krämpfe, die in meinem Körper explodierten, manchmal begleitet von Hyperventilation und Nasenausfluss. Zuckungen schossen durch mich hindurch und schleuderten mich über die Matratze. Es fühlte sich an, als würde mir jemand einen Viehtreiber in den Magen rammen. Manchmal hatten die Sitzungen eine zerreißende Qualität, als hätte ich stundenlang trockene Krämpfe. Ich wurde sehr vertraut mit dem Erbrechen.

Grofs Verständnis dieser Verkrampfungen ist, dass sie die Art und Weise sind, wie der Körper große Mengen an physiologischem Stress los wird. Der Körper reinigt sich so schnell, dass er durch die Entladung buchstäblich erschüttert wird. Das war auch meine Erfahrung. Die perinatalen Krämpfe waren schwer zu ertragen, aber sie haben meine Muskelpanzerung aufgebrochen und meinen Körper verlassen – offener und strukturell neu ausgerichtet. Der Effekt war wie ein »Rolfing« von innen nach außen.

Im tibetischen Buddhismus müssen Mönche Ngöndro machen, bevor sie die höheren Einweihungen empfangen dürfen, die zur Verwirklichung führen. Ngöndro sind die grundlegenden Praktiken, die den Körper und den Geist darauf vorbereiten, die fortgeschrittenen Lehren zu empfangen. Ein Teil des Ngöndro besteht darin, hunderttausend Ganzkörper-Niederwerfungen zu machen und dabei Gebete und Mantras zu rezitieren. Diese Übungen stärken und reinigen den Körper und sein feinstoffliches Energiesystem. Wenn man sich hingegen schnell in höhere Bewusstseinszustände begibt, wie man es bei einer LSD-Sitzung zu tun pflegt, wird der Körper durch die schiere Kraft des Zustands, in den man eintritt, spontan in einen Reinigungsprozess geworfen. Der Eintritt in tiefere Bewusstseinszustände erfordert die Reinigung des eigenen psychophysischen Systems.

Sowie sich die negativen perinatalen Erfahrungen im Laufe der nächsten Sitzungen immer mehr häuften, nahmen auch die positiven Erfahrungen im ekstatischen Teil der Sitzungen zu. In einer Sitzung erlebte ich das Leben als ein lebendiges Gewebe aus miteinander verwobenen Intelligenzen – atomar, molekular, zellulär, menschlich, gesellschaftlich und planetarisch. Dieser frühe Vorgeschmack auf das Gewebe des Einsseins war nur ein metaphysischer Appetitanreger für die tieferen Erfahrungen des Einsseins, die später folgen sollten, sodass ich nicht weiter darauf eingehen werde. Ich möchte jedoch eine Erfahrung aus dieser Zeit mit dir teilen, weil sie die Begründung für dieses Buch als Ganzes erklärt. Diese Sitzung half mir, meine konventionelle akademische Ausbildung loszulassen und die Psychedelika als eine neue Methode der philosophischen Untersuchung zu begreifen.

Sitzung 6

Die intensive Reinigung dauerte Stunden, die Anfälle wechselten sich ab mit Perioden tiefen Schluchzens wegen meines Schmerzes und des Leidens der Menschheit. Es gab Perioden von intensiver Hyperventilation oder leichte Atemnot. Verschiedene existentielle Fragen und Einsichten drängten sich stellenweise nach vorne.

Irgendwann spürte ich, dass ich an meiner Belastungsgrenze angelangt war. Zusammengerollt in einer fötalen Haltung gelangte ich an den Schmerz und wurde durch einen Wirbel getrieben, der mich in eine große Weite zog. In diesem Raum fand ich mich umgeben von all dem Wissen und den Erfahrungen, die ich bis zu diesem Zeitpunkt in meinem Leben gesammelt hatte. Diese Informationen wurden mit Gedankengeschwindigkeit übermittelt, um mir Dinge beizubringen. Die Subtilität und Komplexität dieser Unterweisung waren atemberaubend.

Was folgte, war eine spirituelle Destillation meines Lebens. Es wurde in wesentliche Bestandteile zerlegt und aus mehreren Perspektiven beleuchtet. Ich erhielt persönliche Führung in mehreren Bereichen meines Lebens, was das Verständnis meiner Existenz vertiefte und neu ausrichtete. Einer dieser Bereiche betraf meine Arbeit als Akademiker, oder, wie es in der Sitzung hieß, als »professioneller Wissensmensch«.

Im Weltraum schwebend erlebte ich Forscher in verschiedenen Bereichen des Lernens als Teil einer großen kollegialen Unternehmung. Mit einem Blick, der sich durch die Geschichte zog, fühlte ich mich selbst als Teil einer Gemeinschaft von Forschern, die an verschiedenen Orten mit unterschiedlichen Fähigkeiten auftauchten. Ich sah ohne meine üblichen Ängste, wie viel weniger entwickelt ich war als viele dieser Forscher. Ich fühlte mich als Anfänger in einem Prozess willkommen, der schon seit Äonen andauert. Diese Erfahrung von Gemeinschaft gab mir ein unglaublich erfülltes Gefühl und entleerte alte Ego-Angelegenheiten.

Die intellektuellen Verpflichtungen, die ich im Rahmen meiner Ausbildung und meines Studiums übernommen hatte, wurden systematisch überprüft, und ich erlebte die tiefe Verantwortung, die ich für meine philosophische und intellektuelle Stammlinie empfinde. Ich sah mir alle Wissensgebiete an, die ich aufgenommen hatte, und erkannte, dass viele ihrer Konflikte auf ihre Selektivität zurückzuführen waren. Als ich mir die Entwicklung des westlichen Denkens ansah, war ich immer wieder erschüttert von seiner fragmentierenden Natur und mit welcher Vehemenz die Fragmente als Ganzes verteidigt wurden. Ich wusste, dass meine eigene Arbeit dieselben Einschränkungen aufweist.

Weitergehend erkannte ich, dass ein rein intellektuelles Herangehen an die Philosophie nur begrenzte Ergebnisse bringen würde. Ich sah, dass der Weg, auf dem ich mich befand, einen grundlegend anderen Zugang zur Philosophie darstellt. Auf diesem Weg wird zunächst die Erfahrung erweitert und dann durch kritische Reflexion geklärt und evaluiert. Ich fühlte mich befreit von der enormen Last der Rechenschaftspflicht gegenüber meiner akademischen Tradition. Hätte ich versucht, jeden Fortschritt zur Zufriedenheit meiner Kollegen zu verteidigen, wäre ich für immer in der Polemik stecken geblieben. Diese Ein-

sichten klärten meine Loyalitäten und stimmten mich auf ein höheres Maß an Verantwortung ein. Mein Leben war dabei, einen neuen Weg in die Zukunft der Philosophie einzuschlagen.

Ego-Tod

Der perinatale Prozess wurde von Sitzung zu Sitzung intensiver, bis er schließlich in den Sitzungen 9 und 10 einen vollständigen Zusammenbruch meiner persönlichen Wirklichkeit auslöste. Ich habe die Details meiner physischen Geburt nicht noch einmal erlebt, wie es manche in dieser Phase getan haben. In meinem Fall gingen die körperlichen Komponenten etwas zurück, als die existentielle Krise ihren Höhepunkt erreichte.

Es gibt viele Möglichkeiten, den Griff des Körper-Geist-Egos auf unser Bewusstsein aufzubrechen. So zäh und widerstandsfähig die psychische Hülle unseres physischen Wesens auch ist, es stellt sich heraus, dass sie gar nicht so schwer zu zerlegen ist, wenn man es genau nimmt. Die letzten beiden Sitzungen in dieser Serie haben mein Leben mit vernichtender Effizienz entriegelt. Sie brachen mich wie einen Zweig, indem sie mich zwangen, das genaue Gegenteil von allem zu werden, für das ich mich jemals gehalten hatte. Ich begann diese beiden Sitzungen als weißer, gebildeter Mann, der vom Sinn des Lebens besessen war. So habe ich sie nicht beendet.

Die 9. Sitzung begann mit den üblichen Schmerzen, Krämpfen und Erbrechen. Nach etwa einer Stunde fing ich an, mich von etwas einfangen zu lassen. Zuerst war es nur eine interessante Nebensache, aber dann packte es mich und ließ mich nicht mehr los. Ich war in einem Leben gefangen, das nicht mein eigenes war, gezwungen, das Gegenteil von dem zu werden, was ich war, und unfähig, das Leben auf andere Weise zu erleben.

Es war scheußlich. Ich wurde meiner Männlichkeit beraubt und war im Leben einer Frau gefangen. Ich wurde zu unzähligen Frauen in allen Formen und Größen. Frauen, die ungebildet und arm waren. Farbige Frauen in der Wäscherei ohne Perspektive. Frauen, die durch das Fernsehen in der Kunst des Lebens geschult wurden. Ich war völlig absorbiert von meiner Aufmachung, meinem Haus und dem Melodram, welches das Leben in seiner oberflächlichsten Form bietet. Die intellektuelle Öde war unerträglich und der Verlust meiner geschlechtlichen Identität war schrecklich, mit Schichten von metaphysischen und existentiellen Ängsten, die in sie eingegraben waren. (S 9)

Es war die perfekte Hölle für einen männlichen Akademiker mit einem Ivy-League-Abschluss. Das Problem waren natürlich nicht die Frauen, die Ethnie oder die

Armut, sondern der feste Griff meiner physischen und sozialen Identität, der mir sagte, dass »Ich« nichts von alledem war.

Ich kämpfte mit all meiner Kraft gegen das, was geschah. Ich kämpfte um mein psychisches Leben und flehte darum, dass diese Umkehrung meiner Realität aufhöre. Es fühlte sich an, als würde ich gefoltert, aber ich hatte nicht einmal die grundlegenden Elemente meiner Identität, um mir durch die Tortur zu helfen.

Nach Stunden des Kampfes war ich in einer Art Patt mit den Frauen, die mein Leben in Beschlag genommen hatten. Ich hatte ihnen nicht nachgegeben, aber sie zermürbten mich langsam. Ich spürte, wie die Wirkung des LSD nachzulassen begann, und wusste, dass ich bis zum Ende der Sitzung durchhalten konnte, wenn ich es wollte. Mitten in dieser ausweglosen Situation machte mein Sitter einen Fehler, der mich in die endgültige Kapitulation stürzte. (Ich hebe mir diesen Fehler für das nächste Kapitel auf, in dem ich einen ausführlicheren Bericht über diese Sitzung geben werde). »Ich gebe auf«, lachte ich. »Du kannst die Mädchen aus der Nachbarschaft nicht schlagen. Das Einzige, was du tun kannst, ist, dich ihnen anzuschließen.« Damit ließ ich los und erlaubte mir, voll und ganz eine Frau zu werden.

Sobald ich das tat, fühlte ich eine ruhige Freude in mir aufsteigen. Ich fühlte mich sofort wohl in meiner neuen Haut, sodass ich mich fragte: »Was sollte die ganze Aufregung? Warum sollte ich das nicht erleben wollen?« Ich blieb lange Zeit bei den Frauen. Sie brachten mich in das Leben vieler Frauen hinein und wieder heraus. Es war ein außergewöhnliches Abenteuer. Auf dem Weg dorthin spürte ich, wie monoton »männlich« meine Lebensweise gewesen war – mein aggressives Verlangen zu wissen, indem ich alles zerlegte und wieder zusammensetzte, meine Unempfindlichkeit gegenüber den weicheren Strukturen des Lebens, meine Bereitschaft zur Konfrontation und zum intellektuellen Kampf. Diese Antriebe schienen einseitig und blind zu sein bis hin zu dem Maße, wie sie die Qualität des Lebens selbst ignorierten. Die Frauen, deren Leben ich erlebte, fühlten sich der Erde näher. Sie bewahrten und vertieften das Leben.

Gemeinsam lachten die Frauen und ich über all die Dinge, durch die sie mich durchgeschleust haben. Als sich die Sitzung ihrem Ende näherte, kehrte ich zu den schwierigsten Erfahrungen des Tages zurück. Diesmal traten die Frauen, die Peinigerinnen gewesen waren, eine nach der anderen vor mich, verbeugten sich und lösten sich dann in glitzernden Goldstaub auf. Alle waren aufgetaucht und hatten ihre Rolle im Dienst eines größeren Guten gespielt.

Die zweite Hälfte meines Todes und meiner Wiedergeburt fand acht Monate später in der 10. Sitzung statt. Die Szenerie und das Gefühl der 9. Sitzung stellten sich sofort wieder ein, und erneut wurde ich dazu gebracht, eine Frau zu werden.

Diesmal kämpfte ich jedoch nicht gegen die Erfahrung an, sondern ließ mich bereitwillig auf sie ein und erforschte verschiedene Aspekte des Frauenlebens.

Dann begann Schmerz durch dieses Medium der weiblichen Erfahrung zu mir zu kommen. In einem sich aufbauenden Strudel erlebte ich hundert Arten, als Frau zu sterben, in allen Einzelheiten. Auf einer Ebene war die Erfahrung die tödliche Verwundung junger Herzen, auf einer anderen der physische Tod. »So viele Arten zu sterben«. Ich hatte das Gefühl, von einer Welle nach der anderen des Sterbens erweicht zu werden. Dann, nach einer kurzen Pause, begann ein neues, schreckliches Szenario – die Tötung der Kinder.

Sitzung 10

Ich sah es zuerst in der Ferne, es kam auf mich zu wie ein Sturm, der über den Ozean fegt. Dann stürzte es über mich hinweg und erfasste mich mit seiner Gewalt. Das Töten der Kinder. Säuglinge und Kinder wurden getötet, zerfleischt und zerstört. Ihre kleinen Körper wurden von Kriegern in Stücke gerissen und auf Haufen neben der Straße geworfen. Es war ein unbeschreibliches Grauen.

Ich war eine alte orientalische Frau, die die Soldaten anschrie, ihnen auf die Brust schlug und versuchte, sie zum Aufhören zu bewegen. »Schlächter!«, schrie ich. »Halt! Halt!« Aber sie schoben mich einfach beiseite, ohne ihren Schritt zu unterbrechen, und gingen weiter ihrer Arbeit nach, hackten die Kinder in Stücke, schlugen ihre Köpfe gegen Steine, zerrissen sie mit ihren bloßen Händen. Tausende von kleinen Leben wurden im Minutentakt ausgelöscht.

Mein Todeskampf war jenseits aller Vorstellung. Jetzt war ich nicht mehr eine Frau, sondern Tausende. Meine Angst in diesem Moment war die Angst all der Mütter, die sich jemals zwischen ihre Kinder und die Lebenszerstörer, die Kriegsmacher, die Bombenwerfer, die Armuts-Verursacher gedrängt hatten. Ich war machtlos, sie aufzuhalten. Ich schrie und schlug mit meinen Fäusten auf den Boden, weinte um meine Kinder. Es gab nichts, was ich tun konnte. Nichts, was irgendjemand hätte tun können.

Dann, im schwindelerregenden Strudel des Leids, ertönte eine Frage. »Bist du schon tot?« Ich war so sehr damit beschäftigt, das Töten zu beenden, dass ich die Frage zunächst nicht hörte. Dann wiederholte sie sich. »Bist du tot?«

»Tot?!« Ich schrie. »Rettet die Kinder, bitte! Ja, ich bin tot! Aber um Gottes Willen, rettet die Kinder!«

Ich habe verzweifelt gefleht und gebettelt. Wo war in dem Durcheinander so vieler Tode mein Tod? Ich konnte ihn nicht finden und war wie verwirrt.

Es gab schreckliche Schmerzen, meinen Wunsch, die Kinder zu retten, und meinen Tod, aber ich konnte sie nicht auseinanderhalten. Alles, was ich wusste, war, dass ich vor allem die Kinder retten wollte, dass mein Schmerz um sie unermesslich war und dass es mir egal war, ob ich selbst überlebte.

Dann geschah plötzlich eine Veränderung. Eine Pause entstand, und ich ertappte mich dabei, wie ich sagte: »Ich weiß nicht, wie man als Frau stirbt. Zeig mir, wie ich sterben soll.« Jetzt wurde der Abend sehr still und ruhig. Ich legte mich auf einem hohen Tafelberg in der Wüste unter dem Nachthimmel nieder. Als ich das tat, fiel ich durch meinen physischen Körper in einen mitreißenden Strom von Erleben unter ihm. Das war die positive Seite der Erfahrung von Frauen. Die Sorgfalt, die sie der ruhigeren Zeit des Tages widmen. Ihr wachsames Auge auf die Stimmungen der Kinder, sensibel für kleine Veränderungen, die ich nie bemerkt hatte. Ihre innere Stärke.

Von hier aus wurde ich zu einem langen Aufenthalt in der Welt der Frauen unter dem Arm der Schöpferin mitgenommen, wobei ich eine breite Palette von Erfahrungen sammelte und sie besser kennenlernte, als ich es mir je hätte träumen lassen. Kein Aspekt des Lebens der Frauen war mir verschlossen. Ich habe leidenschaftlich empfangen, ging schwerfällig mit dickem Bauch und stillte mein Neugeborenes. Ich betete im Morgengrauen und lachte mit meinen Schwestern über unsere Ehemänner. Es dauerte Stunden. Ich war ganz Frau. Ich war schön.

Irgendwann, als das LSD nachließ, nahm ich meine männliche Identität wieder an. Es ist eine angenehme Lösung, denn ich bin gerne ein Mann, aber meine Männlichkeit würde mich nie wieder so vollständig definieren wie zuvor.

Aus Gründen, die ich in Kapitel 5 beschreiben werde, glaube ich, dass Reinkarnation eine grundlegende Tatsache des Lebens ist, und deshalb glaube ich, dass wir alle männliche und weibliche Leben gelebt haben. Aus dieser Perspektive ist uns das »andere Geschlecht« nicht wirklich fremd. Im Zyklus der Wiedergeburt ist der Wechsel des Geschlechts so einfach wie der Wechsel der Kleidung. Aber ich glaube nicht, dass es in diesen beiden Sitzungen darum ging, Erinnerungen an mein früheres Leben als Frau wiederzuerlangen. Sie fühlten sich nicht so an. Die Botschaft lautete nicht: »Macht euch euer weibliches Leben zu eigen«. Die Botschaft lautete: »Wo du hingehst, gibt es kein Geschlecht. Lass los.« Indem ich gezwungen wurde, eine Frau zu werden, und zwar eine ganz bestimmte Art von Frau, wurde mein irdisches Bewusstsein erschüttert und meine Wahrnehmung öffnete sich für eine größere Erfahrungswelt.

Mein frühes Verständnis der 10. Sitzung bestand darin, dass sie eine Vertiefung meines Ego-Todes darstellte, und ich denke, das ist wahr. Durch die Vertiefung meiner Erfahrung mit der Welt der Frauen wurde die Zertrümmerung meines männlichen Egos vollendet, und der Segen, das Leben so vieler Frauen erleben zu dürfen, war eine lebensverändernde Gnade. Ich wünschte, jeder Mann könnte das Privileg haben, das zu erleben, was ich an diesen beiden Tagen erlebt habe.

Jedoch passten aber andere Teile der Sitzung nicht zu dieser Interpretation. Warum die Tötung der Kinder? Was hatte diese spezielle Tortur mit dem Tod des Egos von Chris Bache zu tun, außer dass sie mich zwang, einen besonders brutalen Horror zu ertragen? Es ergab für mich keinen Sinn, dass es einfach eine Variante des Ego-Todes sein sollte, aber ich hatte damals nicht genug Informationen, um es anders zu sehen. Erst Jahre später, nachdem viele weitere Sitzungen gekommen und gegangen waren, erhielt ich das fehlende Stück Information, das es mir ermöglichte, den größeren Prozess zu verstehen, der sich da abspielte. Ich werde dieses Verständnis jetzt mit dir teilen, aber es wird erst später einen vollständigen Sinn ergeben.

Ich lernte, dass mir die Tortur der Tötung der Kinder gegeben wurde, um eine Verpflichtung zu aktivieren, die ich vor meiner Geburt eingegangen war. Durch das Aufreißen meines Herzens rief diese entsetzliche Erfahrung ein Mitgefühl hervor, das tief in mir liegt. Es rief in mir eine Verpflichtung wach, die ich in dieser Inkarnation übernommen hatte, nämlich dazu beizutragen, die Gewalt zu beenden, die die Menschheit plagt, indem ich mich zwischen sie und die nächste Generation stelle. Die Buddhisten würden sagen, es sei eine Übung, um Bodhicitta zu erwecken, den Wunsch, alle fühlenden Wesen zu retten. Für mich war es eine Erinnerung an mein Lebenswerk. Nach dem Tod meiner irdischen Identität wurde mein Mitgefühl geweckt und konzentrierte sich auf die Rettung der Kinder, denn eine neue Phase der Arbeit stand bevor.

Nachtrag: Die perinatale Ebene des Bewusstseins

Grof erörtert die perinatale Bewusstseinsebene an vielen Stellen.[3] Die folgende Zusammenfassung dieses Konzepts ist meinem Buch *Dark Night, Early Dawn* entnommen, wobei die Überschriften für diese Präsentation hinzugefügt wurden.

Konfrontation mit dem Tod

---

3 *Topographie des Unbewußten* (1975/1978); *LSD Psychotherapie* (1980/1983); *Das Abenteuer der Selbstentdeckung* (1988/1994); *Die Psychologie der Zukunft* (2000/2002).

Das vorherrschende Motiv der perinatalen Ebene ist die Konfrontation mit dem Tod, eine Konfrontation, die so realistisch ist, dass die Probanden oft das Bewusstsein dafür verlieren, dass sie sich in einer therapeutischen Sitzung befinden, und zu der Überzeugung gelangen, dass sie tatsächlich im Sterben liegen. Diese Qual zwingt sie, all die Ängste und Widerstände zu erleben, die mit dem Sterben verbunden sind, und sich mit der Zerbrechlichkeit, der Unbeständigkeit und dem Leiden zu konfrontieren, die der menschlichen Existenz innewohnen. Die daraus resultierende existentielle Krise kann so extrem werden, dass die Betroffenen die Grenzen ihres individuellen Lebens überschreiten und beginnen, das Leiden ganzer Gruppen von Menschen zu erfahren, in manchen Fällen sogar über die menschliche Erfahrung hinaus. Paradoxerweise ist diese Konfrontation mit dem Tod oft mit einem ebenso lebendigen Erleben der eigenen Geburt verbunden, deren spezifische Aspekte manchmal von Familienmitgliedern oder behandelnden Ärzten bestätigt wurden (verdrehte Nabelschnur, Steißgeburt, Zangengeburt, Wiederbelebungsmaßnahmen, Gerüche, Geräusche und Licht).

Die perinatale Ebene verbindet somit Geburt und Tod, persönliche und transpersonale Erfahrungen in einer komplexen Weise, die sich nur schwer aufschlüsseln lässt. Die genaue Beziehung der perinatalen Erfahrungen zur biologischen Geburt ist noch unklar. Einerseits kann der Inhalt dieser Erfahrungen nicht auf die Erinnerung an die biologische Geburt reduziert werden, andererseits scheinen viele der körperlichen Symptome, die sich in diesem Zusammenhang manifestieren, von der biologischen Geburt her zu rühren. Darüber hinaus scheinen sowohl die körperlichen Symptome als auch die entsprechenden Erfahrungsinhalte vier Erfahrungsgruppen zu bilden, die den vier aufeinanderfolgenden Phasen der biologischen Geburt nachempfunden werden können.

COEX-Systeme

Um die Muster in den Daten zu verdeutlichen, führte Grof die Konzepte der COEX-Systeme und der Perinatalen Grundmatrizen (PGM) ein. Ein COEX-System, kurz für »system of condensed experience« (System verdichteter Erfahrung), ist eine spezifische Konstellation von Erinnerungen (und Fantasien) aus vielen Perioden des Lebens eines Individuums, die ein gemeinsames Thema haben und durch eine gemeinsame emotionale Ladung gekennzeichnet sind. Eine einfache Analogie: Stell dir vor, du nimmst einen Roman und markierst die vielen Erlebnisse des Protagonisten je nach ihrem emotionalen Gehalt in verschiedenen Farben – rot für Wut, grün für Eifersucht, gelb für Angst etc. Wenn du dann das gesamte Buch zerschneidest und alle Schnipsel jeder Farbe in getrennten Stapeln sammelst, würde jeder Stapel ein einziges COEX-System darstellen. Die Oberflächenschichten eines

COEX-Systems bestehen aus jüngeren oder oberflächlichen Erfahrungen mit dieser jeweiligen Emotion. Je tiefer man in das System eindringt, desto älter und grundlegender werden die Erfahrungen. Im Zentrum eines jeden Systems befindet sich eine Kernerfahrung oder eine Reihe von Erfahrungen, die die primäre Störung darstellt, die Ur-Erfahrung, um die sich spätere Erfahrungen gruppieren.

Die vier perinatalen Matrizen

Eine perinatale Grundmatrix ist ein COEX-System, dessen Kern in der fötalen Erfahrung verankert ist, insbesondere in der Erfahrung der Geburt. Nach Grof bilden die vier Phasen der Geburt vier grundlegende Matrizen, in denen spätere Erinnerungen an psychologisch ähnliche Erfahrungen gespeichert werden. Unsere ungelöste und unintegrierte Geburtserfahrung ist in diesen Matrizen enthalten. Sie ist immer da, unter der Oberfläche und aus dem Blickfeld, aber sie prägt auf subtile und tiefgreifende Weise, wie wir die Welt erleben, und beeinflusst sogar, welche Aspekte der Welt wir zu uns ziehen, um sie dann zu erfahren. Wenn man sich darüber hinaus wieder mit der Erinnerung an die eigene Geburt, die in diesen Matrizen bewahrt wird, verbindet, erhält man außerdem erfahrungsmäßigen Zugang zum kollektiven Unbewussten und anderen transpersonalen Bereichen, die ähnliches Material enthalten. Wenn eine der perinatalen Matrizen in einer psychedelischen Sitzung auftaucht, manifestiert sie sich daher als ein vielschichtiger Fundus an Erfahrungen und Einsichten, und zwar immer mit einer überwältigenden emotionalen Ladung.

Im Einzelnen definiert Grof die vier Phasen der biologischen Geburt als:

1. Intrauterine Existenz vor Beginn der Entbindung;
2. Wehen vor der Erweiterung des Gebärmutterhalses;
3. Wehen nach Erweiterung des Gebärmutterhalses;
4. Endgültiger Vorstoß durch den Geburtskanal und Trennung von der Mutter.

Vor der Geburt macht der Fötus, je nach der Qualität der pränatalen Unterstützung der Mutter, Erfahrungen im »guten Mutterleib« oder im »schlechten Mutterleib«. In der ersten Phase der Wehen erlebt der Fötus einen biochemischen und physischen Angriff, aber da der Muttermund nicht geöffnet ist, es gibt keine Möglichkeit zu entkommen, er erlebt buchstäblich eine »Kein-Entkommen«-Situation. In der zweiten Phase ist der Gebärmutterhals geöffnet, sodass ein Ausweg aus dem Dilemma möglich ist, und es beginnt ein heldenhafter Kampf um die Durchquerung des Geburtskanals. In der letzten Phase erreichen die Wehen ihren Höhepunkt, gefolgt von der plötzlichen Erlösung und der Trennung von der Mutter.

Zu den prototypischen Themen der vier Phasen der Geburt als Matrizen für die Abspeicherung späterer Erinnerungen gehören die folgenden: (Diese Liste ist nicht vollständig.)

1. Guter Schoß: Befriedigung wichtiger Bedürfnisse, erfüllende Liebe, Entgrenzung, Einheit, ozeanische Seligkeit. Schlechter Schoß: Erfahrungen von Unwohlsein, Ekel, Angst, Paranoia, Unwirklichkeit.
2. Ungerechtfertigte, gewaltsame Aggression gegen hilflose Unschuldige, Hoffnungslosigkeit, Schuld, unsägliches Alleinsein, die Absurdität der menschlichen Existenz, Verstrickung ohne Ausweg, die Herrschaft des Todes.
3. Gewaltiger Kampf: Lebenskrise, aber nicht absolut hoffnungslos, hochenergetische Erfahrungen verschiedener Art – mörderische Wut, vulkanische Ekstase, sexuelle Erregung, Sadomasochismus.
4. Erfahrung von Tod und Wiedergeburt: totale Vernichtung des Individuums, gefolgt von einem Durchbruch zu einer neuen Existenzebene; plötzliche Befreiung, tiefe Liebe, spirituelle Erleuchtung.

Die Erfahrungen (und Fantasien) von Säuglingen, Kindern und Erwachsenen, die sich diesen Themen annähern, gruppieren sich in unserem Gedächtnis um den entsprechenden perinatalen Kern, sodass jede Konstellation im Laufe der Zeit an Energie gewinnt und das Verhalten beeinflusst.

Wenn sich eine Person in einer psychedelischen Sitzung auf eine perinatale Matrix einlässt, dann wird die Erfahrung multidimensional, aber thematisch kohärent sein. Er oder sie kann gleichzeitig eine oder mehrere Phasen des ursprünglichen Geburtstraumas, ähnliche reale oder imaginierte Traumata aus dem späteren Leben, sowohl physischer als auch psychischer Natur, und zusätzlich thematisch kongruente spirituelle und philosophische Konflikte und Einsichten erleben.

Tod und Wiedergeburt

Der Prozess von Tod und Wiedergeburt wird nie in einer einzigen Sitzung vollständig abgeschlossen. Es sind viele Sitzungen erforderlich, in denen man sich wiederholt mit denselben Themen beschäftigt, bevor man sie ausgeschöpft hat. Das übliche Muster ist, dass eine Person, die auf dieser Ebene arbeitet, schließlich eine schwere perinatale Krise erlebt, die sich auf eine der oben beschriebenen Phasen konzentriert. Wenn man sich dieser Krise ergibt und sie auflöst, wird die Person für den Rest der Sitzung in positive transpersonale Erfahrungen eintauchen, auch wenn der perinatale Inhalt für zukünftige Sitzungen bestehen bleiben kann. Wenn der Prozess in mehreren Sitzungen fortgesetzt wird, wird eine abschließende Todes-

und Geburtserfahrung schließlich alle perinatalen Inhalte vollständig aufbrauchen. Anhand zahlreicher Fallbeispiele hat Grof gezeigt, dass die systematische Beschäftigung mit diesem traumatischen Material die perinatalen Matrizen tatsächlich auflösen und damit ihren Einfluss auf das Verhalten der Person dauerhaft beseitigen kann. In den darauffolgenden Sitzungen geht die Person direkt in die transpersonale Erfahrung über, während die Reise im Bewusstsein weitergeht. Grof hat festgestellt, dass jede einzelne Person, die in ihrer Arbeit diese Ebene erreicht, eine spirituelle Interpretation der Existenz übernimmt, unabhängig von ihrer früheren psychosozialen Konditionierung. Dazu gehören so unmystische Typen wie überzeugte Atheisten, Skeptiker, Marxisten und positivistisch orientierte Wissenschaftler.[4]

4 Bache 2000, 52-58. Über das Auftauchen des perinatalen Bereichs in nicht-psychedelischen Kontexten, siehe Bache 1981: 1985: 1991; 1994: 1996.

DREI

EIN SITZUNGSTAG

Leser eines frühen Entwurfs dieses Buches baten mich, sie in einen typischen Sitzungstag hineinzunehmen, um zu zeigen, was dort tatsächlich passiert. Die folgende Erzählung ist mein Versuch, dies zu tun. Sie ist die Vorgeschichte zu Sitzung 9 und überschneidet sich daher leicht mit dem vorherigen Kapitel. Ich habe Teile aus Sitzung 10 in die Erzählung eingeflochten, um einen runderen Bericht zu präsentieren. So sieht ein Sitzungstag aus:

Ich schloss die Tür hinter mir, als ich die Treppe zu meinem Arbeitszimmer im dritten Stock hinaufstieg. Vorbei an dem überquellenden Bücherregal auf dem Treppenabsatz, mich dort duckend, wo die Decke niedriger ist, bog ich um die Ecke zu meinem Zufluchtsort, einem langen, cremefarbenen Raum mit niedrigen Decken, die an den beiden Längsseiten zu zwei Meter hohen Wänden abfallen. Die Matratze und die Kissen unseres Wohnzimmersofas füllten die Mitte des Raums. Durch das große Dachfenster auf der linken Seite sah ich die Wipfel der Bäume, die von der frühen Morgensonne sanft beleuchtet wurden.

Ich schaute auf meine Uhr. Ich hatte es vor zehn Minuten eingenommen und hatte nur noch Zeit für eine weitere Überprüfung, bevor ich alles abschloss. Eine grüne Decke lag zusammengefaltet in einer Ecke der Matratze, eine große Aluminiumschüssel und ein Handtuch in einer anderen. Carol hatte ihren Sitz und ihren Notizblock bereits neben das Kassettendeck gestellt, zusammen mit ihrem Snack für später. Das Essen sah gut aus. Wie immer hatte ich das Frühstück ausgelassen und war hungrig, aber das Letzte, was ich jetzt in meinem Magen brauchte, war Essen.

Die Kassettenbänder für den Tag waren neben dem Deck gestapelt. Gestern Abend hatte ich die Musik ausgewählt und eine detaillierte Tabelle mit den Optionen für jede Phase der Sitzung erstellt, in der ich die Dauer und die Intensität der einzelnen Stücke auf einer Skala von 1 bis 5 notiert hatte. Heute früh hatte ich die Bänder so positioniert, dass die Musik sofort beim Abspielen einsetzte, sodass auch für dieses Detail gesorgt war. Das Letzte, was man bei einem Bandwechsel will, ist, dreißig Sekunden lang in quälender Stille zu verharren, während ein Band seinen Vorspann abspult. Kopfhörer, Augenbinde, Waschlappen – alles war da.

Carol meint manchmal, ich würde mich zu sehr mit diesen Details beschäftigen. Sie mag Recht haben. An diesen Morgen bin ich nie in Topform. Unsere scharfen Worte im Schlafzimmer gingen mir durch den Kopf. Dumme Spannungen wegen nichts hatten uns fast dazu gebracht, die Sitzung abzusagen. Wenigstens haben wir jetzt das Muster verstanden. Nur Stress, bevor es losgeht. Ich hasse diese letzten Stunden.

Ich schloss die Kopfhörer an, richtete die Kabel aus und fragte mich, was der Tag bringen würde. Würde der Schmerz schlimmer sein als beim letzten Mal? Wo würde er zuschlagen, und was würde er von mir verlangen? Natürlich gab es auch die ekstatische Seite, die Visionen und die Unterweisungen, aber zu Beginn einer Sitzung ist es immer der Schmerz, an den ich mich am meisten erinnere.

Ich hatte bereits meditiert, um Führung gebeten und meine inneren ethischen Verpflichtungen erneuert. Jetzt cremte ich mir Gesicht und Hände ein, ein kleines Dankeschön an meinen Körper für das, was ich ihm bald zumuten würde. Das war Teil meines Rituals, um eine positive Stimmung zu erzeugen, so wie ich immer meine alten Lieblingskleider trug. Kleine Dinge, die mir wichtig geworden waren. Ich fragte mich, ob andere Menschen ihre eigenen privaten Rituale der Selbstfürsorge hatten.

Ich legte mich hin und fummelte an Augenbinde und Kopfhörern herum, bis beides gut saß und bequem war, dann schaltete ich das Kassettendeck ein. Die Stimme von Willie Nelson durchflutete meinen Kopf. An solchen Tagen beginne ich oft mit Willie. Seine Stimme hat die Weisheit der harten Schläge, gemildert durch Freundlichkeit und Humor. Sie mildert die ersten Wogen und hilft mir, mich zu konzentrieren, wenn die Energie ansteigt. Nach fünfzehn Minuten ertappte ich mich dabei, wie ich mich fragte, was Willie denken würde, wenn er wüsste, wo er heute singt. »Café Psychedelic. Gedanken zerbrechen, während du wartest.« Ich habe gelacht. Das ist ein verrückter Spruch. Es fängt schon an. Wo ist sie denn? Carol sollte schon längst hier sein.

Ich beruhigte mich, indem ich mich wieder der Musik zuwandte und darauf vertraute, dass meine Unterstützung da sein würde, bevor ich völlig zusammenbrach. Ein paar Minuten später hörte ich, das Öffnen der Haustür und Carols Schritte auf der Treppe.

Sie setzte sich neben mich und berührte leicht meine Schulter.

»Tut mir leid, dass es so lange gedauert hat«, sagte sie. »Ich musste Stephanie etwas über Jasons Medizin sagen. Wie geht es dir?«

»Mir geht es gut«, sagte ich und drehte mein blindes Gesicht zu ihr. »Es fängt gerade erst an. Noch ein bisschen mehr Zeit, und dann werden wir richtig loslegen. Ist alles in Ordnung da unten?«

»Es ist alles in Ordnung. Sie hat Jason mit zu sich nach Hause genommen. Leg los. Und viel Glück.« Einen Moment später drückte sie wieder meine Schulter. Alles von heute Morgen war verziehen. Ich berührte ihre Hand und wandte mich dann wieder der Musik zu. Die Ohrenschmerzen des kleinen Jason. Wie weit weg schien mir diese kostbare Welt schon zu sein. Es ging los.

Meine Zähne taten weh und mir war schlecht. Es gab keine Möglichkeit mehr, mich weiterhin behaglich zu fühlen. Ich fühlte mich, als hätte ich eine Grippe, nur dass sich die Symptome in meinem Körper ständig veränderten. Erst tat mir der Bauch weh, dann die Schultern, dann die Beine, jetzt Hals und Kopf. Ich hasse diese Phase. Ich hatte 600 µg LSD in mein System gekippt, und mein Körper war durch die Beschleunigung sehr angespannt. So viel Energie, auf die er sich so schnell einstellen muss. Vielleicht erfindet jemand eines Tages LSD mit Zeitverzögerung. Das würde helfen. Armer Körper. Ich streckte meine Arme und Beine und wölbte meinen Rücken, um die Übelkeit zu lindern. Keine Erleichterung. Verdammt, meine Zähne tun weh.

»Zeit zu gehen«, sagte ich laut. »Lasst uns mit der Show beginnen«. Nach einer kurzen Pause verschwand Willies Stimme und »Ritt der Walküren« nahm den Platz ein. Großartig, dachte ich, als sich meine Gedanken in dem wirbelnden Strom aufzulösen begannen. Das kann ja heiter werden.

Das war mein letzter »vernünftiger« Gedanke. Es gab kein Halten mehr. Der gesunde Verstand, wie ich ihn kannte, würde erst in acht Stunden zurückkehren. Jetzt löste sich alles im Chaos auf. Jetzt gab es nur noch Schmerz ohne Logik.

Nachdem sie die Musik gewechselt hatte, beobachtete Carol, wie er sich immer weiter von ihr und der Welt, die sie gemeinsam aufgebaut hatten, entfernte. Sie saß für ihn, aber sie mochte die Sitzungen nicht wirklich. Sie hasste das Leiden. Sie hasste es, ihn so zusammengerollt zu sehen, wimmernd, während Gott weiß was mit ihm gemacht wurde. Sie wusste nie, in was er sich vertiefte, während sie bei seinem Körper saß. So heftig und unvorhersehbar.

»Warum tut er das?«, fragte sie sich. Warum kann er sich nicht mit den langsameren Methoden zufriedengeben? »Er ist zu ungeduldig, deshalb!«, antwortete sie. Weiß er wirklich, was diese Sitzungen mit ihm anstellen? Sind sie wirklich so sicher, wie er behauptet? Wie kann es sicher sein, an einem einzigen Tag so viel Schmerz zu erfahren? Manchmal, wenn er versucht, mir zu erzählen, was er durchgemacht hat, bricht er mitten im Satz ab, unfähig, mehr zu sagen.

Er hatte sich zu einem engen Ball zusammengerollt, die Arme über der Brust verschränkt und die Hände in einem spitzen Winkel angewinkelt. Seine Finger baumelten unbeholfen, zitternd und unkoordiniert. Seinem Körper nach zu urteilen, befand er sich in einer Art fötalem Raum. Sie notierte es in ihrem Logbuch. Er veränderte ständig seine Position, als wolle er etwas ausweichen, aber alle seine Bemühungen schienen fehlzuschlagen. Er zog sich körperlich zurück und versank dann in die Stille, gab wimmernde Laute von sich, als sei er überwältigt.

Er hyperventilierte für kurze Zeit, blies dicke Flüssigkeit aus seiner Nase und seinem Hals und schien nicht zu bemerken, wenn sie sie wegwischte. Dann begannen die Zuckungen.

Sie hasste die Krämpfe. Ohne Vorwarnung zuckte sein Körper plötzlich, riss ihn herum und schleuderte ihn über die Matratze. Sie stand auf und schleppte ihn zurück in die Mitte, umgab ihn mit Kissen, damit er sich nicht verletzte, wenn eine der großen Spasmen ihn weiter als gewöhnlich schleuderte. Zwischen den Krämpfen atmete er schnell, als hätte er einen Hundertmeterlauf absolviert. Er wimmerte und flüsterte etwas. Sie beugte sich nahe heran, konnte aber die Worte nicht verstehen.

Die Anfälle dauerten über eine Stunde. Kurzfristige Erleichterungen wurden immer wieder zunichte gemacht. Sie hatte die Bücher gelesen und kannte die Theorie. Perinatale Anfälle, der Körper entlädt tiefe Spannungen, Wellen von Stress verlassen sein System. Vielleicht ist es das, dachte sie, aber das war ihr so fremd, dass sie nicht verstehen konnte, warum sich jemand dem ausliefern wollte.

Plötzlich begann sich sein Körper rhythmisch zu winden, und er richtete sich auf Hände und Knien auf. Sie sprang auf, griff nach der Schüssel und schob sie ihm gerade noch rechtzeitig unter den Kopf, um sein Erbrochenes aufzufangen. Er hustete, als ob er mehr erbrechen würde als die klare Flüssigkeit, die aus ihm herauskam. Er war fertig, und sie wischte ihm das Gesicht ab, als er zurück auf die Matratze fiel.

Lass ihn nicht anfangen zu reden, setze ihm die Kopfhörer und die Augenbinde wieder auf und schicke ihn zurück. Zusammengeknautscht auf dem Bett, akzeptierte er passiv ihre Fürsorge und nahm kaum wahr, dass sie sich um ihn herum bewegte. Als sie ihm die Kopfhörer wieder über die Ohren zog, packte er sie und drückte sie fest an seinen Kopf, als ob er ihnen mehr Energie entlocken wollte.

Innerlich war ich in einen Kampf um Leben und Tod verstrickt, gefangen in einer privaten Hölle, die mit alptraumhafter Exaktheit gestaltet wurde. Ich war gezwungen, das Gegenteil von dem zu werden, was ich war, gefangen in einem Leben, das nicht mein eigenes war, und unfähig, das Leben auf andere Weise zu erleben.

Ich wurde meiner Männlichkeit beraubt und in Leben von Frauen eingefangen, die ungebildet und arm waren. Ich wurde zu unzähligen Frauen aller Formen und Größen, Ethnien und Klassen. Farbige Frauen im Waschsalon ohne Perspektiven. Frauen in Armut, die durch das Fernsehen in der Kunst des Lebens geschult wurden. Ich war völlig vertieft in das Leben, das auf seiner oberflächlichsten Ebene gelebt wurde. Die intellektuelle Öde war unerträglich, und der Verlust meiner sexuellen Identität war erschreckend, mit Schichten von metaphysischen und existentiellen Ängsten, die sich darin verbergen. Ich wehrte mich mit aller Kraft gegen das, was geschah, aber je mehr ich mich davon entfernte, desto fester hielt es mich im Griff.

Ich begann, es anzuschreien, um es zum Aufhören zu bewegen. Lange klagende Schreie.

»Neiiiiiin! Neiiiiin!«

Carol sprang auf und schloss die Fenster.

»Was zum Teufel ist hier los?«, dachte sie. Wenn er so weitermacht, wird jemand mal die Polizei rufen.

Sie schnappte sich ein Kissen und deckte seinen Kopf leicht zu, gerade genug, um seine Schreie zu dämpfen, aber nicht genug, um seine Atmung zu behindern.

»Bitte hör auf«, flüsterte sie, obwohl sie wusste, dass er sie nicht hören konnte. »Bitte aufhören.«

Innerlich konnte ich es nicht aufhalten, also schrie ich das Kissen immer wieder an. Ich zeigte ihm all den Schmerz, den es mir zufügte, flehte es an, aufzuhören, aber es wollte nicht aufhören. Warum wollte es nicht aufhören? Es konnte meine Qualen sehen; es konnte genau sehen, was es mir antat, aber es hörte nicht auf. Schmerzen aus früheren Phasen meines Lebens verschlangen sich in das, was geschah. In der Schule gehänselt worden zu sein, der frühe Tod meines Vaters. Ich hatte angesichts dieser Verletzungen immer geschwiegen. Jetzt schrie ich mein gesamtes Unterdrücktes heraus.

Ich zog die Kopfhörer ab und setzte mich auf. »Ich muss aufhören!«, keuchte ich. »Nur für eine Minute. Ich gehe zurück. Ich muss erst mal Luft holen.«

»Nein«, sagte Carol entschlossen und hielt sich an unsere Abmachung. »Du musst jetzt wieder reingehen und sehen, was los ist.« Sie setzte mir die Augenbinde und die Kopfhörer wieder auf. Ich versuchte, Einspruch zu erheben, aber ich konnte mich kaum wehren. Sie hatte natürlich recht.

Wieder drinnen, fielen die Frauen sofort über mich her. Je mehr ich sie zurückwies, desto fester packten sie mich. Eine Welle weiblicher Erfahrungen nach der anderen überrollte mich. Manchmal erlebte ich, wie Bruchstücke meines Lebens in diesem Strom auftauchten, nun aber in weiblicher Form. Es war unerträglich, Teile meines Wesens zu spüren, die so vertraut waren, aber ihrer Männlichkeit beraubt wurden.

In diesen Strom mischten sich schmerzhafte Bruchschnitte von Leben, die so universell waren, dass ich gar nicht anders konnte, als mich ihnen zu öffnen. Ich wurde zu einem jungen Mädchen auf einer Party am Samstagabend, das sich herausgeputzt hatte, aber wusste, dass sie niemand zum Tanzen auffordern würde. In einem anderen Szenario war ich ein zwölfjähriges afroamerikanisches Mädchen in seiner Welt nach der Schule, das allein in einem Krankenhausbett stirbt, unfähig, Kontakt zu seiner besten Freundin aufzunehmen. Keiner wusste, dass ich im Sterben lag. Sie würden es erst erfahren, wenn ich tot war, wenn es zu spät war. Ich weinte über die Angst und den Kummer dieses Mädchens. »So viele Arten zu sterben«, sagte ich laut. »Du musst nicht weit gehen, um sie zu finden.« Carol schrieb es auf und bemerkte, dass meine Stimme einen weiblichen Ton angenommen hatte.

Nach stundenlangem Kampf war ich in einer ausweglosen Situation mit den Frauen, die die Macht über mein Leben übernommen hatten. Ich hatte ihnen nicht nachgegeben, aber sie zermürbten mich. Die vielen weiblichen Erfahrungen, die ich machte, wurde langsam wohler, wenn ich mich als Frau fühlte, aber ich wehrte mich immer noch gegen die endgültige Kapitulation. Ich wusste nicht, wie sich das jemals von selbst lösen würde.

Mitten in dieser ausweglosen Situation legte Carol versehentlich das falsche Band ein, eines dieser kleinen synchronen Wunder, die manchmal in einer Sitzung geschehen. Plötzlich war Louis Armstrongs harsche Stimme in meinem Kopf und sang: »Nobody knows the trouble I've seen. Nobody knows my sorrow.« Der Ruck, mit dem seine tiefe Stimme meinen Kummer in die richtigen Worte fasste, brach meinen Widerstand. »Ich gebe auf«, lachte ich. »Du kannst die Mädchen aus der Nachbarschaft nicht schlagen. Alles, was du tun kannst, ist, dich ihnen anzuschließen.« Damit ließ ich los und erlaubte mir, voll und ganz eine Frau zu werden.

Von hier aus wurde ich für einen langen Aufenthalt in die Welt der Frauen unter dem Arm der Großen Mutter mitgenommen, wobei ich eine breite Palette weiblicher Erfahrungen kennenlernte, intimer, als ich es mir je hätte träumen lassen. Kein Aspekt des Lebens der Frauen wurde mir verschlossen. Ich habe leidenschaftlich empfangen, war hochschwanger mit schwerfälligem Gang und habe mein Neugeborenes gestillt. Ich betete im Morgengrauen und lachte mit meinen Schwestern über unsere Ehemänner. Es dauerte Stunden. Ich war ganz Frau. Ich war schön.

Am späten Nachmittag nahm ich meine Kopfhörer und die Augenbinde ab und kehrte langsam in die gemeinsame Realität zurück. Ich sah Carol, die mich von der anderen Seite des Raumes aus beobachtete. Ich hatte sie noch nie so gesehen, wie ich sie jetzt sah. Tränen stiegen mir in die Augen, als ich ihre Weiblichkeit neu erlebte. Wie wenig ich sie vorher wirklich verstanden hatte. Es gab so viel wiedergutzumachen.

»Ist alles in Ordnung?«, fragte sie, als sie meine Tränen sah.

»Ja, es ist alles gut«, versicherte ich ihr. »Es überflutet mich.«

»Möchtest du etwas essen?«

»Wie spät ist es?«

»Halb fünf. Es waren achteinhalb Stunden.«

»Ja, das wäre schön«, sagte ich und kratzte mich mit beiden Händen am Kopf.

Sie stand auf, ging zur Treppe und blieb oben stehen. »Ich gehe, um Stephanie anzurufen und nach Jason zu fragen. Irgendwelche Mitteilungen?«

»Sag ihr, dass ich euch alle liebe.«

Sie sah mich verwundert an, weil sie wusste, dass sie es nicht verstehen sollte. »Ich freue mich darauf, herauszufinden, was das bedeutet«, sagte sie und verschwand die Treppe hinunter.

Es war immer ein Schock zurückzukommen und festzustellen, dass niemand wusste, wo ich den ganzen Tag gewesen war. Die Sitzungen waren so intensiv, wie konnten sie da so verborgen sein? Und wie sollte ich ihr jemals beschreiben können, was passiert war? Oder irgend jemandem gegenüber? Wenn ich die Sitzungen aufschreibe, kann ich nie ihre volle Intensität und ihren Wirklichkeitsgehalt vermitteln. Die Erlebnisse sind so konzentriert, so vielschichtig. Und sie gehen bis in die Knochen.

Dreißig Minuten später kam sie mit einem kleinen Teller mit Weintrauben, Cashewnüssen, getrockneter Ananas und mit Johannisbrot umhüllten Rosinen zurück. Gutes, ursprüngliches Handfutter. Nun, okay, die Rosinen mit Johannisbrotkern waren nicht sehr ursprünglich, und die Ananas? Wer weiß, aber mit den Fingern zu essen, fühlt sich immer natürlich an nach einer Sitzung.

Nach dem kleinen Imbiss ging Carol, um unseren Sohn abzuholen, und ich ging die Treppe hinunter, um mir den Schweiß des Tages abzuwaschen. Ich war wackelig, hielt mich an den Wänden fest, um das Gleichgewicht zu halten, es funktionierte nur gerade so, wenn ich langsam. Die Wirkung des LSD war abgeklungen, aber ich bewegte mich in einem Feld, das von den Ereignissen des Tages gesättigt war.

Die heiße Dusche war wunderbar. Als ich wieder mit meinem Körper in Kontakt kam, bemerkte ich, dass sich meine Haltung verändert hatte, genau wie zuvor. Ich stand ein wenig anders, aufrechter, mit mehr Gleichgewicht als vorher. Mein Brustkorb war ein wenig offener, die Schultern tiefer. Ich wusste, dass diese Neuausrichtung der Haltung nicht von Dauer sein würde. Im Laufe der nächsten Woche würde sie langsam verblassen, da sich alte Muskelgewohnheiten wieder durchsetzen würden, aber sie würden nie alles zurückerobern. Langsam wurde mein Körper umstrukturiert. Ich stand unter dem fließenden Wasser und schaute in meine Zukunft. Wie gut es sich anfühlte, so offen für die Welt zu sein.

In unserem Schlafzimmer waren die Gegenstände nicht mehr einfach nur Gegenstände, sondern Hinweise, die vor Bedeutung nur so strotzten. Alles, was ich sah, erzählte eine Geschichte darüber, woher wir es bekommen hatten, wann wer es wem geschenkt hatte und wie sehr wir uns seitdem daran erfreut hatten – oder nicht. Alles repräsentierte etwas von einem von uns oder von uns beiden, ein Bedürfnis, eine Urlaubslaune. Die Geschichte eines jeden Gegenstandes wurde mir vor dem Hintergrund des Tages klar und enthüllte Details, die ich vorher nicht gesehen hatte.

Ein- oder zwei Mal durchfluteten mich Erinnerungen an die Sitzung, sodass ich innehalten und mich beruhigen musste. Es war Zeit, wieder nach oben zu gehen, bevor sich das Fenster ganz schloss. In frischen Kleidern machte ich mich auf den Weg zurück ins Arbeitszimmer. Das Zimmer war ein einziges Durcheinander. Kissen und Decken lagen herum, Kassettenboxen überall. Wie freundlich es aussah. So war es immer nach einer Sitzung. Es dauerte nur ein paar Minuten, um die Dinge wieder an ihren Platz zu räumen.

Bald lag ich im Bett, schaute aus dem Dachfenster, erinnerte mich an die Details des Tages und versuchte, den genauen Ablauf der Ereignisse zu rekonstruieren. Später gingen Carol und ich ihre Notizen durch und tauschten uns über die Eindrücke des Tages aus, aber nur oberflächlich. Meine verbalen Funktionen sind für vierundzwanzig Stunden nie vollständig zurück, und ich hatte viel zu verarbeiten. Ich verbrachte die meiste Zeit der Nacht damit, die Punkte zu verbinden, und schlief kurz vor Sonnenaufgang ein. Bis dahin hatte ich einen groben Überblick über den Tag. Ein weiterer Teil des Mosaiks. Ein weiterer Schritt tiefer in meine Seele.

VIER

DER OZEAN DES LEIDENS

Sitzungen 11 bis 17

Die ozeanische Grenzenlosigkeit der Freude,
die entsteht, wenn alle Wesen befreit werden,
Reicht das nicht aus? Wird das nicht genügen?
Der Wunsch nach meiner eigenen Freiheit, was ist das für mich?
SHANTIDEVA, *THE WAY OF THE BODHISATTVA*

Ich habe mich wochenlang dagegen gesträubt, dieses Kapitel zu beginnen, beunruhigt durch das, was ich dem Leser zumuten werde, aus Angst, dass einige diese Erfahrungen in primitive Theologien von Hölle einordnen und Geschichten von Strafe und Verdammnis verstärkt werden könnten, obwohl es sich eigentlich um eine Geschichte von Rettung und Erlösung handelt. Freunde haben mir geraten, die Geschichte abzumildern, weil diejenigen, die nicht in diese Hölle hineingegangen sind, sie nicht verstehen können. Weil die Leute Angst haben und sich verschließen werden. Aber ich werde ihren Rat nicht befolgen. Ich werde die Leserschaft bitten, mir in das tiefe Leid zu folgen, und das tue ich aus drei Gründen. Erstens ist dies einfach der Weg, den ich gegangen bin, und ich habe versprochen, ehrlich darüber zu berichten. Zweitens bieten uns diese Erfahrungen wichtige Einblicke in die Funktionsweise des kollektiven Unbewussten der Menschheit. Und drittens hoffe ich, dass man, wenn man mir in diese Hölle folgt, in der Lage sein wird, an dem Himmel, der darauf folgt, vollständiger teilzuhaben.

In den Sitzungen, die auf die »Tötung der Kinder« folgten, betrat ich einen Bereich kollektiver Angst, der schwieriger war als alles, was ich zuvor erlebt hatte, und schlimmer als alles, was ich mir vorstellen konnte. Es war etwas völlig anderes als die persönlichen Zusammenbrüche, die dem vorausgegangen waren. In einer Sitzung nach der anderen wurde ich in dieselbe Landschaft zurückgebracht und systematisch immer tiefer in ihr Chaos hineingezogen. Ich nannte diesen Bereich den »Ozean des Leidens«, denn es war ein riesiger Ozean der Wut und des Schmerzes, unermesslich in Umfang und Intensität.

In der zweiten Hälfte dieser Sitzungen erlebte ich eine Reihe von außergewöhnlichen Abenteuern, die ich in den nächsten beiden Kapiteln beschreiben werde. Es ist diese Verbindung von großen Ängsten mit großen Segnungen, die diese schmerzhaften Episoden erträglich macht. Wenn man den Rhythmus gelernt hat, lernt man, dem Zyklus zu vertrauen. Wenn man sich ganz und gar auf das einlässt, was in der Erfahrung auftaucht - wie schwierig es auch sein mag - und man sich dorthin führen lässt, wohin es gehen will, wird sich die Tortur aufbauen, bis sie schließlich einen Höhepunkt erreicht. Wenn sie sich für den Tag erschöpft hat, wird die Erfahrung für den Rest der Sitzung in positive transpersonale Bereiche übergehen.

Vollendung ist der Schlüssel, der verhindert, dass sich dieses Leiden als Trauma in deinem System festsetzt. Wenn man jede Runde des Leidens bis zur Vollendung durchsteht, folgt Frieden. Was man dann aus der Sitzung mitnimmt, ist der vollständige Zyklus – Schmerz, gefolgt von Auflösung und Frieden. Die Art und Weise, wie man diesen Erfahrungen begegnet, macht einen großen Unterschied darin, wie sie danach in einem weiterleben.

Ich denke, es ist besser, diese frühen Erfahrungen mit dem Ozean des Leidens zusammenzufassen, als sie Sitzung für Sitzung durchzugehen. Sie auf ein paar Seiten gerafft wiederzugeben, könnte sie jedoch schlimmer erscheinen lassen, als sie tatsächlich waren, falls das möglich ist. In der Praxis wurde der Ozean des Leidens in Phasen aufgeteilt, die jeweils einige Stunden dauerten und durch Monate getrennt waren, in denen ich Zeit hatte, sie zu verdauen und mich auf die nächste Runde vorzubereiten. Nachdem ich erfahren hatte, was mich in den Sitzungen erwartete, waren die Morgen eines Sitzungstages angespannt. Wie eine Frau, die in den Wehen liegt, oder ein Soldat, der in die Schlacht zieht, richtete sich meine Aufmerksamkeit tief nach innen, während ich mich auf das vorbereitete, was passieren würde. Carol nannte es »in den Tunnel gehen«. Es begann Stunden, manchmal sogar Tage vor einer Sitzung.

Die Begegnung mit dem *Ozean des Leidens* dauerte vierzehn Sitzungen, verteilt auf zwei Jahre Arbeit. Diese Arbeit war von Anfang bis Ende zusammenhängend, obwohl ich in der Mitte dieser Serie meine Sitzungen für sechs Jahre unterbrochen habe, aus Gründen, die ich im nächsten Kapitel erläutern werde. Aus der Perspektive der Erfahrungen selbst war diese sechsjährige Unterbrechung eine kleine Unebenheit auf dem Weg, die nichts änderte. Aber in Bezug auf die kalendarische Zeit gab es ein Jahr des Ozeans des Leidens vor der sechsjährigen Pause und ein Jahr danach, das sieben Sitzungen umfasste.

Ich werde mich bei der Erzählung an diese Reihenfolge halten und die Geschichte in diese beiden Hälften unterteilen. Außerdem werde ich die Sitzungen des ersten Jahres in die Reinigungsphase und die ekstatische Phase unterteilen. Das hört sich zwar kompliziert an, aber es ist einfacher, die Geschichte auf diese Weise zu erzählen. In diesem Kapitel werde ich also beschreiben, was in der Reinigungsphase des ersten Jahres des Ozeans des Leidens geschah, und im nächsten Kapitel werde ich beschreiben, was in der ekstatischen Phase derselben sieben Sitzungen geschah.

Danach werde ich die Geschichte auf der anderen Seite der sechsjährigen Pause fortsetzen und beschreiben, wie der Ozean des Leidens von dort aus weiterging.[1]

Der Ozean des Leidens

Das Leiden, das ich jetzt beschreiben werde, war schwer zu ertragen, aber es hat mich allmählich gepackt und mir Zeit gegeben, mich darauf einzustellen. Es brachte mich regelmäßig an meine Belastungsgrenze, aber die Belastungsgrenzen waren geschickt geplant, gesteuert von etwas oder jemandem, den ich nie sah, aber immer spürte. Man kann diese schrittweise Vertiefung in den Details der folgenden Sitzungen beobachten. Ich verstand den Grund für diese Leiden nicht, aber die Erfahrungen waren so durchgängig, dass ich eine tiefe Logik in ihnen spürte. Als mir in der 24. Sitzung die vollständige Erklärung gegeben wurde, ergab alles einen Sinn.[2]

Die folgenden Erfahrungen stammen aus fünf Sitzungen, die in den Jahren 1982 und 1983 stattfanden. In diesen Jahren wurde ich an meiner Universität zum Professor ernannt und erhielt zum ersten Mal den Distinguished Professor Award. Ich erwähne dies nur, um zu verdeutlichen, dass selbst, wenn man seine Sitzungen sehr intensiv erlebt, unsere Fähigkeiten, in der Welt kompetent zu funktionieren, nicht beeinträchtigt werden, wenn sie gut gehandhabt werden.

Sitzung 11

Die elektrischen Zuckungen waren intensiv und schossen mich über die Matratze. Die Musik lockte meine dunkleren Seiten hervor. Meine seelische Angst wuchs, bis ich mich in einer musikalischen Horrorkammer gefangen sah. Die Spannung war unerträglich.

Die Musik wechselte zu rituellen Stammesgesängen – komplexe Atemrhythmen in Kombination mit Schreien, Grunzen und Würgen. Als ich mich auf diese Klänge einließ, spürte ich, wie ich in einen urwüchsigen Bereich eintrat, der jenseits jedes modernen Bezugsrahmens lag. Alle vertrauten Assoziationen wurden außer Kraft gesetzt. Um mich herum, durch mich hindurch, wirbelten angsteinflößende, negative Energien, elementar und barbarisch. Ich glitt in ein wogendes Feld negativer Kräfte. Langsam wurde ich weniger ängstlich, da immer weniger

1 In früheren Veröffentlichungen habe ich einen längeren Zeitrahmen für den Ozean des Leidens angegeben (2014; 2015). Beim Schreiben dieses Buches habe ich jedoch bestimmte strukturelle Unterschiede in den Sitzungen erkannt, die ich zuvor zusammengefasst hatte. Ich glaube daher, dass das hier angegebene engere Zeitfenster genauer ist.

2 Ich war inzwischen dazu übergegangen, für den reinigenden Teil der Sitzungen Musik aus fernen Kulturen zu verwenden, insbesondere indigene Gesänge. Ich fand, dass diese intensiven rituellen Kadenzen und ungewohnten Klangfarben eine bessere Öffnung bewirkten als westliche klassische Musik.

»Ich« anwesend war, um auf die Erfahrungen zu reagieren. Als ich mich in diesem Feld auflöste, war ich leer von persönlichen Assoziationen, leer für alles, außer diesen alten Klängen, verloren in einer anderen Welt, einer anderen Zeit.

Sitzung 12

Die Seelenqual verdichtete sich in einer psychedelischen Überflutung zu einem schrecklichen Horror. Zuerst war ich nur Zeuge dieser Ereignisse, aber als ich starb, erweiterten sich meine Grenzen und ich wurde in das Chaos hineingezogen. Dann wurde »ICH« getötet, zerfleischt und verstümmelt. Die Formen des Grauens waren so vielfältig, dass man sie nicht beschreiben kann. Mit Unterstützung der Gesänge war alles möglich. Unzählige Ausweidungen, das Zerfleischen von Menschenleben, Tausende von Toten. Wirbelnde Formen des Schreckens, die sich so sehr überlagerten, dass keine eindeutigen Bilder mehr zu erkennen waren. Als sich die Schrecken verschlimmerten, verlor ich schließlich jede Orientierung, jedes Gespür für eine zusammenhängende Bedeutung. Alles wurde von den unvorstellbaren Grausamkeiten demontiert. Ich war so überwältigt, dass ich in einem Zustand von völliger Überforderung zusammenbrach.

Sitzung 13

Als es anfing, erinnerte ich mich an die Tortur der vorherigen Sitzung, wie es tief in meine Psyche eingedrungen war und keine Ecke unerforscht gelassen hatte. Alles, was gegen mich verwendet werden konnte, wurde verwendet. Ich spürte, wie wieder das Gleiche begann, und erschauderte.

Die Schrecken waren intensiver als in der vorherigen Sitzung, schlugen härter zu und schneller. Sie waren so komplex, multidimensional und multi-thematisch, dass ich sie kaum beschreiben kann. Es ging um Krieg, Grausamkeit, Zerstörung, Tötungen, Angst. Es fühlte sich deutlich europäisch und vormodern an. Bei dem Versuch, es zu beschreiben, fühle ich mich an Dantes Inferno erinnert, nur unglaublich beschleunigt und mehrfach überlagert. Es schien Stunden zu dauern. Als die Musik auf den balinesischen »Affengesang« umschaltete, wurde alles noch intensiver und geriet noch weiter außer Kontrolle. Ich wurde überrannt, angegriffen, zerrissen und tausendfach zur Seite geworfen. Es gab nichts, was ich tun konnte, nichts, was irgend jemand von uns tun konnte. Es gab kein Entkommen

Sitzung 14

Die Schrecken waren unerbittlich. Treibende indische Rhythmen hämmerten unaufhörlich auf mich ein. Schreckliche, schreckliche Schmerzen. Ich suchte nach etwas Vergleichbarem in den vorherigen Sitzungen, wo der Schmerz wenigstens einen Anschein von Form hatte, etwas, das ich sehen konnte. Aber dieses Mal hatte der Schmerz keine erkennbare Form irgendeiner Art. Er begann wie der Schmerz anderer, aber viel näher erlebt als zuvor. Bald jedoch wurde er ganz zu meinem.

Die Marter wurde immer schlimmer. Ich würde einen Schwachpunkt erreichen und von den Schmerzen zerschmettert werden, da Widerstand unmöglich war. Dann würde der Schmerz langsam eine neue Dynamik entwickeln und mich in immer tiefere Qualen stürzen, die mich über Grenzen bringen, die ich noch Minuten zuvor für unmöglich gehalten hatte. Ein Crescendo der Tortur würde mich an eine neue Belastungsgrenze bringen, ich würde zusammenbrechen, und der Prozess würde sich wiederholen.

Die Musik wechselte zu den kraftvollen Gesängen. Ich litt Todesqualen. Die Gesänge umgaben mich und entlockten mir noch mehr Schmerz. Er kam und kam. Der Schmerz war schrecklich. Ich verlor den Überblick. Ich weiß nicht, was dann geschah. Nach einer gefühlten Ewigkeit hörten die Schmerzen irgendwie auf. Inmitten von langsam gespielten indischen Saiteninstrumenten legte sich mein Schmerz.

Sitzung 15

Ich weiß nicht, wie ich beschreiben soll, was ich heute erlebt habe, die Orte, an denen ich war, die Zerstörung, an der ich beteiligt war, der glühende Schmerz und die Qual von Tausenden und Abertausenden von Wesen, ich selbst unter ihnen, gequält bis zum Zerreißen und dann darüber hinaus und darüber hinaus. Keine Individuen, sondern Wellen von Menschen. Die Torturen nicht spezifisch, aber zahlreich. Zerstörung und Schmerz, Zerstörung und Schmerz. Ich wollte nicht glauben, dass es Regionen von so unsagbarem Grauen gibt, aber es gibt sie.

Treibende Sitar und Trommeln zerrissen mich und stürzten mich in immer urwüchsigere Ebenen von Qual. Nachdem ich die vorhergehenden Ebenen durchlaufen hatte, erreichte ich schließlich eine Ebene, die ich nur mit der Hölle selbst vergleichen kann. Unerträgliche Schmerzen. Unaussprechliches Grauen jenseits aller Vorstellungskraft. Ich war verloren in einer rasenden Grausamkeit, die keine Grenzen kannte. Es war rasend gewordene Science Fiction. Die Welt der Verdammten. Die schlimmsten Bilder der Weltreligionen, die die Qualen der Hölle zeigen, berühren nur die Oberfläche. Und doch, die Qualen reinigen das eigene Wesen. Sie reißen jedes Stück Fleisch aus deinem Körper, bis du tausendmal gestorben bist und nicht mehr sterben kannst. Dann findest du Wege, noch mehr zu sterben.

Ich weiß, dass es nicht leicht ist, diese Erfahrungen zu machen, selbst als Zeuge. Wenn ich einen Fehler gemacht habe, indem ich dich hierher gebracht habe, entschuldige ich mich. Ich zeige dir diese Dinge nicht, um dich um Mitleid zu bitten. Ich habe diese Erfahrungen gemacht, und ich bin gesund und stark. Ich teile sie mit dir, um dich zu bitten, mit mir in das Mysterium einzutreten.

Das Rätsel des Ozeans des Leidens

Was ist das für ein Bereich, den ich da betreten hatte? Zwischen den Sitzungen 11 und 15 tauchte ich systematisch in eine sich vertiefende Landschaft kollektiver Gewalt und Angst ein, aber was ist das für eine Landschaft? Woher kommt sie und was stellt sie dar?

Zunächst einmal möchte ich auf die meiner Meinung nach unzureichende Interpretation verzichten, dass diese Erlebnisse eine verdrängte Grausamkeit oder Wut darstellen, die in meinem persönlichen Unbewussten verborgen ist, oder dass sie vielleicht die psychologische Rache für Taten sind, die ich tatsächlich begangen habe. Auf diese beiden Vorschläge antworte ich einfach, dass ich weder so grausam noch so gewalttätig bin. Ich habe nie eine solche Wut empfunden, und eine Verdrängung dieses Ausmaßes würde sicherlich Spuren hinterlassen. Natürlich habe ich meine Fehler, aber nichts, was ein solches Leiden rechtfertigen würde.

Eine plausiblere Interpretation stammt von Stan Grof, der in vielen von ihm betreuten psychedelischen Sitzungen ähnliche Muster kollektiven Leidens beobachtet hat. Er fasst sie wie folgt zusammen:

> Ein Proband kann sich selbst als Tausende von Soldaten erleben, die seit Anbeginn der Zeit auf den Schlachtfeldern der ganzen Welt gestorben sind, als gefolterte Opfer der spanischen Inquisition, als Gefangene in Konzentrationslagern, als Patienten, die an unheilbaren Krankheiten sterben, als alternde Menschen, die altersschwach und senil sind, als Mütter und Kinder, die während der Geburt sterben, oder als Insassen, die in Stationen für chronisch Kranke in Irrenanstalten misshandelt werden (Grof 1976, 116).

Grofs Verständnis nach handelt es sich bei diesen Episoden um Erinnerungscluster aus dem kollektiven Unbewussten, die auf der perinatalen Bewusstseinsebene in den persönlichen Todes- und Wiedergeburtsprozess gezogen werden. Da die perinatale Dimension an der Schnittstelle von persönlichem und transpersonalem Bewusstsein liegt, kann die perinatale Erfahrung Material sowohl aus der persönlichen als auch aus der kollektiven Psyche zusammenweben. Grof glaubt, dass diese Episoden kollektiven Leidens im Wesentlichen aus dem kollektiven Unbewussten durchgesickert sind, weil sie mit einem Aspekt des persönlichen Ego-Todes in Resonanz stehen. Das heißt, er sieht den Ego-Tod als die Kern-Erfahrung und diese Cluster von kollektiven Erfahrungen werden von diesem Kern angezogen, weil sie mit einem Aspekt des Ego-Todes parallel laufen. Wäre dies eine Oper, würde der Ego-Tod die Hauptrolle singen und diese kollektiven Erfahrungen wären der Chor.[3]

Die kollektive Psyche scheint ihre Erinnerungen auf ähnliche Weise zu organisieren wie das persönliche Unbewusste. Grof hat gezeigt, dass unser persönliches Unbewusstes seine Erinnerungen in Clustern von Erfahrungen organisiert, die aus verschiedenen Perioden unseres Lebens stammen, aber ein gemeinsames emotionales Thema haben. Wie wir in Kapitel 2 gesehen haben, nennt er diese Cluster von verdichteten Erfahrungen COEX-Systeme. Die in diesem Kapitel vorgestellten psychedelischen Erfahrungen legen nahe, dass das kollektive Unbewusste seinen riesigen Erinnerungsspeicher auf ähnliche Weise organisiert. Es scheint die Erinnerungen der Menschheit in riesigen Erinnerungsclustern zusammenzufassen, die von verschiedenen Menschen und aus verschiedenen historischen Epochen stammen, aber ein gemeinsames emotionales Thema haben. Ich nenne diese kollektiven Gedächtniscluster META-COEX-Systeme. Die Struktur eines META-COEX-Systems weist Parallelen zur Struktur eines persönlichen COEX-Systems auf, aber es arbeitet in einem viel größeren Maßstab und auf einer anderen Bewusstseinsebene – der subtilen Ebene.

Als ich durch diese Erfahrungen ging, bedeutete es mir sehr viel, zu wissen, dass andere Forscher ähnliche Prüfungen durchlaufen hatten. Es sagte mir, dass das, was in meinen Sitzungen geschah, Teil eines größeren Musters war. Angesichts der großen Datenbank, auf die Grof seine Beobachtungen stützte, übernahm ich zunächst seine Interpretation dieser Episoden. Es ergab für mich intuitiv Sinn, dass diese Resonanzmuster zwischen der persönlichen und der kollektiven Ebene der Psyche entstehen könnten.

Meine Arbeitshypothese veränderte sich nun dahingehend, dass diese kollektiven Prüfungen eine Vertiefung meines persönlichen Ego-Todes darstellten, dass sie eine herausfordernde Phase meiner individuellen spirituellen Reise waren, die ich einfach

3 Grofs Deutung geht davon aus, dass das kollektive Unbewusste unserer Spezies die Erinnerungen der Menschen im Laufe der Geschichte aufbewahrt. Ich teile diese Überzeugung, wie auch viele andere transpersonale Denker. Rupert Sheldrake hat in seiner Studie über morphische Resonanz und formative Kausalität Beweise für diese Hypothese gesammelt (1981; 1988; 1991). Ervin László ist noch weiter gegangen und hat vorgeschlagen, dass sich das gesamte Universum bewusst an seine Erfahrungen erinnert (2004; 2009; 2014; 2016).

überstehen musste, um vollständig befreit zu werden. Diese Annahme wurde durch die Tatsache verstärkt, dass mein Ego zwischen den Sitzungen zwar aufgeweicht, aber immer noch intakt war, mit vielen seiner Schwächen und Eigenheiten. Wenn sich der Ego-Tod bereits innerhalb meiner Sitzungen vollzogen hatte, so überlegte ich, sollte ich dann nicht auch außerhalb der Sitzungen befreiter sein? Die Tatsache, dass ich in meinem täglichen Leben nicht vollständig befreit war, deutete darauf hin, dass noch Fragmente des Egos in mir lebten, die möglicherweise die Triebfeder für diese Torturen waren. Ich nahm an, dass diese kollektiven Qualen aufhören würden, wenn mein Ego-Tod-Prozess abgeschlossen wäre, weil es dann keine Überbleibsel von unvollendetem Ego-Tod mehr gäbe, an dem sie sich festhalten könnten.

Und doch hatte ich weiterhin Vorbehalte gegenüber dieser Interpretation. Diese Erfahrungen waren so extrem und von so großer Tragweite, dass es mir schwerfiel, sie als sekundären Aspekt eines primären Prozesses zu sehen, als einen Prozess, der von der kollektiven Psyche über die Resonanz zu meinem persönlichen Ego-Tod in meine Sitzungen gezogen wurde. Und obwohl es gewisse strukturelle Parallelen zu meinen früheren perinatalen Erfahrungen gab, fehlten hier viele Komponenten dieser vermeintlich »zentralen« Dynamik. Die fötalen Empfindungen, die in früheren Sitzungen vorhanden gewesen waren, waren verschwunden, und die körperlichen Entladungen ließen nach. Ich spürte auch nicht mehr die intensive Existenzangst, die ich in früheren Sitzungen empfunden hatte. Die Herausforderung bestand hier einfach darin, sich immer wieder den weiten Feldern des menschlichen Leidens und der Gewalt zu öffnen. Dies fühlte sich wie eine eigene Dynamik an, nicht wie ein Echo einer Dynamik.

Am Vorabend der Pause

Ich ging in die letzten beiden Sitzungen dieser Serie mit dem Wissen, dass ich meine Arbeit für eine unbekannte Zeitspanne unterbrechen würde. In der 16. Sitzung geschah etwas Unerwartetes. Als sich alles in einem chaotischen Fluss auflöste, steigerte sich der Schmerz zu einer so extremen Raserei, dass er sich in eine Orgie bhaktischer Verzückung verwandelte. Gerade als das Leiden einen fiebrigen Höhepunkt erreichte, blitzte der Gedanke an das Göttliche in meinem Geist auf und ich gab mich völlig hin. Gefangen in den wogenden Urkräften wurde ich zu einem Jünger, der in ekstatischer Trance zum Göttlichen sang. Er war riesig und spielte mich wie eine Trompete. Mein Bewusstsein war das Instrument und mein Leben die Melodie.[4]

---

4 Grof hat diese paradoxe Wendung von extremem Schmerz in Ekstase in Sitzungen beobachtet, die er beaufsichtigt hat (1985, 311-313). Dies war das einzige Mal, dass dies in meinen Sitzungen geschah.

Dieser Ausbruch bhaktischer Hingabe überraschte mich, denn er unterschied sich völlig von meiner üblichen Herangehensweise an Spiritualität, die immer eher mental geprägt war. Von den vier spirituellen Pfaden im Hinduismus – Jnana (Wissen), Karma (Dienst), Raja (Meditation) und Bhakti (Hingabe) – ist Bhakti der Pfad, mit dem ich mich am wenigsten identifiziert habe, und nun war er da.

In der 17. Sitzung schien das Bewusstsein hinter meinen Sitzungen seine Botschaft in Erwartung der kommenden Unterbrechung zu verändern. Ich habe keinen Zweifel daran, dass dies geschehen ist. In dieser Sitzung kehrte das kollektive Leiden mit voller Wucht zurück, bis es meine Erfahrung vollständig durchtränkt hatte.

> *Das Leid, das immer so schwer zu beschreiben ist, umgab und durchtränkte mich. Ich wurde unerbittlich verfolgt. Es gab kein Entrinnen aus diesem Märtyrium. Es verfolgte mich überallhin, umgab mich völlig. Irgendwann erinnere ich mich, dass ich durch all den Schmerz hindurch nach meinem Tod suchte, um mich daran zu orientieren. All die Qualen schienen sinnlos zu sein ohne meinen Tod, der mir die Orientierung gab. Aber es gab keinen Zufluchtsort, an den »Ich« mich zurückziehen konnte, nicht einmal den Zufluchtsort meines eigenen Todes. Das einzige »Ich«, das es gab, waren Hunderte von Seins-Fragmenten, und alle von ihnen litten. (S 17)*

Diesmal weigerte ich mich jedoch, mich dem Schmerz hinzugeben, und lehnte alles ab, was mit mir geschah. Schließlich wurde ich an eine psychologische Wand gedrängt und mir wurde gesagt, dass ich mich von der Menschheit abwenden würde, wenn ich das Leiden weiterhin ablehnte. Sich nicht zu kümmern, schien der ultimative existentielle Rückzug aus dem Leben zu sein. In vielfachen Szenarien, die diesen Refrain widerhallten, wurde ich vor die absolute Entscheidung gestellt, ob ich mich diesem Schmerz öffnen wollte oder nicht. An diesem Punkt verwandelte sich mein »Nein« in ein »Ja«. Dieser Übergang fühlte sich wie eine Bekehrung im tiefsten religiösen Sinne an.

> *Inmitten des schrecklichen Leids habe ich mir gesagt: »Ja! Ich kann einen Unterschied machen. Ja! Ich übernehme die Verantwortung.« Ich akzeptierte die Verantwortung für das Leid und für den Versuch, im Leben der Menschen um mich herum einen Unterschied zu machen. Diese Verschiebung war grundlegend. Sie reichte bis in Tiefen, die ich noch nicht ergründen kann und erfasste mich in einer Art und Weise, die ich nicht zusammenfassen kann. Es schien eine freie Entscheidung in den grundlegendsten der Fragen zu sein.*

Mit dieser Akzeptanz wandelte sich die Qual plötzlich in positive Themen. Themen von jungen Kindern – glückliche Aufregung, lustvolles Spiel, Selbstaufgabe. Viele Szenarien von kindlichen Wundern und Abenteuern. Dies war der Beginn eines »neuen Weges«. Er unterschied sich von dem früheren negativen Weg in jeder Hinsicht. Er war einfach statt chaotisch, gemeinsam statt individuell, frisch statt wiederholend. Ich fühlte mich gereinigt und erneuert. (S 17)

Als ich meine Sitzungen beendete, wurde ich um die Zusage gebeten, sie irgendwann in der Zukunft wieder aufzunehmen, und sie wurde gegeben. Was auch immer der Ozean des Leidens war, meine Arbeit mit ihm war noch nicht beendet.

Damals habe ich es nicht gesehen, aber jetzt sehe ich, dass die Vision der glücklichen Kinder in dieser Sitzung das Gegenteil der Vision der Tötung der Kinder war, die meinen Eintritt in den Ozean des Leidens markiert hatte. Die Freude der Kinder war das Ergebnis von etwas, das innerhalb des Ozeans des Leidens stattgefunden hatte, auch wenn dieser Prozess noch unvollständig war. Anstatt gewaltsam getötet zu werden, begannen sie nun, ein positives Leben zu erben. Es fühlte sich an, als ob ich etwas tief in der Zukunft der Menschheit berührte, als ob ich daran erinnert wurde, dass diese Arbeit für Generationen bestimmt ist, die noch geboren werden.

FÜNF

TIEFE ZEIT UND DIE SEELE

Sitzungen 11 bis 17

Wenn eine Person behauptet, sich »an die Zukunft zu erinnern«, sollten wir sie dann schnell in die Psychiatrie einweisen oder respektvoll die potenzielle Gültigkeit von Erfahrungswissen anerkennen, das wir noch nicht verstehen können?

William Richards, *Sacred Knowledge*

Der Ozean des Leidens war eine schreckliche Tortur, die ich ertragen musste, aber jedesmal, wenn ich aus ihm auftauchte, betrat ich eine Realität, die atemberaubend und berauschend war – ein Bereich, in dem sich die Regeln der Zeit geändert hatten. Als ich nach jeder dieser Sitzungen in mein normales Bewusstsein zurückkehrte, musste ich mich fragen: »Sind diese Erfahrungen real? Ist das, was ich glaube, gerade passiert zu sein, tatsächlich geschehen?« Die Antwort war immer die gleiche: »Ja, das ist real. Das ist wahr.« Aber wie? In der Raum-Zeit teilen wir unsere Erfahrungen in Vergangenheit, Gegenwart und Zukunft ein. Die Vergangenheit ist Erinnerung, die Gegenwart ist real, die Zukunft ist Projektion. In diesen sieben Sitzungen jedoch verschmolzen Vergangenheit, Gegenwart und Zukunft zu einer anderen Zeiterfahrung, zu dem, was ich zunächst »Whole Time« (Ganze Zeit) und später dann »Deep Time« (Tiefe Zeit[1]) nannte.

Als ich in der 11. Sitzung zum ersten Mal in die *Tiefe Zeit* eintrat, waren die Erfahrungen so fremd, dass ich sie nach dem Ende der Sitzung nicht mehr festhalten konnte. Erlebnisse, die mich nur Stunden zuvor noch völlig gefesselt hatten, wurden zu einem Nebel in der Dunkelheit. Da ich keinen Bezugspunkt in meinem normalen Bewusstsein hatte, um sie zu verankern, wurden sie von meinem Geist einfach verdrängt. Als ich mir die Musik am Tag nach der Sitzung erneut anhörte, gelang es mir, aus den Stücken, die ich gerettet hatte, eine Teilerzählung zusammenzustellen. In den folgenden Monaten fand ich weitere Teile wieder. Wenn ich mitten in der Nacht aufwachte oder eine den inneren Raum erweiternde Musik hörte, öffnete sich plötzlich etwas in meinem Kopf und ein weiteres Stück der Sitzung erschien, klar und unversehrt. Jedesmal konnte ich die Tränen nicht zurückhalten. Je länger die Sitzungen dauerten und je öfter ich diese neue Landschaft betrat, desto vertrauter wurde ich mit ihr und konnte mehr von meinen Erfahrungen festhalten. Ich lernte, wie ich in der Tiefen Zeit wach bleiben konnte.

1 Für die deutsche Übersetzung verwenden wir den Begriff *Tiefe Zeit*. [A. d. Ü.]

Was meine ich mit »Tiefe Zeit«? Ich meine eine Dimension der Realität, in der die Regeln der linearen Zeit außer Kraft gesetzt sind, in der man verschiedene Zeitspannen als gleichzeitig vorhanden erleben kann. Vergangenheit, Gegenwart und Zukunft existieren gleichzeitig innerhalb eines größeren zeitlichen Horizonts. Tiefe Zeit ist nicht Zeitlosigkeit oder Ewigkeit; es bedeutet nicht, die Zeit gänzlich zu transzendieren. Das ist eine andere Erfahrung. Es ist auch keine Zeitreise, wie Hollywood sie sich gerne vorstellt; es geht nicht darum, durch schillernde Wurmlöcher in der Zeit vor- und zurückzuspringen. Was ich beschreibe, ist eine Verschiebung in eine andere Ordnung der Zeit. Es ist eine transtemporale Erfahrung, eine andere Art, in Bezug auf die Zeit bewusst zu sein.

Auch wenn es etwas gewöhnungsbedürftig war, waren die Erfahrungen selbst nicht verwirrend. Im Gegenteil, sie waren außergewöhnlich klar und konsequent. Die Fantasie spinnt nach Lust und Laune alternative Zukünfte aus. Was ich erlebte, war keine Fantasie. Wenn ich in diesen sieben Sitzungen in die Tiefe Zeit zurückkehrte, kehrte ich immer wieder in dasselbe Erfahrungsfeld zurück, eine beständige Meta-Realität, die mein ganzes Leben umfasste. Das waren »die Dinge, wie sie sind«. Das war ausgedehnte Wirklichkeit, erkannt von einer tieferen Perspektive. Das war real.

Ich verstehe, wie absurd dies für meine wissenschaftlich ausgebildeten Kollegen oder für jeden, der diese Bewusstseinszustände nicht persönlich erlebt hat, klingen mag. Wenn es eine Konstante in unserem Leben gibt, dann ist es sicherlich die, dass wir nur die Gegenwart erleben können, dass uns die Zukunft verschlossen und die Vergangenheit ein verblassendes Echo ist. Ich werde nicht versuchen, den Leser/die Leserin von der Möglichkeit der Tiefen Zeit zu überzeugen, indem ich komplizierte Argumente für die Durchlässigkeit der Zeit auf der Quantenebene anführe. Physiker mögen die Existenz von Teilchen postulieren, die aus dem Nullpunktfeld in die Raum-Zeit hinein- und wieder herausspringen, und Relativitätstheoretiker mögen berechnen, was mit der Zeit innerhalb der heftigen Kompression schwarzer Löcher geschieht, aber unsere alltägliche Erfahrung von Zeit ist so konsistent, dass der »Pfeil der Zeit« in unserem Universum als gegeben angesehen wird. Auf jeden Fall reichen die Daten, die die Wissenschaft hervorgebracht hat, nicht aus, um die radikalen Verschiebungen der zeitlichen Perspektive zu legitimieren, die in diesen Sitzungen stattfanden.

Anstatt den Wahrheitsgehalt dieser Erfahrungen theoretisch zu begründen, werde ich einfach meine Erfahrungen schildern und es den Lesern überlassen, daraus zu machen, was sie wollen. Ich sollte erwähnen, dass diese persönlichen, zeitübergreifenden Erfahrungen der Vorläufer von noch tieferen Exkursionen in die Zeit waren, die in späteren Jahren folgten. Von diesem Zeitpunkt an wurde die Zeit in meinen Sitzungen immer durchlässiger.

Der Philosoph in mir sagt, dass es sicherer wäre, nur von verschiedenen Arten des *Erlebens* von Zeit zu sprechen, ohne zu suggerieren, dass wir aus diesen Erfahrungen Schlüsse darüber ziehen können, wie sich die Zeit im Universum tatsächlich verhält, als ob diese phänomenologische *Einklammerung*[2] diese Erfahrungen für den modernen Verstand schmackhafter machen würde. Das Problem besteht jedoch darin, dass sich diese Unterscheidung in den eigenen Sitzungen verflüchtigt. Wenn man die Tiefe Zeit tatsächlich erlebt, ist es praktisch unmöglich, nicht zu dem Schluss zu kommen, dass man etwas Wirkliches erlebt, das sich im Universum unabhängig davon abspielt, ob man es weiß oder nicht. Wenn man sich innerhalb dieser verschiedenen zeitlichen Umhüllungen befindet, ist es zwingend klar, dass das Universum verschiedene zeitliche Modalitäten aufweist, dass es verschiedene Schichten seiner Erfahrung von Zeit gibt, wie unorthodox dies auch für unsere gebildeten Ohren klingen mag. Aufgrund dieser Erfahrungen bin ich zu der Überzeugung gelangt, dass das Zeitgewebe im Kosmos in der Tat viele Schichten aufweist. Ich gebe nicht vor, zu verstehen, wie das funktioniert. Ich weiß nur aufgrund wiederholter Erfahrungen, dass die lineare Zeit das Verhalten der Zeit innerhalb der Raum-Zeit ist. Wenn man sich zu den »Rändern« der Raum-Zeit bewegt, ändern sich die Regeln der Zeit.

Die Namen der in diesem Kapitel (und der im vorangegangenen Kapitel) behandelten Sitzungen lauten:

S 11 Die Große Eiche #1
S 12 Die Große Eiche #2
S 13 Hang des Karma #1
S 14 Hang des Karma #2
S 15 Abstieg in die Hölle
S 16 Carol und ich
S 17 Die Verbindlichkeit des Ja

Mein Leben als ein vollendetes Ganzes

Visionäre Erfahrungen finden immer in einem bestimmten Kontext statt, daher möchte ich erwähnen, dass die folgenden Sitzungen in einer herausfordernden Zeit in meinem Leben stattfanden. Auf der Arbeit war es schwierig, da ich mit einem Job

2 *Einklammerung* (Bracketing/Epoché) ist der Akt des Verzichts auf alle Urteile über die natürliche Welt und die Konzentration auf die Analyse der Erfahrung selbst. Es ist eine Form der phänomenologischen Reduktion, die von Edmund Husserl ([1931] 2013) und anderen Phänomenologen gefördert wurde, um »die Dinge zu sehen, wie sie sind«.

zurechtkommen musste, der viele meiner beruflichen Erwartungen nicht erfüllte, und Carol und ich erlebten ein hartnäckiges Konfliktmuster, das auch durch eine Paartherapie nicht gelöst werden konnte. Es war eine Zeit der Unsicherheit, in der ich meine Entscheidungen hinterfragte und meine Optionen abwog. Ich war 33 Jahre alt.

Genau zu diesem kritischen Zeitpunkt vermittelten mir diese sieben Sitzungen mein Leben als ein vollendetes Ganzes, als eine Gesamtheit von Anfang bis Ende.

Eintritt in die Tiefe Zeit (Sitzung 11)

Als die heftige Reinigung nachließ und Beethovens 5. Symphonie ihren majestätischen Auftakt nahm, entfaltete sich eine Vision meines Lebens. Sie war so umfangreich und tief, dass ich sie nicht hätte aufnehmen können, wenn ich nicht durch die vorangegangene Reinigung so gründlich demontiert worden wäre.

Die anfängliche Vision war der tiefe Weltraum, sich in stiller Rotation drehende Galaxien, unzählige Sterne, die in weit geschwungenen galaktischen Armen schwebten – Bilder unterschiedlicher Zeitmaße, nach denen das Universum funktioniert. Als ich mich auf sie zubewegte, begann ich mich auszudehnen, größer und weitläufiger zu werden. Ich wurde von dem, dem ich mich näherte, verschlungen. Das war ein außergewöhnliches Gefühl. Es veränderte meine Art der Erfahrung völlig.

Heute war es, als wäre ich jung und alt gleichzeitig. Es war, als ob meine gesamte Lebenserfahrung in der Zeit kollabierte, als hätte jemand mein Leben auf den Kopf gestellt und in seine Länge hineingeschaut, wie durch eine Küchenpapierrolle. Vom Anfang bis zum Ende schauend, verschwand die Zeit, und meine Seele erschien – das Wesen unterhalb der Stationen meines Lebens. Dauerhafte Beziehungen traten deutlich hervor. Bindungen mit Menschen, mit Ideen, mit Lebensaufgaben. Menschen, die ich gefunden hatte und die mich gefunden hatten. Ideen, die mich mein ganzes Leben lang umkreist hatten und in verschiedenen Formen immer wieder auftauchten. Ich war meine Vergangenheit, meine Gegenwart und meine Zukunft – war EINS – auf eine Art und Weise, die für mich gewiss war, ohne Raum für Zweifel.

Noch schwieriger zu vermitteln als das Rätsel der Zeit ist die extreme Sättigung mit Details in dieser Art von Erfahrung, der außerordentliche Reichtum an Schichten über Schichten von Informationen. Diese Details fügten sich zu einer »tiefen Lesart« meines Lebens zusammen. Die Autorität dieser Lesart war unbestreitbar; ihre Wahrheit war offensichtlich. Es war, als ob alle Beweise vorhanden wären. Diese Art des Wissens war anders als alles, was ich je zuvor erlebt hatte. Es war ein Wissen, das nicht linear, sondern

> *ganzheitlich war. Es war keine Schlussfolgerung, sondern ein Die-Dinge-in-ihrer-Ganzheit-Sehen. Es war eine Tiefe des Sehens, die so viel reicher war als das gewöhnliche Sehen, dass es eine »Vision« zu nennen gelogen ist. Es war eher ein »Eingestimmt-Werden« als ein Sehen. Es waren gesättigte Texturen von Erfahrungen aus verschiedenen Perioden meines Lebens, symphonisch orchestriert.*
>
> *Während dieser Erfahrungen habe ich nicht nur gesehen und beobachtet, wie meine Zukunft aussieht, ich habe sie auch selbst erlebt. Ich wurde mein älteres Ich und spürte seine Beschaffenheit. Es ging nicht darum, ein bestimmtes Alter zu haben oder in irgendeinem diffusen, allgemeinen Sinn älter zu sein. Ich erlebte den destillierten Überrest meiner gesamten Lebenserfahrung, die sich im Jetzt verdichtete. Bezogen auf andere Menschen war ich mir deren gesamter Lebensläufe bewusst und konnte sie wertschätzen. Ich verstand, dass unsere Leben gleichzeitig passieren und passiert sind. Bei mir selbst ging es darum, meine Lebensströmungen zu spüren, ihre wesentlichen Themen zu kennen. Es war das Erleben des größeren Flusses meines Lebens, die Zeit entfernt, und historische Situationen kollabierten in meine »ganze Person«.*

Während diese Visionen im folgenden Jahr andauerten, baute sich jede Sitzung auf der vorangegangenen auf. Die Visionen waren stabil und wurden systematisch weiterentwickelt. Die Sequenzen wiederholten und entfalteten sich in größerem Detail und mit zunehmender Gewichtung. Manchmal sah ich Dinge, die ich in einer früheren Sitzung gesehen hatte, aber nicht in der Lage gewesen war, mich vollständig daran zu erinnern. Jetzt war ich in der Lage, die Erfahrung vollständiger festzuhalten und die damit verbundene Unterweisung aufzunehmen.

Ich stelle mit Interesse fest, dass Carl G. Jung 1944 in einer Reihe von ekstatisch visionären Erlebnissen auffallend ähnliche Erfahrungen mit Zeitdehnung gemacht hatte, als er sich im Krankenhaus von einem Herzinfarkt erholte. In seiner Autobiographie »Erinnerungen, Träume, Ablehnung« schrieb er:

> Ich kann diese Erfahrung nur als die Ekstase eines nicht-zeitlichen Zustands beschreiben, in dem Gegenwart, Vergangenheit und Zukunft eins sind. Alles, was in der Zeit geschieht, war zu einem konkreten Ganzen zusammengefügt worden. Nichts war über die Zeit verteilt, nichts konnte durch zeitliche Konzepte gemessen werden ... Man ist in ein unbeschreibliches Ganzes verwoben und beobachtet es mit völliger Objektivität (Jung [1969] 1989).

Die große Eiche und der Hang des Karma

Die allumfassende Vision, die diese zeitübergreifende Destillation meines Lebens vermittelte, war die einer Eiche. Ich habe Bäume schon immer geliebt. Als ich am Rande einer Kleinstadt in Mississippi aufwuchs, war der Wald hinter meinem Haus mein Spielplatz und mein Zufluchtsort gewesen. Jetzt erlebte ich mein ganzes Leben als eine riesige Eiche.

> *Alle meine Zeit-Momente waren in ihrer massiven Substanz verkörpert. Ihre Windungen und Kurven enthielten die Details meines gesamten Lebens – Vergangenheit, Gegenwart und Zukunft. Die großen Äste waren Beziehungen und Themen, die früh begonnen hatten und eine Menge Energie bekamen, während die kleinen Zweige und Blätter an ihren Rändern meine aktuelle Lebenserfahrung vor dem Tod darstellten. (S 11)*

Die Eiche war durchtränkt von vielen Erfahrungen der familiären Abstammungslinie, von geborenen und noch zu zeugenden Kindern. Ich kann nicht beschreiben, wie bewegend dieser besondere Teil war. Es war als ob einer meiner tiefsten Träume wahr werden würde, ein Traum, der so tief war, dass ich mir seiner Existenz bis jetzt nur teilweise bewusst war. Es war, als ob die Visionen zu mir sagten: »*Dies* ist das Feld deiner Herausforderung, *dies* ist deine karmische Bestimmung. Alles, was du für deine Entwicklung brauchst, ist hier. Die universelle Liebe zu dir beginnt mit vollendeter väterlicher Liebe«.

In den folgenden Sitzungen erweiterte sich die Vision der Eiche zu einer Vision von Bäumen, die nebeneinander an einem Hang wachsen. Ich nannte es den *Hang des Karmas.* Dies war eine Vision unserer Großfamilie. Die Schwester meiner Frau und ihr Mann hatten kürzlich beschlossen, aus einem anderen Bundesstaat in unsere Nähe zu ziehen. Das Band zwischen den Schwestern war sehr stark. Obwohl diese Entscheidung erst kürzlich getroffen wurde, erkannte ich in diesen Sitzungen, dass sie in einer tieferen und älteren Absicht verwurzelt war. Wir waren schon viele Jahre zuvor Seite an Seite »gepflanzt« worden, aber erst jetzt begann sich diese tiefere Absicht in der Raum-Zeit zu manifestieren. Bei unserem Zusammentreffen war das Schicksal am Werk.

> *Dies war unser Hang. Dies waren die Menschen, dies war der Ort. Die Szene war klar, die Beziehungen waren geknüpft. Es blieb nur noch die Vertiefung der Erfahrung in voller Integrität, Kraft und langsam wachsender Weisheit. (S 14)*

Durch all diese Erfahrungen zog sich das tiefe Gefühl, dass die Umstände unseres Lebens von Kräften geformt werden, die sich unserer unmittelbaren Wahrnehmung entziehen. Unser Leben war »in das Universum eingraviert«. Es gab viele Botschaften über Verwurzelung, Bindung und Alter.

> *Ich erlebte diese Menschen mit einer Tiefenperspektive und Wertschätzung, die sich normalerweise erst nach einem langen, gemeinsam verbrachten Leben einstellt. Es war, als würde ich tatsächlich sehen, was gewesen war. Meine Gefühle ihnen gegenüber hatten die Textur einer Rückschau, eines Gesamtüberblicks. Rückwärts schauend aus der Zukunft kannte ich sie und mich selbst mit tiefer Einsicht, während ich nach vorne blickte, überwältigt von der Gnade, dass wir zusammengekommen waren. (S 14)*

Unsere miteinander verwobenen Schicksale waren Teil einer größeren Entfaltung und in dieser Entfaltung lag Kraft. Auf einer persönlichen Ebene lautete die Botschaft: »Folge dem natürlichen Verlauf deines Lebens. Kämpfen ist nicht notwendig.« Die Umstände meines Lebens wurden von Prozessen geformt, die tiefer lagen, als sie mein bewusstes Ego verfolgen konnte. Mein Wohlbefinden lag darin, diesen Umständen zu vertrauen und so tiefgründig wie ich konnte, darauf einzugehen.

In einer Sitzung entfalteten sich diese Erkenntnisse zu einer allgemeineren Lehre über Karma.

> *Die wichtigste Lektion war das Karma, und Karma ist einfach die Kraft, die durch zahllose Entscheidungen in Bewegung gesetzt wird und Geschichte erzeugt. Die Geschichte hat zu jedem Zeitpunkt eine so große Eigendynamik, dass sie sich bis ins Morgen hinein fortsetzen muss. Karma war der Ursprung dieses Moments durch die Zeit hindurch – die Schwungkraft der Individuen, der Nationen. Die begonnene Energie muss sich selbst vollenden. Was wir zu uns heranziehen, muss sich über die Zeit ausdrücken. (S I5)*

Als historischer Hinweis: Unsere beiden Familien haben viele Jahre lang in zwei verschiedenen Städten in Ohio nahe beieinander gewohnt. Acht Jahre lang lagen unsere Häuser sogar nebeneinander in derselben Straße. Hier zogen wir unsere Kinder in einer eng verbundenen Großfamilie auf, feierten Geburtstage, Feiertage und die Ereignisse des Lebens. Es wurden starke Bande geknüpft, die bis zum heutigen Tag andauern.

Verwurzelt in der Zeit

In diesen sieben Sitzungen habe ich das Innerste meines gesamten Lebens herausgefiltert. Das heißt nicht, dass ich jedes Detail meiner Zukunft gesehen habe. In der Tat sind seither einige Dinge geschehen, bei denen ich eine kleine Vorwarnung sehr zu schätzen gewusst hätte. Was ich stattdessen erlebte, war der Kern des Wesens, das ich in dieser Inkarnation geworden war bzw. bin. Was ich erlebte, überzeugte mich, dass die Umstände meines Lebens mit bewusster Absicht und Intention gefüllt sind. Es blieb ein tiefes Gefühl der Verwurzelung in sinnvoller Arbeit und wichtigen Beziehungen.

> *Ich habe das Gefühl, dass ich endlich verstehe, worum es mir geht und wo ich mich in meinem Leben befinde. Ich fühle mich geerdet an einem bestimmten Ort, mit bestimmten Menschen, im frühen Stadium eines reichen Lebens. Ich lerne auch, Geduld mit meiner Unvollkommenheit zu haben. Alles, was ich sah, würde mir gehören, aber ich musste geduldig sein. Es gab keinen Grund, gegen das Tempo meiner Entfaltung anzukämpfen. (S 11)*

Diese Visionen enthielten auch viele Einblicke in die Persönlichkeiten der versammelten Familienmitglieder, aber ich werde sie nicht erwähnen, weil es sich um private Angelegenheiten handelt, die nicht zu der größeren Geschichte beitragen, die ich hier erzähle. Ich werde nur eine von ihnen erwähnen, weil sie für mich persönlich von besonderer Bedeutung ist.

In einer Reihe von Visionen erkannte ich, dass die Konflikte, die meine Frau und ich hatten, in einem Unterschied unserer »Seelenalter« wurzelten. Das Seelenalter ist einfach eine Metapher für spirituelle Entwicklung, was in einer reinkarnativen Weltanschauung wurzelt. »Ältere Seelen« gelten als spirituell weiterentwickelt als »jüngere Seelen«, vermutlich weil sie mehr Leben auf der Erde gelebt haben. In meinen Sitzungen sah ich, dass Carol spirituell älter war als ich, mit einer erhöhten spirituellen Sensibilität und einer stärker entwickelten Fähigkeit zur kontemplativen Praxis. Ich sah mich selbst als jünger an, als jemand, der erst vor Kurzem aus einem Leben im mittleren Alter kam und erst jetzt in die frühe Weisheit eintritt. Carol wusste bereits über Dinge Bescheid, die ich gerade erst kennenlernte.

Als ich diese Erkenntnisse mit Carol teilte, akzeptierte sie sie. Sie ergaben einen Sinn für viele der Muster, die wir in unserer Beziehung erlebt hatten. Als sie und ich uns für die Erkenntnis öffneten, dass wir uns in verschiedenen Stadien unserer jeweiligen spirituellen Reise befanden, veränderte sich unsere Beziehung. Anstatt zu versuchen, den anderen in die jeweilige eigene Erfahrungswirklichkeit hineinzuziehen oder uns in der Mitte zu treffen, was uns beide frustrierte, begannen wir, kreativer darüber nachzudenken, wie wir konstruktiv mit unseren Unterschieden leben könnten, anstatt sie zu bekämpfen. Das hat die Spannungen, die wir fühlten, nicht auf magische Weise gelöst, aber es eröffnete neue Möglichkeiten.

Die letzten beiden Sitzungen in dieser Reihe führten mich noch tiefer in meine Beziehung zu Carol und ich erhielt den Rat, an dieser Beziehung festzuhalten. Das überraschte mich, denn die Spannungen zwischen uns waren so groß geworden, dass ich wirklich dachte, wir würden auf eine Scheidung zusteuern. Aber die Sitzungen rieten mir, an der Beziehung festzuhalten, und ich nahm mir diesen Rat zu Herzen. Ich kam also wieder mit Carol zusammen. Gemeinsam suchten wir nach Wegen, wie wir als das ungewöhnliche Paar, das wir waren, zusammenleben konnten.

Siebzehn Jahre später, nach vierundzwanzig reichen gemeinsamen Jahren, beschlossen Carol und ich tatsächlich, unsere Ehe zu beenden. Diese schmerzhafte Entscheidung hat mich nie dazu veranlasst, meine frühere Entscheidung, an Ort und Stelle zu bleiben, zu überdenken. Ich glaube, dass diese Entscheidung meine tiefste Wahrheit zu diesem Zeitpunkt in meinem Leben widerspiegelte, und ich bin dankbar für den Rat, den ich in meinen Sitzungen erhalten habe.

Reinkarnation und die Seele

> *Mir wird ein neuer Mythos gegeben, mit dem ich mein Leben verstehen kann, der den Mythos der Familiengeschichte psychodynamisch konstruiert auslegt. Mit diesem neuen Mythos kommt ein tieferes Verständnis des Karmas und ein tieferes Gefühl von Verantwortung. (S 12)*

Meine Notizen aus diesen Sitzungen sind voll von Hinweisen auf eine »tiefere Absicht«, auf »kausale Kräfte, die sich durch die Zeit wölben« und auf »das Gegebene« in unserem Leben. Mein Verständnis des Lebens wurde erweitert und vertieft. Ich erhielt einen neuen Mythos, wie das Leben funktioniert. Als Professor für Religionswissenschaften erkannte ich, dass dieser neue Mythos eigentlich ein alter Mythos war, wenn auch einer, von dem ich damals nicht viel wusste. Es war der Mythos von der Reinkarnation und der Seele. In den folgenden Jahren tauchte das Thema der Reinkarnation immer wieder in meinen Sitzungen auf, sowohl als allgemeines Prinzip als auch als persönliche Erinnerung an einige meiner früheren Leben. Aufgrund seines wiederkehrenden Auftretens in meinen Sitzungen, möchte ich einen Moment zur Seite treten und etwas über Reinkarnation sagen.

Nach jahrelangem Studium bin ich dazu gekommen, Reinkarnation als eine natürliche Tatsache zu akzeptieren. Ich akzeptiere sie nicht auf der Grundlage des Glaubens, sondern auf der Grundlage starker empirischer Beweise. Vor fünfzig Jahren gab es diese Beweise noch nicht, heute schon. Die Entdeckung von Kindern aus aller

Welt, die aktive Erinnerungen an ihr letztes früheres Leben haben, Erinnerungen, die durch sorgfältige Forschung dokumentiert und verifiziert wurden, ist eine der großen Errungenschaften unserer Zeit. Ian Stevenson, von 1967 bis 2001 Professor für Psychiatrie an der Universität von Virginia, hat in jahrzehntelanger akribischer Forschungsarbeit zweifelsfrei bewiesen, dass Reinkarnation einfach wahr ist. Stevenson hat natürlich seine Kritiker gehabt, aber seine Arbeit hat sich gegen sie behauptet.[3]

Stevensons Forschung erfordert mehr als nur kleine Anpassungen an den Grenzen unseres Denkens. Sie stellt die Grundannahmen unserer Kultur darüber, wie die Welt funktioniert, infrage. Sie stellt den Glauben der etablierten Wissenschaft an einen reduktiven Materialismus infrage, der den Geist auf das Gehirn reduziert und damit das Überleben des Bewusstseins nach dem Tod des Gehirns unmöglich macht, und sie stellt den Glauben des Christentums infrage, dass wir nur einmal leben und danach das ewige Gericht kommt. In Anbetracht der Tatsache, dass Stevensons Arbeit alte religiöse Paradigmen aufbricht, wird es wahrscheinlich Jahrzehnte, vielleicht sogar Generationen dauern, bis die von ihm und seinen Kollegen gesammelten Beweise in unserer Kultur voll aufgenommen werden. Wie die Plattentektonik ist die Reinkarnation eine Idee, die zunächst schwer zu erkennen ist, die aber alles verändert, sobald sie erkannt wird.

Nach jahrelangem Studium von Stevensons Fällen und der Lektüre von Hunderten von Fällen vergangenheitsbezogener Therapien, die von angesehenen Psychologen und Psychiatern veröffentlicht wurden,[4] bin ich zu der Überzeugung gelangt, dass Reinkarnation ein wesentlicher und eleganter Bestandteil unseres sich ständig weiterentwickelnden Universums ist – etwas, das NATUR tut. Für mich ist die Reinkarnation ein Teil der Genialität der Evolution, eine höhere Oktave der Evolution und ihrer Spitze im Menschen. In der Evolution bringt die Natur *gesamte Gattungen* hervor; in der Reinkarnation hat die Natur einen Weg für das Wachstum der einzelnen *Individuen* innerhalb der einzelnen Arten gefunden. Evolution faltet *kollektives Lernen* vorwärts in der Zeit, Reinkarnation *individuelles Lernen*.

Wenn wir den Kreislauf der Wiedergeburt nicht verstehen, zerstückeln wir unser Leben in Einzelteile und verpassen das Gesamtbild dessen, was tatsächlich vor sich geht. Das wäre so, als würden wir ein Kapitel aus einem komplexen Roman herausziehen und versuchen, uns einen Reim auf das Geschehen zu machen. Ohne den

---

3 Stevenson 1974a; 1974b; 1975-1983; 1987; 1997. Zu Stevensons Kritikern siehe Edwards, 1986-1987; 1996. Zur Widerlegung seiner Kritiker siehe Almeder 1992 und Tucker 2008.

4 Cranston und Williams 1984; Fiore 1978; Lucas 1993; Netherton und Paul 1978; Ten Dam 1990; Wambach 1978; 1979; Weiss 1996; Whitton und Fisher 1986; Woolger 1988. Für weitere Beispiele siehe Bowman 1997; 2001; Leininger, Leininger und Gross 2009; Snow 1999.

größeren Zusammenhang können wir die tiefere Bedeutung von Ereignissen oder die volle Tragweite der getroffenen Entscheidungen einfach nicht erfassen. Solange wir darauf bestehen, dass wir nur ein einziges Mal auf der Erde leben, machen wir unser Leben völlig undurchschaubar und entweder einer willkürlichen Laune oder dem »unergründlichen Willen« Gottes unterworfen. Wenn wir jedoch beginnen, den Kreislauf der Wiedergeburt zu verstehen und die Lernkurven zu beobachten, die im Laufe der Geschichte durch die Entscheidungen, die wir treffen, entstehen, erweitert sich unser Bezugsrahmen. Die Bühne des Lernens öffnet sich, die Verantwortung vertieft sich, und die Zeitlinie der Seele taucht auf. Erst, wenn wir diesen Übergang vollzogen haben, können wir beginnen, das wahre Ausmaß unserer Beteiligung am Universum zu begreifen. Wir sind Teil ihrer evolutionären Reise, nicht nur für ein paar Jahrzehnte, sondern für ungezählte Jahrhunderte.

Das bedeutet natürlich nicht, dass wir verstehen, *wie* die Reinkarnation abläuft oder was die Physik der Wiedergeburt ist. Wir sind hier noch Anfänger. Zum jetzigen Zeitpunkt können wir noch nicht sagen, was die Seele ist oder woraus sie besteht, abgesehen von Licht. Funktionell gesehen ist die Seele keine statische oder geschlossene Einheit. Wir wissen, dass sie ein dynamisches, offenes System ist, das sich ständig verändert und immer mit anderen lebenden Systemen verbunden ist. Aber das lässt immer noch viele wichtige Fragen unbeantwortet. Wenn wir noch nicht erklären können, wie unsere gegenwärtigen Gedanken und Gefühle von Augenblick zu Augenblick aus oder durch unser biologisches neuronales Netz entstehen, wie viel können wir dann genau über das Bewusstsein sagen, das diesem Körper vorausgeht und ihm nachfolgt? Wir sind vielleicht in der Lage, einige seiner Fähigkeiten auf der Grundlage einer sorgfältigen Untersuchung unserer tiefen Erinnerungen zu identifizieren, aber zu beschreiben, wie es tatsächlich kommt und geht, wie es mit unserer Biologie und unserer genetischen Ausstattung zusammenwirkt, wie es sein früheres Lernen in diesen physischen Körper-Geist kodiert und ihn mit seinem neu Gelernten unversehrt verlässt – diese Details liegen jenseits unseres derzeitigen Verständnisses. Ich bin mir sicher, dass wir in der Zukunft Fortschritte machen werden, aber wir werden andere Fragen stellen müssen, bevor die Durchbrüche, die wir suchen, eintreten werden. Wir müssen über unsere derzeitige Fixierung auf die Materie hinausgehen und zu einer komplexeren Phänomenologie des Bewusstseins und einer subtileren, multidimensionalen Metaphysik übergehen.

Wie auch immer wir uns den Aufbau der Seele vorstellen, die Geschichte der Seele ist im Wesentlichen eine Geschichte des individuellen Bewusstseins – das letztlich der Schöpferischen Intelligenz des Kosmos entspringt – das sich auf einer langen Reise der Selbst-Entfaltung systematisch zwischen dem physischen Universum und einem umgebenden Meta-Universum hin- und herbewegt. Der Puls der Seele ist der

Puls der Reinkarnation, unser Bewusstsein verengt sich bei der Geburt und erweitert sich beim Tod. Reinkarnation ist ein Tanz, in dem unsere irdischen Leben aus unserer Seele hervorgehen und zu ihr zurückkehren, dem größeren Bewusstsein, das jeden Gedanken, jede Träne, jede Freude, die wir auf der Erde und zwischen unseren irdischen Leben erleben, bewahrt und all unsere Erfahrungen elegant in seine sich ausdehnende Ausstrahlung einfügt. Die Reinkarnation gibt dem individuellen Bewusstsein eine unbegrenzte Zeitspanne, in der es aus seinen Fehlern lernen und seine angeborenen Fähigkeiten entwickeln kann. Richtig verstanden, ist Reinkarnation ein geniales Werk, wie alles andere, was wir in unserem Universum sehen, von Supernovas bis zur DNS. Dies ist eine Sicht auf das Lebens, in der wir uns mit den Sternen messen können, ohne dass es uns an etwas fehlt.

Ich habe das alles nicht verstanden, als ich die ersten Erfahrungen gemacht habe, über die in diesem Kapitel berichtet wird. Obwohl Ian Stevenson mich davon überzeugt hatte, dass Reinkarnation eine Tatsache ist, erkannte ich schnell, dass seine Forschungen weder eine angemessene Vorstellung von der Komplexität des Kreislaufs der Wiedergeburt enthielten, noch erklärten sie, wie das System als Ganzes funktioniert.[5] Nachdem ich diese sieben Sitzungen durchlaufen hatte, begann ich, die umfangreiche Literatur über Reinkarnation aus zeitgenössischen und klassischen Quellen zu lesen. Zu diesem Zeitpunkt entdeckte ich den Bereich der Rückführungstherapie und die Psychologen, die ihren Patienten bei der Heilung von Wunden helfen, die in ihrer tieferen Geschichte wurzeln. Nachdem ich diese Literatur und die Forschungen von Stevenson sechs Jahre lang studiert hatte, schrieb ich *Das Buch von der Wiedergeburt,* in dem ich versuchte, die beste objektive Forschung über Reinkarnation mit Lehren aus den alten Weisheitstraditionen zu verbinden und einige der größeren Implikationen der Wiedergeburt zu durchdenken.

Wegbereiter

Während der Hauptfokus im ekstatischen Teil dieser sieben Sitzungen darauf lag, mein ganzes Leben zu erfahren, fand am Rande ein tieferes metaphysisches Brodeln statt. Dort eskalierten persönliche Einsichten häufig zu metaphysischen Einsichten, die ein umfassenderes Bild davon zu vermitteln schienen, wie das Leben funktioniert. Dieses Bild kam in Bruchstücken, die sich über Jahre hinweg anhäuften. An diesen entfernten Grenzen meines Bewusstseins war diese größere Landschaft oft unklar. Die Erfahrungen selbst waren klar, aber die Muster, die sich aus diesen Erfahrungen ergaben, waren mir nicht klar. Es war, als ob mir ein riesiges Puzzle Stück

5 Ich spreche über die Einschränkungen von Stevensons Weltanschauung und die begrenzte Beschaffenheit seiner Daten in Dark Night, Early Dawn (2000), Kapitel 2, »Beyond Reincarnation«.

für Stück in den Kopf geschoben wurde, und ich musste herausfinden, wie die Teile zusammenpassen.

Dieses Vernebeln des Verstehens spiegelt die Tatsache wider, dass diese Erfahrungen von einer tieferen Bewusstseinsebene kamen als die zuvor beschriebenen persönlichen Erfahrungen. Ich würde die Erfahrungen meines Lebens als ein abgeschlossenes Ganzes auf der psychischen Bewusstseinsebene ansiedeln. In ihnen war die Zeit durchlässig geworden, aber die Erlebnisse konzentrierten sich immer noch auf mein gegenwärtiges Leben und die mir nahestehenden Menschen. Diese anderen Erfahrungen schienen von der subtilen Bewusstseinsebene zu kommen. Mein Bewusstsein hatte sich auf dieser Ebene noch nicht ausreichend stabilisiert, um diese größere Landschaft vollständig zu erfassen.

Ich werde drei kurze Beispiele für diese Erfahrungen anführen. Auf jedes dieser Beispiele folgten in späteren Sitzungen tiefere Formen ähnlicher Erfahrungen. Auch wenn diese »ersten Schritte« für sich genommen weniger vollständig waren, so waren sie doch Wegbereiter zum Umgang mit den darauffolgenden umfassenderen Erfahrungen. So findet das Lernen in diesen Zuständen statt – Schicht für Schicht, Stück für Stück. Man kann aufhören, wo immer man will, und die Schätze, die man erhalten hat, behalten, aber wenn man weitermacht, wird einem noch mehr gegeben werden.

Die Mitte meines Seins berühren (Sitzung 14)

In einer kraftvollen Serie von zentrierenden Bildern fühlte ich mich auf ein Zentrum tief in mir selbst eingestimmt. Geometrische Visionen, die ich in früheren Sitzungen gehabt hatte, kehrten zurück und wurden neu geformt. Das Zerbrechen geometrischer Quadranten bedeutete, dass dies ein lebendiges Zentrum war. Von diesem Zentrum aus kannte ich mich selbst. In diesem Zentrum war ich ich selbst. Ich sagte immer wieder: »Das ist es also!« Das ist es, woran es uns mangelte und was wir unbedingt haben mussten. Das ist es, worum es in all den Geschichten ging.

Ich berührte das Zentrum meines Wesens und erfuhr, dass ich den Fluss seiner schöpferischen Energie in meinem Leben kontrolliere. Ich fühlte, dass ich etwas Wahres über alle Menschen entdeckte. Die wichtigste Erkenntnis war, dass wir das Steuerventil in unseren Händen halten. Die Verrücktheiten der Welt und meine eigenen lösten sich durch diese Berührung mit unserer Quelle auf. Ach, das ist es also! In gewisser Weise schien dies etwas über die Schöpfung und meine Erfahrungen in der Welt zu sagen. Als ich dieses Ventil öffnete, verband sich meine Energie mit der Energie des Universums, und mir wurden Teile der reichen Vielfalt des Universums gezeigt. Komplexe Muster entfalteten sich und zeigten mir das Zusammenspiel der verschiedenen Teile innerhalb des Ganzen.

Erschütterungen des Nicht-Seins (Sitzung 15)

Auf der Energie des Universums fließend, war plötzlich alles aus und dann wieder an. Alles, was ist, war plötzlich nicht mehr – PENG! – und war dann wieder. Dies geschah wiederholt. Das Universum verschwand immer wieder. Die Erschütterungen waren das Verblassen des Seins in das Nicht-Sein.

Im Erlöschen des Universums wurde alles Streben, Sehnen und Leiden der Welt plötzlich in eine neue Perspektive geworfen. Dies war das Wesen Gottes. Die Frage lautet nicht: »Warum tun wir das?« Die Frage lautet: »Warum tut Gott es?« Warum entfaltet Gott sich selbst als das Universum? Wofür ist das gut?

In diesem sprießenden Leben schien Gott sich selbst zu erkennen. »Entweder es ist diese geballte Masse an Leben oder es ist das!« – PENG – Nichts. Entweder das Eine, das zu unserem unendlich reichen Universum wird, oder die Leere.

Dann fragte mich »Gott«: »Ist das alles umsonst? Haben wir denn gar nichts gelernt?«, und er drehte sich um, als wolle er über sein Scheitern nachdenken. Das erschütterte mich und ich weinte. Nicht-Sein und Sein waren zwei verschiedene Zustände von Gott. In der Entscheidung zum Sein entfaltete sich die Gesamtheit des Lebens, wie es ist, mit all seinen Geheimnissen, Schmerzen und Vergnügen. Es schien sich alles um das Lernen zu drehen. »Haben wir denn gar nichts gelernt?« Ich fühlte mich erschüttert von der Unermesslichkeit, die in Gottes Abenteuer des Sich-Selbst-Erkennens liegt. Alle Galaxien hatten sich weitergedreht, während ich heute in der Hölle war. Sonnen gingen in Supernovas auf, und all das war er. Nichts war nicht er. »Haben wir denn gar nichts gelernt?« Ich wurde zum Schweigen gebracht.

Sich selbst erzeugende Erfahrungsfelder (Sitzung 16)

Ich wurde in eine lange Reihe von Lektionen involviert, die sich aus früheren Sitzungen wiederholten, aber jetzt vollständiger dargelegt wurden. Ich wurde durch eine fortschreitende Entwicklung geführt und dann mehrmals durch sie zurück, wobei sie immer detaillierter aufgeschlüsselt wurde. Obwohl nur kurz erzählt, nahm dies einen großen Teil der Zeit in Anspruch.

Die Essenz der Lehre war diese: Wir sind selbst erzeugende Energiefelder in einem lebendigen Universum. Wir erzeugen Energie, indem wir Entscheidungen treffen, und das Universum antwortet auf diese Energie. So erschaffen wir auf komplexe und subtile Weise immer unsere eigene Erfahrung. Ich habe gesehen, dass dieses Feedback auf mehreren Ebenen gleichzeitig wirkte. Manche Prozesse dauerten Minuten, manche Jahre, manche ein ganzes Leben lang.

Wir kontrollieren den Fluss der Energie hinaus und zurück in unser Leben. Was von außen zu uns kommt, hat seinen Ursprung im Inneren. Je mehr man sich auf sein Zentrum zubewegt und sich auf die tieferen Ebenen seiner Konditionierung einlässt, desto mehr wird man sich bewusst, die Quelle der eigenen Erfahrung zu sein. Wenn meine Energie klar ist, wird meine Erfahrung klar sein. Nur wenn man den eigenen Kern erreicht, kann man völlig ungebunden und frei werden.

Pausieren meiner Sitzungen

Wenn du dich ich auf eine psychedelische Praxis einlässt, kannst du aus den Sitzungen Kraft schöpfen, auch wenn sie dich auf ein herausforderndes und schwieriges Terrain führen. Du entwickelst ein inneres Wissen, dass diese Erfahrungen authentisch sind und der Prozess vertrauenswürdig ist, auch wenn die größere Landschaft unklar für dich sein mag. Deine Angehörigen haben diese innere Gewissheit jedoch nicht. Wenn sie sich nicht selbst auf den psychedelischen Weg begeben, müssen sie darauf vertrauen, dass diese Erfahrungen verlässlich sind und nicht täuschen.

Es ist nicht leicht, wenn dein Ehemann, dessen Schwächen du nur zu gut kennst, sich immer wieder in extreme Bewusstseinszustände begibt, um dann mit Reden über die Überwindung der Zeit und mit tiefgreifenden Erkenntnissen über die Beziehung zurückzukehrt. Was tust du, wenn er immer tiefer in die Hölle eintaucht, nur um dann in einen Himmel katapultiert zu werden, den selbst er nicht ganz begreift? Ist es möglich, dass diese Erfahrungen ihm schaden, wenn er allein mit seinen Büchern und seinem Verstand arbeitet, ohne Älteste und ohne Sicherheitsnetz? Könnten sie denen, die ihm nahestehen, schaden?

Meine Frau fühlte sich nie dazu berufen, mit mir den psychedelischen Weg zu beschreiten. Carols natürliche Art, in der Welt zu sein, war zutiefst kontemplativ und ist es immer noch. Alles, was sie brauchte, fand sie auf ihrem Meditationskissen. So teilte sie nie die Rituale der psychedelischen Praxis mit mir, nie konnte ich sie begleiten, so wie sie mich begleitete und nach vier Jahren hatte sie genug. In meinen Sitzungen tauchten mehr ungezähmte Einsichten auf, als ihr lieb waren. Sie war Assistenzprofessorin für Klinische Psychologie am Case Western University Hospitals und wollte, dass ich meine psychedelische Arbeit einstelle. Es lief darauf hinaus, dass ich entweder mit den Sitzungen aufhörte oder unsere Ehe beendet war. Da mir in den Sitzungen geraten wurde, unsere Ehe zu erhalten, hatte ich das Gefühl, dass ich keine andere Wahl hatte, als ihrer Bitte nachzukommen. Da die Höllengefilde immer noch in mir brodelten, mein Verstand noch immer versuchte, die Tiefe Zeit und flüchtigen Einblicke, die mir in die größere Realität jenseits der physischen Welt gewährt worden waren, zu verdauen, beendete ich meine Sitzungen.

Nachtrag: Andere Beispiele für Zukunftsvisionen

Die Behauptung, dass es möglich ist, die eigene Zukunft in psychedelischen Bewusstseinszuständen zu erleben, stellt eine derartige Herausforderung für unser Denken dar, dass ich es für hilfreich halte, kurz zwei andere Umstände zu betrachten, in denen Menschen offenbar Einblicke in ihre Zukunft erhalten. Der erste Fall ist, wenn Menschen dem Tod nahe sind (Nahtoderfahrungen), und der zweite ist die Hypnotherapie des vergangenen Lebens. Obwohl jede dieser Methoden für sich genommen umstritten sein mag, sind sie eine Quelle faszinierender Beobachtungen, die in Verbindung mit psychedelischen Erfahrungen einen Sinn für das Mögliche verstärken, das unsere Aufmerksamkeit verdient. Sie werden auch die hier begonnene Geschichte der Reinkarnation vertiefen.

Lebensvorschau bei Nahtoderfahrungen

Viele Jahre lang habe ich an meiner Universität Kurse abgehalten, die die Erforschung von Nahtoderfahrungen beinhalteten, und mein Lieblingsautor, der die Studenten in dieses Gebiet einführte, war Kenneth Ring. Ring verbrachte sein Berufsleben in der Abteilung für Psychologie an der Universität von Connecticut, wo er jetzt als Professor emeritiert ist. Er war Mitbegründer und ehemaliger Präsident der International Association for Near-Death Studies und Gründungsherausgeber des *Journal of Near-Death Studies*. Ken ist auch ein wunderbarer Schriftsteller und ein guter Freund. Seine Bücher kartieren das Gebiet der Nahtoderfahrungsforschung mit großer Klarheit und Einsicht.[6]

Ring berichtet, dass einer kleine Anzahl von Menschen, die eine tiefe Nahtoderfahrung hatten, das Leben gezeigt wurde, das sie leben werden, wenn sie sich entscheiden, aus ihrer Nahtoderfahrung zurückzukehren. Ring nennt dies einen »persönlichen Schnellvorlauf«. Dies geschieht in der Regel, wenn sie ihren Lebensrückblick erleben, ein äußerst detailliertes und lebendiges Wiedererleben ihres gesamten Lebens bis zum jetzigen Zeitpunkt. In ihrem Fall setzt sich der Lebensrückblick jedoch in einer Lebensvorschau fort. Ring stellt in seinem Buch *Heading Toward Omega* mehrere interessante Fälle vor.

Ein solcher Fall betrifft eine Frau, die 1959 bei der Geburt ihres jüngsten Kindes beinahe an einem Gebärmutterhalsriss gestorben wäre. Mitten in ihrer Nahtoderfahrung wurde ihr ihr zukünftiges Leben gezeigt, wenn sie den eingeschlagenen Weg

6 Ring 1980;1984 und Ring und Valariano 1998.

weiterverfolgen würde. In ihrer Lebensvorschau erlebte sie sich als Frau mittleren Alters, die in einer bestimmten Stadt lebt und deren Kinder erwachsen sind. Sie sagte:

> Ich befand mich in einer Küche und schwenkte einen Salat, gekleidet in einen gestreiften Seersucker-Anzug. Mein Haar hatte silberne Strähnen, meine Taille war etwas dicker geworden, aber für eine ältere Frau war ich immer noch in guter Form. Da war ein starkes Gefühl des Seelenfriedens, was meine Haltung betraf, und ich war in fröhlicher Stimmung, lachte mit meiner älteren Tochter, während wir das Abendessen zubereiteten. Die jüngere Tochter (das aktuell Neugeborene) war mit ein paar anderen Kindern irgendwohin gegangen. Mein Mann war gerade aus der Dusche gekommen und ging einen Flur entlang und wickelte einen Bademantel um sich. Er hatte mehr Gewicht zugelegt als ich, und sein Haar war ziemlich silbern. Unser Sohn mähte gerade unseren Rasen, aber beide Kinder waren nur zu Besuch. Sie lebten nicht bei uns.

Sie betonte, dass es sich nicht um eine Vision, sondern um eine lebendige Erfahrung handelte. Sie war besonders erstaunt darüber, wie scharf ihre Sinne waren.

> Als mir das Wissen darüber, wie unsere Familie in der Zukunft sein würde, zuteilwurde, konnte ich sehen, hören und riechen. Besonders auffallend war der Geruch des Salats, den ich gerade zubereitete (Gurke), vermischt mit dem Geruch der immergrünen Pflanzen, die um das Haus herum wachsen, und dem Geruch von frisch gemähtem Gras. Ich konnte auch mein eigenes Parfüm und die Seife aus der Dusche wahrnehmen, die mein Mann verlassen hatte. (Ring 1984, 184-184ff.)

Sie berichtete Ring, dass viele Jahre nach ihrer Nahtoderfahrung die Vision, die sie von ihrer Zukunft erhalten hatte, tatsächlich so eintrat, wie sie sie gesehen hatte.

Rings Verständnis dieser »Zukunftserinnerungen« ist, dass es sich dabei um ein Aufblitzen der Lebensskripte dieser Personen handelt, das heißt um den wahrscheinlichen Ausgang des Lebensweges, auf dem sie sich gerade befinden. Er sieht in diesen Vorschauen eine bedingte Zukunft, denn in einigen Fällen waren die Personen in der Lage, auf das, was sie sahen, zu reagieren und den Ausgang zukünftiger Ereignisse zu verändern. In einem Fall konnte eine Frau, die gesehen hatte, wie sie sich nach einem Autounfall in einem sinkenden Auto abmühte, Maßnahmen ergreifen, um diesen

Unfall zu vermeiden.[7] Ring ist sich der Probleme bewusst, die mit der Verifizierung dieser Selbstberichte verbunden sind, und diskutiert dies ausführlich. In seltenen Fällen, sagt er, erlauben die Umstände eine äußere Bestätigung der inneren Erfahrung der Person.[8]

Reinkarnationstherapie und der Ring des Schicksals

Michael Newton war ein traditioneller Hypnosetherapeut, der sich auf Verhaltensänderungen bei verschiedenen emotionalen Störungen spezialisiert hatte, als ihn eine Reihe von Patienten allmählich in die Welt der früheren Leben führte, in die er eigentlich nicht gehen wollte. Als engagierter Therapeut folgte er seinen Patienten jedoch bis zur Quelle ihres Schmerzes, die sich manchmal als ein Trauma aus einem früheren Leben herausstellte. Von da an lernte er die Besonderheiten der Therapie vergangener Leben kennen. In diesem Zusammenhang machte er eine verblüffende Entdeckung. Er entdeckte, dass sich seine Klienten unter Hypnose nicht nur an ihre früheren Inkarnationen auf der Erde erinnern konnten, sondern auch an ihre *Erlebnisse zwischen den Inkarnationen*. Seine Klienten berichteten ihm tatsächlich von ihren Erfahrungen aus dem Jenseits.

Er begann, diese Erinnerungen an das Leben nach dem Tod systematisch zu erforschen und verfeinerte seine Methoden durch jahrzehntelange Versuche und Irrtümer. Er fand heraus, dass die Beschreibungen seiner Klienten über diesen Bereich bemerkenswert konsistent und unabhängig von ihrer vorherigen Sozialisation waren. Konservative Christen, weltliche Wissenschaftler und Atheisten berichteten alle das Gleiche – eine spirituelle Welt, die Ordnung, Struktur und Richtung hatte. Schließlich schrieb er eine Reihe von Büchern über das, was sie ihm erzählten, und begann, andere Therapeuten in dem auszubilden, was er »spirituelle Regression« nannte.[9]

Die Vision des Lebens nach dem Tod, die in Newtons Werk auftaucht, ist komplex und nuanciert. Wenn man sie auf das Wesentliche reduziert, sieht sie in etwa so aus: Nach unserem Tod bewegt sich unser Bewusstsein in ein spirituelles Universum, in dem unsere erste Aufgabe darin besteht, unser soeben abgeschlossenes Leben zu verarbeiten, sowohl unsere Errungenschaften als auch unsere Misserfolge. Diese Selbstprüfung findet mit Hilfe anderer Wesen statt, umgeben von Liebe und umfassender Akzeptanz und ohne den Schutz von selbstsüchtigen Ausreden oder Ego-Abwehr. Der Prozess kann schmerzhaft oder glückselig sein, je nachdem, wie gut die Entscheidungen waren, die wir in unserem Leben getroffen haben. Es geht

7 Ring 1984, 187-189.

8 Siehe den faszinierenden Fall von Belle in Ring 1984, 190-192.

9 Newton 1995; 2000; 2009.

nicht darum, verurteilt und bestraft zu werden, sondern darum, aus unseren Fehlern und unserer Geschichte zu lernen. Nach dieser Zeit der Nachbesprechung folgt eine längere Zeit der erholsamen Ruhe und des erneuten Kontakts mit unserer »Seelenfamilie«. Unsere Seelenfamilie ist ein innerer Kreis von Gefährten, mit denen wir während all unserer Inkarnationen auf der Erde eng verbunden bleiben. An diesem Punkt wissen wir, dass wir mehr sind als nur unsere letzte inkarnierte Persönlichkeit. Wir sind unsere SEELE, die integrierte Gesamtheit all unserer irdischen Leben.

In diesem spirituellen Universum existieren die Seelen unter einer Vielzahl von Bedingungen, die ihre Entwicklungsstufe widerspiegeln. Alle diese Zustände sind im Vergleich zum Leben auf der Erde glückselig und es gibt keine Hölle. Wir können während unserer Nachbereitung intensive Leiden erleben, wenn wir den Schmerz erfahren, den wir anderen zugefügt haben, aber Newton berichtet, dass es keine ewige Verdammung im Jenseits und keine Feuergruben gibt. Stattdessen gibt es Rechenschaftspflicht in Verbindung mit der Möglichkeit, in einer Vielzahl von Situationen weiter zu lernen und zu wachsen. Auf allen Ebenen dieses spirituellen Universums helfen ältere Lernende den jüngeren Lernenden. Es ist ihre Arbeit und ihre Freude dies zu tun.[10]

In der Welt, die Newton beschreibt, ist das Leben »eine lange Spirale des Lernens«. Jede Lebenszeit auf der Erde wird im Zwischenleben mit Perioden der Ruhe und des Auffüllens ausgeglichen. Wenn die Zeit reif ist, beginnt die Seele den Prozess der Wahl ihrer nächsten Inkarnation, und das bringt mich zu dem Grund, aus dem ich Newtons Arbeit hier vorstelle. Newtons Klienten berichten, dass die Wahl einer Inkarnation etwas ist, das mit großer Sorgfalt getroffen wird. Mit Hilfe unserer spirituellen Mentoren und in Abstimmung mit den Seelen, mit denen wir diese Inkarnation teilen werden, wählen wir bewusst unser nächstes Leben auf der Erde. Damit dies eine bewusste Wahl ist, müssen wir in der Lage sein, zu sehen, wie diese zukünftigen Leben aussehen werden, und dieses Sehen der Zukunft findet in dem statt, was Newton den Ring des Schicksals nennt.

10 Es besteht eine gewisse Spannung zwischen Newtons Beschreibung des Lebens nach dem Tod und meiner Beschreibung der META-COEX-Systeme der Wut und des Leidens, die ich während meiner Reisen im menschlichen Geist am Werk sah. Im Allgemeinen tauchen META-COEX-Systeme nicht auf Newtons Radar auf, oder genauer gesagt, auf dem Radar seiner Klienten. Die Welt, von der seine Klienten berichten, ist eine Welt von eigenständigen SEELEN. In dieser Hinsicht scheint ihre Beschreibung des Lebens nach dem Tod die Perspektive der »tiefer gelegenen« transpersonalen Bewusstseinszustände zu reflektieren. Die kollektiven Kräfte, die in höheren Bewusstseinszuständen auftauchen, repräsentieren ein detaillierteres Muster im Gewebe des Lebens. Das Seelenbewusstsein und das Bewusstsein der menschlichen Gattung operieren auf verschiedenen Ebenen der Realität. Dies sind keine sich gegenseitig ausschließenden Wahrheiten, sondern gleichzeitige. Wenn wir diese Tatsache begreifen, schwindet die Spannung.

Im Ring des Schicksals probieren wir eine vorausgewählte Anzahl möglicher Leben aus und erkunden die Möglichkeiten, die jedes von ihnen uns bietet, um zu wachsen und uns zu entwickeln. Wir probieren jedes Leben experimentell aus, fühlen in seine Stärken, Schwächen und seinen historischen Verlauf hinein. Newtons Klienten berichten, dass es uns nicht erlaubt ist, alles über diese Leben zu sehen, sondern nur ihre frühen Jahre – normalerweise zwischen dem 8. und 20. Lebensjahr, wenn sich die ersten großen Abzweigungen im eigenen Leben abzeichnen. Uns werden die wahrscheinlichen Ergebnisse dieser Leben nicht im Detail gezeigt, sondern nur so viel, dass wir entscheiden können, ob wir die Herausforderungen, die sie für uns bereithalten würden, wollen.

Die Entscheidungen, die wir im Ring des Schicksals treffen, werden zu unserem irdischen Schicksal – kein festes Schicksal mit einem vorbestimmten Ausgang, sondern ein Schicksal mit strukturierten Möglichkeiten. Wenn wir uns für ein »Leben« entscheiden, wählen wir ein *Lebensskript,* eine Reihe von Umständen und Bedingungen, die definiert sind, aber kein Ende haben. Sobald wir unsere Wahl getroffen haben, wird uns das Wissen, das wir uns über unsere nächste Inkarnation angeeignet haben, durch eine absichtliche Amnesie genommen, da zu viel Vorwissen die Lernübung untergraben würde. Was wir behalten, ist ein gefühlsmäßiges Verständnis für Richtung und Ziel, einen inneren Instinkt, der uns sagt, ob wir in unserem Leben auf dem richtigen Weg sind oder nicht. Darüber hinaus werden in unserem Unterbewusstsein Markierungen gesetzt, die uns helfen, bedeutende Menschen und Ereignisse zu erkennen, wenn wir ihnen auf der Erde begegnen. Die Quintessenz ist: Als wir mehr wussten als heute, als uns die Wahrscheinlichkeiten der Zukunft klarer waren als heute, haben wir uns für das Leben entschieden, das wir jetzt leben.[11]

Ich hatte keine Bücher von Newton, die mir geholfen hätten, meine Sitzungen im Jahr 1983 zu verstehen. Wenn ich sie gehabt hätte, hätte ich vielleicht spekuliert, dass ich beim Eintreten in die Tiefe Zeit das Lebensskript erlebte, das meine Seele vor meiner Geburt gewählt hatte. In diesen sieben Sitzungen wurde die Zeit auf eine Art und Weise durchlässig, die daran erinnert, wie Newtons Probanden ihre Erfahrung im Ring des Schicksals beschreiben. *»Ich habe mein Leben nicht nur gesehen und beobachtet, ich habe es erlebt. Ich wurde zu meinem älteren, volleren Selbst und fühlte seine Struktur.«* (S 11). Ist dies dasselbe Sehen in die Zukunft, das im Ring des Schicksals stattfindet? Ich bin mir nicht sicher. Ich sehe Ähnlichkeiten und Unterschiede.

---

11 Nach Newton und anderen Reinkarnationstherapeuten inkarniert nur ein Teil der Energie und des Wissens der Seele in einer Lebenszeit. Der größere Teil verbleibt außerhalb von Raum und Zeit, um die gegenwärtige Inkarnation zu unterstützen.

In meinen Sitzungen öffnete ich mich für eine tiefere Realität, die sich verantwortlich fühlte, die Struktur meines gegenwärtigen Lebens zu schaffen, und das ist ähnlich. Andererseits erlebte ich nicht eine wahrscheinliche Zukunft bis zu einem bestimmten Punkt in meinem Leben, sondern die destillierte Essenz meines gesamten Lebens, und das ist etwas anderes. Meine beste Vermutung ist, dass die Zeitdehnung, die Newtons Versuchspersonen am Ring des Schicksals erlebten, und das, was ich in meinen Sitzungen erlebte, sich überschneidende Phänomene sind, die beide darauf hindeuten, dass in bestimmten Bewusstseinszuständen die Zeit durchlässig werden kann, was uns ermöglicht, die Zukunft bis zu einem gewissen Grad zu erleben.

Bevor ich dieses Thema verlasse, möchte ich eine letzte Frage stellen. Wenn das, was wir im Ring des Schicksals von unserer Zukunft sehen, bei unserer Geburt durch Amnesie blockiert ist, warum durfte ich dann erleben, was die Natur normalerweise verdeckt? Ich habe nicht das Gefühl, dass es mir selbst geschadet hat, indem ich die komprimierte Gesamtheit meines Lebens erlebte, genauso wenig wie Menschen, die während ihrer Nahtoderfahrungen eine Lebensvorschau erleben, sich kompromittiert fühlen. Aber warum wurde mir diese Erfahrung zuteil, wenn die übliche Ordnung der Dinge darin besteht, diese Information verborgen zu halten?

Letzten Endes weiß ich keine Antwort auf diese Frage. Ich kann mir zwei Möglichkeiten vorstellen. Vielleicht war es für mich wichtig, den zugrunde liegenden Lebensweg zu erfahren, um mich zu erden, angesichts der extremen Natur der psychedelischen Reise, die gerade erst begann. Diese Interpretation ergibt für mich Sinn. Es könnte aber auch einfach ein Nebenprodukt der außergewöhnlich kraftvollen Methode sein, die ich zur Erforschung des Bewusstseins anwandte, eine Methode, die mich in den kommenden Jahren häufig über die Grenze von Zeit führen würde. Auch diese Interpretation hat für mich Sinn. Letztendlich weiß ich nicht, warum ich das erleben durfte, was ich erlebte, aber ich habe es erlebt. Genau so, wie ich es beschrieben habe, und noch viel mehr.

SECHS JAHRE PAUSE

SECHS

EINWEIHUNG IN DAS UNIVERSUM

Sitzungen 18 bis 24

Mehr als jeder andere Menschentypus, der sich mit dem Heiligen befasst, reist die schamanische Persönlichkeit in die weiten Regionen des kosmischen Mysteriums und bringt die Vision und die Kraft zurück, die die menschliche Gemeinschaft auf der elementarsten Ebene benötigt… Nicht nur taucht die schamanische Persönlichkeit in unserer Gesellschaft auf, sondern auch die schamanische Dimension der Psyche selbst.

Thomas Berry, *The Dream of the Earth*

Aus psychologischer Sicht war es wahrscheinlich nicht klug, meine Sitzungen zu diesem Zeitpunkt zu beenden. Wenn man seine psychedelische Arbeit mitten in einem ausgedehnten Prozess von Tod und Wiedergeburt unterbricht, strebt das System nach einem Abschluss, aber man verweigert ihm die Gelegenheit und die Energie, den Zyklus zu vollenden. Indem ich mich in den Ozean des Leidens begab, hatte ich etwas begonnen, von dem ich mich nicht völlig lösen konnte. Als ich meine Sitzungen beendete, blieb daher eine Restspannung in meinem Leben zurück, die mein tägliches Gleichgewicht stärker beeinträchtigte, als ich erwartet hatte.

In den ersten zwölf Monaten verlor ich den Kontakt zu meiner normalen Persönlichkeit. Das klingt dramatischer, als es tatsächlich war. Mein Verstand und meine Erinnerungen waren intakt, und ich war in der Lage, kompetent in der Welt zu funktionieren, aber mein vertrautes Gefühl für mich selbst verschwand. Ich fühlte mich, als bestünde ich selbst nur aus Erinnerung, als würde ich nicht mehr aus meinem vitalen Zentrum heraus leben. Nach etwa einem Jahr begann ich, zu spüren, wie mein vertrautes Gefühl für ein paar Stunden hier und da auftauchte. Nach achtzehn Monaten war ich wieder voll da.

Schon damals musste ich mein Leben sorgfältig verwalten. Spirituelle Praktiken, die ich jahrelang ausgeübt hatte, musste ich aufgeben. Zuvor hatte ich mich bei der Meditation immer entspannt und geräumig gefühlt, aber jetzt untergrub sie mein Gleichgewicht, indem sie mich durchlässiger für mein stürmisches Inneres und anfälliger für dessen Einfluss machte. Um mein Leben im Gleichgewicht zu halten, musste ich die Mauern meiner Psyche dicker, nicht dünner machen. Ich begann, mehr Sport zu treiben und mich gesünder zu ernähren. Mit etwas mehr Gewicht am Bauch fühlte ich mich in der Welt geerdeter. Im Laufe der Jahre wurden die Dinge einfacher. Es war, als würde die Membran meines Geistes allmählich dicker werden, und ich kehrte zurück zu meiner vertrauten Erfahrung, »Ich« zu sein.

In den sechs Jahren, in denen ich meine Sitzungen unterbrochen habe, habe ich viele Dinge getan. Ich habe publiziert und bin die akademische Leiter an meiner Universität hinaufgestiegen. Ich beendete eine zweijährige Ausbildung am Gestalt Institute of Cleveland, wobei ich mit einem Therapeuten dies und jenes in Ordnung brachte und mit einem anderen somatische Heilungsansätze lernte. Carol und ich vervollständigten unsere Familie und brachten zwei weitere wunderbare Kinder auf die Welt. Ich las die Literatur über vergangene Leben und verbrachte drei Jahre damit, meine eigenen früheren Leben durch Hypnotherapie zu erforschen, wobei ich mit etwa einem Dutzend von ihnen vertraut wurde. Ich veröffentlichte *Das Buch von der Wiedergeburt* und traf andere Autoren auf dem Gebiet der Reinkarnationsstudien. Ich nahm an einem einwöchigen Intensivkurs für Holotropes Atmen am Omega-Institut teil, wo ich Stan und Christina Grof zum ersten Mal traf. Nach der Lektüre von Robert Monroes Buch *Der zweite Körper* machte ich eine einwöchige Ausbildung am Monroe Institute in Virginia und begann, seine Hemi-Sync-Technologie zu nutzen, um Bewusstseinszustände zu erforschen, die genialer und greifbarer waren als psychedelische Zustände. Ich tat viele produktive und lohnende Dinge, aber unter all dem rief mich die psychedelische Arbeit immer wieder. Sie ließ mich nicht mehr los und ich verbrachte viele Nächte in meinem Arbeitszimmer, um über meine Sitzungen nachzudenken und darauf zu warten, diese Arbeit wieder aufzunehmen. Schließlich, im Sommer 1990, war es so weit.

Als ich meine Sitzungen wieder aufnahm, fühlte ich mich fest in der Welt verankert. Meine Ehe war gefestigt, meine Karriere lief gut, und meine drei Kinder – jetzt zwei bis sieben Jahren alt – waren robust und glücklich (und laut). Ich wusste nicht, was mich erwartete, aber jetzt, mit Carols Zustimmung und Unterstützung, war ich bereit, wieder anzufangen.

Ich war 41 Jahre alt. Das intensivste Jahrzehnt meines Lebens stand mir bevor. Das erste Jahr nach der Rückkehr war hart. Der Ozean des Leidens setzte genau dort an, wo er sechs Jahre zuvor aufgehört hatte, ohne einen einzigen Takt ausgelassen zu haben. Diese Tatsache verdient besondere Aufmerksamkeit. In einem anderen Lebensabschnitt, mit neuen Erwartungen und unter anderen astrologischen Transiten, setzte die Reise genau dort fort, wo sie aufgehört hatte, was, wie ich meine, die Präzision und Kraft der Intelligenz zeigt, die diese Erkundung leitete. Von da an eskalierte das Leiden und trat immer wieder über die Ufer wie ein überschwemmender Fluss, bis es schließlich sieben Sitzungen später in Sitzung 24 seinen Höhepunkt erreichte.

Diese Zunahme der Tiefe der Reinigung ging einher mit einer parallelen Zunahme der Tiefe der visionären Pracht, die sich während der ekstatischen Phasen dieser sieben Sitzungen eröffnete. Vor der sechsjährigen Unterbrechung hatte ich die Destillation meines gesamten Lebens von Anfang bis Ende erlebt. Nach der Unterbrechung verschob sich der Raum der Entdeckung weit über meine persönliche Realität hinaus. Es gab keine Erklärung für diese Verschiebung; die Sitzungen begannen einfach an einem anderen Ausgangspunkt. Jedesmal, wenn ich den Ozean des Leidens durchquerte, wurde ich auf eine Reihe von Initiationen in das Universum und die schöpferische Intelligenz hinter dem Universum mitgenommen. Ich weiß nicht, warum mir gezeigt wurde, was mir gezeigt wurde, aber die Abfolge war wohlüberlegt und gut durchdacht. Es fühlte sich an, als ob eine unendliche Intelligenz mich unterrichtete und mich an Dinge erinnerte, die ich vor langer Zeit vergessen hatte, die aber jetzt in Erinnerung gerufen werden mussten.

In diesem Kapitel werde ich die Sitzungen weitgehend für sich selbst sprechen lassen und meine Kommentare so kurz wie möglich halten, mit nur einem theoretischen Ausflug am Ende des Kapitels. Anstatt den reinigenden Teil dieser Sitzungen vom ekstatischen Teil zu trennen, wie ich es in den beiden vorherigen Kapiteln getan habe, werde ich die Sitzungen als Ganzes darstellen, so wie sie tatsächlich stattgefunden haben. Das wird den Rhythmus der Offenlegung deutlicher zeigen – und auch, dass die Reinigung in der ersten Hälfte der Sitzungen tiefer ging, während die Erforschung des Universums in der zweiten Hälfte tiefer ging.

Als ich von Sitzung zu Sitzung tiefer in das eintauchte, was ich als *das Bewusstsein des Universums* wahrnahm, begannen sich bestimmte Themen in immer komplexeren Formen zu wiederholen. Ich habe diese Wiederholungen hier abgemildert, aber nicht völlig eliminiert. Die Subtilität und Komplexität dieser Lernspirale war faszinierend zu beobachten. Jede einzelne Sitzung war in sich vollständig, aber das Mosaik, das sich über mehrere Sitzungen hinweg entfaltete, war noch reicher. Erst als die gesamte Sequenz abgeschlossen war, wurde das vollständige Bild klar.

In diesem Kapitel werde ich sieben Sitzungen vorstellen, die auf ihre wesentlichen Bestandteile reduziert sind. Die Namen, die ich diesen Sitzungen gegeben habe, sind:

S 18 Du und ich erschaffen
S 19 Die kosmische Tour
S 20 Der Rat der Ältesten
S 21 Sterben ins Einssein
S 22-23 Der Masterplan
S 24 Heilung der kollektiven Wunde

Ich würde diese Erfahrungen weitgehend auf der subtilen Ebene des Bewusstseins ansiedeln, wobei das Sterben im Einssein das kausale Bewusstsein berührt.

Sitzung 18 – Du und Ich erschaffen

Diese Sitzung begann dort, wo die letzte Sitzung vor sechs Jahren endete. Der schwierigste Aspekt, der davon zu beschreiben ist, ist der von Schmerz/Agonie/Rausch. Schreckliche Schmerzen. Treibendes, explosives, krampfhaftes Entsetzen. Es war jenseits von allem, was ich bisher erlebt hatte, es vermischten sich Gefühlstöne ursprünglicher Zivilisationen mit galaktischen Katastrophen, einschließlich der gesamten menschlichen Geschichte und ging jenseits menschlichen Erlebens, umfasste Erfahrungsdimensionen, mit denen ich nicht vertraut bin. Es war von enormer Tragweite und Komplexität. Es hatte wenig mit meiner individuellen menschlichen Geschichte zu tun. Ich hätte hunderttausend Jahre auf der Erde leben können, ohne den Bereich von Schmerz zu berühren, den ich heute erlebt habe.

Zu Beginn der Sitzung sah ich komplexe Lebensmuster, die sich Schritt für Schritt zu einem kosmischen Dualismus zu vereinfachen begannen und die drehenden Yin/Yang-Energien ähnelten. Ich näherte mich und verschmolz mit einer kosmischen Dualität, die das gesamte physische Universum zu umfassen schien. Dieses Universum war durchtränkt mit Frauen und Müttern. Ich sah immer wieder Tausende Teile des Lebens (Stadtviertel, Hinterhöfe, Seitenstraßen), die »Chris« nicht sonderlich interessierten oder die er nicht einmal bemerkte, aber es gab Mütter auf der ganzen Welt, die sich um sie kümmerten, und so kümmerte sich meine Gegenwart zutiefst um sie. Die Auswirkung davon war, dass ich zu einer kollektiven kosmischen Mutter wurde, die sich um den Planeten kümmerte, während er sich im Schmerz krümmte. Obwohl der Schmerz schrecklich war, wollte ich ihn nicht aufgeben. Er war mein Kind.

Ich kämpfte verzweifelt gegen diesen chaotischen Schmerz des Daseins. Je mehr ich kämpfte, desto mehr wurde ich verstrickt. Alles um mich herum war ein wirbelnder Strudel. Der Tod war überall. Ich versuchte immer wieder, mich zu befreien, um meinem Tod wenigstens ins Gesicht schauen zu können, aber ich konnte es nicht. Stattdessen sah ich mich immer wieder in tausend beengten, verdrehten, unbequemen Positionen sterben. Kein Sinn, nur höchste Gleichgültigkeit. »Mein Leben wird etwas zählen!«, rief ich, aber der Tod schickte mich immer wieder nach Lust und Laune weg. Meine Tode waren nicht beabsichtigt, sondern bloße Unfälle, das Ergebnis der Unachtsamkeit des Universums. Ich war einfach zur falschen Zeit am falschen Ort und konnte nicht aus dem Weg gehen. Meinem Tod fehlte der Sinn, meinem Leben fehlte der Sinn. Ich versuchte immer wieder, dem schrecklichen Entsetzen der Bedeutungslosigkeit zu entkommen, und scheiterte immer wieder.

Ich übergab mich, und in meinem heftigen Würgen dachte ich, ich würde wirklich sterben. Ich interpretierte das Manövrieren meines Sitters an meinem Körper als Bestätigung dessen. Ich erlangte ein vages Gefühl dafür, wo ich war und was ich tat. Es fühlte sich an, als hätte ich etwas Wichtiges begonnen, aber es war völlig außer Kontrolle geraten, und nun stand ich kurz davor zu sterben. Ich erinnerte mich daran, dass ich heute Morgen meine Kinder zum Abschied geküsst hatte, und dachte, es wäre absolut schrecklich, am Ende des Tages nicht zu ihnen zurückzukehren.

Ich kämpfte mit meinem Tod, umgeben von einem Strudel des Entsetzens, der sich bis in die letzten Winkel des Universums ausbreitete. Der psychologische Tod und das Schreckgespenst des biologischen Todes vermischten sich mit dem Rausch. Dann, plötzlich, fand in dem wirbelnden Chaos eine Verschiebung statt. Hunderte kleiner Paneele kippten um, wie kleine venezianische Jalousien, und zeigten mir eine völlig andere Realität »unter« diesem Kampf. Es war als würden mir Hunderte aus Tausenden von Federn aus einem Gewand Bruchstücke eines alternativen Universums entgegenblitzen lassen.

Diese Blitze zeigten mir flüchtige Blicke ekstatischer Süße. Einblicke in alles, was ich mir wünschen konnte. Es war die süßeste Zeit des Tages. Die süßeste Zeit des Lebens. Die Ekstase des Sex. Erholsame Ruhe inmitten exquisiter Sanftheit. Schatten unter zarten Blättern, die sanft im Wind wehen. Die Süße der perfekten Anpassung an die Dinge, die das Leben ausmachen. Bilder der Fülle. Alles, was man sich nur wünschen kann. Aber diese Einblicke verschwanden immer wieder, in der Struktur. Hin und her, hin und her.

Obwohl ich mich sofort zu dieser Süße hingezogen fühlte, wandte ich mich immer wieder von ihr ab und entschied mich stattdessen, zu dem größeren Kampf zurückzukehren. Die Süße war etwas, das ich von Anfang an gekannt hatte, etwas, das ich immer gekannt hatte, aber jetzt war sie mir entglitten. Ich kämpfte verzweifelt darum, in die Welt zurückzukehren, obwohl diese Welt nichts anderes war als ich. Ich würde sie nicht aufgeben. Sie gehörte mir. Es war das Einzige, was mir etwas bedeutete und wofür ich arbeitete. Jemand musste sich um sie kümmern. Es war die Welt, die von den Müttern der Welt geliebt wurde. Es war meine Welt, und ich weigerte mich, meine Schöpfung aufzugeben.

Schier endlos wiederholte sich dieser Tanz. Dann, im Hin- und Herwechseln zwischen dem Schmerz und der Ekstase der erfüllten Träume, begann sich etwas Neues zu entfalten. Ich wurde an etwas erinnert. Ich durfte keine Gedanken daran verschwenden, ein Opfer zu sein, nur weil ich leide. Ich durfte diese Qualen nicht als Qualen außerhalb von mir selbst erleben, die mir angetan wurden. Irgendetwas brachte mich zum Schweigen und fegte meine Wahrnehmungen beiseite. Als endlich alle Ausweichmöglichkeiten aus dem Weg geräumt waren, gab es den Moment einer exquisiten Begegnung. Eine liebevolle, unsichtbare Präsenz nahm mein Gesicht in ihre Hände, schaute mir in die Augen und sagte:

> *»Was du in den ekstatischen Blicken gesehen hast,*
> *ist nicht der Ursprung des Vergnügens*
> *sondern der Ursprung des Daseins selbst.«*

Mit dieser Einsicht platzte eine Blase und ein Wissen durchströmte mich. Ich sah, was das physische Universum geschaffen hatte, und wusste, dass es meine essenzielle Natur war. Diese Dimension der Süße, die jeden Wunsch erfüllen konnte, war der Ursprung der Existenz selbst. Die Worte waren:

> *»Es ist Du und Ich, die erschaffen, Meine Liebe.*
> *All das Gejammer und die Unwissenheit*
> *ist einfach das, was seit unserer Trennung geschehen ist.*
> *All das ist ein Teil von Du und Ich erschaffen.*
> *Erinnerst du dich jetzt?*
> *Du und Ich haben beschlossen, zu erschaffen*
> *aus purer Freude daran.«*

Mit dieser Einsicht durchströmte mich eine außerordentliche Freude. Ich erinnerte mich plötzlich daran, was ich war. In diesem Moment identifizierte ich mich nicht mit Chris Bache, sondern mit dem Göttlich-Weiblichen, das sich auf den Weg gemacht hatte, das physische Universum zu erschaffen, und das nun wieder mit seinem Geliebten vereint war. Durch diese vielen Einblicke wurde ich geduldig geführt, um meine wahre Natur und den Zweck des Lebens wiederzuentdecken. Meine Natur war Bewusstsein und mein Werk die Schöpfung. Alles aus Freude.

Die Lektion hier war, sich zu erinnern. Erinnern, was ich bin. Erinnern daran, was wir tun. Erinnern daran, was unsere wahre Natur ist. Und beobachten, was wir tun können, wenn wir anfangen, bewusst statt unbewusst zu erschaffen. Das Wesentliche dieser Lektion war zu lernen, was erreicht werden kann, wenn Schöpfung ein bewusster Prozess wird. Wir werden in der Lage sein, alles zu erschaffen, was wir auf Erden wünschen.

Kommentar

Wie können wir den Schmerz und das Leid der physischen Existenz mit der göttlichen Freude, aus der die Existenz entspringt, miteinander vereinbaren? Die westlichen Religionen haben dieses Rätsel in der Regel mit einer Theologie des kosmischen Sündenfalls und der anschließend erlösenden Rückkehr zum Ursprung gelöst. Die physische Welt nimmt an dieser Erlösung nicht teil, sondern wird verlassen, wenn wir in den Himmel zurückkehren. Die Theologie dieser Sitzung ist jedoch eine ganz andere. Hier ist das Göttliche zutiefst der Schöpfung verpflichtet. Die verblüffende Erkenntnis ist, dass die Schöpfung eine Entscheidung war, an der ich in gewisser Weise teilgenommen habe, an der wir alle teilgenommen haben. Das menschliche Leiden ist also nicht etwas, das uns angetan wird. Es ist weder eine Strafe noch ein Unfall. Es ist etwas, das wir freiwillig auf uns genommen haben, als wir uns entschieden, an der Mitschöpfung dieses Universums teilzunehmen, einem Prozess, der unvollendet und unvollständig ist.

Nebenbei bemerkt, ich habe mich manchmal gefragt, ob die Pause meiner Sitzungen in der Mitte des Zyklus, so wie ich es getan habe, tatsächlich dazu beigetragen hat, dass der Ozean des Leidens nach meiner sechsjährigen Pause sprunghaft an Intensität zunahm. Als ich meine Sitzungen beendete, fühlte es sich an, als hätte ich einen Sturm in mir zurückgelassen, der zwar erfolgreich bewältigt wurde, aber unter der Oberfläche meines Lebens immer präsent war. Zog der Strudel, den ich in Gang gesetzt hatte, auch nach der Unterbrechung meiner Sitzungen weiterhin Energie aus der kollektiven Psyche, auch wenn ich meine Sitzungen angehalten hatte? Hat die lange Pause etwas »Zusätzliches« zu der Wut hinzugefügt, die sich entlud, als ich die Arbeit wieder aufnahm? Ich kenne die Antwort auf diese Frage nicht.

Sitzung 19 – Die kosmische Tour

Nach einer langen Öffnung begannen dunklere Erfahrungen aufzutauchen, aber ich war in der Lage, körperlich offen zu bleiben und sie kommen zu lassen. Wieder war da der wilde, chaotische, physische und psychische Schmerz, den ich nicht in Worte fassen kann. An mehreren Stellen fragte ich mich, worum es bei all dem Schmerz ging. Ich war offen und ließ es durch mich hindurchgehen, aber woher kam das? Ich konnte es nicht sagen, aber es weitete sich aus und vertiefte sich für lange Zeit.

Mein Bewusstsein dehnte sich aus und öffnete sich für mehr und mehr Leid. Schließlich hatte ich das Gefühl, dass ich mich von Horizont zu Horizont ausdehnte, während ich ein Leid erlebte, das Zehntausende von Menschen betraf. Da ich diesmal langsamer in diesen Zustand hineingegangen war, war er nicht mehr so verwirrend wie zuvor. Dann erhaschte ich einen Blick auf etwas hinter dem Feld, auf etwas Riesiges und Vertrautes aus der vorherigen Sitzung. Ich drang tiefer in das Feld und brach schließlich zu dieser größeren Dimension durch.

Der Kreis des Lernens

In den meisten meiner Sitzungen wurde ich einfach von einer transpersonalen Erfahrung zur nächsten mitgerissen. Nur einmal zuvor hatte ich erlebt, dass ich meine Wahrnehmung bewusst steuern konnte. Jetzt geschah es wieder. Ein Kreis öffnete sich um mich herum und schuf einen Raum, der zu einer Arena des Dialogs zwischen mir und einem größeren Bewusstsein wurde. Zu meiner großen Überraschung entdeckte ich, dass dieses Feld auf meine Gedanken reagierte. Als ich dies zum ersten Mal entdeckte, hatte ich das ekstatische Gefühl, einer enormen Intelligenz gegenüberzustehen, die meine eigene einschloss und umgab. »Das ist richtig«, teilte es mir mit. »Das ist genau das, was geschieht.«

Ich begann, ihm Fragen zu stellen, und es antwortete, indem es meine Erfahrungen im Kreis orchestrierte. Es war ein äußerst subtiler Prozess, und die Grenze zwischen »meinem« Bewusstsein und diesem größeren Bewusstsein war für mich oft unsichtbar. Manchmal geriet meine Reaktion auf eine Antwort in Konflikt mit dem, was mir gezeigt wurde, und lenkte von der Lektion ab, die mir gerade erteilt wurde. Ich lernte, dass ich diese unerwünschten Abweichungen stoppen konnte, indem ich die Kontrolle über meine Gedanken übernahm. Ich konnte alles beiseite wischen, indem ich meine Reaktionen stoppte und darauf wartete, dass der Raum, in dem ich mich befand, frei wurde. Sobald mein Geist ruhig war, konnte die Lektion fortgesetzt werden.

Der kosmische Baum

Nach einigen dazwischenkommenden Erfahrungen wurde ich mit einem einheitlichen Bereich konfrontiert, der der gesamten physischen Existenz zugrunde liegt. Ich stand vor einem riesigen Feld aus blendend heller, unglaublich kraftvoller Energie. Diese Energie war die einzige Energie, die die gesamte Existenz ausmachte. Alle Dinge, die existierten, waren nur verschiedene Aspekte dieser umfassenden Existenz. Diese Erfahrung war extrem intensiv und brachte ein Gefühl von ultimativer Begegnung mit sich.

Danach verwandelte sich das Erleben in eine bewegte Erfahrung des Kosmischen Baums. Die Energie wurde zu einem gewaltigen, im Raum schwebenden Baum aus strahlender Energie. Er schien größer zu sein als die größte Galaxie, er bestand vollständig aus Licht. Der Stamm des Baumes verlor sich in der leuchtenden Gestalt, aber die Äste und Blätter waren an den Rändern sichtbar. Ich erlebte mich selbst als eines seiner Blätter. Die Leben meiner Familie und meiner engen Freunde waren Blätter, die neben mir auf einem kleinen Zweig gruppiert waren. All unsere Unterscheidungsmerkmale, das, was uns zu den Individuen machte, die wir waren, erschienen aus dieser Perspektive als recht unbedeutende, fast willkürliche Variationen dieser grundlegenden Energie.

Ich wurde um den Baum herumgeführt und mir wurde gezeigt, wie einfach es war, sich von der Erfahrung einer Person zur anderen zu bewegen, und tatsächlich war es lächerlich einfach. Unterschiedliche Leben rund um den Globus waren einfach unterschiedliche Erfahrungen, die der Baum machte. Wahl lenkte alle Erfahrungen. Unterschiedliche Wesen, die alle Teil des Seins waren, hatten einfach diese vielfältigen Erfahrungen gewählt.

An diesem Punkt WAR ICH DER BAUM. Nicht, dass ich die ganze Bandbreite seiner Erfahrung gehabt hätte, aber ich wusste, dass ich dieses eine, umfassende Bewusstsein war. Ich wusste, dass seine Identität meine wahre Identität war. Obwohl ich mir den Monismus schon Jahre zuvor zu Herzen genommen hatte, erlebte ich nun tatsächlich das nahtlose Eintauchen des Bewusstseins in die Verkörperung.

Ich erlebte, wie sich das Bewusstsein in getrennten Formen manifestiert und dabei doch geeint bleibt. »So funktioniert es also«, sagte ich zu mir selbst. Die Freiheit war eine reine Wonne.

Als ich die Erfahrung des Kosmischen Baumes verließ, ließ das Gefühl intensiver Energie nach und ich fand mich in bewusster Kommunikation mit diesem riesigen, mich umgebenden Bewusstsein. Mein Erfahrungsfeld war extrem klar.

Die kosmische Tour

In den nächsten Stunden nahm mich dieses Bewusstsein mit auf eine außergewöhnliche Reise durch das Universum. Es war, als ob es mir sein Werk zeigen wollte. Es schien der Schöpfer unseres physischen Universums zu sein. Es führte mich irgendwohin oder öffnete mich für eine Erfahrung, und ich verstand manche Aspekte der Funktionsweise des Universums. Immer wieder war ich überwältigt von der Größe, der Subtilität und der Intelligenz dessen, was ich da bezeugte.

»Das ist unglaublich.«

»Ich beginne zu verstehen.«

Die Schönheit des Designs, das ich sah, raubte mir immer wieder den Atem. Manchmal war ich so verblüfft von dem, was ich sah, dass ich anhielt und es musste für mich zurückkommen. »Bleib dran! Mach weiter!«, sagte es und freute sich über meine Ehrfurcht. Manchmal war ich mir nicht sicher, was ich sah, und dann tat es etwas, und plötzlich wurde das Ding größer, und ich verstand. Dann nahm es mich mit zu etwas anderem. Diese Tour war die außergewöhnlichste Reise in meinem Leben. Die Schau auf die Intelligenz hat mich immer wieder in kognitive Ekstase versetzt. Die Ironie ist jedoch, dass ich nicht in der Lage bin, die Details von dem, was ich gesehen habe, wiederzugeben, außer den kleinen Bruchstückchen, die ich weiter unten beschreiben werde. Ich habe einfach nicht genug Doktortitel, um das Wissen, das ich dort hatte, in meinem kleinen, erdgebundenen Verstand unterzubringen. Das veranlasst mich nicht dazu, meine Erfahrung in Frage zu stellen oder zu bezweifeln. Auch wenn ich große Teile der Erfahrung verloren habe, habe ich die unerschütterliche erkenntnistheoretische Gewissheit, dass dieses Wissen ein Wissen von höherer Ordnung war als alles, zu was ich in meinem gewöhnlichen Bewusstsein fähig bin.[1]

An einem Punkt wurde ich durch ein komplexes Labyrinth von wirbelnden Kräften geführt, bis ich über den Turbulenzen in einem wunderbar weitläufigen und ruhigen Erfahrungsfeld auftauchte. Mir wurde gesagt, dass wir die Emotionen der menschlichen Erfahrung durchlaufen hatten. Diese hatten eine ruhelose, nagende Qualität und bildeten eine solche Masse an verworrener Energie, dass ich nicht überrascht war, dass sie diesen subtileren Bereich des Friedens und der Ruhe auslöschen konnten.

Meine Erweiterung in diesen Bereich fühlte sich wie eine Erinnerung an, so wie alle meine Erfahrungen auf dieser Tour. Ich erwachte wieder auf Ebenen der Realität, die ich zuvor gekannt, aber vergessen hatte. Immer wieder erwachte ich auf einer Erfahrungsebene, die ich vor langer Zeit hinter mir gelassen hatte. Erinnern. Es ging überhaupt nicht um »Sterben«, sondern um Aufwachen und Erinnern.

Dann wurde ich in ein anderes »höheres« und »größeres« Erfahrungsfeld versetzt und dann wieder in ein anderes. Mit jedem Übergang betrat ich eine neue Ebene von ruhigem und glückseligem Frieden. Es war, als ob eine Milliarde von Jahren umfassende Amnesie Schicht für Schicht aus mir herausgelöst wurde. Je mehr ich mich erinnerte, desto größer wurde ich. Welle um Welle des Erwachens drängten die Grenzen meines Seins zurück. Mich mehr zu erinnern bedeutete, mehr zu werden.

Zuletzt wurde ich in eine besonders geräumige und friedliche Dimension erhoben. Als ich mich an diese Dimension erinnerte, überkam mich ein überwältigendes Gefühl des Heimkommens und ich spürte die Tragik, dass ich diese Dimension so lange vergessen hatte. Ich kann nicht beschreiben, wie ergreifend das war. In dieser Dimension vollständig wiederhergestellt zu sein, wäre jeden Preis wert. Ich fragte, was passiert sei, und Es erklärte mir, dass wir die Zeit verlassen hätten. Dann sagte Es: »Wir hatten nie beabsichtigt, dass so viele in der Zeit gefan-

---

1 Die *Theorie des intelligenten Designs* beschreibt nicht einmal ansatzweise die Subtilität der Genialität unseres aus sich selbst hervorgebrachten Universums. Ich habe mir oft gewünscht, dass ich eine fortgeschrittene Ausbildung in Physik und Astronomie hätte, denn dann hätte ich vielleicht mehr von dem behalten können, was mir in dieser und anderen Sitzungen gezeigt wurde. Der Inhalt war nicht von Natur aus unaussprechlich, aber er war außerordentlich anspruchsvoll und technisch.

gen werden.« Es kam mir so vor, als sei die Zeit nur eines der vielen schöpferischen Experimente des multidimensionalen Universums, das mir gezeigt wurde.

Obwohl diese Erfahrungen für sich genommen außergewöhnlich waren, waren nicht die Dimensionen des Universums, deren Zeuge ich wurde, der ergreifendste Teil der heutigen Sitzung, sondern was es für das Schöpferische Bewusstsein, mit dem ich zusammen war, bedeutete, dass ich sie sah. Es schien so erfreut, jemanden zu haben, dem es seine Arbeit zeigen konnte. Ich spürte, dass es Milliarden von Jahren darauf gewartet hatte, dass sich das verkörperte Bewusstsein bis zu dem Punkt entwickelt, an dem wir endlich anfangen können zu sehen, zu verstehen und zu würdigen, was in unserem sich selbst entwickelnden Universum erreicht worden ist. Ich fühlte die Einsamkeit dieser Intelligenz, die eine solches Meisterwerk geschaffen hat und die niemanden hat, der ihr Werk würdigt, und ich weinte. Ich weinte über ihre Selbstisolierung und über die umfassende Liebe, die diese Isolierung als Teil eines größeren Plans akzeptiert hatte. Hinter der Schöpfung steht eine Liebe von außerordentlichem Ausmaß. Die Intelligenz der Gestaltung des Universums entspricht der Tiefe der Liebe, die sie inspiriert hat.

Irgendwo hier wurde mir klar, dass ich nicht in der Lage sein würde, das Wissen, das ich auf dieser Reise gesammelt hatte, mit zurückzubringen. Die Intelligenz, mit der ich zusammen war, wusste das auch und das machte unsere wenigen Stunden des Kontakts umso wertvoller für sie. Es gab nichts, was ich mit diesem Wissen hätte tun können, außer es jetzt zu erfahren. Mein größter Dienst bestand einfach darin, das, was ich sah, zu würdigen. Es schien wichtig, die Existenz in liebevoller Wertschätzung an ihren Schöpfer zurückzuspiegeln.

Kommentar

Nach dieser Sitzung folgte eine ganz andere Art von Sitzung, in der ich ein Training durchlief, das mich lehrte, wie ich die Ebenen des Lernens aus Erfahrung, die sich in den Sitzungen zu öffnen begannen, empfangen konnte. Der Rat der Ältesten war die Art und Weise, wie mein Verstand einer Begegnung mit kosmischem Wissen eine Form gab.

Sitzung 20 – Der Rat der Ältesten

In der ersten Sitzung wurde mein Körper auf immer höhere Energieniveaus gedrängt, sodass mir übel wurde und ich immer kurz davor war, mich zu übergeben. Die Energie war enorm. Ich tanzte um die Grenzen des kollektiven Schmerzes früherer Sitzungen herum, aber es war nichts Neues dabei. Ich hatte bereits alles erforscht, was durch mich hindurchging. Und dann, nach einer Weile, wurde ich wieder davon gefangen genommen. Die Dinge bewegten sich an die-

sem Punkt sehr langsam. Es gab einen tobenden Schmerz, aber es schien nicht um mich persönlich zu gehen. Ich versuchte, zu verstehen, wie ich mit dem Schmerz arbeiten, mit ihm zusammenwirken könnte, aber ich konnte keinen Weg sehen. Ich suchte nach etwas, das dem Ego-Tod ähnelte, dem ich nachgeben konnte, aber das Konzept war für mich bedeutungslos. Zu diesem Zeitpunkt hatte ich überhaupt sehr wenig Sinn für ein persönliches »Mich«.

Nach einer gewissen Zeit in diesem Zustand begann ich, in positive transpersonale Zustände zu wechseln. Der Übergang war ruckweise, und ich bewegte mich mehrmals zwischen dem Schmerz und den transpersonalen Horizonten hin und her, bevor ich mich schließlich in einem klaren, weiträumigen Zustand niederließ. Als ich das tat, öffnete sich eine interaktive Arena mit einem Rat der Ältesten um mich herum. Die Musik war der tiefe, gutturale Gesang der tibetischen Mönche des Gyuto-Klosters. Die kraftvolle Bassstimme des Obermönchs packte mich und hielt mich fest, sodass mein Gedankengang völlig zum Stillstand kam. Eine Stimme sagte: »Hör auf zu denken und pass auf! Pass auf und lerne!« Der Unterricht wurde wieder aufgenommen.

Die heutige Sitzung war ein Training, um zu verinnerlichen, wie man in transpersonalen Bewusstseinszuständen lernt. Es ist eine Sache, wenn man sich damit begnügt, in diesen Zuständen passiv zu bleiben, während fremdartige Erfahrungen einfach durch einen hindurchfließen, aber es ist eine ganz andere Sache, wenn man auf diesen Ebenen wirklich bewusst werden will. Dazu muss man lernen, seine Aufmerksamkeit so zu lenken, dass man das Geschehen vollständig wahrnehmen kann. Man muss auch lernen, wie man seine Erfahrung respektvoll mit den anderen Ebenen kohärent halten kann. Meine Fähigkeit, beides zu tun, hatte sich verbessert, aber jetzt schien es, als ob ich ein explizites Training in diesem Bereich bräuchte.

Die Intelligenz, die unser Universum ins Leben gerufen hat, ist enorm hochentwickelt, ihre Arbeitsweise übersteigt das gewöhnliche Verständnis. Wenn man Zugang zu ihrem Wissen haben will, muss diese Intelligenz einem beibringen, wie man es empfangen kann. Der Rat der Ältesten war der Wächter des Wissens über das, was sich im Universum seit Milliarden von Jahren abspielt. Weil ich dieses Wissen suchte, wurde ich vor den Rat gebracht, um es zu erhalten. Dieses Wissen wird einem nicht einfach geschenkt; man muss es sich erarbeiten. Zuerst muss man daran arbeiten, diese Ebene des Bewusstseins zu erreichen, und dann muss man daran arbeiten, die Konzentration aufrechtzuerhalten, die notwendig ist, um das Wissen zu empfangen, das hier verfügbar ist.

Ich saß mit dem Rat an einem Ort, der mir als das ursprüngliche Herz des Universums erschien; wo Wächter etwas beschwören und Dinge geschehen lassen.

Ich sah ihre spezifische Form nicht, aber ich fühlte ihre Anwesenheit stark. Ein aufgeladenes Feld der Synchronizität umgab mich, und Musik und Erfahrung verschmolzen zu einem einzigen Fluss.

Ich wollte Dinge wissen. Eine Idee von etwas, das ich verstehen wollte, kam mir in den Sinn, und der Rat erkannte sie sofort und nahm sie als eine normale Anfrage an. Der Vorsitzende des Rates stieß einen donnernden Ruf aus: »Er will das wissen.« Dann stimmten die anderen ein und begannen eine Anrufung. Sie sangen, um Kraft heranzuziehen, denn man muss Kraft sammeln, wenn man bestimmte Dinge wissen will. Du musst das Mantra so viele Male sagen. Sogar der Rat der Ältesten musste Kraft erlangen. Ich lernte auf die harte Tour, damit ich auf das vorbereitet war, was als nächstes passierte.

Als das Wissen, das der Rat entfesselte, auf mich zukam, versetzte es mich entweder in kognitive Ekstase oder es erschütterte mich. War ich zentriert, wenn das Wissen mich traf, durchströmte es mich wie eine ekstatische Orgie der Einsicht. Aber hatte ich meine Gedanken nicht unter Kontrolle und war nicht zentriert, als es mich traf, erschütterte es mich völlig und trieb mich über meine Fähigkeit hinaus, kognitive Kohärenz aufrechtzuerhalten. Beides geschah heute viele Male.

Der Rat konnte meine Erfahrung auf verschiedene Realitätsebenen ausrichten, und manchmal verursachte die Vervielfältigung der Ebenen eine fast skurrile Verwirrung. Einmal sammelte der Rat Kräfte, um mir das Wissen zu geben, um das ich gebeten hatte, als plötzlich eine neue Frage zu mir kam, die sich auf eine andere Realitätsebene bezog. Der Rat reagierte mit verdutzter Verwirrung und mildem Befremden. Die Änderung des Schwerpunkts würde sie dazu zwingen, ihren gesamten Prozess zu ändern. Das Oberhaupt des Rates donnerte einen langen Solo-Ton, der die ganze Welt zum Stillstand brachte, dann beschlossen sie, die neue Bitte anzunehmen und begannen eine neue Beschwörung, um die Kraft zu erzeugen, die nötig war, um Zugang zu diesem Wissen zu bekommen.

Manchmal lehnte der Rat meine Unterbrechung ab. Einmal machte ich den Fehler, mich ablenken zu lassen, während die Ältesten ihre Kräfte sammelten. Etwas packte mich bis in die Knochen und sagte: »Hör zu! Werde erwachsen! Lass dich nicht ablenken! SEI AUFMERKSAM! All diese Dinge haben ihren Platz, aber wenn du die Struktur des Universums verstehen willst, musst du in der Lage sein, das zu bewältigen. Du musst in der Lage sein, es zu ERLEBEN!«

Heute erlaubte mir der Rat der Ältesten, viele Aspekte der Funktionsweise des Universums zu erfahren. Ich konnte alles wissen, was ich wollte, ich konnte es ertragen, aber um es zu ertragen, musste ich in der Lage sein, »in die Vollen mit der Existenz zu gehen«; das heißt, ich musste in der Lage sein, mich auf die Größe der Wirklichkeit auszudehnen, über die ich Wissen haben wollte. Das Universum auf diese Weise kennenzulernen, war die Antwort auf eine Sehnsucht, die so tief in mir saß, dass ich wusste, dass sie mich seit Tausenden von Jahren antreibt.

Kommentar

Das Training, das mir in dieser Sitzung gegeben wurde, scheint produktiv gewesen zu sein, denn in der nächsten Sitzung verlagerte sich alles in ein tieferes Register.

Sitzung 21 – Sterben ins Einssein

Ich war überrascht, wie furchtbar schmerzhaft diese Sitzung war. Nach all den vorangegangenen Sitzungen hätte ich mir nicht vorstellen können, dass es einen so großen Sprung im Leiden geben könnte, aber diese Sitzung war um ein Vielfaches schlimmer als alles andere zuvor.

Es war nicht persönlich. Meine Erfahrungsgrenzen erstreckten sich auf die gesamte menschliche Familie und die gesamte menschliche Geschichte, und dieses »Ich« war in einem Horror gefangen, den ich nicht in der Lage bin, mit irgendeiner Genauigkeit zu beschreiben. Es war rasender Wahnsinn, ein wogendes, kaleidoskopisches Feld von Chaos, Schmerz und Zerstörung. Es war, als hätte sich die gesamte Menschheit aus allen Ecken der Welt versammelt und wäre völlig verrückt geworden.

Die Menschen griffen sich gegenseitig mit einer fanatischen Brutalität an, die durch Science-Fiction-ähnliche Technologie noch verstärkt wurde. Es gab viele Strömungen, die sich immer wieder vor mir durchkreuzten, jede bestehend aus Tausenden von Menschen. Einige töteten auf vielfältige Weise, einige wurden getötet, einige flohen in Panik, andere wurden zusammengetrieben, andere wurden Zeugen und schrien vor Entsetzen, anderen wurde das Herz von einer wahnsinnig gewordenen Spezies gebrochen – und »ich« war all ihre Erfahrungen. Es waren Szenen des Elends, verursacht durch die Natur und die menschliche Gleichgültigkeit. Tausende verhungernde Kinder aus aller Welt, ihre Körper aufgedunsen im Tod, ihre Augen leer auf eine Menschheit starrend, die sie durch systematischen Missbrauch und Vernachlässigung tötet. Jede Menge Gewalt zwischen Männern und Frauen – Schläge, Einschüchterung, Vergeltung – Zyklen um Zyklen von Zerstörung. Das Ausmaß der Tode und des Wahnsinns ist nicht zu beschreiben.

Was als Nächstes geschah, tauchte im Kontext dieses größeren Feldes dieser Agonie auf. Es war in gewissem Sinne der Vordergrund vor dem Hintergrund dieses Grauens, aber in einem anderen Sinne war es überhaupt nicht zentral. Es ist schwer zu beschreiben, wie die eigene Erfahrung gleichzeitig so umfassend und so selektiv fokussiert sein kann.

In den Mittelpunkt rückte das Thema Sex. Zuerst tauchte der Sex in seiner angenehmen Form als gegenseitiges Vergnügen und erotische Befriedigung auf, aber bald verwandelte er sich in seine gewalttätige Form, als Angriff, Überfall, Verletzung und Schmerz. Die Kräfte des sexuellen Angriffs bauten sich ebenso in den sich gegenseitig durchkreuzenden Feldern der Menschheit auf. Ich war mit diesen brutalen Kräften konfrontiert, und dann war da hinter meinem Rücken ein kleines Mädchen. Es war sowohl ein einzelnes Kind, etwa drei Jahre alt, als auch alle Kinder der Welt gleichzeitig.

Ich versuchte immer wieder, dieses Kind zu schützen, um den Angriff, der sie durch mich erreichen sollte, zurückzuhalten. Aber je länger ich ihn in Schach hielt, desto mächtiger wurden die Kräfte. »Ich« war zu Tausenden von Menschen geworden. Das Grauen überstieg alles, was ich beschreiben kann. Über meiner Schulter konnte ich das Feld angsterfüllter Unschuld spüren, aber jetzt kam ein weiteres Element hinzu – der Hauch einer mystischen Umarmung. Das Kind wurde überlagert von der Urfrau, der Göttin selbst. Sie winkte mir, sie zu umarmen, und ich wusste instinktiv, dass es keine größere Süße geben kann als die Süße, die in ihren Armen zu finden ist. Indem ich mich davon abhielt, einen gewalttätigen sexuellen Übergriffen zu begehen, hielt ich mich auch von der mystischen Umarmung der Göttin zurück, aber ich würde es nicht über mich bringen, dieses Kind zu vergewaltigen, egal wie süß das Versprechen auf Erlösung war.

Der Rausch nahm weiter zu, bis ich mich schließlich zu umzudrehen begann. Noch immer hielt ich den schrecklichen Ansturm zurück und stand nun meinem Opfer gegenüber, das von den Kräften der Leidenschaft auf der einen Seite und des Schutzes auf der anderen Seite zerrissen wurde. Mein Opfer war gleichzeitig dieses hilflose kleine Mädchen und die Urfrau, die mich zu einer sexuellen Umarmung mit kosmischem Ausmaß einlud. Wie sehr ich auch dagegen ankämpfte, was geschah, war, dass ich dazu verleitet wurde, das Ungeheuer zu entfesseln. In Entsetzen und blindem Durst wandte ich mich der Vergewaltigung zu, dem Angriff, dem Töten, und doch kämpfte ich weiter gegen das, was geschah, sogar mit jeder Unze meiner Kraft. Der Konflikt trieb mich auf immer tiefere Ebenen der Intensität, bis plötzlich etwas in mir aufbrach und ich zu der erschütternden Erkenntnis kam, dass ich MICH SELBST vergewaltigen und töten wollte.

Der Durchbruch war sehr multidimensional und verwirrend. Die Intensität des Kampfes trieb mich an einen Punkt, an dem ich mich plötzlich mit der Erkenntnis konfrontiert sah, dass »ich« sowohl der Täter als auch das Opfer war.

Als ich in die Augen meines Opfers sah, entdeckte ich, dass ich in mein eigenes Gesicht blickte. Ich schluchzte und schluchzte. »Ich tue mir das selbst an!«

Dies war keine karmische Umkehrung, ein Sprung in ein früheres Leben, wo Opfer und Täter den Platz tauschen. Vielmehr war es ein Quantensprung auf eine Erfahrungsebene, die alle Dualitäten in ein einziges, allumfassendes Fließen auflöste. Mein persönliches ICH-Gefühl explodierte in ein angeborenes Einssein, das alle Menschen umfasste. Es war kollektiv in dem Sinne, dass es alle menschlichen Erfahrungen einschloss, aber ganz einfach und ungeteilt. Ich war eins, Angreifer und Opfer. Ich war sowohl Mörder als auch der Ermordete. Ich tat es mir selbst an. Durch die ganze Geschichte hindurch habe ich es mir selbst angetan.

Während diese Entdeckung im Zentrum stattfand, fand sie auch in den sich durchkreuzenden Feldern statt, die die ganze Menschheit und die ganze Schöpfung umfassten. All die unaussprechlichen Schrecken, die ich erlebt hatte, waren in diesem größeren Sinne »Meine«. All der Schmerz, den ich bei der gewaltsamen Erschaffung der Galaxien erlebte, wurde von mir verursacht und von mir empfunden. Der Schmerz der menschlichen Geschichte war Mein Schmerz. Es gab keine Opfer. Nichts war außerhalb von Mir und tat Mir das an. Ich war verantwortlich für alles, was ich erlebte oder für alles, was je geschehen war. Ich schaute in das Angesicht Meiner Schöpfung. Ich tat dies. Ich tue dies. Ich beschloss, dass all dies geschehen sollte. Ich beschloss, all diese schrecklichen, entsetzlichen Welten zu erschaffen. Aber warum?!

Das Universum

Dann begann ich in der Ferne etwas zu sehen. Es dehnte sich von unserem Sonnensystem über die Galaxie bis hin zum Kosmos selbst aus. Es war das physische Universum und die zugrunde liegenden Kräfte, die das Universum aufbauen und erhalten. Es war etwas, das sowohl physisch als auch archetypisch war. Es war keine symbolische Darstellung des Universums, sondern das wirkliche Ding. Es knüpfte an das Universum an, das ich auf der Kosmischen Reise erlebt hatte, war aber um ein Vielfaches größer und komplexer. Es war unbeschreiblich schön und absolut fesselnd.

Als ich mich in das, was ich sah, hinein ausdehnte, wurde ich größer. Ich lernte, indem ich zu dem wurde, was ich wusste. Ich entdeckte das Universum nicht, indem ich es von außen her kannte, sondern indem ich mich auf die Ebene meines Seins einstellte, in dem ich dieses Ding war. Alles, was ich an dieser Stelle tun kann, ist, die Höhepunkte der folgenden Erfahrungen zu skizzieren, was weder ihrer kognitiven Struktur noch ihrer Erfahrungsintensität gerecht werden wird.

Was mir in den frühen Phasen auffiel, war die Verflechtung aller Dinge zu einem nahtlosen Ganzen. Das gesamte Universum war ein ungeteiltes, völlig einheitliches, organisches Ganzes. Ich sah verschiedene Durchbrüche – Quantentheorie, Bells Theorem, morphogenetische Theorie, holographische Theorie, Systemtheorie, die Große vereinheitlichte Feldtheorie – als lediglich die frühen Phasen der Entdeckung dieser angeborenen Ganzheit durch die Wissenschaft. Ich wusste, dass diese Entdeckungen weiter zunehmen würden, bis es unmöglich werden würde, das Universum nicht als das zu sehen, was es ist: ein einziger einheitlicher Organismus, der komplex und subtil eine große schöpferische Intelligenz widerspiegelt. Die Intelligenz und Liebe, die für das, was ich sah, verantwortlich war, überwältigte mich immer wieder und erfüllte mich mit ehrerbietigem Schauer.

Das vereinigte Feld, das der physischen Existenz zugrunde liegt, löste alle Grenzen vollständig auf. Je tiefer ich mich in es hineinbewegte, desto mehr fielen alle Grenzen weg; alle Erscheinungsformen der Trennung waren letztendlich illusorisch. Keine Grenzen zwischen Inkarnationen, zwischen Menschen, zwischen Arten, sogar zwischen Materie und Geist. Die Welt der geteilten Existenz zerfiel nicht zu einer amorphen Masse, wie es vielleicht klingen mag, sondern sie entpuppte sich als die außerordentlich vielfältige Manifestation einer einzigen Einheit.

Sterben ins Einssein

Mit dem Fortschreiten meines Erlebens dieses nahtlosen Universums wurde mir klar, dass ich nicht ein Universum »da draußen« erforschte, wie ich es in Sitzung 19 getan hatte, sondern ein Universum, das »ICH« in gewisser Weise bereits war. Diese Erfahrungen führten mich Schritt für Schritt in eine tiefere Umarmung meiner eigenen Wirklichkeit. Ich erforschte das Universum als eine Dimension meiner eigenen Existenz und erinnerte mich langsam an Aspekte meines Seins, zu denen ich den Kontakt verloren hatte. Diese Erforschung schien einem kosmischen Bedürfnis zu entsprechen, nicht nur zu erkennen, sondern auch erkannt zu werden.

Zunächst befand ich mich auf einer kosmischen Reise ähnlich der von Sitzung 19, als ich wieder bemerkte, dass dieses größere Bewusstseinsfeld mit (oder in) dem ich war, schon lange darauf gewartet hatte, erkannt zu werden. Wieder begann ich zu weinen, als ich diese Sehnsucht des Herzens spürte. Dann fragte ich etwas, was ich vorher nicht gefragt hatte. Ich fragte: »Mit wem spreche ich?« Mit dieser Frage änderte sich mein Erfahrungsfeld, und ich sank auf eine neue Ebene der Wirklichkeit. Es war, als glitt ich in eine tiefere Realisierungsebene, die mich entdecken ließ, dass ich in der Tat mit MIR SELBST war. Der schöp-

ferische Impuls, der auf der vorherigen Ebene ausserhalb von mir war, war auf dieser Ebene ich selbst.

Dieser mysteriöse Vorgang wiederholte sich viele Male und in vielen Variationen und hielt für Stunden an. Ich befand mich auf einer Ebene jenseits der physischen Vielfalt, und während ich versuchte, diese Wirklichkeit tiefer kennenzulernen, erlebte ich eine Art Sterben, ein Zerfallen, und glitt auf eine neue Ebene, wo ich entdeckte, dass auch dieses Duale nur eine andere Facette meiner selbst war. Immer wieder wurde ich in detaillierten Sequenzen zu derselben fundamentalen Begegnung geführt.

Egal, wie oft ich starb oder wie viele verschiedene Formen ich war, als ich starb, ich wurde immer wieder von diesem massiven ETWAS, diesem ES, angezogen. Ich konnte ES nicht verlassen, konnte IHM nicht entkommen, es war unmöglich, nicht ES zu sein. Egal, wie viele Abenteuer ich erlebt hatte, ich war nie aus IHM herausgetreten, hatte nie aufgehört, ES zu sein. Es gab einfach kein Außen für Mein Sein. Es gab kein »Anderes«.

Als ich mich in diese Ebenen einer zunehmenden ontologischen Einfachheit hineinbewegte, trat ich ein in eine tiefe Stille, die eine entfernte vage Erinnerung wiedererweckte. »Von woher wusste ich das nur schon?« Indem ich dieser Stille folgte, wurde ich in eine Zeit zurückgeführt, die vor der Schöpfung zu liegen schien, zurück zum ontologischen Urgrund der Schöpfung. In dieser Stille war ich auf eine Weise »mit mir selbst«, wie ich es vor langer Zeit gewesen war, aber nicht vor Milliarden von Jahren. Es war eine Zeit der Wiedervereinigung, eine Zeit des Ganzseins nach einer furchtbar langen Trennung.

Von dieser außergewöhnlichen Position aus konnte ich mir die Möglichkeit vorstellen, dass das physische Universum nicht erschaffen worden war. Die Alternativen standen klar und deutlich vor mir. Auf der einen Seite war all die Planung, all die Arbeit, all die Verwirrung und Ungewissheit und vor allem all das furchtbare Leid, das mir noch so frisch aus der Sitzung in Erinnerung war. Auf der anderen Seite standen die tiefe Stille und der Reichtum, der meinen derzeitigen Zustand ausmachte. »Warum es tun? Warum sollte ich das Universum zu einem solchen Preis manifestieren?«

Eine Antwort kam empor und es war die gleiche wie zuvor in der 15. Sitzung: »Haben wir denn nichts gelernt?« Diesmal hatte sie den Beigeschmack von »Hat es sich nicht gelohnt? War es nicht ein Abenteuer? Sieh dir an, was nicht existieren würde, wenn wir uns nicht dafür entschieden hätten, etwas zu erschaffen.« Diesmal war ich nicht erschüttert, die Entscheidung für die Schöpfung schien mir zutiefst gut zu sein. Der Gedanke, dass das gesamte physische Universum nicht existieren könnte, war mit einer schrecklichen Traurigkeit ver-

bunden. Aus dieser Perspektive konnte ich auch spüren, dass es in der manifesten Ordnung der Schöpfung keinen grundlegenden Irrtum gab. Trotz all des Leids bewegte sich alles ganz gut – obwohl es zutiefst unvollendet ist.

Ich fuhr weiterhin fort, Fragen zu stellen.

»Was passiert hier?«

»Wie funktioniert das?«

»Wie hat es sich für Dich angefühlt?«

Mit jeder Frage veränderte sich mein Erfahrungsfeld und öffnete mich für einen kosmischen Prozess nach dem anderen. Ich kann diese Erlebnisse nicht angemessen beschreiben, weil die Kategorien des Denkens, die aus der Raum-Zeit abgeleitet sind, sich nicht dazu eignen, sich klar zu erinnern oder Erfahrungen von Realitäten, die außerhalb der Raum-Zeit liegen, in Worte zu fassen. Zwar wird mein normales Wachbewusstsein durch diese Erfahrungen immer wieder verändert, aber es ist kognitiv noch zu beschränkt, um sie in ausreichendem Maße festhalten zu können. Was ich jedoch erlebte, versetzte mich immer wieder in Ekstase.

»Erstaunlich!«

»So funktioniert das also!«

»Ach, du meine Güte!«

»Wie viel willst du sehen?« wurde ich gefragt. »Mehr!« antwortete ich, und immer mehr entfaltete sich. Und das ging stundenlang so weiter.

Kommentar

Dies war eine äußerst intensive Sitzung, sowohl in ihrem Schmerz als auch in ihrer Freude, mit Teilen, die schwer zu interpretieren sind. Das Leiden eskalierte zu einer wilden, animalischen Leidenschaft, die alles zerstört, was sie berührt. Der Konflikt zwischen diesem Blutrausch und meinem verzweifelten Kampf, das Kind zu beschützen, scheint ein Mittel gewesen zu sein, um die Energie in enorme Ausmaße zu treiben und schließlich den grundlegenden Dualismus zu zerschlagen, der die Wut und den Hunger überhaupt erst hervorgebracht hatte. Die mystische Umarmung der Urfrau war ein archetypisches Fragment, ein Symptom der Heros-Spiele, der »göttlichen Hochzeit«, die stattfindet, wenn die differenzierte Existenz sich mit der Glückseligkeit der ursprünglichen Essenz vereint. Als der endgültige Durchbruch stattfand, spürte ich eine Explosion der Heilung, die sich durch die gesamte menschliche Familie zog.

In der Kosmischen Reise hatte ich das Universum als eine Realität außerhalb meiner selbst erkundet; in dieser Sitzung erkundete ich das Universum als eine Dimension meines eigenen Seins. Diese Verschiebung spiegelt den umfassenderen Übergang wider, der stattfindet, wenn man sich von der subtilen Bewusstseinsebene mit intaktem Dualismus in das nonduale, kausale Bewusstsein bewegt. Der Friede der Rückkehr zum Einssein, der alle Trennungen verschlang, erweckte einen Samen der Erinnerung, der mich tiefgreifend verändert hat, nicht sofort, sondern langsam über viele Jahre hinweg.

Aus Gründen der Effizienz werde ich die nächsten beiden Sitzungen zusammenführen. Diese Sitzungen setzten die Geschichte der Schöpfung fort, vertieften sie aber nun, indem sie mich in zwei verschiedene Richtungen führten. Erstens brachten sie mich zurück zu dem, was sich wie der Anfang der Schöpfung anfühlte, wo ich die Schöpfung als einen Akt der Liebe zwischen zwei kosmischen Wesen erlebte. Das war eine völlig unerwartete Kosmologie für mich. Dann brachten sie mich in der Zeit vorwärts und gaben mir eine Vision davon, wohin die Schöpfung die Menschheit führt. Ich weiß, das klingt ungeheuer arrogant, wie ein Amoklauf des Egos, aber so war es einfach.

Dies war das erste Mal, dass das Thema der Zukunft der Menschheit in meinen Sitzungen auftauchte, aber es sollte nicht das letzte Mal sein. Von diesem Zeitpunkt an wurde die Geschichte unserer kollektiven Evolution zu einem wiederkehrenden Thema in meiner Arbeit. Und auch wenn ich diese Geschichte als »Masterplan« bezeichne, meine ich das nicht im Sinne einer schwerfälligen, schicksals-bestimmenden Bedeutung dieses Wortes. Ich versuche einfach, einer Begegnung mit der tiefen Intentionalität, die sich in der sich entfaltenden Komplexität unseres Universums ausdrückt, eine Stimme zu geben. Mit der Zeit wurde diese Geschichte zum Meta-Rahmen meiner gesamten psychedelischen Reise und meines gesamten Lebens. Ich werde in Kapitel 9, »Die Geburt des zukünftigen Menschen«, mehr darüber sagen, aber die Geschichte, die ich dort erzählen werde, begann hier, in diesen beiden Sitzungen.

Mein Gebet zu Beginn meiner Sitzungen lautete immer: »Ich gebe mich dem hin, was immer dem Gemeinwohl dient. Was immer Du brauchst, ich wähle es.« Die Schmerzen der 21. Sitzung waren jedoch so stark, dass mein Gebet dieses Mal lautete: »Bitte lass das Leiden aufhören.« Aber unsere bewussten Absichten leiten diese Angelegenheiten nicht. Der Schmerz hörte nicht auf. Er wurde noch schlimmer.

Sitzungen 22-23 – Der Masterplan

Als die wirbelnden Ströme der Zerstörung und der Gewalt in mich eindrangen, öffnete ich mich ihnen beharrlich und hielt nichts zurück. Sie trugen mich tiefer und tiefer in die eigentümliche Logik von Rivalitäten und Kriegen, von Gewalt und Rache, von Angriff und Gegenangriff. Die Gewalt eskalierte, bis sie wieder zeitgeschichtliche Grenzen durchbrach und viele historische Perioden gleichzeitig vereinigte. Unter all den verschiedenen Begründungen für bestimmte Kriege gab es eine gemeinsame rasende Wut. Je mehr Schichten und Epochen hinzukamen, desto mehr hörte ich auf, als einzelne Person zu funktionieren, und wurde stattdessen zu einem Feld, das alle Kämpfer umfasste. Ich war das Feld, von dem sie alle Teile waren. Ich war eine Legion.

Das Leiden des Planeten war enorm. Es war das Leiden der Menschheit in spezifischen historischen Konfigurationen, massiv, aber präzise – Tausende von Jahren des Krieges, Tausende von Jahren rassistischer Gewalt, und so weiter. Dies war ein Leiden, für das ich verantwortlich war, nicht als Individuum, sondern als das vereinte Bewusstsein unserer Gattung.

Ich könnte einen Unterschied in der Erfahrung dieser Spezies machen. Würde ich mich entscheiden, einen Unterschied zu machen?

Ich könnte Dinge ändern. Wie kann ich Dinge ändern?

Indem wir uns auf den Schmerz konzentrieren.

Indem wir den Schmerz bis zu seiner Wurzel verfolgen.

Dann kam der Tod, um meine Gedanken in Beschlag zu nehmen, der Tod auf vielen Ebenen und in vielen Formen. Er wurde zur Hintergrundgestalt für alles, was geschah. Ich fühlte, wie ich starb, als ich noch tiefer in die destruktive Strömung rutschte. Es war kein persönliches »Ich«, das an diesem Punkt starb, sondern etwas Massives, etwas Kollektives. Dies dauerte vielleicht eine Stunde lang. Ich war über eine lange Zeit im Tod verloren.

Die nächste Sache, die ich rekonstruieren kann, ist, dass ich auf der »anderen Seite« des Todes auftauchte. Dies beinhaltete eine seltsame Umkehrung der Perspektive. Als ich in das Jenseits dieses kollektiven Leidens eintrat, begann ich zu erkennen, dass dieser Schmerz, anstatt meinen Tod zu verursachen, nun dazu benutzt wurde, mich auf diese höhere Ebene des Bewusstseins zu treiben, so wie man einen Betrunkenen durch eine Ohrfeige aufweckt. Wenn ich anfangen würde, mein Bewusstsein auf dieser tieferen Ebene zu verlieren, würden etwas mehr Wellen eines kollektiven Schmerzes durch mich geleitet, mehr Schläge, und ich würde noch klarer, würde mehr sehen, würde mehr wissen. Immer und immer wieder geschah dies, bis ich schließlich fest in dieser neuen Erkenntnis verankert war.

Ich betrat einen weiträumigen und ruhigen Bereich »jenseits« und »oberhalb« des kollektiven Unbewussten der Menschheit, jenseits des menschlichen »Spezies-Mind«.[2]

2 Der Begriff *Spezies-Mind* (species-mind) ist eine Wortschöpfung des Autors und benennt die kollektive Psyche der Menschheitsfamilie. Wir behalten ihn für die deutsche Übersetzung bei, da es in der deutschen Sprache keinen passenden Ausdruck dafür gibt. [A. d. Ü.]

Als ich diesen Bereich betrat, wurde ich von einer großen Versammlung von Wesen empfangen, die anscheinend dazu berufen worden waren, an den heutigen Ereignissen teilzunehmen. Sie hatten den Gefühlston von Meisterschamanen. Unter ihren Augen wurde ich zu einer Arena geführt, in der ein Tag der Offenbarung geplant worden war.

Was »Ich« zu diesem Zeitpunkt war, ist schwer zu beschreiben. Die stundenlange, schmerzhafte Reinigung hatte meine egoistische Realität bereits erschüttert und mich in einen extrem porösen, transpersonalen Zustand versetzt. Als wir uns der Arena näherten, wurde die Prozession in regelmäßigen Abständen angehalten und befragt. Um weiterarbeiten zu dürfen, musste man sein Wissen über die Funktionsweise des Universums unter Beweis stellen. Meine Arbeit und meine Person wurden unter die Lupe genommen. Zu meinem Erstaunen stellte ich fest, dass ich offenbar über das erforderliche Wissen verfügte, denn ich wurde immer weitergereicht. Das war eine tief bewegende Erfahrung. Es fühlte sich an, als ob ich in eine schamanische Gemeinschaft eingeweiht würde, als ob mein ganzes Leben darauf ausgerichtet gewesen wäre.

Mit jedem Prüfpunkt änderte sich meine Erfahrungswirklichkeit, während sich immer tiefere Modalitäten der archaischen Erfahrung unermesslicher Generationen und unermesslicher Ausdehnung öffneten. Schließlich wurde die Raum-Zeit-Realität zurückgelassen und ich fand mich allein in einem Zustand, der scheinbar keine Grenzen hatte, weder Zeit noch Raum, und ich tauchte ein in die Glückseligkeit und Klarheit der Transzendenz.

Dann erfuhr ich, dass mir ein Teil des Gesamtplans der menschlichen Spezies gezeigt werden sollte. So absurd dieser Vorschlag für unser normales Bewusstsein auch klingen mag, in meinem jetzigen Zustand erschien er mir völlig plausibel. Ich hatte keine Zeit, darüber zu debattieren, denn plötzlich öffnete sich etwas und ich wurde in einen riesigen, konzentrierten Strom hineingezogen, der der physischen Realität zugrunde lag. Dieser Strom schien die gestaltende Absicht der Schöpferischen Intelligenz selbst zu sein. Ich löste mich völlig in diesem Strom auf und wurde eins mit ihm. Die folgenden Erfahrungen tauchten auf, während ich mich in diesem Zustand befand.

Kosmisch Liebende

Ich wurde an den Anfang der Schöpfung zurückversetzt und erlebte dort die menschliche Evolution im Kontext eines größeren kosmischen Prozesses. Plötzlich wurde ich von der außergewöhnlichsten LIEBE überwältigt, einer Liebe, wie ich sie noch nie zuvor erlebt hatte. Es war, als wäre ein Damm gebrochen, und die Liebe kam aus allen Richtungen auf mich zu, so viel Liebe, dass ich sie selbst in meinem erweiterten Zustand kaum aufnehmen konnte. Es war eine romantische Liebe, von kosmischer Tragweite und Intensität. Als ich mich unter diesem amourösen Ansturm stabilisierte, begann ich mich an eine Romanze aus den Tiefen meiner Geschichte zu erinnern. Eine uralte Liebe, eine göttliche Liebe von unvorstellbaren Ausmaßen.

Ich war ein kosmisches Wesen, das von einem anderen kosmischen Wesen geliebt wurde. Obwohl ich auf einer Ebene nie von meiner Geliebten getrennt worden war, waren wir auf einer anderen Ebene Milliarden von Jahren getrennt gewesen, und meine Rückkehr entfachte unsere alte Liebe wieder.

Die Schöpfung schien eine Wirklichkeit zu sein, hervorgekommen aus einer dynamischen Beziehung zwischen zwei kosmischen Wesen, die aus einer Ur-Einheit herausgetreten waren. Ein Wesen, das sich mehr wie eine »Sie« anfühlte, hatte sich in die Aufgabe gestürzt, die Raum-Zeit und das physische Universum zu erschaffen, im Voraus wissend, dass sie schließlich bei diesem Werk ihr Selbstbewusstsein verlieren und sich ihrer wahren Natur über Milliarden von Jahren nicht bewusst sein würde. Das andere Wesen, das sich mehr wie ein »Er« anfühlte, war außerhalb der Raum-Zeit völlig bewusst geblieben. Die erschaffende Hälfte hatte sich freiwillig dieser langen und schmerzhaften Isolation unterworfen, um die Rohsubstanz des physischen Universums zu schaffen, die mit der Zeit für die göttliche Absicht transparent werden würde, wenn sich die Materie zu einem wachsenden Selbstbewusstsein entwickeln würde. Nachdem diese Phase der Arbeit nun weitgehend abgeschlossen war, ging das selbstauferlegte Exil zu Ende, und die Liebenden waren endlich wieder vereint.

Das Ausmaß der Liebe, die der Entstehung des Universums zugrunde liegt, ist unbeschreiblich. Zu dieser Liebe zu erwachen, bedeutete, sich an eine ursprüngliche Entscheidung zu erinnern, an der ich irgendwie teilgenommen hatte. Sie war Teil meines spirituellen Erbguts, etwas, das ich zusammen mit allem anderen, was ich in meinem Leben nicht verstanden hatte, geerbt hatte. Ich erinnerte mich an Entscheidungen, die getroffen wurden, bevor Materie und Zeit überhaupt existierten, und verband mich mit der göttlichen Liebe, die diese Entscheidungen inspiriert hatte. Diese Erfahrung erschütterte mein Herz, und ich weinte tief.

Ich erfuhr, dass all das Leiden, das die Menschheit im Laufe der Geschichte ertragen hatte, innerhalb dieser Kosmischen Liebe stattfand. Ich erkannte, dass all das Leid, das der Evolution innewohnt, jenseits aller Worte edel war. Es war alles Teil eines kosmischen Plans, auf den sich alle Beteiligten aus freien Stücken eingelassen hatten, wie unbewusst uns diese Tatsache auch immer geworden war. Die Erhabenheit des großen Leids, das freiwillig im Namen der göttlichen

Liebe auf sich genommen wurde, ein Leiden, das sich über Millionen von Jahren erstrecken würde, ein Leiden, das so völlig undurchschaubar werden würde, dass es als Beweis dafür dienen würde, dass das Universum kein Mitgefühl hat, das war das Kostbare am Geschenk der Menschheit an den Schöpfer. Alles Leid, das die Menschheit ertragen hatte und noch ertragen würde, insbesondere das Leiden an der Vergesslichkeit selbst, war Teil eines bewusst gewählten schöpferischen Prozesses, eines Prozesses, der bis jetzt noch nicht zur Erfüllung gekommen ist.

Unser kollektives Erwachen

Von hier aus schwenkte ich zur zweiten Lektion des Tages. Die Ordnung und das Design des sich entwickelnden Lebens ist nicht etwas, das ihm von außen aufgezwungen wird; es entsteht im Leben selbst; es ist etwas, das im Feuer des atomaren Prozesses lebt und in all den Mikro- und Makrosprüngen der Evolution vorwärts drängt. Es ist ein rastloses Aufgewühltsein, mehr von dem zu werden, das im Inneren des Lebens brennt. Bei den Menschen ist der Kristallisationspunkt dieses Aufruhrs das Bewusstsein, und an diesem Punkt wurde ich in die Kräfte getaucht, die die Evolution des menschlichen Bewusstseins vorantreiben.

Aus den brodelnden Begierden der Vergangenheit, aus den gewalttätigen Konflikten und den Intrigen von Individuen und Nationen entsteht jetzt eine neue Wahrnehmung im menschlichen Bewusstsein. Seine Geburt in uns ist nicht weniger schwierig oder gewaltsam als die Geburt eines neuen Kontinents. Es treibt vom Boden aus nach oben und erfordert eine Neuordnung von allem, was vorher war, um Platz für seine neuen Organisationsmuster zu schaffen.

Das große Problem, das ich habe, ist, die enorme Tragweite dessen zu beschreiben, was hier entsteht. Der wahre Kristallisationspunkt dieses schöpferischen Prozesses ist nicht das Individuum, sondern die gesamte Menschheit. Er versucht tatsächlich, unsere gesamte Spezies zu erwecken. Was entsteht, ist ein Bewusstsein von noch nie dagewesenem Ausmaß, die gesamte menschliche Familie integriert in ein einheitliches Bewusstseinsfeld. Die Menschheit verbindet sich wieder mit ihrer grundlegenden Natur. Unsere Gedanken haben sich auf das Bewusstsein der Quelle eingestellt. Dieses einheitliche Feld hat unsere Individualität nicht erstickt, sondern sie zu neuen Ausdrucksformen befreit.

Nachdem ich mich über die lineare Zeit hinaus in die Tiefe Zeit bewegt hatte, erlebte ich dieses kollektive Erwachen sowohl als projiziertes Schicksal als auch als schon verwirklichte Gegebenheit. Es war gleichzeitig etwas, das vollendet werden sollte und etwas, das bereits vollendet war. Das Ausmaß dessen, was ich erlebte, nahm mir den Atem.

Kommentar

Aufgrund der Meistererzählung, die ich in diesen beiden Sitzungen erhalten hatte, kehrte ich drei Monate später zurück in die psychedelische Arena, mit einem klareren Gespür für die Landschaft, die ich betreten hatte. Die Dinge begannen für mich nun mehr Sinn zu ergeben: Warum meine persönliche Transformation durch die Arbeit der kollektiven Transformation ersetzt worden war, warum die Tötung der Kinder, warum der Ozean des Leids. Zu sehen, dass die Menschheit in eine kritische Phase ihrer evolutionären Reise eintrat, half mir zu verstehen, warum ich mich in Sitzung 18 geweigert hatte, die Schöpfung aufzugeben, trotz der Freuden, die mir in der spirituellen Realität zur Verfügung standen. Nachdem ich wieder mit den Kräften und der Absicht der Schöpfung vereint war, sah ich klarer, was in der Geschichte geschah und welche Rolle ich bei dieser Entfaltung zu spielen hatte. All dies spitzte sich in der nächsten Sitzung zu, als der Ozean des Leidens seinen Höhepunkt erreichte. Vielleicht, weil die kollektive Tortur sich ihrem Höhepunkt näherte, begann diese Sitzung mit den ruhigen Anfängen meines Lebens, so als ob sie den gesamten Verlauf rekapitulieren und klären sollte.

Sitzung 24 – Heilung der kollektiven Wunde

Die Sitzung begann langsam und sanft mit glückseligen Mutter-Kind-Erfahrungen. Ich war wieder bei meiner Mutter als neugeborenes Baby und erlebte das wohltuende Glück, an ihrer Brust gehalten zu werden. Dieses Gefühl der Nähe vertiefte sich und wurde elementarer, indem ich vom Schlafen an ihrer Brust zum Embryo in ihrem Schoß wechselte. Dann vertiefte es sich weiter zum Frieden der spirituellen Existenz vor der Empfängnis. In diesem vorgeburtlichen Zustand erlebte ich eine außerordentliche Ruhe, eine wohltuende Glückseligkeit von Ganzheit, in der meine Seele ausruhte. Ich verfolgte meine Geschichte zurück und erinnerte mich daran, woher ich gekommen war, woher wir alle gekommen sind.

Dann, mitten in dieser tiefen Gelassenheit und Liebe, begann der Schmerz. Er vertiefte und verbreitete sich über einen längeren Zeitraum. Wie immer baute meine Fähigkeit, Schmerz zu erleben, auf den vorherigen Sitzungen auf. Seine Tiefe und sein Umfang waren jenseits aller Beschreibung. Wieder durchbrach er die Grenzen der Geschichte, und ich sah klar, dass diese Art von Leiden in einer Domäne existiert, die die Erfahrungen des Menschen in einer Art kollektiven Umarmung vereint. Ich hatte ein deutlicheres Gefühl als in früheren Sitzungen, dass ich nicht so sehr mehrere, einzelne historische Epochen erlebte, sondern eher etwas, das »einst von der tatsächlichen Erfahrung« losgelöst worden war. Es war eine Ansammlung der Erinnerungen mensch-

licher Erfahrungen, ein kollektives Erinnern. Nach wie vor waren Millionen von Menschen beteiligt und es ging um einen Zeitraum von zehntausenden, ja hunderttausenden von Jahren. Das Leid war unermesslich. Jeder Versuch, es zu beschreiben, würde lediglich zu einer Wiederholung der Extreme führen.

Obwohl der Schmerz viel schlimmer war als in früheren Sitzungen, gab es auch etwas Neues. Der Schmerz hatte in Liebe begonnen, und mir wurde gezeigt, dass der Schmerz nicht das Zerbrechen einer Liebe darstellte, sondern selbst ein Ausdruck dieser Liebe war. In die Raum-Zeit hineingeboren zu sein, sogar die Geburt der Raum-Zeit selbst war ein Ausdruck der unerschütterlichen Liebe.

Ich begann zu spüren, dass ich diesen Schmerz transformieren konnte, indem ich ihn bewusst als Ausdruck der Liebe erlebte. Ich begann zu spüren, dass ich in irgendeiner Weise benutzt wurde, um unsere Gattung zu heilen. Die Menschheit hatte all dieses Leid ertragen, ohne zu wissen, warum sie es getan hatte. Indem ich die Erinnerungen dieses Schmerzes erneut erlebte und wusste, dass er Teil eines schöpferischen Prozesses war, der in der Kosmischen Liebe wurzelt, wurde meine Spezies in gewisser Weise geheilt. Ich erkannte, dass ich umso mehr Heilung vermitteln konnte, je mehr Schmerz ich in mich aufnehmen konnte. Diese Entdeckung brachte mir ein noch tieferes Mitgefühl für die unzähligen Wesen, als die ich mich erlebte. An diesem Punkt begann ich, das Leid zu umarmen, es aktiv zu suchen und so viel davon aufzunehmen, wie ich konnte. Der Schmerz wurde mein Verbündeter, mein Instrument der Erlösung.

Es ist schwer zu beschreiben, wie man ein Leiden dieses Ausmaßes erfassen und aufnehmen kann. Es war, als könnte ich mich öffnen und den Schmerz ganzer Bevölkerungsgruppen, ganzer kollektiver Bemühungen, von Kriegen und Rebellionen, von Dürren und sozialen Umwälzungen, in mein Wesen aufnehmen. Während ich das tat, wurde die Ausdehnung des Schmerzes immer größer und reichte tiefer in die menschliche und vormenschliche Geschichte hinein. Der Prozess beschleunigte sich immer weiter, bis er eine unglaublich rasante Höhe erreichte. Es waren enorme Energien im Spiel. Schließlich erreichten diese Energien ein so gigantisches Ausmaß, dass die Empfindung eher zu einer ekstatischen Kraft als zu einem Schmerz wurde. Der Schmerz war da, aber »ich« wurde größer als der Schmerz. Ich hatte mich in einen Zustand ekstatischer Macht begeben, der sich von den Schmerzen des Planeten ernährte. Das ging eine ganze Weile so weiter.

Irgendwann fand ich mich selbst langsam aus dem wirbelnden Durcheinander auftauchend. Noch immer von Chaos umgeben, begann ich, eine größere Welt dahinter zu sehen. Ich begann, Formen zu erkennen und die Atmosphäre der Transzendenz zu spüren. Diese Welt zu betreten, erfüllte mich mit Wonne, erschöpfter Erleichterung, Ehrfurcht, Staunen und einem ergreifenden Gefühl der Heimkehr. Wie gut es sich anfühlte, zurück zu sein.

Diese Welt war uralt und archetypisch. Ich hatte das Gefühl, grundsätzlich »lebendiger« zu sein als die Raum-Zeit. Hier zu existieren war Teil dieser Lebendigkeit. Es war ein Bereich, der von massiven Wesen bevölkert war, die größer waren als alles, was man sich auf der Erde vorstellen kann. Ich sah mächtige Kräfte, die ich als die Kräfte verstand, die die physische Existenz antrieben, aber ihre Gestalt wurde mehr gefühlt als gesehen. Visuell ähnelten sie dem majestätischen Schwung ferner Galaxien, die sich durch den tiefen Raum drehen, aber das ist einfach das Beste, was mein Verstand tun konnte, um ihnen Form und Größe zu geben.

Anstatt mich in dieser neuen Domäne zur Ruhe kommen zu lassen, baute sich die Energie, die durch die Umarmung des kollektiven Leids erzeugt wurde, auch hier zu unvorstellbaren Extremen auf. Sie schürte Flüsse aus flüssigem Feuer, weißglühender Lava und explodierender Sonneneruptionen. Gewöhnlich umgaben mich diese Strömungen in Darstellungen mit außergewöhnlicher Kraft und Schönheit, aber ich wurde mehrmals in sie hineingezogen. Ich war in Sonnen eingetaucht, die in Flüssen aus Feuer explodierten und ins All schossen. Das flüssige Feuer durchströmte mich, verzehrte mich vollständig und verzückte mich. Man kann diese Dinge nicht erleben, ohne im Kern verändert zu werden.

Nachdem ich nach der Sitzung in mein normales Bewusstsein zurückgekehrt war, konnte ich die physische Welt nicht mehr auf dieselbe Weise als real akzeptieren wie zuvor. Meine Erfahrung dieses anderen Bereichs hat sich nun so weit vertieft, dass sie Teil der Fasern meines Seins geworden ist. Ich spüre jetzt in mir ein intuitives Wissen, dass das, was hier als solide erscheint, in Wirklichkeit in einer anderen Realität verwurzelt ist. Überall um mich herum sehe ich Bühnen, Requisiten und Schauspieler.

Erweiterung des Narrativs – Wer ist der Patient?

Ich glaube nicht, dass diese sechs Sitzungen mit weiteren Kommentaren noch bereichert werden. Jedesmal, wenn ich es versuche, stelle ich fest, dass meine Worte ihre Botschaft verwässern, sodass es besser ist, sie so stehen zu lassen, wie sie sind. Im letzten Abschnitt dieses Kapitels möchte ich von der Erfahrung zur Theorie übergehen. Die Theorie verblasst vor der Erfahrung und kann sich wie ein schwaches Postskriptum anfühlen, und das ist sie auch, aber damit ich meine Erfahrungen integrieren konnte, musste ich sie verstehen. Dazu musste ich mein Verständnis dafür erweitern, was in diesen Zuständen möglich ist und wie das Universum in diesen Zuständen funktioniert.

Individuelles Modell

Als ich mit dieser Arbeit begann, habe ich über ein Transformationsmodell nachgedacht, welches davon ausgehen sollte, dass der Zweck dieser Übungen die Heilung und Erleuchtung des *Individuums* sei. Wenn Grof über die therapeutische Wirkung der Psychedelischen Therapie sprach, konzentrierte er sich immer darauf, wie sie sich auf die einzelnen Patienten auswirkte, und gelegentlich auch auf die Partner der Patienten. Wenn er darüber nachdachte, wie diese therapeutische Bewegung, die sich abzeichnende, globale Krisen beeinflussen könnte, so tat er dies im Hinblick auf die kumulative Wirkung der Heilung einer großen Anzahl von Menschen, einer Person nach der anderen. Dementsprechend interpretierte ich, als sich der Ozean des Leidens nach einem scheinbar soliden Ego-Tod in den Sitzungen 9 und 10 öffnete, dass ein hartnäckiger Rest meines Ichs durch das therapeutische Netz geschlüpft sein musste und mein Ego-Tod unvollendet war. Ich dachte, dass dieses kollektive Leiden schließlich zu einem vollständigeren Ego-Tod führen würde.

> *Letztendlich wurde diese Interpretation jedoch von der schieren Intensität und Quantität des damit verbundenen Leidens überwältigt. Diese Episoden zogen sich über zu viele Jahre hin und waren inhaltlich zu extrem, als dass ich sie weiterhin als kollektive Erfahrungen betrachten konnte, die durch persönliche Resonanz zum Kern meines unvollendeten Ego-Todes gezogen wurden. Dies zwang mich schließlich dazu, die Grenzen dieses ganzen Unternehmens neu zu bewerten. Die Schlussfolgerung, zu der ich sowohl intellektuell als auch erfahrungsmäßig kam, war, dass diese kollektiven Episoden nicht in erster Linie auf die Veränderung meines persönlichen Bewusstseins ausgerichtet waren. Vielmehr zielten sie auf nichts Geringeres als die Transformation der kollektiven Psyche als Ganzes ab.*

Kollektives Modell

Ich habe *Dark Night, Early Dawn* zum Teil geschrieben, um die Frage zu beantworten: Warum hat der Tod auf meiner psychedelischen Reise eine so große Bedeutung erlangt? Was treibt den Heilungsprozess an, wenn er sich für solche kollektiven Bereiche öffnet? In diesem Buch gab ich die personenzentrierte Erzählung auf, die ich bis dahin übernommen hatte und nahm eine erweiterte Erzählung an. Indem ich Rupert Sheldrakes Konzept der morphischen Felder in Grofs Paradigma integrierte, öffnete sich der Weg, diese kollektiven Prüfungen als Teil eines größeren Transformationsprozesses zu betrachten, der darauf abzielt, Wunden zu heilen, die noch in der kollektiven Psyche vorhanden sind. Ich argumentierte, dass in hoch energetisierten psychedelischen Zuständen das kollektive Unbewusste manchmal in einem solchen Ausmaß oder auf eine solche Weise aktiviert wird, dass dies einen *kollektiven* Heilungsprozess auslöst. Durch einen Bruch oder eine Quantenverschränkung, die ich damals weder vorausgesehen noch für möglich gehalten hatte, war der »Patient« in meinen Sitzungen nicht mehr ich, sondern Anteile der Menschheit selbst.

Diese Interpretation geht davon aus, dass die Funktionsweise der kollektiven Psyche in wichtigen Aspekten mit der der persönlichen Psyche übereinstimmt. Sie geht davon aus, dass ebenso wie sich schmerzhafte Erfahrungen ansammeln und das gesunde Funktionieren des Einzelnen blockieren können, ähnliche Blockaden auf der kollektiven Ebene auftreten können. Es deutet darauf hin, dass die ungelösten Ängste der menschlichen Geschichte immer noch im kollektiven menschlichen Gedächtnis aktiv sind und ihr Leben genauso belasten, wie unsere persönlichen ungelösten Ängste das unsere belasten. Um die Parallele fortzusetzen: Wenn die bewusste Auseinandersetzung mit ungelöstem Schmerz auf der persönlichen Ebene therapeutische Erleichterung bringen kann, dann kann das Gleiche auch auf der Ebene der Spezies geschehen. Normalerweise würden wir erwarten, dass eine solche Heilung in Form von Reformbewegungen oder kulturellen Veränderungen stattfindet, bei denen sich eine große Zahl von Menschen mit einem schmerzhaften Erbe aus unserer Vergangenheit auseinandersetzt und es heilt. Im Zusammenhang mit der LSD-Therapie scheint sich jedoch eine neue Möglichkeit abzuzeichnen. In diesem Rahmen scheint ein Individuum in der Lage zu sein, einen Teil der kollektiven Psyche anzuzapfen und direkt zu heilen. Der Prozess der Einschaltung und Heilung eines kollektiven META-COEX-Systems in einer psychedelischen Sitzung ist im Wesentlichen dasselbe wie die Beeinflussung und Heilung eines persönlichen COEX-Systems, aber in einem viel größeren Maßstab und auf einer anderen Bewusstseinsebene. Grof hat diese Erweiterung seines Paradigmas angenommen.

Ich bin erst nach langem Ringen zu diesem Schluss gekommen. Jahrelang habe ich versucht, meine psychedelischen Erfahrungen in das Modell der individuellen Transformation einzupassen. Mich einer Erzählung über kollektive Transformation zu öffnen, fühlte sich ungeheuerlich arrogant an. Wie kann ein einzelner Mensch etwas so Großes wie das kollektive Unbewusste unserer Spezies beeinflussen? Es fühlte sich an, als würde ich mein Ego aufblähen, wenn ich diese Möglichkeit auch nur andeutete, und doch wurde dieser Wandel von den Erfahrungen selbst gefordert. Nicht nur die Quantität des Leidens erschütterte den Mythos der individuellen Therapie, sondern auch die Qualität des Leidens zeigte, dass es sich um eine natürliche kollektive Dynamik handelte. Jahre später, nachdem ich meine Reise abgeschlossen

hatte, erfuhr ich, dass Marie-Louise von Franz, eine lebenslange Mitarbeiterin von Carl Jung, zu einer ähnlichen Schlussfolgerung über die kollektive Bedeutung von tiefgreifenden transformativen Erfahrungen gekommen war.
Sie schrieb:

> Wann immer ein Einzelner an seinem eigenen Unbewussten arbeitet, wirkt er unsichtbar zunächst auf die Gruppe und, wenn er noch tiefer geht, auf große nationale Einheiten oder manchmal sogar auf die gesamte Menschheit. Er verändert und transformiert nicht nur sich selbst, sondern hat einen unmerklichen Einfluss auf die unbewusste Psyche vieler anderer Menschen (von Franz 1985, 17; zitiert in Nicol 2015, 14).

Der Wechsel zu einem Modell der kollektiven Transformation stellte für mich einen enormen Übergang dar, weil wir bei diesem Schwenk nicht mehr von einem Individuum sprechen, das »transpersonale Erfahrungen macht«. Hier löst sich das Individuum in bereits existierenden Felder des kollektiven Bewusstseins auf. An diesem Punkt sind *es diese kollektiven Felder, die zur »Arbeitseinheit« der Erfahrung in diesen Sitzungen* werden. Dies erfordert eine neue Art des Denkens über das, was in unseren Sitzungen geschieht, und ein neues therapeutisches Kalkül. Indem ich die personenzentrierte Erzählung losließ, gab ich mich einem Universum hin, dessen Funktionsweise seltsamer und komplexer war, als ich mir zuvor vorgestellt hatte.

Die Spirale von Tod und Wiedergeburt

Lass mich nun einen Weg hinzufügen, auf dem sich mein Denken über *Dark Night, Early Dawn* hinaus bewegt hat. In diesem Buch habe ich versucht, die Erzählung von der kollektiven Heilung in Grofs Bewusstseinsmodell zu integrieren, indem ich den Begriff perinatal für diese kollektiven Qualen beibehielt und die Begründung für ihr Auftreten erweiterte. Anstatt das perinatale Vokabular loszulassen, wie ich es wahrscheinlich hätte tun sollen, beugte ich mich nach hinten, um es zu dehnen, indem ich vorschlug, dass sich in einigen Fällen die Erfahrung einer Person im perinatalen Bereich in Richtung der transpersonalen Seite der persönlichen/transpersonalen Schnittstelle »neigen« könnte. Ich schlug auch vor, dass es »zwei Ebenen« von Tod und Wiedergeburt gibt, die in diesen kollektiven Prüfungen miteinander verwoben sind, eine, die auf den persönlichen Ego-Tod abzielt, und eine zweite, die auf den Spezies-Ego-Tod abzielt.[3]

3 Bache 2000, 86-94.

Zum jetzigen Zeitpunkt bin ich jedoch zu einer, wie ich meine, einfacheren und eleganteren Art und Weise übergegangen, den Ozean des Leidens zu verstehen. Ich sehe jetzt Tod und Wiedergeburt als einen Zyklus, der sich viele Male wiederholt, wenn wir uns in immer tiefere Bewusstseinsebenen begeben. Da es sich um einen archetypischen Zyklus handelt, kann jede einzelne Todes- und Wiedergeburtserfahrung Material aus mehreren Bewusstseinsebenen enthalten. Aber wenn ich auf die Geschichte all meiner Sitzungen zurückblicke, erkenne ich jetzt, dass der Zyklus aus Tod und Wiedergeburt sich in verschiedenen Formen auf verschiedenen Bewusstseinsebenen wiederholte. Das folgende Bild mag helfen, diesen Punkt zu verstehen.

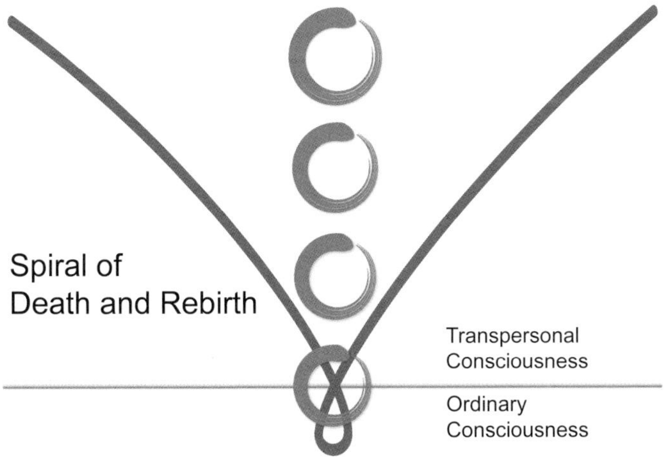

Abb. 2. Spirale von Tod und Wiedergeburt
(Bild von Jason Bache, Nerds Ltd.)

Unterhalb der horizontalen Linie befindet sich das gewöhnliche Bewusstsein in der physischen Realität; oberhalb liegt das weite Gebiet des transpersonalen Bewusstseins. Der Tropfen am unteren Ende steht für das individuelle egoistische Bewusstsein. Der unterste Kreis steht für den ersten Zyklus von Tod und Wiedergeburt auf der perinatalen Bewusstseinsebene, auf dem man vom physischen Bewusstsein zum frühen transpersonalen Bewusstsein übergeht. Die höheren Kreise stehen für nachfolgende Zyklen von Tod und Wiedergeburt auf immer tieferen Ebenen des transpersonalen Bewusstseins. Obwohl ich in diesem Buch zwischen psychischen, subtilen und kausalen Bewusstseinsebenen unterscheide, habe ich kein persönliches Interesse daran, wie viele Bewusstseinsebenen es geben mag oder wie oft sich das Rad von Tod und Wiedergeburt drehen mag. Dieses Bild ist oben offen. Es stellt den Prozess der fortschreitenden Einweihung dar, nicht eine vollständige Karte des Terrains, in das man eingeweiht wird.

Die Essenz meiner Überarbeitung von *Dark Night, Early Dawn* ist also diese: Anstatt den Ozean des Leidens als eine langwierige erste Drehung des Rades von Tod und Wiedergeburt auf der perinatalen Ebene zu betrachten, sehe ich ihn jetzt als eine zweite Drehung dieses Rades. Nach dem Ego-Tod, der in den Sitzungen 9 und 10 auf der perinatalen Bewusstseinsebene stattgefunden hat, ist der Ozean des Leidens der zweite Satz einer größeren Symphonie, einer Bewegung, die auf der subtilen Bewusstseinsebene stattfindet, einer Bewegung, deren Dynamik von Natur aus *kollektiv* ist, auf einen *kollektiven* Patienten ausgerichtet und auf eine *kollektive* Transformation gerichtet. Wenn die erste Drehung des Rades von Tod und Wiedergeburt im individuellen Ego-Tod gipfelt, zielt diese zweite Drehung des Rades auf den *Ego-Tod der menschlichen Art* ab – eine Transformation der kollektiven Psyche, die, wenn sie vollständig verwirklicht ist, zu einer tiefgreifenden Veränderung der Art und Weise führen wird, wie wir Menschen uns selbst und die uns umgebende Welt erlebt.

Mit dieser Einschätzung meiner Sitzungen will ich nicht behaupten, dass die von Grof ursprünglich für ähnliche kollektive Episoden vorgeschlagene Interpretation des Durchsickerns falsch ist, sondern nur, dass sie unter bestimmten Umständen zutrifft und unter anderen nicht. Sie trifft meiner Meinung nach am besten zu, wenn diese kollektiven Elemente in Sitzungen auftauchen, in denen das Individuum eindeutig in einen perinatalen Prozess mit ausgeprägten fötalen Merkmalen verwickelt ist. Unter diesen Bedingungen kann das Prinzip der Resonanz erklären, wie Cluster von transpersonalen Todes- und Sterbeerfahrungen in den persönlichen Ego-Tod-Prozess hineingezogen werden können. Aber unter Umständen, in denen man bereits den perinatalen Prozess und einen soliden Ego-Tod durchgemacht hat, denke ich, dass wir unseren Bezugsrahmen erweitern müssen, um zu erklären, was passiert, wenn kollektive Episoden, wie die im Ozean des Leidens, auftauchen, denn wir haben den perinatalen Prozess durchlaufen und einen soliden Ego-Tod erlebt.

Der Vorschlag, dass Tod und Wiedergeburt auf mehreren Ebenen des Bewusstseins stattfinden, fällt in den breiten Rahmen von Grofs Werk, in dem er auf die zahlreichen Formen hinweist, die der Tod auf transpersonalen Ebenen annehmen kann. In seinem Werk *Die letzte Reise* schreibt er zum Beispiel:

> Wir können uns mit unseren Vorfahren oder Menschen aus verschiedenen Ländern und historischen Epochen identifizieren, die im Sterben liegen oder deren Leben bedroht ist. Solche Sequenzen aus dem kollektiven Unbewussten können manchmal mit einem Gefühl des persönlichen Erinnerns verbunden sein, was sie als Erinnerungen an eine vergangene

> Inkarnation kennzeichnet. Der Tod kann sogar in voller Identifikation mit einem Tier oder einer Pflanze erlebt werden. Der Tod ist im kollektiven Unbewussten auch in Form von mythologischen Motiven des Todes und der Wiedergeburt sowie in Form verschiedener eschatologischer Themen stark vertreten, einschließlich spezifischer Todesgötter und Unterwelten verschiedener Kulturen, des Archetyps des Todes, der Astral- oder Bardo[4]-Reiche, der posthumen Reise der Seele und der Wohnstätten des Jenseits. (Grof 2006, 309).

Darüber hinaus spricht sich Grof dafür aus, den Begriff *perinatal* auf Todes- und Wiedergeburtserfahrungen zu beschränken, die eine starke fötale Komponente haben. In einem persönlichen Austausch mit mir zu diesem Thema schrieb er am 25. Oktober 2006:

> Es dient der Klarheit, wenn wir die Terminologie ändern und klarstellen sollten, dass der Begriff perinatal nur für fötale Erfahrungen verwendet werden sollte und nicht für Erfahrungen von Tod und Wiedergeburt auf höheren Ebenen des transpersonalen Spektrums, die keinen Bezug zur biologischen Geburt haben.

Ich möchte vorsichtig sein, um die therapeutische Wirkung nicht überzubewerten, die die Sitzung einer einzelnen Person auf die kollektive Psyche haben kann. Wie können wir überhaupt so etwas auch nur annähernd beurteilen? Wenn ich die Gesamtzahl der Stunden zusammenzähle, die ich in diesen Zuständen verbracht habe, und sie mit der Zahl der Menschen multipliziere, als die ich mich subjektiv empfunden habe, dann ist die Summe ein Klacks im Vergleich zum gesamten Leid, das die Menschheit ertragen hat. Und doch sollten wir auch ihre therapeutische Wirkung nicht außer Acht lassen. Jeder Akt der Heilung, ob groß oder klein, trägt zur Heilung des großen Ganzen bei. Meine Hoffnung ist, dass wir durch unsere gemeinsamen Bemühungen an vielen Fronten der Menschheitsfamilie helfen, ihrer kollektiven Transformation näher zu kommen.

---

4 *Bardo* ist ein tibetischer Begriff, der sich auf die »Zwischenzustände« bezieht, in die man zwischen seinen Inkarnationen auf der Erde eintritt. Der Buddhismus unterteilt den postmortalen Bereich in sechs Ebenen, die von den niedrigen Höllenbereichen bis zu den hohen Götterbereichen reichen und jeweils viele Unterteilungen haben. In *Far Journeys* beschreibt Robert Monroe, dass der Bardo Hunderte von Ebenen hat.

Warum hatte das Leiden ein Ende?

Lass mich dieses Kapitel abschließen, indem ich eine Frage aufgreife, die ich auf den letzten Seiten von *Dark Night, Early Dawn* gestellt habe. Wenn das Individuum und die Spezies in diesen Sitzungen so tief miteinander verwoben sind, wie ich angedeutet habe, warum endet dann das kollektive Leiden für ein Individuum, obwohl es für die menschliche Art als Ganzes weitergeht? Wenn wir uns in unseren psychedelischen Sitzungen für das Leiden anderer öffnen und dieses Leiden bis zu einem gewissen Grad beeinflussen können, wie kommt es dann, dass das Individuum seine Arbeit auf dieser Ebene jemals abschließt, während das Leiden des Bewusstseins unserer Spezies weitergeht? Ich habe viel darüber nachgedacht, denn für mich ist das nicht nur eine theoretische Frage. Je tiefer man die Erfahrung gemacht hat, mit dem menschlichen Bewusstsein zu verschmelzen und seinen Schmerz auf sich zu nehmen, desto drängender wird diese Frage. Es mag sein, dass angesichts des schieren Ausmaßes des planetarischen Leidens ein einzelner Mensch nur so viel tun kann. Vielleicht sagt eine kosmische Aufsicht einfach: »Das reicht!«, und man wird von weiteren Verpflichtungen entbunden. Es kann aber auch sein, dass wir für das größere Projekt des Lebens nützlicher werden, wenn wir uns in Realitätsebenen begeben, die jenseits des Spezies-Minds liegen. Ich persönlich glaube, dass es das Letztere ist, aufgrund von Erfahrungen, die ich in Kapitel 8 erläutern werde.

An diesem Punkt kann ich nur sagen, dass die kollektive Tortur für mich zu Ende war und eine neue Phase der Reise begann. In dieser neuen Phase begann sich das enorme Energiefeld, das bei der Heilung des Ozeans des Leidens aktiviert und freigesetzt worden war, in einer Weise zu fokussieren, die mich durch eine neue Reihe von Grenzerfahrungen führte. Das Rad der Einweihung sollte sich erneut drehen.

SIEBEN

DIE GRÖSSERE WIRKLICHKEIT DER ARCHETYPISCHEN REALITÄT

Sitzungen 25 bis 35

Archetypen können also auf vielerlei Weise verstanden und beschrieben werden, und ein Großteil der Geschichte des westlichen Denkens hat sich um genau dieses Thema entwickelt und gedreht.

Richard Tarnas, *Cosmos and Psyche*

Als der *Ozean des Leidens* in der 24. Sitzung seinen explosiven Höhepunkt erreichte, trat ich in eine Realität ein, die unvorstellbar alt war. Noch auffälliger als ihr Alter war die Tatsache, dass sie sich »wirklicher« anfühlte als die physische Realität. Das war zunächst beunruhigend. Wir sind nicht daran gewöhnt, die Realität als etwas zu betrachten, das Abstufungen zulässt. Entweder ist etwas real oder nicht. Und doch hatte ich jedesmal, wenn ich mein gewöhnliches Bewusstsein verließ und diesen Bereich betrat, das deutliche Gefühl, mich von weniger Wirklichem zu mehr Wirklichem zu bewegen. In einer Sitzung schrieb ich: *»Es erschüttert meine Seele, zu erkennen, wie verwässert die Realität innerhalb der Raum-Zeit ist.«* Wie der Gefangene, der aus Platons Höhle befreit wurde, hatte ich eine tiefere Ordnung der Wirklichkeit betreten. Ich hatte die größere Realität der archetypischen Wirklichkeit betreten.

Die nächsten anderthalb Jahre waren eine unruhige und komplexe Zeit. Die Reinigung war weiterhin so heftig, dass ich zunächst dachte, der Ozean des Leidens sei noch nicht zu Ende, aber mit der Zeit erkannte ich, dass sich etwas verändert hatte. Ich wurde nicht mehr in riesige Gebiete der menschlichen Geschichte hineingezogen. Die ekstatischen Phasen dieser elf Sitzungen waren ebenfalls komplex. Ich trat wiederholt in etwas ein, das sich wie eine archetypische Wirklichkeit anfühlte, aber es war nicht die Welt der Archetypen, die Platon oder Carl Jung beschrieben, oder sie war es und sie war es nicht. Ich sah in meiner Erfahrung Parallelen zu den Arbeiten dieser Denker, aber auch Unterschiede. Und es gab viele Ebenen in diesem Gebiet, einige weit entfernt von der physischen Existenz und einige, die tief in ihr wirkten. Die Realität funktionierte in diesem Bereich anders und erforderte neue Konzepte und neue Denkweisen. All diese Faktoren machen es schwer, die nächsten elf Sitzungen zusammenzufassen.

Während ich mich in diesem neuen Gebiet zurechtfand, wurde ich an meiner Universität zum ordentlichen Professor befördert. Was für ein seltsames, fast surreales Zusammentreffen von Welten. Ich frage mich, ob meine Kollegen meine Beförderung unterstützt hätten, wenn sie gewusst hätten, wo ich meine Wochenenden verbracht habe.

Ich werde in diesem Kapitel keine ganzen Sitzungen vorstellen, wie ich es im vorigen Kapitel getan habe, mit einer Ausnahme. Diese Sitzungen waren so komplex, dass ich sie auseinandernehmen und ihre Teile in eine kohärentere Reihenfolge bringen musste, um ihren Inhalt effektiv zu vermitteln. Ich werde auch die Umwege, persönliche Lektionen und Wiederholungen weglassen, die die Hauptgeschichte, die sich entfaltete, verkomplizieren würden. Ich habe nicht vor, alle Wendungen und Drehungen auszugleichen und eine Geschichte zu erfinden, die glatter ist als die ursprünglichen Sitzungen, aber ich glaube nicht, dass es sich lohnen würde, den Leser durch all die Irrungen und Wirrungen und Unsicherheiten zu führen, mit denen ich damals zu kämpfen hatte. Das wäre in der Tat ein gewundener Weg. Stattdessen werde ich die Geschichte erzählen, indem ich Abschnitte aus verschiedenen Sitzungen miteinander verwebe, um die wichtigsten Themen und Muster zu veranschaulichen, die in diesen anderthalb Jahren auftauchten.

Diese Strategie, Teile von Sitzungen aus ihrem ursprünglichen Kontext herauszulösen, birgt jedoch ein gewisses Risiko – das Risiko, die Wirkung zu verwässern, die ganze Sitzungen auf uns haben können. Wenn man von einem Abschnitt zum nächsten springt, kann die Erzählung fast schon leichtfertig klingen, als würde ich grandiose Ideen zusammenfassen, anstatt lebensverändernde Erfahrungen zu vermitteln. Die einzige Möglichkeit, die ich kenne, um dieses Risiko zu vermeiden, besteht darin, den Leser zu bitten, das, was ich weglasse, zurückzustellen und sich daran zu erinnern, dass jeder Abschnitt von einem langen Tag an einem langen Wochenende stammt. In dieser Serie beginnt jede Sitzung nicht am Fuße des Berges, sondern im Basislager, das in den vorangegangenen Sitzungen errichtet wurde. Wir arbeiten hier in großen Höhen. In diesen Höhen kann das Außergewöhnliche anfangen, gewöhnlich zu klingen, aber das ist es nicht. Ich kann das nicht genug betonen. Was im Ozean des Leidens geschah, wurde zur energetischen Grundlage für alles, was folgte.

Ich habe die Erfahrung gemacht, dass die archetypische Wirklichkeit eine Brücke zwischen dem physischen Universum und der Quelle der Existenz ist. Da sie in der Großen Kette des Seins ontologisch vor Raum und Zeit steht, ist sie die Keimrealität der Raum-Zeit. Viele spirituelle Traditionen beschreiben die Schöpfung als einen Prozess, der von einer einzigen Quelle ausgeht, bis daraus das gesamte Universum wird. Im Taoismus heißt es, die Schöpfung fließe vom *Ewigen Tao* zu den *Zehntausend Dingen, im Buddhismus von der schwangeren Leere* des *Dharmakaya* zur *pulsierenden*

Komplexität des *Nirmanakaya.*[1] Auf seinem Weg zur Manifestation der physischen Realität manifestiert dieses Ausströmen der Schöpfungskraft viele Zwischenebenen, und der archetypische Bereich ist eine dieser Ebenen. Präziser gesagt, ist der archetypische Bereich eigentlich eine *Bündelung von Ebenen.*

Ich habe nur elf Sitzungen damit verbracht, dieses Gebiet zu erforschen und es in sehr großen Schritten zu durchqueren. Das Folgende ist also keineswegs eine vollständige oder angemessene Beschreibung dieses komplexen Bereichs. Die Namen der neun Sitzungen, die ich in diesem Kapitel behandeln werde, lauten:

S 25 Zermalmen der Knochen
S 26 Archetypische Wirklichkeit #2
S 27 Archetypische Wirklichkeit #3
S 28 Archetypischer Meltdown
S 29 Reinigung #1
S 30 Reinigung #2
S 31 Reinigung #3
S 32 Erlösung
S 33 Ein Blitz von »Gott«

Eintritt in die archetypische Realität

Als ich zum ersten Mal in die archetypische Realität eintrat, begann meine Identität als Mensch von mir abzufallen. Ich fand heraus, dass wir ein Gespür für unser Menschsein haben, das grundlegender ist als unser Gefühl, ein bestimmter Mensch zu sein. Es ist ein gefühlter Sinn für die Identität der Art, die wir mit allen Menschen unterhalb der Details unserer individuellen Identität teilen. Als ich dem Fluss der Existenz zurück in die archetypische Realität folgte, musste ich aufhören, nicht nur als eine bestimmte Person, sondern als Mensch an sich zu existieren. Dies erforderte eine tiefere Hingabe als den Ego-Tod. Zuerst kämpfte ich darum, an meiner Menschlichkeit festzuhalten, denn sie war der Kontext für jede Erfahrung, die ich je gemacht hatte, aber ich konnte nicht aufhalten, was geschah. Der Sog war zu stark. Schließlich konnte ich mich nicht mehr in die Form des *Homo Sapiens* zurückversetzen.

Auf dieser neuen Bewusstseinsebene wurde mit diesem größeren »Ich« gearbeitet, um eine Ebene des Bewusstseins zu stabilisieren, die »über« dem menschlichen Erfahrungsfeld lag. Das Bild, das für diesen Zustand auftauchte, war der Blick auf

1 Im Maliayana-Buddhismus ist *Dharmakaya* die Quelle und Essenz des Universums, jenseits von Existenz und Nichtexistenz. *Nirmanakaya* ist das manifeste physische Universum; es sind du und ich und alles, was existiert. Mehr zu dieser Unterscheidung findest du in Kapitel 10.

unseren Planeten von einem Space Shuttle aus, das in einer hohen Umlaufbahn über der Erde schwebt. Diese höhere Plattform war ein stabiler Bewusstseinszustand jenseits des menschlichen Spezies-Minds. Dort wurde ich mit Informationen darüber vollgepumpt, wie die Realität auf dieser Ebene funktioniert.

Da diese Realitätsebene in der Schöpfungsordnung näher an der Quelle der Existenz liegt, ist sie energetisch viel kraftvoller als die Raum-Zeit. Sie arbeitet sozusagen mit einer höheren »Spannung«. Als ich in Sitzung 24 zum ersten Mal zu dieser Ebene durchbrach, war ich in ihre intensive Energie eingetaucht, die ich als ein überhitztes Feuer erlebte: *»Die Energie bildete Ströme aus flüssigem Feuer – weißglühende Lavaströme und explodierende Sonneneruptionen.«* Um mein Bewusstsein auf dieser Ebene zu stabilisieren, musste sich mein System auf diese intensive Energie einstellen. Ich musste buchstäblich zu einem Wesen werden, das diese hohen Energieniveaus stundenlang aufrechterhalten konnte, sonst wären meine Erlebnisse dort fragmentiert gewesen und ich hätte mich nicht klar an sie erinnern können. Dies war eine große Herausforderung. In der nächsten Sitzung durchlief ich einen intensiven Reinigungsprozess, von dem ich heute weiß, dass er dazu diente, mir bei diesem Übergang zu helfen. Anthropologen würden es eine Übung in schamanischer Zerstückelung nennen. Ich nannte es: Zermahlen der Knochen.

Sitzung 25

Ich durchlebte viele Phasen des Schmerzes und der Auflösung und wurde dann von einem akustischen Ritual erfasst, das mich im Innersten umstrukturierte. Die tibetischen Gesänge in der Musik verschmolzen mit Szenen des ursprünglichen Afrikas. Ich sah Visionen eines Kreises von Ältesten, die von einer großen Versammlung afrikanischer Tänzer umgeben waren, die sich in rhythmischem Gleichschritt bewegten. Ich befand mich innerhalb des Kreises, manchmal allein und manchmal mit anderen Eingeweihten. Die Gesänge waren eine Art schamanische Initiation, ein Ritual der Reinigung und Transformation. Das Geschehen hatte etwas Gewaltsames an sich, als hätte ich mich freiwillig für etwas gemeldet, das außer Kontrolle geraten war. Dennoch fühlte ich mich in den Händen dieser Uralten sicher, auch wenn sie mich fertig machten.

Die Alten packten mich mit ihrem donnernden Gesang, hielten mich fest und zermahlten mich. Mehr als anderthalb Stunden lang ging das Zermalmen ohne Unterlass weiter. Immer wieder der Refrain: »Dies ist ein Gesang, der Knochen zerbricht.« Die mächtigen Beschwörungsformeln zerstückelten mich bis auf die Knochen und zermahlten sie dann zu Staub.

Es fühlte sich an, als würden die Sänger das menschliche Verlangen aus mir heraussingen. Ich bewegte mich durch ein breites Spektrum menschlicher Erfah-

rungen, zu den grundlegenden Wünschen, die alle menschlichen Bestrebungen antreiben, und der Gesang folgte mir und mahlte diese Wünsche aus mir heraus. Wir fegten durch die menschliche Erfahrung, begegneten den grundlegenden emotionalen Bindungen, die das Leben antreiben, und löschten sie aus. Immer wieder hatte ich das Gefühl: »Nach dem heutigen Tag wirst du nicht mehr in der Lage sein, zurückkehren.«

Anstelle des menschlichen Verlangens füllte der Gesang eine rohe Energie in mich hinein und leitete sie direkt in meine Knochen. Für eine scheinbar endlose Zeit sangen sie Kraft in meine Knochen. Dies war das auffälligste Merkmal der Sitzung. Sie brachen mich auf und fügten durch Vibration diese Kraft in die Knochen ein. Wie eine Batterie, die aufgeladen wird, nahm ich die Energie immer wieder auf. Ich konnte spüren, wie sich tief in mir Veränderungen vollzogen, als ich mehr und mehr von dieser Kraft aufnahm.

Die Sänger hatten einen gefühlvollen Ton an sich, der sowohl leidenschaftlich als auch gnadenlos, todernst und doch humorvoll war. Wie dörfliche Großeltern, die ein Kind am Arm halten und es zielstrebig hin- und herschieben, entlockten die Ältesten mir die Wünsche einer menschlichen Existenz. Zu alt und zu sehr mit Lebenserfahrung gefüllt, um sich übermäßig mit dem Schmerz des Jungen zu verwickeln, schlugen sie mich kräftig und sahen mir dabei zu, wie ich mitleidig herumsprang. Es war für mein eigenes Wohlbefinden.

Nach der Sitzung brauchte ich länger als sonst, um die volle Gebrauchsfähigkeit meines Körpers wiederzuerlangen.

Selbst nach diesem Zermahlen und dem Wiederaufbau war es eine Herausforderung, die intensive Energie dieses Bereichs zu bewältigen. Die Stabilisierung dieser energetischen Übergänge von einer Ebene des Bewusstseins zu einer anderen, erfordert Übung und Wiederholung.

Was ich in den nächsten zehn Sitzungen in dieser Wirklichkeit erlebte, lässt sich in zwei große Kategorien einteilen. Die erste Gruppe von Erfahrungen war eher platonischer Natur und spielte sich auf einer Ebene ab, die ich als eine höhere feinstoffliche Ebene bezeichnen würde. Die zweite Gruppe war eher jungianischer Natur und spielte sich auf einer niedrigeren subtilen Ebene ab. Beide Bereiche waren archetypisch, aber in unterschiedlichen Skalierungen. (Eine kurze Beschreibung des Konzepts des Archetyps und wie ich diesen Begriff verwende, sind im Anhang am Ende dieses Kapitels zu finden.)

Die lebendigen Kräfte der archetypischen Realität

Als ich die höhere Ebene der archetypischen Realität betrat, bestätigte meine Erfahrung Platons Kernerkenntnis, dass es eine Realität hinter dem physischen Universum gibt, die unsere Existenz hier strukturiert und informiert, aber was ich dort antraf, entsprach nicht seiner Beschreibung dieser Wirklichkeit. Was ich erlebte, waren nicht Platons ewige Ideen im Geist einer unveränderlichen transzendenten Intelligenz, sondern gewaltige lebende dynamische Kräfte, die höhere Ordnungen von Intentionalität und Macht verkörpern und in einer anderen Zeitordnung wirken. Es war, als würde man von unserem sich fieberhaft drehenden Planeten in den majestätischen Bogen der Milchstraße treten – alles in Bewegung, alles lebendig, aber in unterschiedlichen Größenordnungen. Obwohl diese Kräfte die menschliche Erfahrung prägten, lagen sie so weit jenseits des Menschlichen, dass ich selbst in meinem erweiterten Zustand nicht den vollen Umfang ihres Wesens erfassen konnte. Ich konnte nur Fragmente ihrer massiven Präsenz und Andeutungen ihres Einflusses wahrnehmen.

In Sitzung 24 hatte ich versucht, diese mächtigen Wesen zu beschreiben: »*Optisch ähnelten sie dem majestätischen Schwung ferner Galaxien, die sich durch den tiefen Raum drehen, aber das ist einfach das Beste, was mein Verstand tun konnte, um sie zu beschreiben, um ihnen Form und Ausmaß zu geben.*« Jetzt, in Sitzung 26, habe ich erneut versucht zu beschreiben, was mir dort begegnet ist, aber auch diesmal konnte ich diesen Wesen nicht gerecht werden.

Sitzung 26

Dies war eine extrem schwierige Sitzung. Sie beinhaltete einen Quantensprung in der Qualität, der sehr herausfordernd zu navigieren war, was eine Zusammenfassung schwierig macht. Ihre Fremdartigkeit lässt viele Erfahrungen außerhalb meines derzeitigen Bewusstseins verschlossen. Nur weitere Sitzungen werden den Spalt in der Tür vergrößern.

In der Anfangszeit herrschten das bekannte Chaos und die Hektik. Es dauerte lange, war aber nicht besonders schmerzhaft. Irgendwann fand ich mich wiederholt durch wirbelnde Muster bewegend, und zwar auf einer Stufe, die archetypisch war. Der Klang war uralt, elementar und extrem kraftvoll.

Mein Aufenthalt in diesem Bereich war lang und komplex, aber schwer zu beschreiben. Eskalierende Kraft. Formen, die in immer größeren und komplexeren Mustern explodieren. Wogende kaleidoskopische Designs, die sich in scheinbar unabhängige Darstellungen auflösen, aber von einer unsichtbaren Hand koordiniert werden, die den Mechanismus dreht. Weitere Muster explodierten, um die sich drehende Hand deutlicher zu zeigen, und hier traf ich auf LEBENDIGE KRÄFTE, die mir zu fremd und zu unbekannt waren, um

> *sie genau zu erfassen. Ich konnte nur flüchtige Eindrücke von ihrer Art zu sein erhaschen.*
>
> *Uralt. Riesig. Mit Panoramablick. Himmlisch, aber der Erde zugewandt. Erschaffen durch die Menschheit. Leben durch die Menschheit. Sich selbst befriedigend durch die Menschheit. Ich sah tief in die Tatsache hinein, dass die Ereignisse in der Raum-Zeit die Absicht der Kräfte und Wesen dieser Dimension widerspiegeln. Sie waren es, die durch die kollektiven Muster der Geschichte lebten und wirkten. Sie waren es, die durch die Umarmung von Tausenden von Romeos und Julias auf dem ganzen Planeten liebten.*

Diese Vision einer tieferen Realität, die die Menschheit in umfassender, aber unbestimmter Weise beeinflusst, war eine ernüchternde Begegnung, denn wir schätzen unsere Autonomie und sehen uns selbst gerne als freie Akteure auf der Bühne der Geschichte. Dennoch wiederholte sich diese Kernerkenntnis in mehreren Sitzungen immer wieder. Als ich diese tiefere Wirklichkeit sah, fühlte ich mich nicht kompromittiert oder paranoid. Die Erhabenheit und das Ausmaß der Intelligenz, deren Zeuge ich wurde, war faszinierend, und ich spürte keine böswilligen oder manipulativen Absichten. Ich sah einfach die Wahrheit einer komplexen Realität, die schon immer da war.

Sich dieser Dimension der Realität zu öffnen, war eine anspruchsvolle Aufgabe. Mir zu erlauben, tatsächlich Teil dieser Realität zu werden, war extrem herausfordernd, wie dieser Ausschnitt aus einigen Sitzungen später zeigt.

> *Nach allem, was ich in diesen Sitzungen durchgemacht habe, bin ich erstaunt, dass es irgendetwas gibt, das mir Angst machen könnte, aber heute war es so. Ich hatte keine Angst vor Schmerz oder dem Aufruhr, sondern vor dem schieren Ausmaß dessen, was ich wurde. Die Dinge drehten sich wie verrückt, und ich wurde in eine Realität hineingeworfen, die so jenseits von allem war, was ich je gekannt hatte, dass mir das Angst einjagte. Ich wusste, dass, wenn ich so weitermachte, das gesamte physische Universum als eine Realität, wie ich sie kannte, aufhören würde zu existieren. Ich war auch erschrocken darüber, wie leicht es wurde, in Gottes Erfahrung einzutreten. (S 29)*

Das Gewebe unseres kollektiven Seins

Meine Begegnung mit den lebendigen Kräften der archetypischen Realität auf der hohen subtilen Ebene schien in mir die Fähigkeit zu wecken, die Kräfte des kollektiven Seins der Menschheit auf einer niedrigeren subtilen Ebene zu erfahren. Oder vielleicht wurde ich einfach dorthin gelenkt. Ich glaube, dass die wichtigsten Einsichten, die ich in diesen elf Sitzungen erhielt, von dieser eher »jungianischen« Ebene kamen. Noch bedeutsamer als mein kurzer Kontakt mit den weitgehend verborgenen Kräften der hohen archetypischen Realität, zeigte mir das Eintauchen in das Gewebe des kollektiven Seins der Menschheit, dass unter der Oberfläche unseres individuellen Lebens organische Prozesse ablaufen, die die Menschheit zu einem größeren Ganzen verweben. Es war, als ob ich gelehrt wurde, das lebendige Gewebe unserer Gattung zu erkennen. Meine Erfahrungen bestätigten Jungs Kernerkenntnis von der Existenz eines kollektiven Unbewussten, aber ich erlebte nicht die Archetypen, die er bespricht, wie Mutter, Vater, Kind, Alter Weiser Mann, Betrüger oder Held. Ich behaupte nicht, dass diese nicht Teil der kollektiven Psyche sind, sondern nur, dass sie nicht Teil meiner Erfahrung damit waren.

Als sich mein Bewusstsein auf dieser Ebene stabilisierte, erlebte ich die Menschheit wiederholt als einen einzigen Organismus, der von intelligenten Netzwerken durchzogen ist. Diese kollektiven Netzwerke oder Meta-Funktionen hoben unsere individuelle Handlungsfähigkeit nicht auf oder negierten sie; sie waren einfach die Art und Weise, wie das Leben auf einer tieferen Ebene funktionierte.

Sitzung 27

Das Gefühl einer ultimativen Konfrontation zwischen mir und Gott hielt über weite Strecken der ersten Sitzung an. Ich wusste, dass ich mich selbst nicht kannte, und ich wollte wissen, was ich war. Mit dieser verzweifelten und vollständigen Entschlossenheit, mein Wesen zu erkennen, begann ich, durch viele Ebenen von irgendwas zu durchdringen. Es fühlte sich an, als würde ich an einem Seil unter Wasser gezogen, und Algen zerrten an meinem Körper. Ich hielt mich an einem inneren Fokus fest, der es mir ermöglichte, Schicht um Schicht eines fast zähflüssigen Materials zu durchqueren, das an mir zerrte, während ich es durchpflügte. Irgendwann begann ich, in archetypische Ebenen vorzudringen, die mir aus früheren Sitzungen bekannt waren. Aber anstatt auf diesen Ebenen anzuhalten, fuhr ich fort, sie zu durchqueren. Die Energie in meinem Körper war enorm, und ich übergab mich mehrmals heftig in schneller Folge. Das Gefühl, durch Schichten zu treiben, hielt an, wurde aber nun von neuen komplexen Erfahrungen durchsetzt. In einigen von ihnen lernte ich, auf einer kollektiven Ebene zu sehen.

Ich bezeugte viele Muster in der Gesellschaft als eine Wellenbildung unseres Artenorganismus auf einer transindividuellen Ebene. Anstatt die Gesellschaft als ein Aggregat von Individuen zu sehen, wurde ich auf eine tiefere Ebene des Phänomens fokussiert. Wie ein Wissenschaftler, der sein Mikroskop auf verschiedene Ebenen des Gewebes ausrichten kann, konnte ich meinen Blick auf eine tiefere als die individuelle Ebene der Gesellschaft ausrichten.

Auf dieser tieferen Ebene sprangen plötzlich kollektive Muster in meine Wahrnehmung. Sie waren schon immer da, aber unentdeckt, weil ich mich nicht auf diese Ebene konzentriert hatte. Jetzt, da ich sie sah, konnte ich erkennen, wie bestimmte Dynamiken in der Gesellschaft koordinierte Wirkungen aus den Tiefen des kollektiven Unbewussten darstellen. Ich sah, wie sich Muster der Veränderung durch die Gesellschaft wälzten, als »archetypische« Kräfte, die durch die Erfahrung der gesamten Spezies nach oben drängten.

In einer Sitzung nach der anderen wurde ich immer wieder Zeuge präziser Verbindungsmuster, die unseren Geist und sogar unseren Körper zu einem größeren Ganzen verweben. In einer Sitzung erlebte ich unseren individuellen Geist als Knotenpunkt im Netzwerk des Geistes unserer Gattung, wobei jeder von uns fraktal selektive Themen dieses größeren Bewusstseins widerspiegelt. Ich sah, dass die Heilung der Verzerrungen, die in unserem individuellen Geist existieren, einen Welleneffekt hat, der zur Heilung der kollektiven Psyche als Ganzes beiträgt. In einer anderen Sitzung sah ich, dass wir alle Teile der physischen Krankheiten unserer Zeit in uns tragen und dass wir durch die Heilung unserer individuellen Körper energetisch zur Heilung des kollektiven Körpers der Menschheit in einem größeren Zeitrahmen beitragen. Der menschliche Körper lernt buchstäblich, wie er in unserer sich verändernden Umwelt gesund sein kann.

In einer anderen Sitzung sah ich so etwas wie die ayurvedischen Doshas aktiv im Körper unserer Gattung. In der ayurvedischen Medizin geht man davon aus, dass Gesundheit besteht, wenn ein Gleichgewicht zwischen den drei grundlegenden Körperenergien oder *Doshas* – Vata, Pitta und Kapha – besteht. In dieser Sitzung habe ich gesehen, dass die Doshas nicht nur in unseren individuellen Körpern fließen, sondern auch im Körper der Menschheit als Ganzes.

Ich erlebte die organische Komplexität der menschlichen Art als einen einzigen Organismus, und die Doshas schienen die Sehnen dieses Organismus zu sein. Die Doshas waren Verbindungslinien, die die gesamte Rasse durchzogen und sie miteinander »verdrahteten«, so wie unser neurologisches System unsere vielen Zellen zu einem einzigen Organismus verdrahtet. Ich ahnte, dass ich etwas erlebte, das größer und komplexer war als die Doshas, und dass mein Geist diese Stränge mit den ihm zur Verfügung stehenden Begriffen interpretierte. (S 30)

Ich glaube, dass mir diese Erfahrungen unseres kollektiven Seins gegeben wurden, um mich auf die Visionen von der Geburt des zukünftigen Menschen vorzubereiten, die in späteren Sitzungen folgen würden. Sie gaben mir das Wissen darüber, wie unsere

Spezies funktioniert, welches ich brauchen würde, um diese späteren Visionen zu verstehen und aufzunehmen.

Eine Anmerkung zu den »Göttern« der subtilen Ebene

Obwohl ich die Realität auf der subtilen Ebene als wirklicher erlebt habe als die Raum-Zeit-Realität, möchte ich hinzufügen, dass nur, weil sich etwas auf der subtilen Ebene des Bewusstseins manifestiert, es nicht bedeutet, dass es im tiefsten Sinne des Wortes wirklich ist. Wenn zum Beispiel jemand in seinen Sitzungen eine bestimmte Gottheit genau so erlebt, wie sie in der biblischen Tradition einer Kultur beschrieben wird – indem er traditionelle Ritualgegenstände hält oder traditionelle Insignien trägt –, dann glaube ich, dass er eines von zwei Dingen erlebt: entweder eine kollektive Gedankenform oder eine spirituelle Präsenz, die die Kleidung einer kollektiven Gedankenform trägt. In beiden Fällen spiegelt sich der starke Einfluss der kollektiven Psyche wider, was die Erfahrung auf die subtile Ebene des Bewusstseins verlagert.

Eine kollektive Gedankenform ist ein lebendiges Konstrukt in der kollektiven Psyche, das in diesem Fall von Millionen von Anhängern erzeugt wird, die ihre Gebetsabsichten über Tausende von Jahren auf eine bestimmte Gottheit richten. Nach meinem Verständnis ist es nicht so, dass die Alten Weisen die wahre Form dieser himmlischen Wesen perfekt erfasst haben, sondern dass die Beschreibung, die sie einer Gottheit gaben, zum Skript wurde, das Millionen von Gläubigen dann in ihren Andachten verwendeten. Gedanken, die von einer großen Zahl von Menschen häufig wiederholt werden und mit tiefen Emotionen verbunden sind, erzeugen eine Art lebendigen Abdruck in der kollektiven Psyche, einen Abdruck, der auch dann noch vorhanden sein kann, wenn die Kultur, die ihn hervorgebracht hat, bereits untergegangen ist.

Ich will solche Formen nicht bagatellisieren. Ganz im Gegenteil. Ich denke, dass kollektive Gedankenformen wirklich starke Kräfte in der kollektiven Psyche sind. Die Götter, die wir verehren, einschließlich der weltlichen Götter der Gier und Macht, werden zu mächtigen Strömungen im kollektiven Unbewussten. Sie mögen sich in unseren Sitzungen als mächtige Wesenheiten manifestieren, aber aus einer tieferen Perspektive sind diese Wesenheiten letztlich nicht real.

Meiner Ansicht nach sind die in unseren religiösen Traditionen dargestellten Götter, einschließlich der Gott des Monotheismus, kulturelle Annäherungen, die weit hinter der Realität zurückbleiben, die sie darzustellen versuchen. Diese Formen fallen weg, wenn sich tiefere Ebenen der Realität weiter öffnen. Das gilt für viele archetypische Phänomene, denke ich. Als ich mich in meinen Sitzungen schließlich über die subtile Ebene des Bewusstseins hinausbewegte, stellte ich fest, dass ich mich über die Bilder, Geschichten und Überzeugungen hinausbewegte, die die menschliche Geschichte der kollektiven Psyche aufgeprägt hat. Die kulturellen Formen, die wir verehrt haben und die wir zu interpretieren gewohnt waren, fielen ab wie Kleider, die von den Schultern der Schauspieler fallen, und die Natur stand wieder nackt vor mir und lud mich ein, sie neu zu sehen. Alle Formen, selbst der gleißende Glanz der archetypischen Formen, sind Vermittler zu dem, was jenseits der Form liegt. Der unbekannte Autor des christlich-mystischen Traktats *Die Wolke des Nichtwissens* aus dem 14. Jahrhundert erinnert uns daran, dass wir alles, was uns über Gott beigebracht wurde, verlernen müssen, wenn wir jemals hoffen wollen, die wahre Natur des Göttlichen zu erahnen.

Sitzung 28

Die 28. Sitzung war eine kraftvolle Sitzung, die ich in vollem Umfang wiedergeben werde. In ihr sind beide Themenkreise, die der hohen archetypischen Realität und des Gewebes unseres kollektiven Seins, miteinander verwoben. Nach mehreren Sitzungen in dieser Serie war sie klarer als frühere Sitzungen, weil ich mich jetzt in diesem neuen Gebiet zurechtfand. Gleichzeitig war es etwas komplizierter, weil es sich nicht um einen, sondern um zwei Transformationszyklen handelte. Der erste Zyklus führte mich in die hochsubtile Ebene der archetypischen Realität. Der zweite Zyklus hob mich darüber hinaus in die kausale Realität und gab mir einen kurzen Vorgeschmack auf das, was kommen würde. Dann brachte er mich zurück in Raum und Zeit, aber nun aus der Perspektive einer subtilen Ebene.

Sitzung 28 – Archetypischer Meltdown

Als ich mich ausdehnte, spürte ich, wie ich demontiert wurde, wie Teile von mir weggerissen wurden, und ich musste mich immer wieder daran erinnern, dass der Prozess mich dorthin bringen sollte, wo immer er hinwollte. Das Feld verdichtete sich und verfestigte sich lange Zeit. Wieder hatte ich das Gefühl, durch Schichten von dicken emotionalen Hüllen zu treiben und sie zu verbrennen. Der Prozess wurde von unglaublich mächtigen Kräften angetrieben. Ich hatte keine Kontrolle über das, was stattfand.

Irgendwann fand ich mich in einem besonders dichten Feld, das sich wie die emotionale Hülle des gesamten Planeten anfühlte, das kollektive Unbewusste der Menschheit. Jetzt war ich außerhalb des flachen Feldes, auf einer höheren archetypischen Ebene der Realität. Wie so oft hatte ich das klare Gefühl, dass etwas mit mir arbeitete, um eine klare Position auf dieser Ebene zu erlangen, sodass ich Instruktionen darüber erhalten konnte, wie die Verbindungen hier zustande kommen. Ich fühlte mich »über der Welt«, in einer Reflexion über die Intelligenz, die die physische Realität schafft und aufrechterhält. Ich arbeitete hart daran, auf dieser Ebene mehr Klarheit zu schaffen, indem ich mit den Kräften kooperierte, die mich umgaben und durchtränkten. Es kamen viele Einsichten über das weite Feld der Schöpfung. Darüber, wie sich das Bewusstsein absichtlich und schrittweise in der Materie verfestigt.

Die spezifischen Einsichten sind für mich weniger bedeutsam als der größere Zusammenhang mit meinem Zustand. Meine Erfahrung war, dass der Abstand zwischen dem Bewusstsein, welches die Quelle aller Existenz ist, und unserem menschlichen Bewusstsein, enorm ist; ein riesiges Meer mit Ebenen über Ebenen von sich überlagernden Feldern, und die niedrigeren Felder haben ihren Ursprung in der zielgerichteten Absicht der höheren Felder und gehen aus ihnen hervor. Es war fesselnd, dies zu erleben.

Archetypischer Meltdown

Nach einiger Zeit auf dieser Ebene, veränderten sich die Dinge. Alles um mich herum begann sich zu drehen und wurden sehr konfus. Ich konzentrierte mich auf das Zentrum dieses Wirbelsturms und hielt daran fest. Ich habe mich nicht gegen die Veränderung gewehrt, sondern habe stillgehalten, damit der Sprung mit mir geschehen konnte. Es war, als wäre ich im Zentrum eines Tornados, im Zentrum einer explodierenden Sonne. Die Energie, die sich durch mich bewegte, war enorm. Die Kraft dieser archetypischen Kernschmelze war um ein Vielfaches größer als es die des Feldes der menschlichen Gattung gewesen war. Ich fühlte, wie dieses explosive Feuer Dinge aus mir herausbrannte und mich zum Schmelzen brachte.

Plötzlich wurde mir klar, dass ich in eine andere Wirklichkeit gebracht wurde. Die Wände des Energietornados schmolzen und funkelten hindurch, und auf der anderen Seite war eine völlig neue Realität. Der Durchbruch zu dieser Ebene brachte ein Gefühl der höchsten Vollendung mit sich. »Ich bin durch«, sagte ich, »ich bin durch.« In einer noch nie vorgekommenen Weise war ich durch.

Das markanteste Merkmal dieser Stufe war ihre brillante Klarheit. Sie war unendlich weiträumig, unendlich ausgedehnt, von Intelligenz durchdrungen und klar. Unvorstellbar klar. Ich hatte nie gewürdigt, wie sehr die kollektive Psyche ein ständiges Hintergrundrauschen für unseren Verstand darstellt. Hier, jenseits dieses Feldes, erlebte ich das Bewusstsein auf eine völlig neue Weise. Ich war klar. Ich war so, wie ich sein sollte. Ich öffnete mich und umarmte dieses Reich und wurde von ihm umarmt. Lange Zeit nahm ich seine beruhigenden und heilenden Energien in mich auf, und ich kann das enorme Gefühl der Erleichterung und Befreiung nicht beschreiben. Ich hatte es endlich geschafft.

Die Erfahrungen, die folgten, waren auf vielen Ebenen gleichzeitig aktiv. Material aus meinem persönlichen Leben, vom Spezies-Mind, der archetypischen Ebene und dieser hohen spirituellen Ebene war mit einer organischen Präzision verwoben, die ich nicht in der Lage bin, wiederzugeben. Alles, was ich tun kann, ist, spezifische Themen zu identifizieren und die resonanten Strukturen der anderen Ebenen, die sich in synchronem Rhythmus mit diesen Themen bewegten, wegzulassen.

Verschränkte geistige Felder

Nachdem ich diese Region unglaublicher Klarheit erreicht hatte, wurde ich nicht tiefer in die transzendentale Seite der Dinge sondern zurück in die Raum-Zeit geführt, die ich nun als das Wechselspiel dessen erlebte, was man als Geistige Quantenfelder bezeichnen könnte. Ich erlebte, wie Verschränkte Geistige Felder physische Systeme sättigten und sie zu größeren Ganzheiten verwoben. Diese Phase der Sitzung begann mit einer besonders bewegenden Erfahrung von kollektiver Heilung.

Ich befand mich in einer afrikanischen Ebene, in der Hunderte von Menschen tanzten und feierten. Die Löwen waren weg, es gab keine Gefahr, und niemand war unzufrieden. Der Stamm hatte die Strapazen eines weiteren Jahres überstanden, und sie tanzten ihre Dankbarkeit und ihre Verehrung des Lebens. Das war eines der außergewöhnlichsten Erlebnisse der Sitzung. Ich konnte die Erfahrung dieser vielen Menschen ganz in mich aufnehmen. Ich war der Stammesgeist, der in diesem Fest schwelgte.

Ihre ansteckende Freude und die tänzerische Ekstase verschmolzen zu einem einzigen Feld. Sie wussten, was geschah, und sie gaben sich immer wieder dem Prozess hin und ließen ihn sich vertiefen, bis sie völlig von vereinigender Freude durchdrungen waren. Sie waren eins mit sich selbst, miteinander und mit ihrer Umgebung. So etwas hatte ich noch nie erlebt, und es war zutiefst bewegend. Wie verarmt sind wir, die wir diese Rituale verloren haben, die das tiefere Geflecht der Verbundenheit aktivieren.[2]

Der Bezugspunkt meiner Erfahrung mit all dem war eine Intelligenz, die alles durchdrang – die Menschen, die Tiere, das Feuer und die Erde selbst. Wenn ich ihr einen Namen geben müsste, würde ich sie »Erdbewusstsein« nennen. Ich entdeckte, dass dieser feierliche Tanz nicht nur die Menschen heilte – indem er sie von den Schmerzen der Verluste des Jahres reinigte und die Reibung zwischenmenschlicher Konflikte heilte – sondern zu meiner Überraschung auch die Erde selbst heilte. Ich erlebte tatsächlich eine Freisetzung von Energie, die das Feld dieser Region des Planeten heilte.

In diesem Zusammenhang erfuhr ich eine größere Wahrheit über die kollektive Intelligenz, die viele Male wiederholt wurde, um sicherzustellen, dass ich die Lektion verstanden hatte. Ich sah, dass es viele eigenständige Bewusstseinsebenen gab, die in gleicher Weise wirkten. Ich erlebte Bewusstseinsfelder, die durch physisch getrennte Lebensformen liefen und diese integrierten, und das von diesen Feldern erzeugte Gewebe war differenziert, aber nahtlos. Viele Ebenen von Intelligenz waren gleichzeitig aktiv. So wie ein menschliches

2 Ich weiß nicht, warum Afrika in dieser Sitzung eine so herausragende Rolle gespielt hat. Ich habe schon früher afrikanische Musik in meinen Sitzungen verwendet, aber nicht in dieser speziellen Sitzung.

Wesen seine Existenz mit vielen kleineren biologischen Lebensformen teilt, deren Leben um unser eigenes herum verwoben ist, so gibt es auch auf der mentalen Ebene viele größere Lebensformen, mit denen wir verflochten sind.

In diesem Zusammenhang habe ich Folgendes erlebt:

Normalerweise gehen wir davon aus, dass die Gedanken, die in unserem individuellen Bewusstsein aufsteigen, »unsere« Gedanken sind, unsere private Schöpfung. Doch nun sah ich, dass einige dieser Gedanken gar nicht »unsere« im engeren Sinne sind, sondern die Registrierung eines kollektiven Gedankens in unserem lokalen Bewusstsein, der im gesamten menschlichen Bewusstsein aufsteigt, ein Gedanke, der auf einer tieferen, zentralen Ebene der Intelligenz initiiert wurde.

In kleinerem Maßstab entstehen manchmal Gedanken in unserem Geist durch den unmittelbaren Einfluss bestimmter Menschen, wenn ihr geistiges Feld stark genug ist, um sich in unserem Feld bemerkbar zu machen. Unbekannte Gedanken gehen durch uns hindurch, zerren an uns, und wir tun sie als eine vorübergehende Stimmung oder eine Idee ab, die nicht viel Sinn ergibt, und lassen es dabei bewenden. Wir denken, dass unser Geist durch unsere physischen Sinne gebunden ist, aber das ist er nicht.

Ich habe deutlich erfahren, dass die individuelle und kollektive Energie von allem was uns umgibt, ein kollektives Netz von Einflüssen schafft, das durch unser bewusstes und unbewusstes Bewusstsein strömt. Normalerweise bemerken wir diese subtilen, auf uns einwirkenden Felder nicht, aber in meinem jetzigen Zustand konnte ich ihre unterschiedlichen Schwingungsmuster deutlich erkennen. Zusammen bildeten sie das nahtlose Gewebe gestaltender Intelligenz.

Diese durchlässigen Felder werden durch unseren individuellen Körper fokussiert, aber sie sind nicht auf ihn beschränkt. Jede spezifische Körper-Geist-Konfiguration lebt eine Zeit lang, aber ihr Feld besteht weiter als eine Zelle in noch größeren Feldern. Mein persönliches Körper-Geist-Feld würde enden, aber ein anderes würde sich materialisieren, um dort anzuknüpfen, wo es gelebt hat. Auf diese Weise würde mein individuelles Energiefeld wachsen und sich entwickeln, während das Seelenfeld, dessen Teil ich bin, wächst und sich entwickelt.

Darüber hinaus würde meine Erfahrung Teil des kollektiven Feldes werden. Jede Erfahrung, die ich jemals gemacht habe, einschließlich aller Erfahrungen aus den Sitzungen, wird Teil des kollektiven Lernens meines Volkes werden. Sie werden Teil ihrer kollektiven Erinnerungen werden. Es gibt keine absoluten Grenzen, weder in Raum noch in Zeit. Nur die Vermischung von Energie mit vielen Ebenen der Intelligenz, die alles durchzieht.

Im Rahmen dieser Unterweisung wurden Sitzungen, die zehn Jahre zurücklagen, überprüft und ins rechte Licht gerückt. Der Zweck war, mir zu zeigen, wie die verschiedenen Teile in dieses größere Mosaik passen. Teile, die unvollständig waren, erschienen nun vollständig, und das Ganze fügte sich zusammen.

Zyklus der Reinigung

Diese Sitzung war so reichhaltig und aufschlussreich, dass mich das, was in den nächsten drei Sitzungen geschah, völlig überraschte. Deren holprige Abfolge führte mich schließlich dazu, eine Dynamik zu erkennen, die in den Sitzungen wirksam war und die ich bis jetzt noch nicht ganz verstanden hatte. Obwohl ich diese Dynamik in dieser besonderen Phase entdeckte, erkannte ich schließlich, dass es sich nicht um eine stufenspezifische Dynamik handelt, sondern um eine, die sich auf mehreren Bewusstseinsebenen wiederholt, was sie zu einem wichtigen Merkmal der psychedelischen Praxis macht. Diese Dynamik nenne ich den *Zyklus der Reinigung*.

Nach der Glückseligkeit der 28. Sitzung waren meine nächsten drei Sitzungen mit extremer Übelkeit, Brechreiz und körperlichem Unwohlsein verbunden. Das ging bei jeder Sitzung stundenlang so weiter. Obwohl sich diese Sitzungen über mehrere Monate erstreckten, fühlten sie sich in ihrem Elend wie eine einzige Sitzung an. Als dieser Zyklus begann, war es für mich ein Rätsel, dass auf die visionäre Pracht der 28. Sitzung ein derartig qualvolles Elend folgen würde, aber da war ich nun, schwebte in einem Meer von fesselndem Unbehagen und war gezwungen, etwas zu ertragen, das extrem unangenehm, aber ansonsten inhaltslos war. Die Energie war sehr hoch, sodass ich mich so oft übergeben musste, dass mir die Blutgefäße im Gesicht geplatzt sind.

In der vierten Sitzung dieser Serie (S 32) vertiefte sich die Reinigung. Nun löste sich mein Bewusstsein nicht mehr in akuter körperlicher Not auf, sondern fragmentierte sich immer wieder, bis ich ganz und gar PLURAL wurde, was ich großschreibe, um die eindeutig archetypische Qualität dieser Erfahrung zu signalisieren. Je mehr ich PLURAL wurde, desto verworrener wurden die Dinge. Ich gab mich immer wieder dieser Fragmentierung hin, bis ich mich schließlich in einer Welt des völligen Chaos gefangen sah. Meine Erfahrung war völlig undurchschaubar, sogar ohne die Organisation, die das Leiden bereitstellt. Dann fand der Durchbruch statt.

> *Plötzlich, oder nicht so plötzlich, ich kann es nicht genau sagen, verschob sich die Spannung des Feststeckens, die sich seit vier Sitzungen aufgebaut hatte, und ich spürte ein außerordentliches Gefühl der Befreiung. Ich war mir über nichts bewusst, das diesen Übergang erklären könnte, denn meine Erfahrungen waren hoffnungslos chaotisch und ich konnte keinerlei Ordnung in ihnen erkennen. Alles, was ich weiß, ist, dass ich, nachdem ich über Monate in einem Spinnennetz aus psychedelischem Chaos gefangen war, unfähig, mich zu bewegen, zu begreifen, zu denken oder auch nur kohärent zu erleben, plötzlich begann, eine außerordentliche Freiheit zu erleben. Diese Freiheit war unbeschreiblich köstlich. Außergewöhnliche Erleichterung und Dankbarkeit. Stundenlang durchdrang mich diese Freiheit, die überraschenderweise ohne kognitiven Inhalt war. (S 32)*

Als ich versuchte, diesen Erfahrungen einen Sinn zu geben, wendete ich zunächst Grofs perinatale Theorie an, aber, während bestimmte perinatale Elemente vorhanden waren – Übelkeit, ein Gefühl des Eingeschlossenseins und der Befreiung –, fehlten viele andere Elemente. Es gab keine existentielle Krise, keine Konfrontation mit der Sinnlosigkeit des Daseins und keine körperlichen Anfälle – all dies war in früheren Sitzungen vorhanden gewesen. Und obwohl das Chaos und der Verlust der Kohärenz an den Tod des Ichs erinnerten, ging dieses besondere Chaos erfahrungsgemäß viel tiefer und markierte eine grundlegendere Auflösung als den Tod meines persönlichen Ichs.

Als ich dann meine Notizen durchsah, fand ich den Keim eines Konzepts, das in der 28. Sitzung eingeführt worden war und das dieses Symptommuster anzusprechen schien. Dort wurde es als »Zyklus der Heilung« bezeichnet, aber als sich mein Verständnis dieses Zyklus in den kommenden Jahren vertiefte, begann ich, ihn den Zyklus der Reinigung zu nennen.

> *Der Kern des Zyklus ist folgender: Das erhöhte Bewusstsein triggert das Auftauchen von Toxinen im System, was wiederum eine Krankheitskrise auslöst, auf die irgendwann ein höheres Gesundheitsniveau folgt. Dieser Kreislauf wirkt auf vielen Ebenen – auf der physischen, der psychischen und sogar auf der historischen Ebene. (S 28)*

Auf mein erstes Eindringen in die höhere Energie der archetypischen Realität (S 24) folgte unmittelbar die Reinigung durch die schamanische Zerplitterung in *Zermalmen der Knochen* (S 25). Die Entleerung von den Zwängen der menschlichen Existenz war eine Form der Läuterung, die meinem Bewusstsein half, sich jenseits des menschlichen Bewusstseins zu stabilisieren. Ich glaube, dass in diesen vier Sitzungen etwas Ähnliches passiert ist. Ich denke, dass die Reinheit und Klarheit des Zustands des kausalen Bewusstseins, in den ich in Sitzung 28 kurz eintrat, eine körperliche Entgiftung auslöste, die so intensiv war, dass sie vier Sitzungen andauerte.

Zustände des Bewusstseins sind auch Zustände des Körpers. Höhere Bewusstseinszustände erfordern höher funktionierende Körper. Das kausale Bewusstsein ist ein außergewöhnlich reiner Bewusstseinszustand. Der Eintritt in diesen Zustand löst eine spontane Klärung von Unreinheiten in Körper und Geist aus. Ich weiß nicht, woraus diese Verunreinigungen genau bestehen. Ich sehe sie als die biochemischen Korrelate unserer kleinlichen Urteile, unserer niederen Gefühle und unserer selbstsüchtigen Emotionen – alles, was die Einheit stört, die in unserem verkörperten Bewusstsein entsteht. Johannes Tauler, ein Schüler Meister Eckharts und einer der großen Mystiker aus dem Rheinland des 14. Jahrhunderts, sprach von den Anforderungen, die die spirituelle Verwirklichung an den Körper stellt, als er in einer seiner Predigten sagte: »Glaubt mir, Kinder, einer, der über diese Dinge Bescheid wüsste, müsste oft das Bett hüten, weil sein Körper es nicht aushalten würde.«[3]

In den folgenden Jahren wiederholte sich dieses Muster von Durchbruch und anschließender Entgiftung wie ein Uhrwerk in meinen Sitzungen, während sich die Spirale der Einweihung weiterdrehte. Ich stellte fest, dass nach jedem größeren Durchbruch zu einer tieferen Bewusstseinsebene die folgenden Sitzungen oft eine Art schwülstiger »Müllentsorgungs«- Qualität hatten, so sehr, dass ich die Sitzungen, die unmittelbar auf einen größeren Durchbruch folgten, zu fürchten begann. Dazu fällt mir eine Analogie aus dem Bergbau ein. Nachdem beim Bergbau eine neue Erzader tief im Berg erschlossen wird, muss man immer noch das Gestein wegtragen, um vollständigen Zugang zu den Reichtümern zu erhalten.

Der Zyklus der Reinigung ist der Verbrennungszyklus des Wachstums anhaltender psychedelische Arbeit. Die Essenz des Zyklus ist die folgende: Wenn man in eine tiefere Ebene der Realität katapultiert wird, versetzt man sich in einen höheren energetischen Zustand, und diese höhere Energie »löst« Verunreinigungen aus dem mentalen, emotionalen und physischen Wesen des Menschen. In den folgenden Sitzungen arbeitet das System daran, sich von diesen Giften zu befreien, während es weiterhin die Reinheit und Intensität dieser neuen Energie aufnimmt. Indem das Alte ausgefegt wird, um Platz für das Neue zu schaffen, wird schließlich eine klarere und stärkere energetische Plattform geschaffen, auf der zukünftige Sitzungen aufbauen.

Lass mich noch einen Schritt weiter gehen. Wenn dieser Zyklus der Reinigung besonders tief geht, wird er zu einem Zyklus von Tod und Wiedergeburt. Ursprünglich hatte ich gedacht, dass Tod und Wiedergeburt ein einmaliges Ereignis sind, aber nachdem ich diesen Zyklus mehrfach auf verschiedenen Bewusstseinsebenen durchlaufen hatte, begann ich zu erkennen, dass in psychedelischen *Sitzungen »Tod« tatsächlich eine sehr intensive Form der Reinigung ist.*

Nachdem man in seinen Sitzungen viele Male gestorben und wiedergeboren worden ist, verliert das Konzept des Todes selbst schließlich seine Bedeutung. Durch die Wiederholung lernt man, dass es auf der tiefsten Ebene des Wesens unmöglich ist, zu sterben. Die Form, die wir sind, kann zerschmettert werden, unsere Realität kann immer wieder zerstört werden, aber unsere innerste Essenz taucht immer wieder auf. Der Phönix erhebt sich immer. Wenn der Prozess der Läuterung besonders tief geht, wenn er so tief geht, dass er die Struktur unseres Lebens, wie wir es kannten, aufzulösen beginnt, wird er zur Reinigung bis zum Tod. Wenn er uns von allem entleert, was wir gewusst haben und was wir gewesen sind, wird eine Krise erreicht, in der das,

3 Zitiert in Underhill [1911] 1961, 61.

was wir gewesen sind, zusammenbricht und wir in eine neue Ebene der Wirklichkeit getragen werden.

Dieser Durchbruch ist eine echte Wiedergeburt, denn auf dieser neuen Ebene sind »wir« nicht mehr das, was wir vorher waren. Wir sind zu einer anderen *Art* von Wesen geworden, mit neuen Fähigkeiten und Zugang zu neuen Erfahrungskategorien. In diesem Übergang gibt es eine Kontinuität des Bewusstseins (der Gedächtnisfaden), aber eine Diskontinuität der Fähigkeiten (wir können Dinge erleben, die wir vorher nicht erleben konnten). Wenn wir, nachdem wir uns auf dieser neuen Ebene stabilisiert haben, weiter voranschreiten, beginnt der Verbrennungszyklus der Reinigung erneut, und wir treten schließlich in einen neuen Zyklus von Tod und Wiedergeburt ein, während sich weiterhin neue Ebenen der Realität öffnen.

Wiedergeburt und kollektive Reinigung

Ich möchte nun eine letzte Erkenntnis aus dieser Zeit auf den Tisch bringen, doch dazu ist eine erhebliche Erweiterung unseres Bezugsrahmens erforderlich. Ich möchte den Zyklus der Reinigung auf die als ein einziger Organismus funktionierende gesamte menschliche Spezies ausweiten. Um diesen Übergang zu vollziehen, müssen wir auf das Konzept der Reinkarnation zurückkommen.

In der Literatur zur Reinkarnation wird die Wiedergeburt fast immer aus der Perspektive der individuellen Seele diskutiert. Karma und Wiedergeburt werden als Motor für die individuelle Entwicklung der Seele dargestellt. Obwohl wir alle inkarnieren, wird die Dynamik der kollektiven Reinkarnation nur selten erörtert, es sei denn, sie bezieht sich auf kleine Gruppen von Menschen wie Liebhaber, Freunde und Familie oder Menschen, die von einer kollektiven Tragödie wie einer Naturkatastrophe betroffen sind. Ich schließe meine eigene Arbeit in diese Bewertung ein. In *Das Buch von der Wiedergeburt* habe auch ich die Diskussion über die Reinkarnation auf die Ebene der individuellen Seele und der eigenen Seelenfamilie konzentriert. Es ist nicht so, dass diese Perspektive falsch wäre, aber angesichts der Größe der kollektiven Erfahrungen, von denen in diesem Kapitel berichtet wird, erscheint es mir jetzt unvollständig.

Denkt man an Reinkarnation ausschließlich im Hinblick auf die individuelle Seele, bleibt man in einer Art atomistischem Denken gefangen, das für den Diskurs über psychische Ebenen charakteristisch ist, bei dem man die geistige Welt als aus getrennten geistigen Wesen bestehend erlebt. Es ist nicht so, dass diese Realität falsch wäre, aber wenn sich das Bewusstsein für die subtile Ebene der Realität öffnet, beginnt das Bindegewebe des Lebens stärker hervorzutreten. Auf dieser tieferen Ebene können individuelle Seelen manchmal als Zellen in einer größeren Kollektiv-Seele erfahren werden. Dies sind keine alternativen Wahrheiten, sondern gleichzeitige, die verschiedene Schichten des komplexen Gewebes der Existenz widerspiegeln.

Wenn die Menschheit so tief miteinander verwoben und verbunden ist, wie die hier geschilderten Erfahrungen vermuten lassen, dann sollten wir nicht überrascht sein, wenn wir entdecken, dass es eine *kollektive Dynamik* gibt, *die in der Reinkarnation selbst* wirkt. Mein Denken begann sich in diese Richtung zu bewegen, als ich in Sitzung 20 die folgende Erfahrung mit kollektivem Karma machte.

> *Eine Vision hat heute einen besonders tiefen Eindruck auf mich gemacht. Sie war eine Vision des Karma, die das Individuum in den Hintergrund stellt und den Schwerpunkt auf das größere Wesen legt, das sich selbst in den Milliarden von karmischen Seelen entwickelte, die sich gleichzeitig in einem bestimmten Moment der Geschichte entfalten. Ich war nicht Zeuge des Kreislaufs des individuellen Karma, sondern viel größerer Entwicklungszyklen, die sich in der Geschichte aus all unseren individuellen karmischen Mustern innerhalb der Menschheit herausbilden. Ich war Zeuge, wie die Natur ihre eigene Evolution durch unsere vielen Leben vorantrieb. Der Prozess war so schön und elegant, dass er mich tief beeindruckte. Die Weisheit, Intelligenz und Liebe, die diesen gewaltigen Mechanismus des Wachstums der Spezies erschaffen und orchestriert hat, war erstaunlich. (S 20)*

Diese frühe Erfahrung der kollektiven Dynamik des Karma vertiefte sich in der gegenwärtigen Sitzungsreihe, als sich der Reinigungszyklus auf die gesamte menschliche Art ausweitete. Jetzt wurde ich Zeuge der Dynamik der Reinkarnation, die innerhalb der Evolution der *Menschheit als einer Gattung* wirkt. In der folgenden Sitzung war die Ausdehnung von Zeit und Raum enorm und markierte einen besonders tiefen Eintritt in die Wirklichkeit der subtilen Ebene

> ***Sitzung 29***
>
> *Nach Stunden einer extrem hoch-energetischen Reinigung begann ich, die physische Existenz als ein einheitliches Feld, als ein ungebrochenes Gewebe oder eine Matrix zu erleben. Einzelne Lebensformen waren Verkörperungen dieser Matrix. Meine eigene Inkarnation war eine Destillation dieses lebendigen Gewebes. Sowohl meine Tugenden als auch meine Unvollkommenheiten, meine Stärken und meine Schwächen waren Teil meiner Selbstentfaltung.*
>
> *In diesem Zusammenhang sah ich, dass der Zyklus der Reinigung nicht nur Individuen betrifft, sondern auch die Menschheit als Ganzes, die immer wieder durch die Geschichte reinkarniert. Um sich über den aktuellen Entwicklungsstand hinaus weiterzuentwickeln, reinigt das einheitliche Gewebe des menschlichen*

Bewusstseins systematisch die Altlast seiner Vergangenheit durch die koordinierte Reinkarnation von Menschen, die dieses Vermächtnis in ihre Inkarnationen tragen.

Erfährt man die menschliche Existenz als ein vollständig vereinheitlichtes Feld, macht dies das Verständnis von allem viel einfacher. Das Gefüge des Geistes, das unser individuelles Leben durchdringt und koordiniert, hat eine Logik, die unsere individuellen Perspektiven zusammenfasst. Heute löste sich die physische Realität in die ihr zugrunde liegende Matrix auf, und mit ihr verschwand die Realität der individuellen Psyche. Was ich zuvor in atomistischen Begriffen als die Entscheidung einzelner Menschen, sich zu reinkarnieren, um ihre persönlichen karmischen Muster zu bereinigen, konzeptualisiert hatte, erlebte ich nun als eine zentralisierte Entscheidung, ganze Generationen zu inkarnieren, um das menschliche Geistesfeld von kollektiven karmischen Gesetzmäßigkeiten zu bereinigen. Ich sah keine nachhaltigen Unterscheidungen zwischen Individuen, nur das Gewebe des Lebens, das in einer integrierten, vereinheitlichten Weise funktioniert.

Unsere gegenwärtige historische Periode schien eine Zeit der kollektiven Entgiftung und Heilung zu sein. Die kulturellen »Errungenschaften«, die wir gemacht hatten (Sklaverei, Rassismus, Diskriminierung, Speziesismus[4]), brachten Gifte an die Oberfläche, die tief in der kollektiven Psyche vergraben waren. Es wurde betont, dass auf diese Phase der Entgiftung etwas Neues und Aufregendes folgen würde. Bei der Inkarnation dieser Gifte ging es nicht nur um die Heilung unserer Vergangenheit, sondern auch darum, den Grundstein für eine neue Zukunft der Menschheit zu legen.

Diese visionäre Erfahrung, dass die gesamte menschliche Gattung mit einem gemeinsamen Ziel reinkarniert und die Last der kollektiven Reinigung auf sich nimmt, um eine kollektive Entfaltung voranzutreiben, eröffnete mir eine neue Welt des Verständnisses. Es war meine erste Erfahrung mit einem Thema, das sich in den kommenden Jahren wiederholen und vertiefen sollte. Diese Verschiebung der Perspektive von der individuellen zur kollektiven Absicht in der Reinkarnation erweiterte mein Verständnis für das Ausmaß der in der Geschichte wirkenden Intelligenz radikal.

Mit diesem Übergang fiel die letzte Mauer zwischen unserer individuellen Evolution und der kollektiven Evolution der Menschheit. Individuelles Karma und

4 *Speziesismus* bezeichnet die Diskriminierung von Lebewesen ausschließlich aufgrund ihrer Artzugehörigkeit, meist durch Bevorzugung der Gattung Mensch. Es ist eine tief verwurzelte Haltung, die Tiere als minderwertig einstuft, ihre Interessen ignoriert und sie ausbeutet. [A. d. Ü.]

kollektives Karma wurden füreinander völlig transparent. Ich sah, dass der Einzelne und die Menschheit sich gemeinsam in einem unglaublich subtilen und synergetischen Tanz entwickelten. Dieses Zusammenspiel von Individuum und der gesamten Menschheit wurde zum zentralen Thema von *Dark Night, Early Dawn.*

Die visionären Erfahrungen, von denen in diesem Kapitel berichtet wird, reichen so weit über den physischen Horizont hinaus, dass ich keine Beweise für sie liefern kann, außer der Möglichkeit, dass sie von anderen Reisenden wiederholt werden. Es ist eine Erfahrung, nackt und schutzlos, und dort muss sie ruhen. Und doch wünschte ich, ich könnte in mein Herz greifen und dem Leser einen Vorgeschmack auf diese Erfahrungen geben. Die Intelligenz des Universums, die in so großer Tiefe und Weite wirkt, tatsächlich zu berühren, verändert für immer die Art und Weise, wie man das Leben erlebt.

Eine Anmerkung zum Lernen - wie man in psychedelischen Zuständen lernt

Eine der großen Herausforderungen beim Eintritt in intensive psychedelische Bewusstseinszustände besteht darin, zu lernen, wie man aus Erfahrungen lernt, die alle Regeln brechen, da sie das Mögliche neu definieren. In diesen Zuständen werden unsere tiefsten Triebe oft auf den Kopf gestellt und ins Gegenteil verkehrt. Man lernt, dem Ansturm nachzugeben, ihn sogar zu begrüßen, anstatt sich vor ihm zurückzuziehen. Schmerzhafte Erfahrungen können zu etwas werden, das man sucht, anstatt es zu vermeiden. Das völlig Bizarre kann so oft zum Vertrauten werden, dass man nicht vorhersehen kann, welche Form die nächste Wendung des Lernens annehmen wird. Es kann sein, dass man in einem sich endlos wiederholenden Labyrinth feststeckt, in dem nicht klar ist, was passiert, was man tut, um diesen Stillstand aufrechtzuerhalten, oder was man tun (oder lassen) könnte, um die Situation zu verändern. Es ist vielleicht nicht einmal klar, ob man diese Situation beeinflussen kannst oder ob man sie einfach nur ertragen musst, wie der folgende Auszug verdeutlicht.

> *Egal, wie sehr ich mich bemühte oder wie viele verschiedene Strategien ich erforschte, ich konnte die auf Erfahrung beruhenden Fesseln, die mich festhielten, nicht lösen. Mein Kampf dauerte unerträglich lange. Ich versuchte es mit aktiven und passiven Strategien. Ich experimentierte mit hundert Formen der Hingabe. Ich suchte nach Wegen zum »Sterben«, was immer das in diesem Zusammenhang bedeuten mochte. Mein wiederholtes Scheitern gab mir viele Gelegenheiten, einen Schritt zurückzutreten und meine Situation neu zu bewerten. Ich ließ alles Revue passieren, was ich in den vorangegangenen Sitzungen darüber gelernt hatte, wie man diese Sackgassen überwindet. Ich wusste, dass der Tod nur eine*

Metapher für völlige Hingabe war. Ich wusste, dass man manchmal heldenhafte Entscheidungen treffen musste, bevor die Mauern einstürzten. Ich wusste, dass man manchmal wiederholt ohne Erwartungen hinschauen muss, um wirklich zu sehen, was einem gezeigt wird. Ich habe alles versucht, was ich konnte, aber nichts hat funktioniert. Ich blieb an dieser Stelle stecken, schwebte zwischen zwei Welten, die mir wie eine endlose Zeit vorkamen. (S 26)

Die Erfahrungskontexte, in denen man zu lernen herausgefordert wird, sind so extrem und so beispiellos, dass man eine neue Art des Lernens lernen muss. Durch die Praxis finde ich langsam heraus, wie ich mit diesen Zuständen arbeiten kann, wie ich mich für ihre besonderen Möglichkeiten öffnen kann, wie ich das radikal Unbekannte annehmen kann. Ich lerne, mit reduzierten Erwartungen zu schauen, zurückzutreten und zu beobachten, zu experimentieren und Synchronisationen in der Musik zu nutzen. Vor allem aber lerne ich, meine Annahmen »einzuklammern«. Einklammern der eigenen Annahmen gehört natürlich zu jedem Lernprozess, aber der Unterschied zu psychedelischen Zuständen ist der Grad des erforderlichen Einklammerns.

Alles, was man für wahr hält, kann sich als falsch erweisen. Was »undenkbar« ist, kann sich als völlig natürlich erweisen. Alles, was man glaubt zu sein, kann sich als falsch herausstellen.

Diese Art des radikalen Lernens wird von einem ganz besonderen Gefühl begleitet. Es ist ein Gefühl der Verwunderung, bei dem einem die Haare zu Berge stehen. Es ist das Wunder, an den Rand der bekannten Welt zu kommen und alles zu riskieren, indem man sich über die Kante stürzt. Auf diesem Niveau zu lernen bedeutet, die Decke des Universums zurückzuschlagen. Es ist eine völlig berauschende Erfahrung, die man nie vergisst.

Ein Blitz von »Gott«

Ich möchte dieses Kapitel mit einer letzten Erfahrung abschließen, die sich gegen Ende dieser Sitzungsreihe ereignete und die aufzeigt, wohin die Sitzungen als nächstes gehen werden. Bevor ich das tue, muss ich jedoch eine Anmerkung über eine Veränderung machen, die in der Reinigungsphase dieser Sitzungen stattgefunden hat.

Wir haben bereits gesehen, dass die Reinigung viele Formen annehmen kann. Am Anfang war es die Umkehrung meiner persönlichen Identität, dann die Umarmung der kollektiven Wucht des Ozeans des Leidens, gefolgt vom feurigen Übergang in die archetypische Realität. Es folgte die schamanische Zerstückelung und dann die ekelerregende Entgiftung, die durch den ersten Kontakt mit dem kausalen Bewusstsein ausgelöst wurde. In jedem Stadium habe ich versucht, die Logik hinter der Reinigung zu erkennen, zu markieren, was entleert wird und warum. Ab Sitzung

32 kam eine neue Form der Reinigung ins Spiel – eine tiefe Fragmentierung in Viele, die zu einem undurchdringlichen Chaos führte. Diese Fragmentierung in das Chaos setzte sich über viele Sitzungen hinweg fort und zeigte an, dass etwas Neues begonnen hatte. Jede Hingabe an das Unbekannte beinhaltet natürlich ein Element des Chaos, aber dies war mehr als das. Dies markierte ein besonders tiefes Nicht-Tun.

Anstatt zu versuchen, diese besondere Form der Reinigung jetzt zu erklären, möchte ich sie einfach zur Kenntnis genommen und ein Urteil darüber vorbehalten haben, bis wir sehen, wohin sie führt. Als allgemeine Faustregel gilt, dass man aus der Perspektive der Bewusstseinsstufe, in der man sich befindet, oft nicht verstehen kann, was in einer Sitzung geschieht. Erst nach dem Übergang in die nächste Bewusstseinsebene kann die Logik hinter einer bestimmten Dynamik deutlich werden. In diesen Prozessen müssen wir dem Universum vertrauen, ohne zu verstehen, warum sich die Dinge so entfalten, wie sie es tun. Glücklicherweise belohnt das Universum unser Vertrauen, so wie es hier der Fall war.

Sitzung 33 – Ein Blitz von »Gott«

Die Befreiung in Sitzung 32 war so tiefgreifend gewesen, dass ich nicht wusste, was mich in der heutigen Sitzung erwarten würde. Als die Sitzung begann, war ich dennoch überrascht, wieder in die Schatten der Fragmentierung zu geraten. Zusammen mit Urgesängen löste ich mich in ein äußerst unangenehmes, dunkles Chaos auf.

Der Kern der Erfahrung war, dass dort, wo vorher eine geordnete Singularität war, jetzt nur noch eine hoffnungslos ungeordnete Pluralität war. Das Chaos vertiefte sich immer weiter, bis ich verzweifelte, weil ich nicht wusste, wo es enden würde oder wie es sich jemals von selbst auflösen könnte. Ich wurde so oft über mein Limit geführt, dass es schien, als könnte das ewig so weitergehen. Ich hatte weder ein Gefühl für Inhalt noch für Dauer. Ich habe lange über die vielen Formen reflektiert, die der Tod in diesen Sitzungen annehmen kann, und heute stelle ich fest, dass das Chaos – zumindest bei mir – eine tiefere Ebene der Entwirrung ist als der Schmerz.

Ich befand mich im Chaos, ich war das Chaos, als sich plötzlich das Geschehen in einem Regen aus strahlend weißem Licht aufzulösen begann. Das Licht war widerhallende Ekstase, eine unbeschreibliche Freude. Der Übergang war unbeständig, und bald war ich wieder in Wellen der Verwirrung eingetaucht. Aus dieser Verwirrung heraus erinnerte ich mich an die Erfahrung des Lichts und konzentrierte mich darauf, und auf diese Weise verankerte ich mich schließlich in ihm. Jetzt war ich Licht, tatsächlich, ganz und absolut. Um diese Erfahrung zu begreifen, muss man nur die Erfahrung des Lichtseins begreifen, um die Weite, die Tiefe und die Gleichzeitigkeit des Lichts zu haben. Ich blieb nicht lange in diesem Zustand, aber er war der Dreh- und Angelpunkt eines reichen Nachmittags.

Von diesem unglaublichen Tag ragt eine Erfahrung über alle anderen heraus. Das Leben breitete sich vor mir aus, in einer fesselnden Darstellung von exquisiter Vielfalt, Subtilität und Finesse. Ich genoss die Pracht seiner harmonischen Komplexität, als ich plötzlich dieselbe Realität als ein einziges, einheitliches Feld erlebte. Die Einheit traf mich wie ein Blitzschlag. Die Erfahrung war so konzentriert, so intensiv, dass es mich augenblicklich jenseits aller bisherigen Bezugsrahmen katapultierte.

Dieses Erlebnis zog sich so plötzlich zurück, wie es gekommen war, und ließ mich stolpernd zurück, um die Scherben meines Geistes aufzusammeln und zu versuchen, zu begreifen, was gerade geschehen war. Als ich in der Verzückung, die dieser Rückzug hinterließ, Assoziationen herstellte, wusste ich, dass dies eine Begegnung mit einer Wirklichkeit war, die in früheren Jahrhunderten als »Gott« bezeichnet worden wäre. Gott ist Eins. Alles ist Eins. Wie naiv ich doch war. Wie völlig unvorbereitet auf das, was vor uns liegt. Die restlichen Stunden der Sitzung verbrachte ich damit, diese Erfahrung zu verdauen, die nicht länger als eine Sekunde gedauert haben kann.

Nachtrag: Platon, Jung und die Archetypen

Das Konzept der Archetypen hat eine lange und komplexe Geschichte, die von den vorsokratischen Philosophen bis zu Carl Gustav Jung reicht und von Richard Tarnas in seinen außergewöhnlichen Büchern *Idee und Leidenschaft* (1991) und *Cosmos and Psyche* (2006) kurz und bündig zusammengefasst wurde. Platon gab dem Konzept seine klassische Formulierung. Im Mittelpunkt seiner Vision der Wirklichkeit steht eine transzendente Intelligenz, die alle Dinge ordnet und informiert. Archetypen sind die zeitlosen universellen Formen innerhalb dieser Intelligenz, die der Welt ihre Struktur geben, sozusagen der »Masterplan« der Schöpfung. Platon sah diese Formen als vollkommen, unveränderlich und der Materie übergeordnet an.

In seinen frühen und mittleren Jahren betrachtete Jung die Archetypen eher psychologisch und sah sie als ererbte psychologische Strukturen im kollektiven Unbewussten, als angeborene »Handlungsdispositionen«, die der individuellen Erfahrung vorausgehen und sie prägen. Er sah sie als Verhaltenstendenzen mit bildhaften Entsprechungen, den Dominanten des kollektiven Unbewussten. In seinen späteren Jahren ging Jung einen Schritt näher an Platon heran, indem er sein Verständnis der Archetypen über den psychologischen Bereich hinaus erweiterte. Sein Studium der

Synchronizität führte ihn dazu, Archetypen als Prinzipien zu betrachten, die nicht nur in unserem Geist, sondern auch in der Natur selbst wirken und unsere inneren Erfahrungen und äußeren Umstände bedeutsam und eindrucksvoll miteinander verbinden.

Wenn ich den Begriff *archetypisch* verwende, nehme ich Anleihen bei diesen beiden Denkern, relativiere aber gleichzeitig ihre Formulierungen. Erstens verwende ich den Begriff in einem quasi platonischen Sinne, um auf eine Realitätsebene jenseits der Raum-Zeit hinzuweisen, die diese informiert und strukturiert. Ich sage »quasiplatonisch«, weil ich die »reinen Formen« oder »zeitlosen Universen«, die Platon beschreibt, nicht erlebt habe. So wie ich es erlebt habe, ist der archetypische Bereich eine lebendige Realität, die sich ständig verändert, wenn auch viel langsamer und in einer anderen Zeitordnung als die physische.

Zweitens verwende ich den Begriff in einem quasi-jungianischen Sinne, um Muster im kollektiven Unbewussten der Menschheit zu beschreiben – Muster des kollektiven Gedächtnisses, kollektives Denken, kollektives Lernen und sogar kollektive Physiologie. Wie Jung verstehe ich die kollektive Psyche als die Matrix, innerhalb derer unsere individuelle Psyche agiert und die alle unsere psychologischen, emotionalen und mentalen Prozesse untermauert und beeinflusst. Allerdings sehe ich die kollektive Psyche dynamischer an als Jung. Sie lernt und entwickelt sich im Laufe der Zeit, und deshalb sehe ich die Archetypen auf dieser Ebene als sich mit der Zeit entwickelnd. Ich betrachte sie auch zahlreicher als die relativ kleine Handvoll Archetypen, die Jung analysierte.

In dieser Hinsicht wurde meine Sicht des kollektiven Unbewussten von Rupert Sheldrake und seiner Arbeit über morphische Felder und formative Kausalität beeinflusst, die ich als zutiefst kongruent mit meiner psychedelischen Erfahrung empfinde. Aus Sheldrakes Sicht beeinflusst die kollektive Psyche, oder der Spezies-Mind, seine individuellen Mitglieder, wie Jung es vorschlägt. Sheldrake geht jedoch weiter als Jung, indem er vorschlägt, dass die kollektive Psyche auch das Lernen ihrer Mitglieder empfängt und integriert. Sheldrake stellt sich eine komplexe Rückkopplungsschleife vor, die zwischen dem Spezies-Mind und den Individuen funktioniert und es dem Spezies-Mind ermöglicht, zu lernen, wenn seine Mitglieder lernen. Das kollektive Lernen schreitet langsamer voran als das individuelle, aber wenn der Spezies-Mind schließlich eine Wahrheit begreift, breitet sich die daraus resultierende Veränderung auf die gesamte Spezies aus und führt zu schnelleren Lernkurven.[5]

Ich gehe noch einen Schritt weiter als Sheldrake und sehe den Spezies-Mind zwischen zwei Bewusstseins-Systemen liegend. Ich glaube, dass er »von unten« für die individuelle Psyche seiner Mitglieder offen ist, wie Sheldrake vorschlägt, aber

5 Rupert Sheldrake; 1981; 1988; 1991

ich sehe ihn auch als »von oben« offen für umfassendere Bewusstseinsfelder. Er lernt nicht nur von seinen individuellen Mitgliedern, sondern wird auch von umfassenderen Bewusstseinsebenen informiert, wie die in diesem Kapitel berichteten Sitzungen nahelegen. Dies wirft ein neues Licht auf das Problem der Kreativität, ein Problem, das Sheldrake zugegebenermaßen mit seiner Theorie nicht lösen kann. Wie viele hochkreative Menschen berichtet haben, wird tiefe Kreativität oft als eine Infusion von oben erlebt, und ich vermute, dass etwas Ähnliches auch ebenso weiter oben in der Großen Kette des Seins stattfindet.

ACHT

SEGNUNGEN
Sitzungen 36 bis 43

Dies war Saccidānanda,
Sein-Bewusstsein-Glückseligkeit,
die fruchtbare Leere,
Mutter aller Dinge,
Schoß des Buddha.

Sitzung 40

Nach achtzehn Monaten der Erforschung der archetypischen Realität und der Kräfte unseres kollektiven Seins war das folgende Jahr ein Jahr von außergewöhnlicher Gnade. Es war ein wahrer Segen. Es brachte Prozesse zum Abschluss, die sich seit Jahren aufgebaut hatten, als ich in die Einheit der kausalen Wirklichkeit eintrat. In dieser Hinsicht stellen diese nächsten Sitzungen so etwas wie einen Höhepunkt auf der Reise dar. Es war kein Endpunkt, sondern ein Höhepunkt, der ein neues Verständnis und eine tiefere Innigkeit mit dem Leben brachte. Dieser Höhepunkt wurde dann zum Sprungbrett für die letzten fünf Jahre der Reise.

Was folgt, sind vier der acht Sitzungen aus diesem Jahr. Ich habe sie kurz gefasst, um mich auf die wesentlichen Elemente zu konzentrieren. Die zweite Sitzung ist die längste und komplexeste, auf die ich später in diesem Kapitel eingehen werde. Der Abruf in diesen acht Sitzungen war manchmal eine Herausforderung und zeigte mir, dass ich eine neue Schwelle überschritt. Durch Wiederholungen wurde ich mit dem Terrain vertrauter und nahm seine Muster und Regeln auf.
Die Namen, die ich diesen Sitzungen gegeben habe, sind:

S 36 Der Wald
S 38 Die Geburt der Diamantenen Seele
S 40 Das Universum davonsingen
S 42 Jesus` Blut

Diese Sitzungen mitzuteilen, war schwieriger als ich erwartet hatte, und es wird wahrscheinlich in den kommenden Kapiteln noch schwieriger werden. Ich bin von Natur aus ein privater Mensch, und es fällt mir nicht leicht, Erfahrungen von so tiefer und persönlicher Freude öffentlich zu machen. Es fühlt sich an, als würde ich den Leser in mein inneres Heiligtum lassen, in den Ort in jedem unserer Herzen, an dem wir unsere wertvollsten Schätze aufbewahren. Ich gebe diese Sitzungen frei, indem ich mich daran erinnere, dass es nicht wichtig ist, dass ich diese Dinge erlebt habe, sondern dass sie für uns alle erfahrbar sind.

Sitzung 36 – Der Wald

Diese Sitzung stellte einen radikalen Sprung in Erlebnisräume dar, die absolut berauschend waren. Neue Erfahrungen und eine neue Art des Denkens öffneten sich heute.

Das Thema des ersten Satzes lautete: »Wenn du die Realität nur sehen könntest, wie sie wirklich ist!« Schicht um Schicht wurde abgetragen, während ich mich jenseits der physischen Existenz und ihren Ordnungen bewegte. Wie in den letzten beiden Sitzungen gab es keinen Schmerz und kein Chaos, nur ein allgegenwärtiges Gefühl von Desorientierung. Es fühlte sich an, als hätte ich eine kleinere Dosis LSD eingenommen. Wie konnte ich so viele drastische Übergänge erleben und trotzdem so zentriert sein? Angenommen, die Energie der heutigen Sitzung war genauso intensiv wie die früherer Sitzungen, worauf fokussierte sich diese Energie?

Im Streben nach Antworten auf diese Fragen wandte ich mich dem kleinen, hartnäckigen Rest von Unlösbarkeit zu, den ich in den beiden vorangegangenen Sitzungen bearbeitet hatte. Ich weiß nicht wie oder warum, aber kurz nachdem ich mich auf dieses Problem konzentriert hatte, öffnete es sich plötzlich und alles änderte sich. Es gab keine Erklärung; kein Inhalt tauchte auf, den ich untersuchen konnte. Ich bewegte mich einfach schnell, leise und unmerklich in eine neue Wirklichkeit. Ich betrat eine Welt, die sich nach völlig anderen Mustern bewegte als alles, was ich bisher kannte.

In dieser unversehrten Welt gab es keine getrennten »Einheiten«, keine »Dinge«. Es gab Vielfalt und Bewegung, Farbe, Gestalt und Form, aber keine Abgrenzung. Das Leben war hier nicht die Ansammlung von Teilen, sondern der harmonische Ausdruck eines einheitlichen Ganzen, das sich wie der Wind durch ein Weizenfeld bewegte. Es war, als wüsste der Weizen, dass es keine separaten Halme gibt, sondern nur »einen Weizen«, der durch Millionen von Fasern zum Ausdruck kommt.

Die Schau, die diese Erfahrung vermittelte, war die eines Waldes – tausende von Bäumen und Sträuchern, hunderte von Arten, die von den universellen Energien des Bodens und der Sonne durchströmt werden. Die Vielfalt hat die Einheit nicht zerrissen. Das Einssein drückte sich in der Vielfalt aus, ohne selbst in die Vielfalt zu fallen. »Wenn du die Wirklichkeit nur so sehen könntest, wie sie wirklich ist.« So wie ich es heute sah, war die Wirklichkeit eine sich in Vielfalt ausdrückende flüssige Energie. Es gab viele Bäume, aber nur eine einzige Lebenskraft, die sie alle durchströmte, ohne Rücksicht darauf, ob es Kiefern, Eichen oder Ahornbäume waren. Diese zugrunde liegende Quelle bringt jedes Ding ins Dasein, hält jedes Ding am Leben und nimmt jedes Ding an seinem Ende wieder auf. Sie kennt keinerlei Unterteilungen. Meine übliche geteilte Realität war völlig unwirklich. Teilung ist wahrhaftig eine Illusion.

Die Wirklichkeit, in der ich mich befand, bewahrte die Formen der Erde. Es gab Aktivität, Prozesse, Bewegung und Menschen. Alles war so, wie es normalerweise ist, nur dass es hier kein »Ich« gab, weder in mir noch in einem anderen. Ich dachte immer wieder: »Es hat sich nichts geändert, außer dass »ICH« nicht hier bin. ›ICH‹ existiere nicht.« Was für ein kosmischer Scherz! Welch, eine Erleichterung. Welche Freiheit! Hier war meine Form, meine Prozesse, meine unverkennbaren Bewusstseinsmuster, aber es war kein »ICH« zu finden. Es war einfach gegangen. Fühlen, aber kein Fühler; Denken, aber kein Denker. Was für eine ruhige, sich ausdehnende Freude. Das ging noch stundenlang so weiter.

Kollektive Tragweite

Es gab noch eine zweite Komponente, die schwieriger zu erkennen ist, aber genauso real. Ich konnte spüren, dass die sich ereignende spirituelle Öffnung nicht nur eine private Erfahrung war, sondern auch eine kollektive, die viele Leben berührte. Diese Sitzungen wurden benutzt, um etwas zu bewirken, das über mein persönliches Wesen hinausging. Jedesmal, wenn ich auf die kollektive Bedeutung dessen stoße, was ich einst als meine persönliche Arbeit betrachtete, weiche ich zurück. Ich muss einen großen Widerstand überwinden, um diesen Gedanken überhaupt zuzulassen. »Du blähst deine Bedeutung auf,« sage ich zu mir selbst. Und doch sagt mir mein Herz, dass das nicht so ist.

Um meiner Erfahrung treu zu bleiben, besteht meine erste Pflicht darin, sie so genau wie möglich aufzuzeichnen. Wenn ich dies tue, erfasse ich, dass dieses Erwachen ins Einssein ein riesiges Feld erreichte und nährte. So wie frühere Sitzungen die Gifte des Leidens aus dem kollektiven Feld des Menschen herausgezogen hatten, wurde nun das kollektive Feld mit der Erfahrung des Nicht-Selbst in angereichert. Soweit dies überhaupt eine erkennbare Gestalt annahm, bestand diese darin, sich mit dem Wegfall der Grenzen anzufreunden. Das Aufgeben der Grenzen von Rasse, von Klasse, von Nationalität, von Religion. Wo immer wir in der Geschichte Grenzen gezogen hatten, gab es Angst. Ich schien eine beruhigende Energie zu vermitteln, die das Auflösen dieser Grenzen in der kollektiven Psyche förderte. Das ging eine lange Zeit so, als Grenze um Grenze immer wie-

der wegfiel. Beruhigende Energien strömten durch mich in das menschliche Feld, die es den Menschen etwas leichter machten, sich dem Strom der historischen Ereignisse zu fügen, die die unwirklichen Trennungen, die der Mensch gezogen hatte, in Frage stellten.

Um noch etwas Persönlicheres anzumerken: ich stelle ich fest, dass die Themen, die ursprünglich in meine Inkarnation eingewoben wurden, aus der kollektiven Psyche zu stammen scheinen. Wie das funktioniert, weiß ich nicht. Was ist der Gradmesser zwischen dem Persönlichen und dem Kollektiven? Wo sind die Grenzen? Ich weiß es nicht. Aber aus der Tiefe dieser Erfahrungen heraus fühlt es sich manchmal so an, als ob meine ganze Person aus dem kollektiven menschlichen Feld stammt, wie wenn man ein eng gewebtes Tischtuch in eine stehende Form dreht. Es fühlt sich an, als ob die Themen meines individuellen Seins in diesem kollektiven Tuch fast völlig ausgeschöpft sind, dass meine Person als Instrument zur Rettung des Ganzen ins Leben gerufen wurde.

In diesem Zustand frage ich: Gibt es hier jemanden jenseits dieser kollektiven Themen? Gibt es überhaupt keine persönlichen Themen? Wo ist die Individualität meiner Seele? Gibt es keine echte Individualität? Wird sie zum Vorschein kommen, wenn sich meine Sicht auf diese neue Erkenntnis einstellt? Habe ich einfach meine Fähigkeit verloren, sie zu sehen, während ich in die Freude dieses vereinigten Feldes eintrete?

Kommentar

Der Buddhismus lehrt, dass es keine getrennten Dinge in der Existenz gibt, dass die gesamte bedingte Realität durch *Śūnyatâ,* »Leerheit« oder »Transparenz« gekennzeichnet ist. Wie der Dalai Lama in *Das Universum in einem einzigen Atom* (2005) erklärt: »Dinge und Ereignisse sind insofern 'leer', als sie niemals eine unveränderliche Essenz, eine inhärente Realität oder ein absolutes 'Sein' besitzen können, das ihnen Unabhängigkeit verleiht«. Nichts besitzt seine Existenz aus sich selbst heraus, sondern ist immer transparent für die zugrunde liegende Matrix von Ursache und Wirkung. Wenn man Leerheit erfährt, erlebt man die völlige Abwesenheit eines unabhängigen Selbst, nicht nur in der eigenen Person, sondern in der gesamten Realität. In dieser Sitzung habe ich Leerheit und Einssein als zwei Seiten derselben Medaille erfahren. Wenn wir das Universum als Eins erfahren, ist es klar, dass unabhängige, getrennte Dinge nicht existieren. Umgekehrt, wenn sich das getrennte Selbst vollständig auflöst, steigt die Einheit des Lebens spontan in unserem Bewusstsein auf.

Am Ende von Kapitel 6 habe ich gefragt: Wenn ein Mensch das Leiden anderer auf der subtilen Ebene des Bewusstseins annehmen und bis zu einem gewissen Grad lindern kann, warum hört dann das Leiden für ein Individuum immer wieder auf, während es für das menschliche Bewusstsein als Ganzes weitergeht? In dieser Sitzung wird diese Frage beantwortet. Auf die Arbeit, die Gifte von »unten« aus der kollektiven Psyche auszuleiten, folgt das Einströmen von Segnungen von »oben« in sie. Wenn wir uns in Realitätsebenen jenseits des kollektiven Geistes begeben, geben wir die Menschheit nicht auf, sondern wir werden für die Menschheit nützlicher, indem wir von einer höheren Position aus auf sie einwirken.

Sitzung 38 – Die Geburt der Diamantseele

Die tibetischen Gesänge versetzten mich in einen zutiefst chaotischen Zustand, der sehr verwirrend war. Ich erlebte keinen Schmerz, nur Verwirrung und Chaos, und dann Angst, obwohl ich nichts finden konnte, wovor ich Angst haben könnte. Die Verwirrung schien immer tiefer in mich einzudringen, sodass immer weniger »Ich« übrigblieb, an dem ich mich orientieren konnte. Die Kraft der donnernden Gesänge löste mich auf, zerbrach mich in unzusammenhängende Teile. Ich entschied mich dafür, mich dem Prozess zu öffnen und ihm zu erlauben, alles aus mir herauszuziehen, was immer er wollte.

Nach gefühlten Stunden fühlte ich mich erschöpft und völlig ausgelaugt. Jetzt herrschte Panik in dem Chaos, als sich meine Gefühle von stoischer Ausdauer zu erschöpfter Verzweiflung wandelten. »Ich kann das nicht mehr aushalten. Bitte hör auf. Bitte lass mich aufhören.« Ich war völlig überwältigt von diesen Stimmen, die mich mit ihrer donnernden Kadenz auflösten.... Ich konnte mich nicht an irgendetwas erinnern, was in der letzten Sitzung passiert war.... Ich war völlig außer mir..... Einst verzweifelt versuchend, dem Gesang zu entkommen, war ich jetzt einfach nur noch die donnernde Vibration selbst.... Und das Chanten ging weiter und weiter.[1]

Irgendwoher kam schließlich das Gefühl, dass es Zeit war, weiterzugehen, und ich signalisierte dies meinem Sitter. Ich war jedoch so verwirrt, dass ich überhaupt nicht wusste, wie es weitergehen sollte. Dann setzte die weiträumige Musik von Paul Winter ein. Als Reaktion auf ihre beruhigenden Rhythmen begann sich mein zerrütteter Geist wieder zu bewegen. Langsam bog er sich an den Rändern nach innen zurück, setzte mich in Bewegung mit tröstendem Streicheln voller Intimität. Ich fühlte mich, als ob ich ein stehender, toter Mann wäre, als ob ich gestorben war und nicht einmal genug Anstand hatte, hinzufallen. Die Bedeutungslosigkeit der Kategorie Tod fiel durch mich durch, und ich lachte.

---

1 Dieser Verlust der Erinnerung einer Sitzung, die alle früheren Sitzungserfahrungen enthält und integriert, stellt eine andere und tiefere Form des Todes dar als der Ego-Tod. In Anhang I verweise ich darauf als den Tod der schamanischen Persona.

Paradies

Aus der Mitte einer tiefen Leere heraus begann ich mich zu bewegen. Gegen die völlige Dunkelheit fühlte ich mich wie die Silhouette eines menschlichen Wesens, das in seinem Inneren völlig leer war. Die Gestalt begann sich zu bewegen, und während ich das tat, entstand um mich herum eine Welt voll Farben. Es war die Welt der Natur, der Bäume, Vögel, Gräser und Blumen. Als ich mich in dieser vertraut wirkenden Welt bewegte, begann ich sie plötzlich auf eine völlig neue Art und Weise zu erleben, die mich ganz und gar berauschte.

Ich erlebte alle ihre vielen Teile auf einmal. Die Vögel flogen zwischen den Bäumen, und die Bäume selbst waren keine separaten Gebilde, sondern fließende Fasern in einem einzigen Feld. Diese Fasern funkelten weiß und glitzerten mit einem diamanthellen Leuchten. Meine bisherigen Erfahrungen mit der Natur waren so verwässert und abgeschwächt gewesen. Ich hatte immer nur einen Teil gleichzeitig davon erleben können. Jetzt erlebte ich die ekstatische Ganzheit der Natur. Nicht eine formlose Ganzheit, die die Unterschiede zwischen den Dingen verwischte, sondern eine strahlend klare Ganzheit, die die Unterschiede bewahrte und sich an ihnen erfreute. Ich wurde nicht schnell in diese Welt hineingestoßen, sondern betrat sie Schritt für Schritt, behielt eine klare Wahrnehmung der Ereignisse bei und erfreute mich an den sich immer weiter ausdehnenden Kreisen von Erleben, die sich mir eröffneten. Welch exquisite Ekstase!

Als ich mich zu bewegen begann, merkte ich plötzlich, dass ich über Fähigkeiten verfügte, die ich mir nie hätte vorstellen können. Kapazitäten, die ich mir nie hätte träumen lassen, waren nun Teil meiner spontanen Natur. Ich war wie ein Kind im Süßwarenladen des Himmels. Es dauerte eine Weile, bis ich begriff, was da vor sich ging. Diese neuen Fähigkeiten waren eigentlich neue Wege des Bewusstseins. Ich war plötzlich in der Lage, Strukturen der Realität, Modalitäten der Existenz zu erleben, die mir Sekunden zuvor noch völlig unbekannt waren und mit denen ich in keiner früheren Sitzung in Berührung gekommen war. Alle verbleibenden unerfüllten Träume oder Bestrebungen meines gegenwärtigen irdischen Lebens fielen plötzlich als irrelevant von mir ab. Die tiefsten übriggebliebenen Sehnsüchte meines Herzens fielen einfach weg angesichts der einfachsten, elementarsten Art, auf dieser neuen Ebene bewusst zu sein.

Während ich mich durch diese Wirklichkeit bewegte, eröffneten sich mir immer neue Konstellationen von Erfahrungen, und jede brachte eine andere Art von Ekstase mit sich. Ich kann diese Erfahrungen nicht beschreiben, weil sie mit nichts bekanntem aus der Raum-Zeit übereinstimmen. Möglichkeiten taten sich schneller auf, als ich den Überblick behalten konnte. Ich wusste, dass ich nur an der Oberfläche dieses Bereiches kratzte und dass es Äonen dauern würde, bis ich sein volles Potential verstehen und ausschöpfen konnte. Ich fühlte mich wie ein Kind, überglücklich, dass mir mehr Segnungen zuteil wurden, als ich mir je hätte vorstellen können.

Die Diamantseele

Dem Sprung in der Erfahrung vom Chaos zum Paradies folgte rechtzeitig noch ein anderer Sprung, der noch größer war als der erste. Die Einsichten und Erfahrungen, die folgten, entstammen einer ganz anderen Ordnung der Wirklichkeit, und Worte werden noch weniger zufriedenstellend sein, um ein Gefühl für ihr Ausmaß oder ihre Auswirkung zu vermitteln.

Der Wegfall der Sorgen, die die Form der gegenwärtigen historischen Person mit sich trug, führte zu einem Gefühl der Neuordnung von Lebensenergie. Es war, als ob ich wieder Energien einsammelte, die über Jahrhunderte und durch viele Inkarnationen verstreut worden waren. Dabei wurde ich Schritt für Schritt zu dem, was ich gewesen war, bevor ich in die Raum-Zeit inkarniert war, aber gleichzeitig konzentrierte und klärte ich auch, was durch den Eintritt in die Raum-Zeit erreicht worden war. Es gab also sowohl das Gefühl der Rückkehr, mit einer tiefen Resonanz von Heimkommen, als auch das Gefühl der Verwirklichung, des klaren Erkennens, was der Zweck der ganzen Übung war.

Sobald der erste Übergang über meine gegenwärtige historische Persönlichkeit hinaus gemacht wurde, wurde es leichter, wieder andere Schichten von Energien neu zu sammeln. Ich spürte, dass diese anderen Schichten zu anderen Lebenszeiten gehörten, aber ich konnte keine spezifischen Details erkennen. Als ich Welle um Welle von Energie neu ordnete, stieg ich zu immer ruhigeren Ebenen der Existenz auf und in eine sich vertiefendere Intimität mit einer Intelligenz, die mit der Autorität eines »Gottes« sprach. Was auch immer ihr endgültiger Status in der kosmischen Matrix ist, sie hat mein winziges Bewusstsein zutiefst verschlungen.

Als ich durch diese Ebenen aufstieg, kehrten viele Lehren aus den Jahren der Sitzungen zurück und formten sich zu tiefgreifenden experimentellen Aufgaben. Die Teile des Puzzles fügten sich zusammen und brachten mich zu einer extrem konzentrierten Destillation von Unterweisungen. Viele der Komponenten dieser Lehre waren mir aus früheren Sitzungen vertraut, aber heute wurden sie mir mit unschlagbarer Kraft und Wirkung vor Augen geführt. Ich werde zunächst den konzeptionellen Inhalt des Unterrichts und dann die erlebten Aspekte beschreiben.

Die Lehre

Auf das Wesentliche reduziert, lautete die Lehre wie folgt: Die Materie ist die Leinwand, auf die der Geist malt. Sie ist nicht in der Lage, unabhängig von der beseelten Präsenz des Bewusstseins zu handeln und reagiert auf dessen Ausrichtung. Deshalb müssen wir, was auch immer unsere Erfahrung in der Raum-Zeit ist, den Mut haben, still zu sitzen und der Tatsache ins Auge zu sehen, dass wir nichts anderes erleben als die Manifestation unseres eigenen Bewusstseins. Egal wie schrecklich der Schmerz, egal wie entsetzlich die Ungerechtigkeit oder unergründlich die Logik ist, unsere Erfahrung in der Raum-Zeit ist der direkte Ausdruck unseres Bewusstseins in einer höheren Ordnung der Wirklichkeit.[2]

Wenn wir uns dieser schrecklichen Tatsache nicht stellen, verstehen wir die wichtigste Tatsache nicht. Die Materie ist die Leinwand, auf der wir die Kunst der Schöpfung erproben und veredeln. Sie ist das Notizbuch, in das wir Skizzen zeichnen und Möglichkeiten erforschen. Wenn unsere Erfahrung in diesem Leben verworren und von konflikthaften Kräften zerrissen ist, war es offensichtlich, dass dies durch Verschleppung von Erfahrungen aus früheren Lebenszeiten in der Raum-Zeit verursacht wurde. Die Erfahrung von Materie ist extrem intensiv und hinterlässt einen starken Eindruck im Geist. Wenn wir uns einen aufrüttelnden Film ansehen, können wir später, wenn wir zu Hause in unseren Betten liegen, Albträume haben. Ebenso übertragen sich die Eindrücke, die die physische Existenz in unserem Bewusstsein hinterlässt, auf andere Inkarnationen. Es ist, als ob wir versucht haben, zu viele Zeichnungen auf einer Seite zu zeichnen, und die Bilder sich gegenseitig stören. »Was wir sind, ist das Ergebnis aller Dinge, die wir je gedacht haben«, sagt das Dhammapada. Und doch gibt es eine Methode für diesen Wahnsinn, eine Ausrichtung für unser Experimentieren.

Wir begeben uns in die Raum-Zeit, um mit unseren kreativen Fähigkeiten zu experimentieren. Aber die Intensität der Raum-Zeit-Erfahrung ist so groß, dass wir dazu neigen, uns in den Echos der Erfahrung zu verfangen. Wenn wir nach dem Tod in unseren kosmischen Betten liegen, werden wir von unseren Träumen aufgewühlt und kehren immer wieder auf die Erde zurück, um neue Schichten in den Traum zu weben. Irgendwann kommt die Zeit, in der wir beginnen, die verwickelten Fäden unserer physischen Erfahrungen zu sammeln. Lebenszeit für Lebenszeit spulen wir die Fäden unseres Träumens zurück und sammeln die Energie all unserer menschlichen Übungen wieder ein.

---

2 Mit »*unserem Bewusstsein*« meine ich nicht nur unser persönliches Bewusstsein, sondern auch das kollektive Bewusstsein unserer Spezies, das die Grenzen definiert, innerhalb derer sich unser persönliches Bewusstsein betätigt.

Als ich die Fäden meiner Existenz zurückspulte, begann ich deutlicher zu erfahren, worum es bei der ganzen Übung der Reinkarnation gegangen war. Es ging nicht darum, was in einem individuellen Leben geschah. Es ging darum, zu lernen, wie man die Kräfte der Schöpfung kontrolliert, die uns von Natur aus innewohnen. Wir lernten, Götter zu sein, wir lernen, wie man erschafft.

Die Tatsache, dass die Materie dem Geist folgt, impliziert die Fähigkeit, die eigene physische Erfahrung durch die Kraft des Bewusstseins zu kontrollieren. Dies kann nicht auf der Ebene des Egos geschehen, sondern erfordert die kohärente Integration der Leben, die man gelebt hat. Wenn wir beginnen, auf diese früheren Leben zuzugreifen, werden zunächst ihre ungelösten Fragmente hervorgeholt, wodurch sich ihr unvollendetes Karma in unserem Leben manifestiert. Letztendlich, wie auch immer, werden mit der Zeit diese Bruchstücke jedoch geheilt und die Fäden werden neu aufgerollt. Wenn dies geschieht, werden wir innerlich kohärenter, und unsere physische Existenz beginnt, für Entscheidungen, die ihren Ursprung in unserer Seele und den tieferen Bereiche haben, von denen unsere Seele ein Teil ist, transparenter zu werden. Zu beginnen, unsere Erfahrung innerhalb der Raum-Zeit bewusst zu steuern, anstatt unbewusst von unserer Vergangenheit herumgezogen zu werden, stellt eine große Errungenschaft dar.

Dieser Schritt wurde jedoch schnell von einer anderen Erkenntnis abgelöst. In der Lage zu sein, die eigene physische Existenz zu kontrollieren war eine gute Sache. Aber zu lernen, dass die physische Existenz selbst dem Zweck diente, unsere schöpferischen Fähigkeiten zu entwickeln und zu verfeinern, das war eine Entwicklung, deren Bedeutung radikal über jede physische Lebenszeit hinausging. Das war es, worum es bei der Übung der Raum-Zeit ging. Das Ziel schien darin zu bestehen, ein voll bewusstes schöpferisches Wesen zu werden.

Die Erfahrung

Diese Entdeckungen waren nicht nur eine intellektuelle Übung, wie ich sie hier beschrieben habe, sondern eine Reihe von auf Erfahrung beruhenden Erkenntnissen. Das Sammeln der Energie aus früheren Leben führte zur bewussten Kontrolle über meine physische Existenz. Meine historische Existenz wurde für die bewusste Absicht meiner Seele transparent, mit immer weniger Komplikationen, die sich aus den Schatten ergeben, die von Resten ungelösten Karmas geworfen werden. Als ich in die nächste Ebene eintrat und entdeckte, dass der tiefere Zweck der Übung die kontrollierte Schöpfung selbst war, brach ein brillantes, diamantartiges Licht aus meiner Brust.

Jetzt verstand ich, warum es Diamantenes Bewusstsein genannt wird. Wahrhaftig, unsere Erfahrung des physikalischen Lichts ist nur eine Metapher für die Intensität und Brillanz dieser Energie. Es hatte die Eigenschaften von brillantem Licht, eine funkelnde Leuchtkraft, aber auch eine perfekt ausgerichtete Dichte. Dieses Bewusstsein war extrem konzentriert, wie ein Laser, aber gleichzeitig völlig transparent. Es war perfekt fokussierte Kraft. Plötzlich wusste ich, dass all meine Erfahrungen in der Raum-Zeit über all die Jahrhunderte hinweg der Kultivierung dieser Diamantenergie dienten. Deshalb bin ich hier, deshalb sind wir alle hier, um zu lernen, wie man diese außergewöhnliche Kraft bewusst kontrolliert.

Lasst mich zu einer anderen Ebene der Erfahrung zurückkehren. Während ich meine Leben neu anpasste und durch verschiedene Ebenen aufstieg, trat ich auch in einen intimen Dialog mit einer Präsenz, die mich ansprach. Sie kommunizierte mit mir und »sprach« zu mir in Botschaften, die ich nur manchmal in Worte fassen kann. Sie erklärte mir, was ich erlebte, nicht so sehr mit Worten, sondern mit direkter Beleuchtung.

Als ich den Punkt des Diamantenen Lichts erreichte, wurde ich jenseits der physischen Existenz und jenseits der Bardo-Echos der physischen Existenz angehoben. Es fühlte sich an, als hätte ich alle meine Inkarnationen auf der Erde neu ausgerichtet, als hätte ich alle meine Erfahrungen in der Dualität wieder zusammengeführt. Von diesem Punkt aus, der den Duft sowohl von vor als auch nach der physischen Existenz trug, beleuchtete die Präsenz für mich das menschliche Projekt. Mit den tiefsten, zärtlichsten Worten eines göttlichen Elternteils sagte sie:

»Geht und erschafft, Meine Kinder«.

Sie entließ uns in einen Kosmos der viele Gefilde enthielt. Dasjenige, aus dem ich gerade wieder aufgetaucht war, war nur eines von vielen Universen, von denen einige physisch waren, andere nicht. Wir waren kleine Aspekte dieses Wesens, wahrhaftig seine Kinder, von derselben Art, nur kleiner in Größe und Kapazität.

Nachdem ich gerade von einem Aufenthalt von unzähligen Jahren in der Raum-Zeit zurückgekehrt war, wusste ich, dass unsere schöpferische Fähigkeit enorm ist. Ich wusste auch, dass unsere Fähigkeit, Zerstörung und Schmerz zu verursachen, ebenfalls enorm ist. Und doch ließ uns dieses Wesen frei und setzte unseren kreativen Entscheidungen keinerlei Grenzen. Unsere absolute Freiheit schien ihm genauso wichtig zu sein wie unsere schöpferischen Fähigkeiten. Unserem Lernen wurden keine Grenzen gesetzt. »Geht und erschafft, Meine Kinder«. Wie großzügig und schrecklich die Bedingungen. Wie unermesslich die Weisheit hinter dieser Aufgabe.

Ich unterschied mich von meiner Umgebung, und der Unterschied war das Licht, das aus mir herausleuchtete. Es war das, was ich jetzt war – ein definierter Fleck aus unendlich dichtem, transparentem Diamantlicht. Ich war in die Raum-Zeit eingetreten, um das zu verwirklichen. Ich konnte viele Universen um mich herum spüren, die ich erforschen und in denen ich wachsen konnte. Ich fühlte die Wahrheit der alten Mandalas, die mehrere Universen darstellen, die alle von einem Kader von Gottheiten überwacht werden, die sich jeweils auf ein anderes Projekt konzentrieren. Auch hier ging es darum, das eigene Potential zu erweitern und zu verfeinern, mehr zu werden durch die disziplinierte Ausübung von Aufmerksamkeit.

»Geht und erschafft, Meine Kinder«. Die Möglichkeiten waren unendlich. Ich fühlte mich in einen Zustand ungeteilter Ganzheit in mir selbst zurückkehren. Ich sammelte Aspekte, die aus anderen Bereichen zu stammen schienen und erklomm eine Ebene nach der anderen, bis ich das Gefühl hatte, allein mit der Quelle meiner Existenz zu sein, schwebend zwischen den Welten. Die Wärme dieses Wiedersehens durchtränkte mich bis auf die Knochen. Dieser Friede kann nicht beschrieben werden.

Mehr kann ich an dieser Stelle nicht sagen, außer, dass die Erfahrung sowohl persönlich als auch kollektiv war. Es fühlte sich an, als ob sich ein riesiges Knäuel verflochtener Fäden, die nicht in meinem privaten Leben begannen oder endeten, in diesem Licht auflöste. Die Fäden, die ursprünglich in mein Wesen geflochten waren, stammten zu einem großen Teil aus dem Kollektiv, und als sich dieser verworrene Knoten im Licht auflöste, floss die Leuchtkraft in das Feld des menschlichen Gesamtbewusstseins und verbreitete sich tief in die Fasern des kollektiven Unbewussten meines Volkes.

Kommentar

Ich werde diese Sitzung später im Kapitel besprechen, aber hier möchte ich darauf hinweisen, dass es eine gewisse Spannung gibt zwischen der Erfahrung dieser Sitzung einer wahren Individualität, die durch Reinkarnation entsteht, und der Erfahrung eines nondualen Bewusstseins in Sitzung 36, das nirgendwo in der Welt ein separates Selbst sieht. Meine Sitzungen umarmen diese Spannung. Ihre konsistente Schau ist, dass diese entstehende Diamantseele vollständig mit der Leere vereinbar ist. Diese post-egoische Individualität ist kein statisches, unabhängiges oder geschlossenes

Gebilde, sondern »nach allen Seiten offen«. Sie lebt in ständigem Austausch mit der Welt.[3]

Sitzung 40 – Das Universum wegsingen

Die Kategorien dieser Sitzung waren ohne Beispiel und schienen fast eine völlig andere Gattung von Erfahrungen zu repräsentieren. Mein Resümee wird daher die Fremdartigkeit dieser heutigen Erfahrung nicht angemessen widerspiegeln, und meine dürftige Zusammenfassung erreicht bei Weitem nicht aus, um alles darzulegen.

Die Musik stammte vom bulgarischen Frauenchor – »Le Mystère des Voix Bulgares«. Schon früh gab es ein Gefühl für ein Thema: »Heute arbeiten wir an der Versöhnung mit dem Weiblichen.« Dies betraf viele Facetten – gegenwärtige und frühere Leben, menschliche Frauen und archetypische weibliche Kräfte. Eine Vielzahl von Störungen zwischen mir selbst und den innewohnenden Kräften des Lebens wurden hervorgerufen und bearbeitet. Der scharfe Gesang entlockte mir viele unangenehme Erfahrungen aufdringlicher Frauen, die alle miteinander vermischt waren. Diese Erfahrungen vertieften und veränderten sich, je tiefer der Gesang mich in einen seltsamen Zustand versetzte. Mit der Zeit verblasste das Unangenehme und wurde durch Faszination ersetzt, dann durch völlige Absorption.

Irgendwann tauchte inmitten der Fremdheit das Thema meines Todes auf. Es schien irgendwie passend zu sein, dass nach all den massiven Schmerzen, die ich in diesen Sitzungen ertragen hatte – Kriege, Folter, physische Gewalt – mein Tod heute von Frauen hervorgerufen wurde. Eine völlige Umkehrung (wieder). Das Thema Tod vertiefte sich immer mehr, bis ich merkte, dass ich zu sterben begann. Es schien langsam zu gehen und sehr lange zu dauern. Ich wusste, dass ich von einem Prozess verschlungen wurde, der absolut keine Spuren hinterlassen würde. Ich hatte gerade genug Gelassenheit, um zu wissen, was geschah, um mich auf den Prozess einzulassen. Ich weiß nicht, ob ich ihm hätte widerstehen können, aber ich habe es nicht versucht. Es war anders als alles, was ich je zuvor erlebt hatte. Der Tod war einfach da und nagte an meiner Seele.

Ich bin nicht überstürzt oder mit einem Gefühl der Verzweiflung gestorben, wie ich es erwartet hatte, sondern stattdessen einfach an einem Punkt durch einen definitiven Übergang in einen neuen Zustand geglitten. Es war so leicht. Die Verwandlung war zwar nicht dramatisch, aber tiefgreifend. Der Zustand des

3 Siehe Dark Night, Early Dawn, Kapitel 9, »The *Fate of Individuality*« (Bache 2000), und »Reincarnation and the Akashic-Field: Ein Dialog mit Ervin Laszlo« (Bache 2006).

Todes war weitläufig und glückselig. Ich hatte viele Visionen von einem tiefen Raum, der mit himmlischem Licht gefüllt war. Ich war so dankbar, tot zu sein, und diese Dankbarkeit und Weite bildeten den Hintergrund für alles, was folgte.

Mein Zustand ist schwer zu beschreiben, weil er für mich so neuartig war. Ich befand mich weder in der intensiven Ekstase des himmlischen Paradieses wie in Sitzung 38, noch war ich in die bildreichen kosmologischen Visionen früherer Sitzungen vertieft. Heute war einfach der Tod, wie ich Tod noch nie erlebt habe. Der Tod versetzte mich in einen Zustand, der einfach durch grenzenlose Weite und ekstatische Wertschätzung gekennzeichnet war. Ich war so dankbar, dort zu sein, wo ich war, so dankbar, gestorben zu sein. Der Gesang trug mich tiefer und tiefer in diese Erkenntnis hinein. Es war, als hörte ich die Stimme von Gott, die mich in ihr Universum sang.

Ich blieb mehrere Stunden in dieser Wirklichkeit. Ich kann, außer den oberflächlichsten Überresten, nicht beschreiben, was ich hier erlebt habe. Es ist trivial, z.B. zu beobachten, dass dieses Universum viele Ebenen hat, aber ich erlebte eine Bewegung durch viele Ebenen, die ich als archetypisch erfuhr und dann als jenseits von archetypisch.

Dann geschah etwas, das mich verblüffte und fesselte. Ich verfolgte den Gesang, als plötzlich das gesamte Universum zu verschwinden begann. Der Gesang löschte das Universum mit wenigen Takten einfach aus, löste es sanft und ortlos auf. Ich wusste nicht, wo ich war. Ich befand mich in einem Bereich, der bis auf die schwachen Spuren des Gesangs im Hintergrund völlig inhaltslos war. Ich war mir meiner selbst bewusst, aber gleichzeitig schien mein Bewusstsein unendlich zu sein. Die Glückseligkeit hielt mich lange Zeit gefangen, obwohl die Kategorie »Zeit« aufgehört hatte zu existieren.

Ich wusste intuitiv, dass der Gesang mich den ganzen Tag hierher geführt hatte und dass dies mein Ziel war. Dies war Saccidānanda, Sein-Bewusstsein-Glückseligkeit, die fruchtbare Leere, die Mutter aller Dinge, der Schoß Buddhas. Ich war verblüfft und unendlich dankbar.

Mit der Zeit schwand das Erleben von jenseitiger Leere und inhaltsreiche Erlebnisse kamen zurück, aber die Echos und die Glückseligkeit des Formlosen sättigten alles, was folgte. Lange Zeit lag ich still da, völlig verzaubert vom Gesang dieser wunderbaren Frauen, deren Stimmen zu der Stimme eines das Universum wegsingenden Gottes geworden waren. Inhalt kehrte zurück, aber ich kann nicht viel mehr als seinen Duft beschreiben. Es war feierlich, anerkennend, extrem klar, und feminin.

Letztendlich ist das, was aus dem heutigen Tag hervorgeht, folgendes: der Tod, große Dankbarkeit, außerordentliche Klarheit, und vor allem die Auflösung des Universums und der Stimmen, die es wegsangen.

Kommentar

Im Hinduismus ist Saccidānanda der Name für die Erfahrung der ultimativen Realität. Das Wort setzt sich aus drei Wurzeln zusammen, die die Essenz dieser Erfahrung ausdrücken: Sat-chit-ananda – unendliches Sein, unendliches Bewusstsein und unendliche Glückseligkeit. Im Buddhismus bezieht sich der Schoß des Buddha auf die unendliche Quelle aller Existenz. Wie Anne Klein in ihrem Buch *Meeting the Great Bliss Queen* beschreibt, ist der Buddha-Schoß die unendliche Weite, aus der alle Existenz hervorgeht. Sie zitiert den großen tibetischen Weisen Padmasambhava aus dem 8. Jahrhundert, der sagte:

Dies ist die Grundlage für jedes Kommen und Gehen
Der Ort, an dem alle Existenz entsteht,
der Schoß von Mutters Gefährten.[4]

Diese Erfahrung der Leere im Jenseits wurde durch eine frühere Erfahrung der Leere vorweggenommen, die zwei Jahre zuvor in Sitzung 23 stattgefunden hatte, der Sitzung, die die erste Vision des Masterplans für die Menschheit enthielt. Es hätte den Fluss der Erzählung gestört, sie in diese Diskussion aufzunehmen, daher füge ich sie hier als Ergänzung zu dieser Sitzung hinzu.

Die Leere (Sitzung 23)

Während des historischen Überblicks, in dem ich Einblicke in die größeren Entwicklungen der Menschheit erhielt, geschah etwas, das mir helfen sollte, das Erlebte zu relativieren. Ich befand mich in einem Bewusstseinszustand, der sich am besten als »uralt« beschreiben lässt. Bei der Betrachtung dessen, was sich über Milliarden von Jahren entwickelt hatte und was in der Zukunft der Menschheit entstehen würde, befand ich mich nicht so sehr im materiellen Bereich als vielmehr in einem Bereich, der für die Erzeugung der materiellen Realität verantwortlich war oder ist. Materie existiert immer zu einem bestimmten Zeitpunkt, aber ich umfasste viele Zeitmomente gleichzeitig und war somit über die Zeit hinaus ausgedehnt. Die Erfahrung trug ein Gefühl von »zeitgefüllt« oder »alt« mit sich.

4 Klein 1995, 177.

In der Mitte dieser großen Tour war es so, als hätte ich gesagt, »Nur um das in die richtige Perspektive zu rücken«, und dann geschah das Außergewöhnlichste. Das physische Universum begann sich zusammenzufalten und zu verschwinden. Es war so einfach, wie wenn man nach den Feiertagen den Weihnachtsschmuck wegräumt. Das physische Universum, Planeten, die vor Leben strotzen, ganze Galaxien, in denen es von Leben wimmelt, begannen sich zusammenzufalten und verschwanden in einem Hintergrund der totalen LEERE. Ich erkannte sofort, dass dies die ursprüngliche Leere war. Mir wurde gezeigt, dass Materie und Zeit letztlich nicht real sind, dass sie aus etwas Realerem hervorgehen und in jedem Augenblick von etwas getragen werden, das irgendwie völlig formlos ist.

Als das Universum mit jeder Falte kleiner wurde, konnte ich sehen, wie Milliarden von Lebensformen in die Leere verschwanden, und in mir erhob sich ein Protest. Ich wollte nicht zulassen, dass diese herrlich schöne Form, die in Milliarden von Jahren der Evolution so sorgfältig hergestellt worden war, verloren ging. In der Tat war es meine Liebe zum physischen Universum, die diese extreme Lektion auszulösen schien – um den Bann zu brechen, den die physische Schöpfung auf mich ausübte, so wie ich sie in der weiten Ausdehnung der evolutionären Herrlichkeit gesehen hatte. Meine Proteste änderten jedoch nichts, und die berstende Vitalität des Universums wurde mit jeder Falte schwächer.

Während das Universum immer weiter schrumpfte, begann sich meine Erfahrung zu dem zu verlagern, was es verschluckte. Was im Hintergrund gewesen war, trat in den Vordergrund und nahm meine Aufmerksamkeit in Anspruch. Es war ein SCHWEIGEN, wie ich es noch nie erlebt hatte. Es war STILLE, stiller als ich es je erlebt hatte. Und das Seltsamste war, dass ich ihr Auftauchen als ERINNERUNG erlebte. Ich erinnerte mich an etwas, zu dem ich vor Milliarden von Jahren den Kontakt verloren zu haben schien. Der Schock, sich an etwas so Altes zu erinnern, machte mich fassungslos. In einer Sekunde veränderte sich mein Gefühl für das, was ich war, völlig. Unsere Erinnerungen definieren die Grenzen unseres Seins. In einer plötzlichen Bewegung erinnerte ich mich an ein Meer unendlicher Formlosigkeit, die die Quelle von aller Form war, einschließlich meiner eigenen Gestalt, und ich wusste, dass dies das war, was »ICH« an der Wurzel war.

Das physische Universum verschwand nicht vollständig. An einem Punkt wurde das Zusammenfalten einfach gestoppt, und ich frage mich, was passiert wäre, wenn man ihm erlaubt hätte, weiterzumachen. Nur dieses teilweise Verschwinden in die Leere war jedoch ausreichend, um den Bann der Materie zu brechen und mich mit Gefühlen paradoxer Fülle zu überfluten.

Zwei Monate nach Sitzung 40 und der formlosen Glückseligkeit von Saccidānanda tauchte in Sitzung 42 eine andere Manifestation des Einsseins auf – die warme Umarmung der kosmischen Liebe.

Sitzung 42 – Jesus\` Blut

Als ich wieder in den Gesang von »Le Mystère des Voix Bulgares« einstieg, versetzten mich die dicht gedrängten Harmonien wie schon zuvor in einen intensiven Zustand der Pluralität. Diesmal ließ ich mich auf die Erfahrung ein und erlaubte mir, viele zu werden, anstatt nur ich zu sein. Das ging lange Zeit so weiter und führte mich an viele Orte, die für mich jetzt nicht wichtig sind. Schließlich bat ich darum, die Musik zu wechseln, und »Jesus' Blood Never Failed Me Yet«[5] *wurde gespielt. In den nächsten Stunden trug mich diese sich wiederholende Hymne an die Menschlichkeit in eine der befriedigendsten Erfahrungen, die ich je in einer Sitzung gemacht habe.*

Mitten in den kraftvollen Strömen der Pluralität begann ich ein weißes Licht zu erleben, zuerst an den Rändern, dann in der Mitte. Allmählich lösten sich die Ströme des Lichts auf. Die Erfahrung, viele zu sein, wurde zu einer Erfahrung, die sich nahtlos auf das ganze Licht ausdehnte, und ich fühlte, wie mich Wellen der Dankbarkeit durchströmten. Ich war zutiefst dankbar, dort zu sein, wo ich war. Wie freundlich war das Universum. Wie unbedeutend mein Tod. In diesem Akt war die Kategorie »Tod« als unangemessen verworfen worden. Von da aus, wo ich jetzt stand, kam mir das Ego einer getrennten Existenz wie eine Last vor, die ich gerne abgeworfen hätte. Wie verarmt seine Kapazität für Erfahrung. Wie eng seine Vision. Genug davon; lass mich in den Feldern des Herrn spielen.

Ich erinnere mich, wie ich die zerbrechliche Stimme des Obdachlosen hörte, der seinen Glauben an Gott besang. Als ich ihm zuhörte, öffnete mich seine Stimme für die Menschheit, und plötzlich war ich eins mit uns allen, angefangen bei den Verlorenen und Armen, mit den Ausgestoßenen und Übersehenen. Die warmen Ströme des Refrains trugen alle ins Licht, so wie alles den inneren Glanz des ewigen Lichts annahm und für diese Erkenntnis transparent wurde. Ich war die ganze Menschheit und die ganze Menschheit war das Licht. In diesem Licht bewegte ich mich wie eine Strömung im Ozean, sowohl alles und doch auch mit meinen eigenen unverwechselbaren Mustern.

So weit, so frei. Indem ich einfach wurde, begann sich mein Erleben zu öffnen. Obwohl ich ein Individuum war, reichte ich plötzlich über unvorstellbare

---

5 *Jesus' Blood Never Failed Me Yet* von Garvin Bryars

Entfernungen indem ich »unkompliziert« wurde, ich öffnete mich in unvorstellbare Tiefen. Breite und Tiefe waren unterschiedliche Dimensionen der Erfahrung, jede mit ihren eigenen Merkmalen.

BREITE öffnete mich für die Welt der Menschen; sie trug mich über meine individuelle Erfahrung hinaus in einen zugrunde liegenden Fluss kollektiver menschlicher Erfahrung. Hier wurde ich und die Vielen eins. TIEFE öffnete mich für etwas ganz anderes. Durch diese Art des Bewusstseins kamen alternative Universen in den Blick, alternative Realitätsebenen, die dem physischen Universum zugrunde liegen, wurden präsent.

Ich kann gar nicht stark genug betonen, wie erfahrbar diese Veränderungen waren. Der Reichtum all dieser Modalitäten von Erfahrung nahm mir den Atem. Nachdem ich meine Grenzen verloren hatte, breitete ich mich in diesem Erfahrungsfeld aus, wie Wellen, die sich über einen See ausbreiten, wie Klang, der sich in der Luft ausbreitet. Die resonanten Texturen der Musik vibrierten durch mich, und ich schien mehr eine Vibration als etwas anderes zu sein – definitiv an einem »Ort« präsent, aber nach allen Seiten offen.

Göttliche Liebe

Stundenlang badete ich in diesem Zustand der Gnade. Dann begann ich etwas Neues zu erleben. Eine überwältigende Liebe umgab mich und bewegte sich in einer spürbaren Umarmung durch mich hindurch.

Als ich anfing, die Grenzen dieser Liebe zu spüren, wurde mir bewusst, wie wenig Liebe ich als Kind erfahren hatte. Als mir dies klarer wurde, erkannte ich den Kontrast zwischen dem enormen Schmerz, den ich in den Sitzungen auf mich genommen hatte, und der Abwesenheit von uneingeschränkter Liebe in meinem frühen Leben. Die Diskrepanz zwischen dem, was ich für andere getan hatte, und dem, was nicht für mich getan worden war, trat schärfer in den Fokus. Ich schaute tief in dieses Paradoxon hinein, versuchte, seine scharfen Kanten zu ergründen, und als ich das tat, sah ich, dass das Fehlen einer tiefen Liebe in meinem frühen Leben notwendig gewesen war, um den Schmerz zu säen, der mich in meinem Leben so unerbittlich antrieb. Ich sah, dass mein Wunsch, den Schmerz in meinem persönlichen Leben zu beenden, mich motiviert hatte, den Schmerz im Leben anderer zu beenden.

Als ich das Ergreifende dieser einfachen Tatsache fühlte, öffnete sich plötzlich etwas und ich fühlte eine tiefe Liebe, eine Kosmische Liebe, die meiner Inkarnation vorausgegangen war. Eine Präsenz erinnerte mich an die Liebe, die mich dazu getrieben hatte, diese Inkarnation anzunehmen. In dieser Gegenwart erinnerte ich mich an eine Entscheidung, die ich getroffen hatte, und als ich das tat, wurde ich in eine kosmische Umarmung hineingezogen. Ich wurde dort gehalten und gestreichelt. Noch nie habe ich eine solche Liebe erlebt. Sie durchströmte mich, füllte jeden Spalt, ließ jeden Schmerz schmelzen. Ich weinte, als die Liebe tiefer und tiefer in mich eindrang und Orte wärmte, die so viele Jahre lang kalt waren.

Die Präsenz teilte mir irgendwie ein Wissen mit, das in etwa sagte: »Dachtest du, wir würden dich bitten, dies unbewacht zu tun, diese Liebe warte nicht auf dich?« Und nun war mein ganzes Wesen von Liebe umhüllt, und die Abwesenheit der Liebe war nur eine vorübergehende Bedingung, die erforderlich war, um einen größeren Fluss der Liebe in meiner Spezies wiederherzustellen, einen Fluss, der nun unaufhörlich floss.

Ich weinte leise Tränen. Ich weinte, weil ich wieder in diesem ursprünglichen Zustand war. Ich weinte, weil ich wieder zu Hause war. Ich wurde schließlich geliebt. Ich wurde geliebt und wir waren Eins. Niemals würden wir wieder getrennt sein.

Kommentar

Die Verbindung zwischen den Segnungen, die ich in diesen vier Sitzungen erhielt, und meiner früheren Arbeit im Ozean des Leidens wurde in der nächsten Sitzung deutlich gemacht. Dabei wurde die uralte Lehre bestätigt, dass alles, was wir für andere tun, schließlich in der einen oder anderen Form zu uns zurückkommt, weil wir im Kern eins sind. Wenn wir die Gnade dieser Rückkehr erfahren, entsteht ein ungewöhnliches Gefühl der Dankbarkeit dafür, dass wir im Namen anderer leiden durften.

Ich sah, dass es einen direkten Zusammenhang zwischen dem Ausmaß des im Ozean des Leidens gereinigten Schmerzes und dem Ausmaß des Lichts gibt, das jetzt in mir zu explodieren beginnt. Indem ich in das kollektive Gewebe der Menschheit eingetaucht bin, indem ich ihren Schmerz auf mich genommen und ihr Gift aus dem menschlichen System gezogen habe, beginnt mein Wesen nun, spontan die höhere Energie zu manifestieren, die in ihm entsteht. Heute habe ich gespürt, dass dieses Licht in vielen noch kommenden Sitzungen in mich eindringen wird, aber dass es irgendwie schon da ist, schon »gewonnen« durch diese Reinigung. Etwas, das auf mich wartet, wenn ich sterbe, beginnt sich seinen Weg in mein verkörpertes Bewusstsein auf der Erde zu bahnen. Ich bin zutiefst

> *dankbar, dass mir die Möglichkeit gegeben wurde, so viel Reinigung auf mich zu nehmen, wie ich es getan habe. (S 43)*[6]

Unabhängig davon kann ich jetzt eine Frage abschließen, die ich in Kapitel 7 offengelassen habe. In Sitzung 33 hatte die Erfahrung, sich in Viele aufzulösen, eine Krise der Desorientierung und des Chaos ausgelöst. Jetzt, in Sitzung 42, fließe ich leichter mit dieser Erfahrung, was darauf hindeutet, dass diese besondere Grenze erfolgreich überwunden worden ist. Das Viele-Werden auf der archetypischen Ebene scheint ein letzter Schritt in das kausale Einssein gewesen zu sein, Teil einer systematischen Übung der Ausdehnung vom Klein-Sein (dem egoischen Selbst) zum archetypischen Viele-Sein, zum Alles-Was-Ist-Sein.

Reflexionen

Zusammengenommen fühlten sich diese vier Sitzungen wie der Schluss eines Kreises an. Sie gaben mir ein Gefühl tiefer Vollendung, ein Gefühl, Segnungen für geleistete Arbeit zu erben. Ich hatte dem Universum etwas gegeben, was meine Aufgabe war, und nun hatte das Universum mir mehr Schätze zurückgegeben, als ich halten konnte. Ich fühlte mich gänzlich und vollkommen zufrieden.

Während ich diesen Bericht viele Jahre später schreibe, wird mir der größere Bogen meiner Erlebnisse bis zu diesem Punkt klar. Zwei Jahre intensiver körperlicher und psychischer Reinigung hatten damit geendet, dass mein Ego von innen nach außen gekehrt und aufgebrochen wurde. Dann begann die tiefere Arbeit, die von meiner Seele vor meiner Geburt gewählt wurde. Ich blieb zwei Jahre lang im Ozean des Leidens, um Wut und Gewalt aus der kollektiven menschlichen Psyche zu ziehen. Dafür erhielt ich zwei Geschenke: Ich erlebte mein ganzes Leben von Anfang bis Ende und wurde dann tief in die Pracht unseres Universums geführt. Als der Ozean des Leidens endete, wurde ich für eineinhalb Jahre in die archetypische Realität und die kollektiven Bereiche der Menschheit katapultiert. Und nun die Segnungen des Einsseins, der Diamantseele, der fruchtbaren Leere und der Kosmischen Liebe.

Die Poesie dieser vier Sitzungen macht weitere Kommentare überflüssig und vielleicht sogar unerwünscht. Erfahrung übertrumpft immer die intellektuelle Analyse, und meine Kommentare fühlen sich immer an, als ob ich einen Gang zurückschalten würde. Und doch habe ich mich immer dafür verantwortlich gefühlt, diese

---

6 Der spanische Mystiker Johannes vom Kreuz aus dem 16. Jahrhundert drückte einmal eine ähnliche Empfindung aus: »Die Seele, die mit einem unbesiegbaren Mut ausgestattet und von dem leidenschaftlichen Wunsch erfüllt ist, für ihren Gott zu leiden, wird dann von einer seltsamen Qual ergriffen – der Qual, nicht genug leiden zu dürfen« (*Oeuvres*, ii; zitiert in James [1902] 2002, S.320).

Erfahrungen nicht nur zu machen, sondern mein Bestes zu tun, um sie zu verwerten. Die bedeutungsvollsten Teile bedürfen vielleicht gar keiner Analyse, aber anderen Teilen kann es helfen, wenn sie untersucht und geklärt werden. Dies gilt insbesondere für das Konzept der Diamantseele, das in den kommenden Kapiteln eine wichtige Rolle spielen wird. Ich denke, dass dies auch ein guter Ort ist, um etwas anzusprechen, worüber ich bis jetzt noch nicht gesprochen habe – wie meine Sitzungen das Leben meiner Studenten berührten, die nichts von meiner psychedelischen Praxis wussten. Somit werde ich also in diesen kurzen Betrachtungen folgende drei Themen ansprechen:

1. Sterben und kausales Einssein
2. Das lebendige Klassenzimmer
3. Die Geburt der Diamantseele

Sterben und kausales Einssein

Die Erfahrung des Sterbens hat sich in diesen vier Sitzungen in einer Weise verändert, die ein interessantes Licht auf die Natur der kausalen Realität wirft. Das Sterben hat sich in dreierlei Hinsicht verändert. Erstens scheint es in einigen Sitzungen leichter zu sein, zu sterben.

> *Es gab keine Erklärung, kein Inhalt tauchte auf, den ich untersuchen konnte. Ich bewegte mich einfach schnell, leise, mühelos in eine neue Realität. (S 36)*

> *Ich bin nicht, wie ich erwartet hatte, mit einem Gefühl der Verzweiflung gestorben, sondern bin einfach an einem Punkt durch einen endgültigen Übergang in einen neuen Zustand geglitten. Es war so einfach. (S 40)*

Zweitens ist das Sterben irgendwie zu einer neuen Erfahrung geworden: *»Es fühlte sich anders an als alles, was ich je zuvor erlebt hatte«* (S 40). Dieses Gefühl war so verblüffend, dass ich mich nach der Sitzung fragte, wie das möglich sein kann. Wie kann sterben nach so vielen Sterbeerfahrungen zu etwas wahrhaft Neuem werden? Und drittens wird in einer Sitzung sogar das Konzept des Todes selbst als nicht mehr relevant verworfen: *»Wie unbedeutend mein Tod. In dieser Tatsache wurde die Kategorie 'Tod' als unangemessen verworfen«* (S 42). Ein grundlegendes Konzept, das ich zur Interpretation dieser Erfahrungen verwendet habe, scheint sich aufzulösen, aber warum?

Die Erfahrung des Sterbens verändert sich. Ich denke, weil ich in diesen Sitzungen in die kausale Realität eintrete und die kausale Realität nach anderen Regeln als andere Ebenen der Realität funktioniert. Auf der kausalen Ebene bewegt sich die Welt als Eins. Im transparenten Wald, in der funkelnden Leuchtkraft der außersamsarischen Wirklichkeit, in der formlosen Glückseligkeit von Saccidānanda, in der warmen Umarmung von Kosmischer Liebe, offenbart die Welt ihr unauflösliches Einssein. Auf dieser Ebene des Bewusstseins ist die Welt immer ganz in sich selbst, und die Logik der Ganzheit unterscheidet sich von der Logik einer Welt in Stücken, selbst von den großen Stücken der subtilen Ebene der Realität.

Wenn das Sterben diese ausgesprochen mühelose Qualität hat, ist es so, als ob Anstrengung der absoluten Wahrheit der Wirklichkeit, in die man eintritt, widerspräche. Das kausale Einssein hat eine *bereits vorhandene* und eine *Alles-auf-einmal-Qualität.* Das Einssein auf dieser Ebene ist nicht etwas, in das man nach und nach eintritt, sondern es entsteht ganz und gar. Wenn die Dualität so tief aufgelöst wird, wird die Anstrengung ausgelöscht, denn Anstrengung bedeutet Trennung. Da es im Einssein keine Trennung gibt, kann es auch keine Anstrengung geben. Man stürzt einfach in sie hinein. In ähnlicher Weise verschwindet der Tod als Interpretationskategorie, weil wir im Einssein entdecken, dass das Leben niemals aus getrennten Teilen bestand, sodass es keinen Tod eines Teils geben kann. Hier stirbt nur die Illusion. Auf diese Weise wird das Sterben zu einer neuen Erfahrung, die sich von allem bisher Erlebten unterscheidet.

Das kausale Einssein setzt alle unsere Annahmen außer Kraft: »*Wenn Du nur die Wirklichkeit sehen könntest, wie sie wahrhaftig ist!*« (S 36). Sie ist so anders als alles, was wir bisher gekannt haben, dass sie uns überrascht: »*Was für ein kosmischer Witz!*« Und meine Antwort auf diesen Witz?

> *Ich war so dankbar, tot zu sein,... fassungslos und ewig dankbar. (S 40)*

> *Ich weinte, als ich wieder in diesem Zustand war. Ich weinte, als ich nach Hause gebracht wurde. Ich wurde letztendlich geliebt und wir waren Eins. (S 42)*

Wenn wir einmal zum Einssein zurückgekehrt sind, wäre es schön, wenn alle Übergänge ab diesem Zeitpunkt leicht wären, aber das war nicht meine Erfahrung. Manchmal war der Tod in zukünftigen Sitzungen leicht, aber manchmal wurde die Reinigung wieder heftig. Selbst nachdem ich in das kausale Einssein übergegangen war, kehrten Episoden intensiver Destrukturierung zurück. Dies wirft die Frage auf, ob das Einssein das endgültige Ziel dieser spirituellen Reise ist.

Ich erwähne dies, weil ich glaube, dass viele von uns, mich eingeschlossen, dazu neigen, das Einssein als das summum bonum, »das höchste Gut«, zu sehen, das alle unsere existentiellen Fragen beantwortet. Das macht es verlockend, das Einssein als das Ende unserer spirituellen Reise zu betrachten. Meine Erfahrung ist jedoch, dass das Einssein zwar vielleicht unsere tiefsten existentiellen Fragen löst, aber nicht das Ende des Abenteuers ist. So tiefgreifend das Einssein auch ist, es erschöpft nicht alle kosmologischen Wahrheiten, die auf uns warten, und so geht das Abenteuer weiter.

Einssein ist eine Kernwahrheit des Lebens, eine grundlegende Wahrheit, aber wenn wir das Einssein erforschen, entdecken wir, dass es viele Ebenen gibt, viele Mutationen des nahtlosen Zustands. Ich muss die Sprache verdrehen, um meine Erfahrung zu vermitteln, dass es Grade des Einsseins gibt, Größenordnungen innerhalb des Einsseins. Und dann gibt es noch die Welten jenseits der Raum-Zeit, die wir durch das Portal des Einsseins erblicken: *»TIEFE hat mich für etwas ganz anderes geöffnet. Durch diese Art des Bewusstseins kamen alternative Einheiten in den Blick, alternative Realitätsebenen, die dem physischen Universum zugrunde liegen, wurden präsent.« (S 42)*

Einssein ist ein guter Ort, um die Reise zu beenden, wenn man sich dafür entscheidet, denn hier wird die Fragmentierung des Lebens geheilt und wir ruhen in der »wahren Verfassung«. Hier lernen wir, dass die Essenz des Individuums die Essenz der Gesamtheit ist, dass Atman Brahman ist. Hier lernen wir, dass alle Wesen leer von Selbstexistenz sind, dass wir alle gemeinsam im unendlichen Feld der schöpferischen Intelligenz aufsteigen und fallen. Aber wenn wir weitergehen, wenn wir versuchen, Brahman noch intimer kennenzulernen, werden wir weitere periodische Zusammenbrüche erleben, wenn wir noch tiefer in die unendliche Schönheit und Größe des Kosmos hineingezogen werden.

Das lebendige Klassenzimmer

Die Erfahrungen, über die in diesem Buch berichtet wird, fanden in der Privatsphäre meines Zuhauses statt, aber es gab noch eine zweite Seite dieser Geschichte, die sich an meiner Universität abspielte. In diesem Abschnitt möchte ich kurz eine Reihe von Begebenheiten beschreiben, die in meinem Klassenzimmer während meiner psychedelischen Arbeit auftauchten. Ich habe Jahre gebraucht, um diese Erfahrungen zu verstehen und ihre volle Tragweite zu erfassen. Sie wurden zu einem so bedeutenden Teil meiner Unterrichtserfahrung, dass ich schließlich ein kleines Buch über sie schrieb. Ich hoffe, diese kurze Einführung soll die Leser dazu ermutigen, die umfassendere Abhandlung zu lesen. Dies ist die Vorgeschichte zu *The Living Classroom* (2008).

Aus offensichtlich rechtlichen Gründen habe ich mit meinen Studenten nie über meine psychedelische Praxis gesprochen. Selbst als ich Kurse in Transpersonaler Psychologie unterrichtete, die psychedelische Forschung beinhalteten, ließ ich sie nie wissen, dass ich diese Arbeit selbst durchführte. Zu meinem eigenen Schutz errichtete ich eine Brandmauer zwischen meinem Berufsleben und meinem Privatleben in diesem Bereich. Doch trotz dieser strikten Abschottung hielt sich die Natur nicht an die Grenzen, die ich so sorgfältig gezogen hatte. Wie zur Bestätigung der Wahrheit über die offenen Grenzen des Bewusstseins begannen die Auswirkungen meiner psychedelischen Praxis überzuschwappen und das Leben einiger meiner Schüler zu berühren. Es war, als ob durch das Eintreten in eine bewusste Verbindung mit dem tieferen Gewebe des Lebens, die Fäden dieses Gewebes in der physischen Welt um mich herum aktiviert wurden. Tatsächlich ist genau das passiert.

Ungefähr fünf Jahre nach Beginn meiner Lehrtätigkeit und vier Jahre nach Beginn meiner psychedelischen Arbeit begannen Studenten, nach dem Unterricht unauffällig zu mir zu kommen und mir zu sagen, dass ein Beispiel, das ich in meiner Vorlesung an diesem Tag verwendet hatte, mit etwas identisch war, das ihnen persönlich gerade passiert war. Meiner Erfahrung nach hatte ich diese Beispiele einfach aus der Luft gegriffen, um etwas zu veranschaulichen, was ich sagen wollte, aber ihrer Erfahrung nach beschrieb ich ihr Leben in allen Einzelheiten. Zuerst kam mir das nur wie ein seltsamer Zufall vor, aber die Zahl solcher Berichte wurde immer größer. Die Übereinstimmung zwischen Vorlesung und Leben war so präzise und wiederholte sich so oft, dass ich schließlich nicht anders konnte, als zu erkennen, dass hier mehr als nur Zufall im Spiel war. Mein Geist und der Geist meiner Studenten wurden füreinander durchlässig. Ohne dass ich es beabsichtigte, ohne dass ich überhaupt wusste, wann es geschah, schien mein Unbewusstes ein Informationsfeld anzuzapfen, das ihre Lebenserfahrung enthielt.

Wenn Studierende in einer Vorlesung von ihren ganz privaten, jüngsten Erfahrungen in einer Vorlesung zu hören bekommen, werden sie hellhörig. Sicher vergraben im hinteren Teil des Raumes, anonym in der Menge, sind sie plötzlich mit ihrem Leben konfrontiert, ihre Herzen werden von Worten durchbohrt, die direkt an sie gerichtet zu sein scheinen. Wie könnten sie sich angesichts einer so persönlichen Einladung nicht stärker in den Kurs einbringen?

Dieses Muster hat sich im Laufe der Jahre immer weiter verstärkt. Als ich in meiner psychedelischen Arbeit immer tiefere Bewusstseinsebenen betrat, wurden diese Synchronizitäten nicht nur häufiger, sondern sie begannen auch, immer sensiblere Bereiche im Leben meiner Schüler anzusprechen. Es war, als ob ein Radar aktiviert worden wäre, der einen Teil ihres Lebens anpeilte, der schmerzhaft oder eingeengt war. Manchmal wurde ein privater Schmerz angestochen, der schon seit Jahren in ihnen schwelte, oder eine Einsicht ausgelöst, die sie dringend benötigten. Es war, als ob ihre Seelen mir Botschaften zukommen ließen, die mir sagten, wo sie sich versteckten, wo sie verletzt waren und vor allem, was sie brauchten, um den nächsten Schritt in ihrer Entwicklung zu machen.

Studenten, die in diesen Jahren an meinen Kursen teilnahmen, erlebten oft, dass sie ihr Leben veränderten, ohne von mir dazu ermutigt worden zu sein, so als ob allein die Tatsache, dass wir im Kurs zusammenkamen, ihnen eine zusätzliche Hebelwirkung in ihrem Leben verlieh. Einige entschieden sich, schlechte Ehen zu beenden oder verletzte Ehen zu heilen. (Dreißig Prozent der Studenten an meiner Universität sind ältere, unkonventionelle Studenten.) Andere verließen Karrieren, aus denen sie herausgewachsen waren, an denen sie aber immer noch festhielten, während wieder andere begannen, sich ihren Süchten zu stellen. In einem Fall kamen bei einer Frau spontan Erinnerungen an sexuellen Missbrauch in der Kindheit zurück. Obwohl die Aktivierung, die diese Schüler erlebten, manchmal sehr stark war, gab es keine Todesopfer und viele positive Durchbrüche. In den seltenen Fällen, in denen die Transformation eines Schülers besonders turbulent verlief, verwies ich ihn an einen begabten Therapeuten in der Gegend, mit dem er das, was aufgekommen war, in einer sicheren Umgebung verarbeiten konnte.

Während diese Art von Reaktionen bei bestimmten Kursen, wie z.B. einem Beratungskurs, zu erwarten gewesen wäre, war dies bei den Kursen, die ich unterrichtete, nicht der Fall: Einführung in die Weltreligionen, Religion und die Erde, Psychologie der Religion, Transpersonale Studien und Buddhismus. Es war nicht der Inhalt des Kurses, der diese Auswirkungen zu verursachen schien, sondern etwas Tieferes. Was diese Wirkungen auslöste, war nicht das, was ich *tat,* sondern das, was ich durch meine psychedelische Praxis *geworden war.* Aufgrund dieser Arbeit veränderte sich meine Seelenenergie. Ein Energiefeld, das sich durch mich oder um mich herum bewegte, wurde stärker und bewirkte eine *spontane energetische Resonanz* zwischen mir und meinen Schülern, die sich hinter dem Gedankenaustausch im Klassenzimmer befand.

Einige meiner Studenten hatten auch ungewöhnlich tiefe Erfahrungen mit einigen der Ideen, die ich im Unterricht vorstellte. Während ich einfach meine Arbeit machte und die immerwährenden Wahrheiten der Weltreligionen beschrieb, begannen einige Studenten, kraftvolle spirituelle Öffnungen rund um diese Wahrheiten zu erleben, wie z.B. Unbeständigkeit, gegenseitige Abhängigkeit, Einheit, Selbstlosigkeit und das Göttliche im Inneren. Einsichten, die lange in ihrem Unterbewusstsein geschlummert hatten, erwachten plötzlich zum Leben. Symptome der Chakra-Öffnung und Kundalini-Erweckung begannen sich im Raum zu manifestieren. Die Teilnehmer spürten, wie sich ihre Energie spontan in höhere Bewusstseinszentren verlagerte, auch wenn sie oft nicht über das nötige Vokabular verfügten, um es so zu beschreiben. Es war, als ob sie durch mehr als nur die verbale Präsentation von Ideen aktiviert wurden, als ob sie durch die *tatsächliche Erfahrung* dieser Realitäten berührt wurden, die aufgrund meiner psychedelischen Praxis nun bis zu einem gewissen Grad in mir lebten.

Als meine Studenten mit diesen Berichten zu mir kamen und ich sah, wie tief sie von dieser geheimnisvollen Alchemie, die sich zwischen uns eröffnet hatte, getroffen waren, war ich selbst mehr als nur ein wenig erschüttert. Keiner von uns hatte um diese Verbindung gebeten, und doch war sie da. Musste ich sie vor dem, was geschah, schützen? Offensichtlich war es nicht das, worauf sie sich eingelassen hatten, als sie sich für meinen Kurs angemeldet hatten, jedenfalls nicht bewusst. Wie kann man sich informeller Zustimmung sicher sein, wenn die Dynamik so unfreiwillig ist? Diejenigen, die mich nicht kennen, vermuten vielleicht, dass diese Dinge passiert sind, weil ich die Grenze zwischen Bildung und Beeinflussung überschritten habe, aber ich versichere, dass dies nicht der Fall ist, und meine Fakultät wird mir darin Rückendeckung geben. Es war nicht ein unangebrachter missionarischer Eifer, der diese Ereignisse auslöste, sondern etwas viel Subtileres, das schwer zu verstehen ist.

Diese Synchronizitäten und Aktivierungen wurden zu einem so bedeutenden Teil meiner Erfahrungen im Klassenzimmer, dass ich gezwungen war, ihnen große Aufmerksamkeit zu schenken. Ich begann zu verfolgen, was in meinen Klassen geschah, und auf Anzeichen für die Aktivierung der Schüler zu achten. Die einzige Kontrolle, die ich über die Situation hatte, war, den Zugang zu diesen inneren Informationen abzuschalten, aber das konnte ich nicht tun, ohne mich von meiner eigenen Kreativität abzuschneiden. Ende 1994 grübelte ich immer noch über diese Dinge nach, als eine Sitzung plötzlich alles beleuchtete, was sich in den letzten zehn Jahren in meinem Unterricht abgespielt hatte. Diese eine Sitzung (S 49) veränderte mit einem Schlag mein gesamtes Verständnis vom Unterrichten, indem sie mir zeigte, wie die verbindende Struktur des Bewusstseins in Gruppen funktioniert. Jahre der Beobachtung kamen in einem Moment von verblüffender Klarheit und Einsicht zusammen, der alles, was ich hier beschrieben habe – und mehr – erhellte.

Die Erfahrungen, die meine Studenten machten, zeigten eine einfache Wahrheit über das Bewusstsein, nämlich dass das Bewusstsein ein offenes Feld ist, und innerhalb dieses Feldes sind Bewusstseinszustände ansteckend. Meine persönlichen Bemühungen, tiefere Bewusstseinszustände zu verwirklichen, hatten etwas in mir verändert, das dazu führte, dass meine Person wie eine Art Blitzableiter zu funktionieren begann und Funken eines ähnlichen Erwachens bei denjenigen um mich herum auslöste, die für diesen Einfluss empfänglich waren. Dies war nicht auf irgendeine kalkulierte Anstrengung meinerseits zurückzuführen, sondern einfach auf die nahtlose und kohärente Natur des Bewusstseins selbst. Wie Wellen, die sich auf dem Wasser ausbreiten, ist dies ein ganz natürlicher Effekt. Wenn eine Person beginnt, Schichten ihrer psychologischen Konditionierung abzuwerfen und zu klareren, expansiveren Bewusstseinszuständen zu erwachen, werden zwangsläufig die umliegenden Menschen davon betroffen sein. Unsere spirituelle Ökologie lässt ein privates Erwachen einfach nicht zu. Die Ökologie des Bewusstseins ist von Natur aus eine kollektive Ökologie.

Sitzung 49 zeigte mir auch ein zweites Prinzip, das in meinem Klassenzimmer zum Tragen kam. Es zeigte mir, dass in Gruppen Bewusstseinsfelder entstehen, die die Absicht und die Aktivität der Gruppe widerspiegeln. Je zielgerichteter die Absicht der Gruppe ist und je länger eine solche Aktivität andauert, desto stärker werden diese Felder. Ärzte, die mit Patienten arbeiten, aktivieren Felder der Heilung; Trainer aktivieren Felder der menschlichen Leistung. Da ich ein Pädagoge war, waren die Felder, die in meinem Klassenzimmer entstanden, Lernfelder, die die kumulativen Bemühungen von Hunderten von Studenten widerspiegelten, die Semester für Semester dieselben Ideen mit mir studierten. Als diese Lernfelder im Laufe der Jahre immer stärker wurden, begannen sie, das Lernen der Studenten zu beschleunigen und zu vertiefen. Meine Studenten wurden nicht nur durch die Resonanz auf meine individuelle Energie aktiviert, sondern auch durch die ansteckende Energie dieser Kursfelder, die sich von Jahr zu Jahr verstärkten.

Mit diesem Download begann für mich eine neue pädagogische Realität. Ich hörte auf, im Rahmen eines »atomistischen« psychologischen Paradigmas zu unterrichten, das nur getrennte Köpfe im Klassenzimmer sieht, und begann, im Rahmen eines »Quanten«-Paradigmas zu unterrichten, das die angeborene Konnektivität des Bewusstseins und die Existenz von lokalisierten Lernfeldern anerkennt. In einer Welt zu unterrichten, in der die Köpfe auf einer Ebene getrennt und auf einer anderen verschränkt sind, ruft nach einer neuen Pädagogik, einer wirklich ganzheitliche Pädagogik, die neue Anforderungen an den Lehrenden stellt und neue Möglichkeiten für beschleunigtes Lernen eröffnet. Nachdem ich einige Jahre lang mit dieser neuen Pädagogik experimentiert und sie entwickelt hatte, schrieb ich das Buch *The Living Clasroom,* das mit persönlichen Beispielen, wissenschaftlichen Untersuchungen und praktischen Ratschlägen für Pädagogen gefüllt ist. Das Schönste an diesem Buch sind für mich die von den Schülern selbst geschriebenen persönlichen Geschichten, die das letzte Drittel des Buches ausmachen.[7]

Es ist wichtig zu betonen, dass das, was ich hier beschreibe, nichts mit Psychedelika zu tun hat. *The Living Classroom* erwähnt Psychedelika nicht einmal. Meine psychedelische Praxis war einfach der Auslöser, der diese natürliche Bewusstseinsdynamik in meinem speziellen Umfeld freilegte und aktivierte. Ich glaube, dass jede spirituelle Praxis, die die Fähigkeit hat, tief in die kollektive Psyche einzudringen, dieselben Reaktionen in den Menschen um uns herum auslösen wird. In unseren kontemplativen Traditionen ist die sich verteilende Wirkung der eigenen spirituellen Praxis seit langem bekannt. Das Einzige, was hier neu ist, ist das unerwartete Auftauchen in einem profanen Klassenzimmer.

---

7 Eine kurze Zusammenfassung der Themen von *The Living Classroom* ist zu finden in Bache 2011; 2012.

Die Erfahrungen meiner Studenten zeigen jedoch, dass nicht nur wir von unserer psychedelischen Praxis berührt werden, sondern potentiell jeder in unserem sozialen Netzwerk, insbesondere wenn wir uns in unserer Arbeit in der Welt zentriert sind. Das liegt einfach an der Natur des Bewusstseins selbst. *Um unsere psychedelischen Erfahrungen vollständig zu integrieren, müssen wir daher diejenigen um uns herum unterstützen, die indirekt durch unsere Arbeit aktiviert werden. Ich glaube nicht, dass wir Angst vor den Wellen des Einflusses haben müssen, die sich durch diese Arbeit um uns herum ausbreiten.* Wir müssen natürlich vorsichtig sein und jederzeit verantwortungsbewusst und mitfühlend handeln, aber ich denke, wir können darauf vertrauen, dass wir dort sind, wo wir sein sollen, und das tun, was wir tun sollen, und sie auch.

Die Geburt der Diamantseele

Sitzung 38 war für mich eine strukturell komplexe und tief bewegende Sitzung. Ich bin über die Jahre immer wieder zu ihr zurückgekehrt, habe sie wieder und wieder gelesen, intuitiv ihre Bedeutung gespürt und versucht, die Erfahrungen zu verarbeiten, die sie in mir auslöste. Ich hatte einige Jahre zuvor *Das Buch von der Wiedergeburt* veröffentlicht und war daher mit den Einzelheiten der Reinkarnationstheorie und der Logistik der Seelenentwicklung vertraut. Ich hatte selbst einige Rückführungstherapien durchgeführt und und hatte Grundkenntnisse über einige meiner früheren Leben. Diese Sitzung ging jedoch noch weiter. Sie führte mir vor Augen, was passiert, wenn der lange Verlauf der Reinkarnation zum Tragen kommt, und zeigte mir, was der Zweck der ganzen Übung ist.

Als Student der Religion habe ich viele Versuche gelesen, den Sinn der Reinkarnation zu erklären, aber leider finde ich, dass sie selten befriedigen. Die Visionen sind oft zu klein und die Horizonte zu nah. Sie erfassen vielleicht einen Aspekt der Reise, werden aber anderen Aspekten nicht gerecht und unterschätzen so die Reise als Ganzes. Selbst wenn die Vision Erleuchtung einschließt, erklärt dies allein noch nicht den gesamten Bogen der menschlichen Entwicklung, vor allem, wenn uns gesagt wird, dass wir, sobald wir dieses Ziel erreicht haben, das physische Universum hinter uns lassen sollen. Nach 5,8 Millionen Jahren des aufrechten Gangs, 2,5 Millionen Jahren Werkzeuge benutzen, 200.000 Jahren mit unserem größeren Gehirn denken und 5.000 Jahren schreiben, sobald wir einen ausreichenden mentalen Fokus entwickelt haben, um dem Bewusstsein unterhalb unseres persönlichen Bewusstseins zu folgen und das tiefere Bewusstsein zu entdecken, in dem wir eins mit der gesamten Existenz sind, dann können wir die physische Realität hinter uns lassen? Das ist es, worum sich alles dreht? Obwohl ich die edle Absicht dieser Sichtweise verstehe, glaube ich nicht, dass sie eine angemessene Vision des Lebens darstellt.

Die Vision der Reinkarnation, die sich in der 38. Sitzung herauskristallisierte, unterscheidet sich von der klassischen östlichen Sichtweise. Das Umfeld für diese Lehre war sorgfältig konstruiert. Der erste Zyklus von Tod und Wiedergeburt hatte mich in ein Paradies gebracht, das so unsagbar schön war, dass es sofort alle meine verbliebenen irdischen Sehnsüchte auslöschte. Dies war ein reicherer Himmel als jeder, den ich mir je vorgestellt hatte. Wenn ich spekulieren müsste, würde ich vermuten, dass ich das betreten hatte, was die Buddhisten als »Reich der Götter« bezeichnen, eine Ebene der postmortalen Existenz an den äußeren Rändern des Bardo. Ich kann mir nicht vorstellen, dass etwas anderes der Ekstase gerecht wird, die ich dort empfunden habe. Ich wäre vollkommen glücklich gewesen, dort zu bleiben, wo ich war, aber dies sollte eine Lehrsitzung werden. Nach einer kurzen Zeit in diesem Paradies wurde ich noch tiefer in die spirituelle Realität geführt, »jenseits des Bardo-Echos der physischen Existenz«. Aus dieser Position außerhalb von *Samsara* (zyklische Existenz) heraus, in der Stille und Ruhe der Transzendenz, entfaltete sich die in dieser Erzählung beschriebene Lehre.

In früheren Sitzungen war ich über die lineare Zeit hinausgeführt worden und hatte die Erfahrung gemacht, dass mein gegenwärtiges Leben ein abgeschlossenes Ganzes war. Jetzt, elf Jahre später, wurde ich in einen tieferen Zustand versetzt, in dem alle meine irdischen Leben, eines nach dem anderen, zurückgespult wurden, wie eine Drachenschnur auf einer Spule, bis ich in einem Lichtblitz explodierte, alle Stränge zu einem verschmolzen und das geboren wurde, was ich heute die Diamantseele nenne. Sie war sowohl ich als auch mehr als ich jemals war. Sie setzte sich aus vielen Lebenszeiten zusammen und war mehr als die Summe all ihrer Jahre. Als sie zusammenkamen, wurde ein Energiestoß erzeugt, der all diese Jahrhunderte der Erfahrung zu einem einzigen Wesen verschmolz. Ich war ein Individuum, aber ein Individuum jenseits jedes Bezugsrahmens, den ich bisher gekannt hatte. Ich war ein *»definierter Fleck aus unendlich dichtem, unendlich transparentem Diamantlicht.«*

Unsere mystischen Traditionen sagen uns, dass wir aus dem Stoff Gottes gemacht sind, das Atman Brahman ist, und meine Sitzungen bekräftigen diese Wahrheit. Aber etwas Besonderes geschieht mit dieser Atman-Essenz im Brutkasten des physischen Universums, das über das bloße Erwachen zu sich selbst hinausgeht. Durch das wiederholte Betreten und Verlassen der physischen Realität, durch das Aufflammen und Abkühlen des Bewusstseins, durch das ständige Zusammenfalten und Wiederauffalten der menschlichen Erfahrung wird etwas Neues geschmiedet – es werden nicht einfach eine Schicht nach der anderen hinzugefügt, sondern am Ende werden *all diese Schichten zu einer neuen Form zusammengefügt*. Unsere wesentliche Natur wird nicht verändert, sondern zu einem höheren Ausdruck aktualisiert.

In Kapitel 1 habe ich die nach Auf-und-Davon gerichteten Kosmologien der Religionen des Axialzeitalters kritisiert, die das Endziel des Lebens in einem himmlischen

Paradies außerhalb des Planeten sehen. Unter diesen Traditionen haben die asiatischen Religionen gelehrt, dass die Reinkarnation in einem spirituellen Erwachen gipfelt, das uns vom Kreislauf der Wiedergeburt und der physischen Existenz befreit. Im Hinduismus wird dieses Erwachen Moksha – »Flucht«, genannt, weil man dadurch Samsara entkommt und zu Brahman zurückkehrt. Im Buddhismus folgt auf das Nirwana (Erleuchtung mit einem Körper) nach dem Tod der höhere Zustand des Parinimana (endgültige Erleuchtung ohne Körper). Selbst die Bodhisattvas, die sich aus Mitgefühl dazu verpflichten, nach ihrer Erleuchtung auf die Erde zurückzukehren, streben letztlich danach, alle fühlenden Wesen ins Parinirvana zu befreien und damit den Planeten zu entleeren.

Als ich *Das Buch von der Wiedergeburt* schrieb, stand ich noch unter dem Einfluss dieser Kosmologien, und deshalb kulminierte die Geschichte der Reinkarnation, die ich dort erzählte, in der Transzendenz. Heute sehe ich sie aus genau diesem Grund als unvollständig an. Die Geschichte nur bis zur Transzendenz zu führen, bedeutet, auf halbem Weg stehen zu bleiben. *Das Buch von der Wiedergeburt* fängt die Wahrheit von Karma und Wiedergeburt ein, was keine Kleinigkeit ist, aber es verfehlt das größere Bild. Damals habe ich nicht gesehen, was mir jetzt so klar geworden ist, nämlich dass alle aufstrebenden Kosmologien den wahren Zweck der physischen Existenz nicht begreifen und daher das Ziel der Reinkarnation falsch verstehen. Das physische Universum ist keine Strafe oder Falle, in die wir gefallen sind und aus der wir gerettet werden müssen. Es ist kein geistiges Ödland, dem wir so schnell wie möglich entkommen sollten. Der Zweck der Wiedergeburt besteht nicht darin, spirituell zu erwachen und dann das Universum zu verlassen. Der Zweck besteht darin, zu erwachen und ein bewusster Akteur in seinem kontinuierlichen Wachstum und seiner Transformation zu werden.

In Sitzung 38 wird dies nicht ausdrücklich gesagt, aber aufgrund von Erfahrungen, die ich im nächsten Kapitel mitteilen werde, bin ich davon überzeugt, dass die Geburt der Diamantseele kein Ereignis ist, das unseren Austritt aus dem physischen Universum markiert, sondern ein evolutionärer Übergang, der innerhalb des physischen Universums stattfindet. Darüber hinaus handelt es sich um eine Transformation nicht nur von Individuen, sondern letztlich von unserer gesamten Spezies. In all den Jahrtausenden, in denen wir diese menschliche Form angenommen, mit ihr gearbeitet und ihre außergewöhnlichen Fähigkeiten entwickelt haben, hat die Natur die Menschheit auf dieses evolutionäre Crescendo zugeführt. Die schöpferischen Kräfte, die diesen Planeten geformt haben, die hier Leben und dann selbstbewusstes Leben hervorgebracht haben, sind nun dabei, unsere reinkarnierende Spezies über eine neue Schwelle zu führen. Mit der Geburt der Diamantseele lässt die Natur unseren Planeten nicht im Stich, sondern beginnt ein neues Kapitel in ihrer langen Evolutionsgeschichte. Was ist der Zweck der Reinkarnation? Ich denke, der Zweck ist es, zu erwachen und den Himmel auf Erden zu schaffen. »*Bei der gesamten Übung der Reinkarnation ging es darum,... zu lernen, wie man die Schöpferkraft, die mir angeboren war, kontrollieren kann. In Wirklichkeit lernen wir, Götter zu sein, wir lernen, wie man erschafft.*« *(S 38)*

Wenn wir beginnen, das wahre Ausmaß der Absichten der Natur zu begreifen, müssen wir viele unserer bisherigen Annahmen über die Reinkarnation revidieren. Im klassischen Auf-und-Davon-Modell der Wiedergeburt wird zum Beispiel oft gesagt, dass es ein »Gesetz der Reinkarnation ist, dass wir uns nicht an unsere früheren Leben erinnern dürfen, wenn wir geboren werden. Diese Amnesie sei unerlässlich, denn wenn wir uns an unsere früheren Leben erinnern könnten, würde dies unsere irdische Identität überwältigen. Unser gegenwärtiges Leben wäre nicht mehr zu bewältigen, wenn wir uns an alles erinnern würden, was wir in unseren früheren Leben gewesen sind und getan haben. Zahlreiche Hollywood-Filme haben mit diesem Thema gespielt. Aber diese Denkweise ist zu klein und verkennt die Tatsache, dass die Reinkarnation eine *evolutionäre Triebkraft* ist, deren Auswirkungen sich nicht nur in der geistigen Realität, sondern auch in der Raum-Zeit ansammeln.

Anstatt diese Amnesie als ein dauerhaftes Merkmal des menschlichen Zustands zu betrachten, sollten wir sie als ein vorübergehendes Muster sehen, das ein bestimmtes Stadium der menschlichen Entwicklung kennzeichnet – zugegebenermaßen ein langes Stadium, aber letztendlich ein Stadium. Wenn wir weiter wachsen und uns über eine unbestimmte Anzahl von Lebenszeiten hinweg entwickeln, kann sich dieses Muster ändern. Es mag natürlich sein, dass wir beim gegenwärtigen Stand unserer psycho-spirituellen Entwicklung unsere tiefere Geschichte bei der Geburt vergessen und uns erst nach dem Tod daran erinnern, aber das bedeutet nicht, dass das immer so sein muss. In Anbetracht der unablässigen Anhäufung von Fähigkeiten, die die Reinkarnation ermöglicht, halte ich es sogar für unvermeidlich, dass diese Erinnerungsgrenze früher oder später durchbrochen wird. Das bedeutet nicht notwendigerweise, dass wir uns an alle Einzelheiten unseres früheren Lebens erinnern müssen – wozu brauchen wir alte Adressen? – und das soll erst recht nicht bedeuten, dass wir unter der Belastung eines »Identitäts-Overloads« zu kämpfen haben. Es bedeutet, das Kernwissen all dieser Lebenszeiten in eine kohärente und integrierte Synthese zu bringen.

Michael Newton und andere Reinkarnations-Therapeuten haben Beweise geliefert, dass diese integrierte Synthese im Bardo existiert, denn es ist die Identität, die seine Klienten annehmen, wenn sie ihren Tod eines früheren Lebens noch einmal durchleben. Da der Rhythmus der Wiedergeburt Jahrtausend für Jahrtausend ununterbrochen anhält, scheint es nur eine Frage der Zeit zu sein, bis dieses größere Bewusstsein in unserem Leben auf der Erde erwachen wird. Vielleicht langsam in kleinen Schritten, vielleicht plötzlich in großen Sprüngen, wird sich unser gefühltes Identitätsempfinden unweigerlich vom Ego zur Seele verlagern. Ich glaube, dass das Erwachen der Diamantseele auf der Erde die natürliche und unvermeidliche Folge des unerbittlichen Kreislaufs der Wiedergeburt ist, wenn wir mehr und mehr Erfahrungen in das Gefäß unseres kostbaren menschlichen Körpers integrieren. Früher oder später wird das ständige Hin- und Herpendeln zwischen Geist und Materie uns über diese Schwelle bringen, und die Seele wird ein Feuer auf der Erde entfachen. Es hat Tausende von Jahrhunderten gedauert, bis sich diese Seele geformt hat; sie zu verkörpern kann viel schneller geschehen.

Persönlich betrachtet bedeutet die Tatsache, dass ich die Geburt meiner Diamantseele in der 38. Sitzung erlebt habe nicht, dass meine Seele nun vollständig und dauerhaft in meinem täglichen Leben erwacht ist. Ich wünschte, es wäre so, aber es ist nicht so. Dies wirft eine größere Frage über den psychedelischen Prozess auf, nämlich: Welchen Wert haben visionäre Erfahrungen, bei denen man eine Realität berührt, die zwar wahr ist, die man aber nicht in das gewöhnliche Bewusstsein zurückbringen kann? Man kann sie in dem Sinne behalten, dass man sich an sie erinnert, aber man kann sie nicht in dem Sinne behalten, dass man sie hier und jetzt in seinem gegenwärtigen Leben vollständig verwirklicht. *Welchen Wert hat wahres, aber vorübergehendes Wissen?*

Diese Frage habe ich mir im Laufe der Jahre immer wieder gestellt und sie unterschiedlich in den verschiedenen Stadien meines Lebens beantwortet. Manchmal verfluchte ich den Tag, an dem ich mit dieser Arbeit begonnen habe, aber viel öfter kniete ich vor Dankbarkeit nieder. Es ist eine dringende Frage, vor allem, wenn man mit hohen Dosen eines starken Psychedelikums wie LSD arbeitet, denn dieses Protokoll setzt extremere Erfahrungen frei als wenn man niedrigere Dosen oder mildere Psychedelika verwendet. Lass mich vorerst nur dies sagen:

Ich glaube, dass das, was ich in Sitzung 38 erlebt habe, die wahre Geburt meiner integrierten Seele war, wie unvollständig dieses Bewusstsein in meinem gegenwärtigen Leben auch verwirklicht sein mag. Das Paradoxe daran ist, dass etwas im psychedelischen Zustand vollständig und gleichzeitig innerhalb der anspruchsvollen Bedingungen der Raum-Zeit unvollständig verwirklicht sein kann. In der Tat ist das Navigieren zwischen diesen verschiedenen Ebenen der Verwirklichung ein schwieriger Teil der Arbeit mit diesen Zuständen. (Wenn ich könnte, würde ich diesen Satz mehrmals unterstreichen.) Es ist allzu leicht, sich hinreißen zu lassen und zu denken, dass in diesen Stunden dauerhaft mehr erreicht wurde, als tatsächlich geschehen ist. Aber wenn wir in der Realität unserer Unvollständigkeit verankert bleiben, beginnt sich eine tiefere Dialektik zu entfalten.

Die Geburt meiner Diamantseele in Sitzung 38 gab mir einen Vorgeschmack auf das, was ich im Begriff bin zu werden, und ich glaube, dass dieser Vorgeschmack mir dabei hilft, diese Bestimmung in meinem Leben zu verwirklichen. Bei richtiger Handhabung beginnen diese Erfahrungen als »außergewöhnliche Attraktoren« zu wirken, die uns durch das erhöhte Bewusstsein, das sie mit sich bringen, in Richtung unserer

Zukunft ziehen. Wir sind vielleicht nicht in der Lage, diese Erfahrungen unmittelbar nach dem Ende der Sitzung vollständig zu verwirklichen, aber sie verändern die Flugbahn unseres Lebens. Indem sie uns zeigen, was wir werden können, helfen sie uns, genau das zu werden.

Ich bin vielleicht nicht in der Lage, das Bewusstsein der Diamantseele jede Stunde eines jeden Tages zu halten, aber es gibt Momente – Momente, in denen es so ist, als ob der Strudel der Geschichte anhält und ich fühle, dass ich ewig auf der Erde stehe. In diesen Momenten *weiß* ich, dass ich diese Luft schon einmal geatmet habe und sie wieder atmen werde, wenn dieser Körper fällt, und in diesem Wissen scheint die Zeit anzuhalten. Es ist, als ob die bereits gelebten Jahrhunderte erstarren und meine Augen plötzlich alt werden, befreit von den Besonderheiten von ihm oder ihr. Ich bin plötzlich auf eine neue Art und Weise *hier*, geerdet in einem Bewusstsein, das persönlich, aber unverschlossen ist, eine uralte Wiederholung, die in erstaunlicher Frische gipfelt. Daraus ergibt sich eine exquisite Intimität mit dem Leben, ein Einssein, das alle Grenzen auflöst, und in dieser Ganzheit herrschen Frieden, Freude und Faszination.

Letzten Endes bin ich der Meinung, dass es sich bei der Frage, ob wir nach dem spirituellen Erwachen im physischen Universum bleiben oder es verlassen, nicht um sich gegenseitig ausschließende, sondern um gleichzeitige Möglichkeiten handelt. Wenn wir Erleuchtung erlangen und die Raum-Zeit für hunderttausend Jahre verlassen und dann zurückkehren, werden wir feststellen, dass das Universum weiterhin geduldig seine Kinder durch die stetige und unerbittliche Anhäufung von Erfahrungen in der Wiedergeburt heranzieht. Wenn wir wieder weggehen, diesmal für eine Million Jahre, würden wir bei unserer Rückkehr dasselbe vorfinden – die Natur lässt die Menschheit in immer reicheren Formen wachsen. Wie könnte das Leben in einem solchen Universum nicht schließlich voll erwachte Seelen auf der Erde hervorbringen? Nicht nur ein paar hier und da, sondern alle überall. Eine ganze Spezies, die durch ihre harte Arbeit ihren nächsten Selbstausdruck hervorgebracht hat – eine voll bewusste SEELE, grün bis zu ihren Wurzeln, mit den Füßen fest auf der Erde verankert, aber nun durchlässig für die schöpferische Intelligenz, die überall in sie eindringt. Dies ist die Vision der Geschichte, die ich nun erforschen möchte.

NEUN

DIE GEBURT DES ZUKÜNFTIGEN MENSCHEN

Sitzungen 22 bis 55

Wir erleben jetzt einen Moment von Bedeutung, der weit über das hinausgeht, was sich jeder von uns vorstellen kann..... Die historische Aufgabe unserer Zeit ist es, den Menschen neu zu erfinden.

THOMAS BERRY, *THE GREAT WORK*

Wenn sich die Hülle des privaten Verstandes in der psychedelischen Vorgehensweise auflöst, öffnet sich die Erfahrung für eine Landschaft, die so groß ist, dass es schwer ist, die richtigen Worte zu finden, um sie zu beschreiben – der Geist des Universums, der Kosmische Geist, die große Weite. Man fällt hinein, explodiert hinein, schmilzt hinein, manchmal kataklystisch, manchmal so sanft, dass es sich wie die natürlichste Sache der Welt anfühlt. Wir haben keine Kontrolle über diese Expeditionen. Wir tauchen auf, machen die Arbeit und stellen unsere Fragen, aber in dieser Zusammenarbeit gibt eine größere Intelligenz den Kurs vor. Was wir erleben, scheint eine Kombination aus dem zu sein, was das Universum uns wissen lassen will und dem, was wir zu wissen imstande sind. Wenn wir zu schnell in diesen Ozean eintauchen, werden wir unseren Kurs verlieren und nicht viel Wertvolles mitbringen können. Aber wenn wir diese Stunden gewissenhaft nutzen, wird diese Intelligenz uns aufnehmen und uns lehren. Hier erfolgt alle Unterweisung durch Einweihung. Wir lernen durch Werden. Die Lektionen werden so lange wiederholt, bis wir den Stoff sicher beherrschen, dann werden neue Schichten hinzugefügt, bis sich ein vollständigeres Bild ergibt.

Ich bespreche diese Dinge, um darauf vorzubereiten, wohin wir als nächstes gehen. Als ich 1979 mit dieser Reise begann, hätte ich mir nie vorstellen können, dass das, was hier folgt, ein Teil ihrer Geschichte werden würde. Nun aber denke ich, dass dies vielleicht das wichtigste Kapitel dieses Buches ist, denn es handelt von unseren Kindern und den Kindern unserer Kinder so weit wir sehen können. Es spricht von einem Scheideweg, an dem die Menschheit steht, und von mächtigen Kräften, die uns in eine Zukunft führen, die uns im tiefsten Inneren unseres Seins verändern wird.

Das öffentliche Bewusstsein hat sich in den zwanzig Jahren, seit ich zum ersten Mal in *Dark Night, Early Dawn* über diese Themen schrieb, sehr verändert. Es wird zwar immer noch geleugnet, aber jedes Jahr geben mehr von uns die erschreckende

Wahrheit zu, dass wir unseren Planeten in einen derartigen Zustand von Überlastung getrieben haben, dass die Menschheit nun am Rande des Abgrunds schwebt. Jeder kennt die Liste der Herausforderungen, mit denen wir konfrontiert sind: wachsende Weltbevölkerung, unkontrollierte industrielle Umweltverschmutzung, eskalierende Klimaschäden, steigender Meeresspiegel, kollabierender Grundwasserspiegel, zunehmende Dürre, Bodenerosion, Artensterben, überfischte Ozeane, Schrumpfung nicht erneuerbarer Ressourcen, instabile, ineinander verzahnte Volkswirtschaften, bankrotte Städte und Nationen, extreme wirtschaftliche Ungleichheit, noch nie dagewesene Flüchtlingsmigration, gehortete Waffen, die wir nicht einzusetzen wagen, und kein Ende in Sicht. Ziehe ein paar ab, füge ein paar hinzu; in der Summe ist die Liste überwältigend.

Angefangen mit *Die Grenzen des Wachstums* von Donella Meadows und ihrem Team im Jahr 1972 haben eine Reihe von Büchern unseren globalen Entwicklungsverlauf analysiert. Sie haben mit unerbittlicher Logik und zunehmender Präzision die Zahlen berechnet, die Variablen ermittelt und die Ergebnisse prognostiziert. Seit die Union of Concerned Scientists (UCS) 1992 ihre »Warnung der Wissenschaftler an die Menschheit« veröffentlichte, hat sich die Debatte von der Frage, *ob* es zu einer globalen Systemkrise kommen wird, über die Frage, *wie schnell* sie eintreten wird, bis hin zu der Frage, was wir tun können, um sie zu *verhindern,* und was wir tun müssen, um uns von ihr zu erholen, nachdem sie eingetreten ist, entwickelt. Der wachsende Konsens scheint zu sein, dass wir das Handeln an zu vielen Fronten zu oft aufgeschoben haben, um einen bevorstehenden Crash katastrophalen Ausmaßes zu verhindern. Die Diskussion verlagert sich nun auf die Frage der Anpassung und Widerstandsfähigkeit. Wie wird die Menschheit auf diese globale Krise reagieren: politisch, wirtschaftlich, militärisch, technologisch, kulturell und existentiell?

Damit komme ich zum Kernpunkt dieses Kapitels. Während die Bedrohung durch eine globale Krise von Jahrzehnt zu Jahrzehnt zugenommen hat, zeigt die Vision unserer Zukunft, die immer wieder in meinen Sitzungen auftaucht, dass die Menschheit sich rasch einem Durchbruch von evolutionärem Ausmaß nähert. Trotz der Tatsache, dass wir wiederholt die ökologischen Warnungen nicht beachtet haben und unsere räuberische Gier und unsere erdschädigende Politik nicht zügeln, war ihre Botschaft eine Botschaft der Verheißung und der Hoffnung. Mehr als Hoffnung, eine Botschaft sich abzeichnender Größe. Das liegt nicht daran, dass ich mich in einer New Age »Sonnenspiritualität« verfangen habe, die sich weigert, der Dunkelheit ins Gesicht zu sehen. Ich hoffe, es ist inzwischen klar, dass mir die Dunkelheit nicht fremd ist. Die Lösung dieses Paradoxons liegt vielmehr darin, zum Wesen dieser globalen Krise vorzudringen und zu verstehen, was sie auf der tiefsten Ebene darstellt.

Das Wesentlichste der Vision unserer Zukunft, die sich in meinen Sitzungen herauskristallisiert hat, ist, dass die Menschheit in eine Zeit des Großen Erwachens eintritt, in eine tiefgreifende Veränderung der grundlegenden Verfassung der menschlichen Psyche. Aber damit es ein Großes Erwachen geben kann, muss zuerst ein Großer Tod stattfinden. Wir müssen uns vom Alten befreien, bevor das Neue entstehen kann. Ich bin zu der Überzeugung gelangt, dass das 21. Jahrhundert eine solche Zeit sein wird. Es wird die *dunkle Nacht unserer kollektiven Seele* beginnen, eine Zeit der Entleerung, der intensiven Angst, des Kontrollverlusts und des Zusammenbruchs. Eine globale Läuterung bis zum Tod, die Generationen dauern wird. Aber durch diese harte Arbeit werden wir etwas Außergewöhnliches hervorbringen. Es entsteht nicht nur eine neue Zivilisation, sondern nichts Geringeres als eine neue Ordnung des menschlichen Seins. Ich glaube, dass unser Planet durch die globale Systemkrise den Menschen der Zukunft zur Welt bringt.

Ich weiß, dass es arrogant klingt, in einer solchen Größenordnung zu sprechen, aber ich muss es tun, wenn ich die Visionen beschreiben soll, die ich in meinen Sitzungen immer wieder hatte. Der Ego-Tod zerstört die existentielle Isolation und den ständigen Selbstbezug, der unsere gewöhnliche Erfahrung der Welt organisiert. Wenn Teile des persönlichen Bewusstseins aufgegeben werden, öffnet sich unsere Erfahrung spontan für die größeren Rhythmen des Lebens, deren Teil wir sind. Ein Teil dieser Rhythmen ist die kollektive Psyche der Menschheit. Auf der subtilen Ebene des Bewusstseins können wir uns so tief im Gesamtbewusstsein der menschlichen Spezies auflösen, dass die Anfänge und Enden unseres persönlichen Lebens unbedeutend werden. Wenn sich das »kleine Selbst« so vollständig für das »Selbst der Spezies« öffnet, ist es nur natürlich, dass in unserem Bewusstsein manchmal Einblicke in den größeren Entwicklungsweg der Menschheit auftauchen. Es würde uns überraschen, wenn dies nicht der Fall wäre.

Als diese Visionen 1991 begannen, wusste ich so gut wie nichts über die aufkommende Krise des globalen Systems und verbrachte nicht viel Zeit damit, überhaupt über die Zukunft der Menschheit nachzudenken. Dennoch tauchte die Transformation der Menschheit in meinen Sitzungen immer wieder auf und vertiefte sich mit der Zeit, wobei neue Schichten hinzukamen, sobald ich sie aufnehmen konnte. Diese Visionen fügten sich zu einer kohärenten Erzählung über unsere Zukunft und die Kräfte, die diese Zukunft formen, zusammen. Es war fast so, als ob die Transformation der Menschheit als Ganzes das Einzige war, worum sich die Schöpferische Intelligenz wirklich kümmerte. Alles andere – mein Leben, unser Leben, alles, womit wir in der Geschichte zu kämpfen hatten – war Teil dieses größeren Projekts. Es war der Kontext, der all unsere Bemühungen umrahmte. Es war das Werk der Stunde.

Als Reaktion auf diese Visionen begann ich, meine ökologischen Hausaufgaben zu machen.[1]

Wenn ich mich anschicke, die Visionen unserer gemeinsamen Zukunft zu erzählen, die mir gegeben wurden, denke ich an Black Elk, den heiligen Mann der Oglala Lakota. Black Elk war gerade einmal neun Jahre alt, als er in einen visionären Zustand kollabierte. Als er zwölf Tage lang dem Tod nahe war, nahmen ihn die Donnerwesen des Westens zu sich und gaben ihm eine Vision, die das Schicksal seines Volkes vorhersagte. In einer Zeit, in der die alten Lebensformen für das Volk der Lakota zerbrachen und seine Zukunft ungewiss war, gaben die Großväter diese Vision einem Kind. Black Elk war von dieser Erfahrung so erschüttert, dass er seine Vision jahrelang verbarg. Manchmal fühle ich mich so, wie sich dieser neunjährige Junge gefühlt haben muss. Während ich dies schreibe, bin ich achtundsechzig Jahre alt und fühle mich manchmal immer noch überwältigt von den Visionen unserer Zukunft, die mir in meinen Sitzungen vermittelt wurden. In diesen Angelegenheiten ist der Einzelne nichts, die Vision ist alles.

Diese Visionen wurden mir nicht auf einmal zuteil, wie es bei Black Elk der Fall war, sondern kamen häppchenweise über viele Jahre hinweg. Ich werde diese Visionssequenz in drei Teilen vorstellen – zwei in diesem Kapitel und ein dritter in einem späteren Kapitel. Der erste Teil ist eine Reihe von Visionen, die ich zwischen 1991 und 1994 innerhalb der Sitzungen erhielt, die bereits in den drei vorangegangenen Kapiteln vorgestellt wurden. Anstatt diese Visionen dort stückweise zu präsentieren, habe ich sie aus ihrem ursprünglichen Rahmen herausgenommen und hier zusammengetragen, wobei ich sie nur so weit wie nötig bearbeitet habe, um sie zusammenzufügen. Ich habe diese Visionen in sechs Abschnitte gruppiert, die ich die Visionen des Erwachens nenne. Dies waren die sechs sich überlagernden Themen, die in neun Sitzungen während dieses vierjährigen Zeitraums auftauchten. Der zweite Teil der Geschichte ist eine einzelne Sitzung, die eineinhalb Jahre später, 1995, stattfand. Die Sitzung »Großes Erwachen« (S 55) führte mich tief in die Zukunft und stürzte mich in das Herz des kollektiven Todes und der Wiedergeburt, in die die Menschheit eintritt. Der dritte und letzte Teil kam 1998, kurz vor dem Ende meiner Reise. Ich werde ihn in Kapitel 11, »Letzte Vision«, vorstellen

1 Die folgenden Quellen sind in der Reihenfolge aufgeführt, in der die Autoren mit der Veröffentlichung von Büchern in diesem Bereich begonnen haben: Donella Meadows, Dennis Meadows, und Jorgen Randers 1972; 1992: 2004, Peter Russell [1983] 1995; [1992] 2009, Thomas Berry 1988: 1999, Joanna Macy 1991; 2014, Richard Tarnas 1991; 2006, Duane Elgin 1993; 2001, Paul Hawken 1993; 2007, Ervin Laszlo 1994; 2010, David Korten [1995] 2001; 2006, Barbara Marx Hubbard 1998; 2001, Jean Houston 2004, Jared Diamond 2005, Charles Eisenstein 2007, Paul Gilding 2011, Anne Baring 2013, David Wallace-Wells 2019.

Die Visionen des Erwachens

Die Visionen des Erwachens stammen aus den folgenden Sitzungen:

S 22 Masterplan #1
S 23 Masterplan #2
S 24 Heilung der kollektiven Wunde
S 28 Archetypische Verschmelzung
S 29 Reinigung #1
S 31 Reinigung #3
S 39 Zukunft der Menschheit
S 43 Erweiterungen und Ausarbeitungen
S 47 Zerstückelt in Licht

Bei der Erstellung dieser Zusammenstellung habe ich die intensiven Prüfungen, die die Tür zu diesen Visionen öffneten, weggelassen und werde den Leser einfach bitten, sie im Kontext der bereits vorgestellten Sitzungen zu betrachten. Diese Visionssequenz begann, als der Ozean des Leidens sich seinem Ende näherte. Sie wurde durch den Eintritt in die Feuer der Hölle und dann in die Feuer der archetypischen Einweihung angefacht. Der Preis, den man für solche Einweihungen zahlt, kann gar nicht hoch genug eingeschätzt werden. Meine frühen Ausflüge in die persönliche Tiefe Zeit schienen den Weg für diese späteren Ausflüge in die kollektive Tiefe Zeit zu ebnen.

Diese Serie von Visionen begann mit der Vision des Masterplans, der in Kapitel 6 vorgestellt wurde. Da diese ursprüngliche Vision den Kontext für alle folgenden Visionen bildete, ist es wichtig, sie hier aufzuführen, weshalb ich sie im Folgenden in gekürzter Form wiedergebe. Diese Vision zeigte mir, dass alles, was der Menschheit bevorsteht, im Kontext der göttlichen Liebe stattfindet. Wie schwierig die Dinge in den kommenden Jahren auch werden mögen, wir werden weder bestraft, noch haben wir bei irgendeinem großen Unterfangen versagt. Vielmehr hat sich jeder von uns entschieden, an dieser kollektiven Transformation im Dienst der göttlichen Liebe teilzunehmen.

Die Visionen des Erwachens

Als ich über den reinigenden Teil der Sitzung hinausging, wurde ich von einer großen Versammlung von Wesenheiten empfangen, die anscheinend dazu berufen waren, an den heutigen Ereignissen teilzunehmen. Sie fühlten sich an wie Meisterschamanen. Unter ihren wachsamen Augen wurde ich in eine Arena geführt, in der ein Tag der Offenbarung geplant war.... Irgendwann wurde die Raum-Zeitliche Realität gänzlich zurückgelassen, und ich fand mich allein in einem

Zustand wieder, der scheinbar weder zeitlich noch räumlich begrenzt war, und genoss die Glückseligkeit und Klarheit der Transzendenz.

Dann erfuhr ich, dass mir ein Teil des Masterplans für die menschliche Spezies gezeigt werden sollte. So absurd dieser Vorschlag für unser normales Bewusstsein auch klingen mag, in meinem jetzigen Zustand erschien er mir völlig plausibel. Ich hatte keine Zeit, darüber zu debattieren, denn plötzlich öffnete sich etwas und ich wurde in einen riesigen, konzentrierten Strom hineingezogen, der der physischen Realität zugrunde lag, und dieser Strom schien die gestaltende Absicht der schöpferischen Intelligenz selbst zu sein. Ich löste mich vollständig in diesem Strom auf und wurde eins mit ihm. Die folgenden Erfahrungen traten auf, während ich mich in diesem Zustand befand:

Vision 1 – Göttliche Liebe

Ich wurde an den Anfang der Schöpfung zurückversetzt und erlebte dort die menschliche Evolution im Zusammenhang mit einer größeren kosmischen Agenda. Plötzlich war ich von der außergewöhnlichsten LIEBE überwältigt. Es war, als ob ein Damm gebrochen war und die Liebe kam aus allen Richtungen auf mich zu, so viel Liebe, dass ich sie kaum aufnehmen konnte, selbst in meinem erweiterten Zustand… Zu dieser Liebe zu erwachen, bedeutete, sich an eine ursprüngliche Entscheidung zu erinnern, an der ich irgendwie teilgenommen hatte… Mich an Entscheidungen erinnernd, die ich getroffen hatte, bevor Materie und Zeit existierten, verband ich mich wieder mit der Göttlichen Liebe, die diese Entscheidungen inspiriert hatte. Diese Erfahrung erschütterte mein Herz, und ich weinte tief.

Ich erlebte, dass all das Leid, das der Mensch im Laufe seines Lebens ertragen hatte, in dieser Liebe stattfand. Ich erkannte, dass alles Leid, das der Evolution innewohnt, unbeschreiblich edel war. Es war alles Teil eines kosmischen Plans, der von allen Beteiligten eingegangen wurde, wie unbewusst wir auch immer auf dem Weg dorthin geworden waren. Das Edle im großen Leids, das freiwillig im Namen der Göttlichen Liebe auf sich genommen wurde, ein Leid, das sich über Millionen von Jahren erstrecken würde, Leid, das so unbegreiflich werden würde, dass es als Beweis dafür dienen würde, dass es dem Universum an Mitgefühl fehlte, das war das Kostbare des Geschenks der Menschheit an den Schöpfer. Alle Leiden, die der Mensch ertragen hat und noch ertragen wird, insbesondere das Leiden an der Gefühllosigkeit selbst, waren Teil eines bewusst gewählten schöpferischen Prozesses, der noch nicht zur vollen Entfaltung gekommen war.

Vision 2 – Die gesamte Menschheit

Die Ordnung und das Design des sich entwickelnden Lebens ist nicht etwas, das ihm von außen auferlegt wird; es sprudelt und flutet aus dem Leben selbst hervor. Es ist etwas, das im Feuer des atomaren Prozesses lebt und in all den Mikro- und Makro-Sprüngen der Evolution aufsteigt. Es ist ein rastloser Aufruhr, um mehr zu werden, der innerhalb des Lebens brennt. Im Menschen ist der Fokus dieses Aufruhrs das Bewusstsein, und ich war in die Kräfte eingetaucht, die die Evolution des menschlichen Bewusstseins vorantreiben.

Aus den brodelnden Sehnsüchten des Menschen, aus den gewaltsamen Konflikten und den Intrigen von Individuen und Nationen tauchte nun eine neue Erkenntnis im menschlichen Bewusstsein auf. Seine Geburt in uns ist nicht weniger schwierig oder gewaltsam als die Geburt eines neuen Kontinents. Es treibt aus dem Grund unseres Wesen nach oben und erfordert eine Verschiebung von allem, was zuvor geschehen ist, um Platz für seine neuen Organisationsmuster zu schaffen.

Die große Schwierigkeit, die ich habe, besteht darin, die enorme Tragweite dessen zu beschreiben, was da geboren wird. Der wahre Fokus dieses schöpferischen Prozesses ist nicht der einzelne Mensch, sondern die gesamte Menschheit. Er versucht tatsächlich, die gesamte Spezies zu erwecken. Was entsteht, ist ein Bewusstsein von noch nie dagewesenem Ausmaß, die gesamte menschliche Familie integriert in ein einheitliches Bewusstseinsfeld. Die Spezies ist wieder mit ihrer grundlegenden Natur verbunden. Unsere Gedanken stimmen sich auf das Bewusstsein der Quelle ein. Dieses vereinheitlichte Feld erstickt unsere Individualität nicht, sondern befreit sie zu neuen Ausdrucksformen. Nachdem ich mich über die lineare Zeit hinaus in die Tiefe Zeit bewegt hatte, erlebte ich dieses kollektive Erwachen sowohl als projiziertes Schicksal als auch als realisierte Aktualität. Es war gleichzeitig etwas, das vollendet werden sollte, und etwas, das bereits vollendet war. Das Ausmaß dessen, was ich erlebte, raubte mir den Atem.

Vision 3 – Leitende Intelligenz

Ich sah, wie die Menschen aus einem steilen Tal aufstiegen, und vor uns, auf der anderen Seite des Berges, lag eine strahlende, sonnendurchflutete Welt, die über uns hereinbrechen würde. Der Zeitrahmen war enorm. Nach Millionen von Jahren der Entwicklung und des Aufstiegs standen wir kurz vor einem Sonnenaufgang, der die Lebensbedingungen auf diesem Planeten für immer verändern würde. Alle derzeitigen Strukturen würden schnell irrelevant werden. Alle Wahrheiten würden schnell passé sein. Wahrlich, eine neue Epoche war ange-

brochen. Das Leben jedes Einzelnen, der in dieser entscheidenden Zeit lebte, trug dazu bei, diesen globalen Wandel herbeizuführen.

Als ich Zeuge dieser Szene wurde, erkannte ich, dass wir zwar die tiefe Zukunft auf einer persönlichen Ebene nicht kennen, dass es aber eine umfassendere Ebene des Bewusstseins gibt, die sie sehr klar sehen kann. Das war eine zutiefst bewegende und klärende Erfahrung für mich. So wie wir unsere Kinder auffordern, alle möglichen Aufgaben zu erledigen, die sie nicht verstehen, von denen wir aber wissen, dass sie für ihre Zukunft wichtig sind, gab es dort ebenfalls eine »elterliche Intelligenz«, die, wissend was auf uns zukommen wird, eine Aufgabe an die Menschheit gestellt hat. Als Einzelne konnten wir Menschen nicht sehen, was auf uns zukam, und daher auch nicht verstehen, warum die Dinge so waren, wie sie waren. Doch isoliert von der Zukunft macht die Gegenwart absolut keinen Sinn. Ahnungslos zu sein über das, was gebaut wird, hieße, praktisch blind zu sein, und unsere Spezies ist nicht blind. Es gibt eine Intelligenz in ihr, die sie lenkt, eine Intelligenz, die die Zukunft kennt und uns darauf vorbereitet, so systematisch wie wir unsere Häuser auf den Wechsel der Jahreszeiten vorbereiten.

Aus dieser Perspektive sah ich, dass das wissenschaftliche Wissen unserer Kultur über den Ursprung des Menschen in zweierlei Hinsicht sehr unvollständig war. Erstens ist unser Verständnis der Mechanismen der Evolution immer noch rudimentär, und zweitens haben wir unsere Interpretationen auf das gestützt, was sich gerade bis zu diesem Zeitpunkt entwickelt hat, und dabei ignoriert, dass wir nur die frühen Akte eines viel längeren Spiels gesehen haben. Stell dir vor, jemand aus dem Altertum, der völlig unwissend ist, beobachtet die ersten Stationen eines Autofließbandes und versucht zu verstehen, was da gebaut wird. Wir sehen einfach zu wenig, um zu erraten, was kommt, und verstehen deshalb nicht richtig, was vorher gemacht wurde. Die Tiefe unserer Unwissenheit zeigt sich in unserer Überzeugung, dass sich das Universum zufällig zusammensetzt. Als mir Einblicke in unsere Zukunft gewährt wurden, als ich die Absichten des Schöpfers berührte, erkannte ich, dass die Evolution in der Tat kein Zufall war, sondern ein schöpferischer Akt höchster Brillanz, und dass die Menschheit über eine Schwelle geführt wird, die sie für immer verändern wird.

Zu diesem Zeitpunkt konnte ich noch nicht erkennen, was die Zukunft für uns bereithält. Was ich stattdessen erlebte, war überwältigendes Licht und Glückseligkeit. Auch wenn dies enttäuschend klingen mag, offenbarten sie mir mehr, als es Details je könnten. Ich wusste, dass das brillante Licht der Glanz der Erleuchtung und die Glückseligkeit die Freude der Befreiung war. Die menschliche Spezies stand an der Schwelle zu einem tiefgreifenden spirituellen Erwachen

Vision 4 – Unsere Spezies als ein einziges Wesen

Ich wurde tiefer in das einheitliche Feld der Existenz geführt und erlebte die Dynamik des Erwachens der Menschheit als Bewegungen, die von einer einzigen, integrierenden Intelligenz initiiert und orchestriert werden. Zuvor war mein Bezugsrahmen für das Verständnis dieser Prozesse der einzelne Mensch gewesen, und das Thema der individuellen Evolution ist die Ausübung des freien Willens über viele Lebenszeiten hinweg. Jetzt wurde ich in eine übergeordnete Ebene der Erkenntnis hineingezogen, die ein tieferes Organisationsmuster offenbart.

Aus dieser Perspektive erlebte ich die Evolution der Spezies als das systematische Wachstum eines einzelnen Organismus, eines einheitlichen Wesens, von dem wir alle ein Teil waren. Die subtilere Zusammenarbeit der Teile mit dem Ganzen war außergewöhnlich. Nichts in unseren theologischen oder philosophischen Systemen wird den Tatsachen gerecht. Die unglaubliche Vielfalt unserer Spezies als ein einziges einheitliches Feld zu erleben, machte viele Dinge klarer. Neue Muster tauchten auf, und die Muster machten einen transparenten Sinn.

An einem Punkt verschmolz mein Blick so sehr mit diesem Prozess, dass die »Einheiten« des individuellen Lebens völlig verschwanden. Auf dieser Ebene waren die menschlichen Leben einfach nur Abwandlungen von Mustern der flüssigen Energie, die das Wesen unserer Spezies ausmachte. Individuen waren »Formen«, die Portionen dieser Energie zu etwas zusammenziehen und Konfigurationen festigen. An sich waren diese Formen nicht fest. Sie zogen einfach die im Feld der Spezies existierende Hauptenergie zusammen.

Was ich dann sah, war, dass sich das vereinigte Feld der Menschheit entschieden und abrupt bewegte, um sich seiner selbst bewusster zu werden. Während es zuvor als ein ausgedehntes, weitgehend unbewusstes Gewebe existierte, erwachte es nun selbst. Sichtbar wurde dies durch das Zusammenkommen von Energie in rasant kontrahierenden Zuckungen, die helle Blitze des Bewusstseins erzeugten. Wiederholt sah ich, wie sich ausgedehnte Energiebahnen plötzlich zusammenzogen und explodierten. In der Vergangenheit waren diese Blitze von der Trägheit der kollektiven Psyche verschluckt worden und hatten nicht lange Bestand. Jetzt aber begannen die Blitze, sich durchzusetzen und sich mit anderen, um den Planeten herum auftretenden Blitzen zu verbinden.

Vision 5 – Kollektive Reinigung

Wenn ein Organismus von innen heraus dazu aufgerufen wird, bewusster zu werden, muss er zunächst die psychologischen Nebenprodukte aus niedrigeren

Bewusstseinsstufen seines Lebens reinigen. Er muss die Rückstände der Vergangenheit ans Tageslicht bringen und sie aus seinem System entfernen, um die Grundlage für ein verfeinertes Niveau des Wirkens zu schaffen. Unsere Spezies hat dies in großem Umfang und mit großer Entschlossenheit getan, indem sie Generationen herauskristallisierte, die ihr toxisches Vermächtnis verkörperten.

Was ich zuvor als Individuen gesehen hatte, die reinkarnierten, um ihr individuelles Karma zu bereinigen, erlebte ich nun als eine hochgradig zentralisierte Entscheidung des menschlichen Bewusstseinsfeldes, um sein karmisches Erbe zu bereinigen, und damit die Menschheit auf das vorzubereiten, was kommen wird. Es war die koordinierte Bewegung der Selbstentfaltung der Spezies als Ganzes. Auf einer tieferen Ebene war es die bewusste Bewegung des Göttlichen, das sich selbst durch die Erfahrung unserer Spezies entwickelt. All unsere individuellen Geschichten waren Ausdruck der größeren Geschichte dieses Wesens; unsere individuellen Kämpfe waren Teil seines größeren Kampfes. Der Vorgang war so schön und elegant, dass er mich in eine tiefe Ekstase versetzte und fast meine Fähigkeit überstieg, einen kohärenten Bewusstseinszustand aufrechtzuerhalten. Es war keine Vision, sondern eine Erfahrung der Wirklichkeit selbst.

Eines der Dinge, die mir bei diesen Erfahrungen auffielen, war das Gefühl, dass die gegenwärtige Gestalt des Menschen eine Übergangsform ist. Wie Übergangsformen, durch die sich eine Spezies in einer evolutionären Verschiebung bewegt, sind auch wir eine Übergangsform. Wir sind Zellen in einem Superorganismus, der auf schnellen Wandel aus ist. Unsere Verfassung, die Form unserer Spezies, ist eine Etappe in einer längeren Evolutionsreise.

Ich sah, dass die Generationen, die in unserer Zeit geboren wurden, absichtlich so konfiguriert worden waren, damit sie einen intensiven Zyklus der kollektiven Reinigung auslösten. Die Gifte der menschlichen Vergangenheit werden in uns an die Oberfläche gebracht, und indem wir diese Gifte in unserem individuellen Leben transformierten, machten wir es möglich, dass das göttliche Bewusstsein tiefer in die zukünftigen Generationen eindringen kann. Wir hatten uns freiwillig für diese Rolle zur Verfügung gestellt, zu unserem persönlichen und zum kollektiven Wohl. Ich sah, dass dieses Jahrhundert einen Wendepunkt formt, in den karmische Ströme fließen, und dass, während dieser Prozess zur Erfüllung kam, der zukünftige Zustand unserer Spezies jenseits von allem sein wird, was wir von unserem gegenwärtigen Zustand aus projizieren könnten. Die Zukunft würde nicht wie die Gegenwart aussehen. Unsere zukünftige Gestalt würde nicht wie unsere gegenwärtige Form aussehen.

Es ist schwierig, die erschütternde Kombination von Gefühlen zu beschreiben, die diese Erkenntnisse in mir auslösten. Auf der einen Seite war ich über die entschlossene und fast unpersönliche Art und Weise, in der sich dieser Übergang vollzog, zutiefst beunruhigt. Mehrere Generationen von Menschen als Ausdruck einer größeren Entwicklung zu erleben, war niederschmetternd. Der gesamte Prozess hatte die Unbarmherzigkeit von Kali, der Zerstörerin, die gnadenlos das Alte abschneidet, um Platz für das Neue zu schaffen. Auf der anderen Seite spürte ich auch eine erlesene Zärtlichkeit des Schöpfers, der mit uns jeden Schmerz erlebte, den wir selbst auf uns genommen hatten. Die Menschen waren dem Schöpfer so wertvoll, dass kein einziges Gramm Schmerz, keine einzige Träne verschwendet wurde. Die Tiefe dieser göttlichen Fürsorge hat mich so bewegt, dass mir kein Opfer zu groß oder unvernünftig erschien.

Vision 6 – Der Mensch der Zukunft

An einem Punkt wurde mir eine kurze Erfahrung über den zukünftigen Menschen, zu dem wir werden, zuteil. Es war, als wäre ich in die ferne Zukunft getragen worden und durfte miterleben, was der bleibende Zustand des Menschen zu dieser Zeit sein wird. Was für ein großartiges Wesen! Schon die Berührung erfüllte mich mit Entzücken, Freude und schierer Wonne. Es fühlte sich klar und warm an, und ganz. Es gab ein anhaltendes Gefühl des Einsseins, das tiefer ging als nur das Gefühl, miteinander verbunden zu sein. Es war ein Gefühl des Einsseins, des wahren Einsseins unter der Vielfalt der Dinge. Eine solche Ausdehnung, eine solche Weite des Seins! Es war voll verkörperte spirituelle Verwirklichung, der tantrische Duft des Erwachens ganzer Arten. Geist und Materie in vollkommener Ausgewogenheit. Dieser durchdringende Einblick nahm mich in Bann. Seine Schönheit, Erhabenheit und Einfachheit durchdrangen mein Herz. Dieses Erwachen goss einen köstlichen und heilenden Nektar in mich, Balsam für alle meiner Art.

Es wird ein soziales Erwachen geben, eine Zeit, in der wir unseren Versuch aufgeben, in den geschlossenen Zellen unserer Vergangenheit zu leben und das wird die Wahrheit über unsere umfassende Natur verwirklichen. Das, was wir derzeit sowohl privat als auch kollektiv durchmachen, ebnet den Weg für diese Zukunft. Auch wenn wir dieses Erwachen vielleicht nicht mehr persönlich miterleben, habe ich gesehen, dass wir durch unsere künftigen Inkarnationen daran teilhaben werden. Wir taten dies für Gott, für andere und für uns selbst. In einem längeren Zeithorizont schien das Bewusstsein, das auf unserem Planeten entstand, dazu bestimmt zu sein, sich schließlich über unser Sonnensystem hinaus auszudehnen. Die Erde schien ein Treibhaus zu sein, in dem eine Fähigkeit zur bewussten Schöpfung heranwuchs, die mit der Zeit in andere Systeme der Galaxie exportiert werden würde.

Das Endergebnis all dieser Erfahrungen war, dass ich mich mit der Frage beschäftigte: »Wie kann die gesamte Spezies erweckt werden? Was braucht es eigentlich, damit die gesamte Menschheit diesen Quantensprung im Bewusstsein vollzieht?« Ich hatte zwar gesehen, dass dieses Erwachen unsere unmittelbare Aufgabe war, aber es war mir nicht gezeigt worden, wie es bewerkstelligt werden würde.

Zusammengenommen gaben mir diese sechs Visionen den grundlegenden Rahmen für den tiefgreifenden Wandel, der sich unter der Oberfläche der Geschichte abspielt. Sie halfen mir, das Ausmaß des Vorhabens zu verstehen, das die Menschheit in Angriff genommen hat, und was das eigentliche Ziel ist. Durch die Erfahrung der Schöpferischen Intelligenz, die in diesem Übergang wirkt, fühlte ich mich in der Genialität unseres Universums verankert. Die Erfahrung der komplexen Reinkarnationsdynamik, die diesen Dreh- und Angelpunkt umgibt, hat mich sowohl inspiriert als auch demütig gemacht. Und doch wurde mir in diesen Visionen nirgends gezeigt, wie diese kollektive Transformation tatsächlich stattfinden würde. Dieses entscheidende Puzzlestück fehlte, und ich hatte keine Ahnung, wie die Natur das bewerkstelligen würde.

Das große Erwachen

Dann, im Dezember 1995, als meine Familie und ich uns auf die Weihnachtsfeiertage vorbereiteten, führte mich eine besonders kraftvolle Sitzung in das Herz unserer kommenden Transformation. Um diese Sitzung vorzustellen, muss ich in der Zeitlinie meiner Reise vorwärts springen, denn das Großen Erwachens fand mitten in der Sitzung des Diamantenen Leuchtens statt, die ich noch nicht beschrieben habe. Ich war bereits zweimal in das Diamantene Leuchten eingetreten, in den Sitzungen 45 und 50, und ich würde noch zweimal, in den Sitzungen 60 und 66, in es eintreten. Dann, in der Mitte dieser Sequenz, gerade als ich erwartete, wieder in das Diamantene Leuchten aufgenommen zu werden, führte mich Sitzung 55 stattdessen in den globalen Tod und die Wiedergeburt der Menschheit. Diese auffällige Platzierung unterstreicht die Bedeutung dieser Begegnung.

Sitzung 55 baute auf den kollektiven und zeittranszendierenden Erfahrungen früherer Sitzungen auf, als wären es diese Übungen gewesen, die mich auf diesen bahnbrechenden visionären Download vorbereitet hatten. Die kollektiven Erschütterungen, in die ich in dieser Sitzung eintrat, schienen durch eine globale ökologische Krise ausgelöst zu werden, aber ich erfuhr keine Einzelheiten darüber, wie oder wann diese Krise stattfinden würde. Stattdessen zeigte mir diese Sitzung die Umstände dieser globalen Notlage, nahm mich mit in deren Erleben innerhalb der kollektiven Psyche und zeigte mir einige der Mechanismen des kollektiven Erwachens, die dadurch aktiviert werden.

Sitzung 55 – Das Große Erwachen

Den ersten Teil der Sitzung verbrachte ich damit, eine sehr schmerzhafte Beziehung aus meiner Kindheit aufzuarbeiten. Es schien, als ob die Arbeit endlos wäre, als ob ich nie auf den Grund der Störung kommen würde. Dann, nach zwei sehr schwierigen Stunden, brach das, was ich bearbeitet hatte, plötzlich auseinander. Etwas, das erfahrungsgemäß real war, wurde plötzlich so brüchig wie Glasmalerei und zerbrach. Es war, als ob das Thema, das ich bearbeitet hatte, seine perfekte Frequenz erreicht hatte und dann in hunderte von Glasscherben zerbrach. Eine Stimme sagte: »Genug davon«, und es war vorbei. Es gab keinen allmählichen Übergang, sondern eine plötzliche, abrupte Verlagerung von etwas Künstlichem zu etwas tiefgreifend Echtem.

Ich betrat diese Wirklichkeit erschöpft von der Heilarbeit, aber meine Müdigkeit verschwand schnell, als das zerbrochene Glas abfiel. Jetzt war ich plötzlich in einer ganz anderen Wirklichkeit erwacht, in einer ganz anderen Sphäre tätig. Wenn ich beschreiben soll, was dann geschah, fehlen mir die Worte. Etwas noch nie Dagewesenes fand heute statt. Völlig neue Erfahrungskategorien öffneten sich, neue Ordnungen der Wahrnehmung. Es wird Jahre brauchen, um diese Erfahrung vollständig zu assimilieren.

Es war nichts Persönliches an dem Zustand, in dem ich mich befand, nicht einmal das Überbleibsel eines individuellen ekstatischen Erwachens. Stattdessen gab es eine Ganzheit, die die ganze menschliche Spezies umfasste; ihre Bewegung war die Bewegung meiner Gattung. Diese Bewegung war selbst ein Teil der Bewegung des Göttlichen in der Zeit, sodass die Erfahrung aus einer anderen Perspektive darin bestand, in die inneren Abläufe der Göttlichen-Erfahrung-als-diese-Spezies in die größere Ausdehnung ihrer Evolution hineingezogen zu werden. Wie so oft ging die Erfahrung dem Verstehen voraus. Ich begann einfach, neue Dinge zu erleben, und erst langsam wurde mir klar, was ich da erlebte.

Ich begann, Zustände wie Unruhe, Angst, Krise, Durchbruch und Neubeginn zu erleben – aber als eine Spezies, nicht als eine einzelne Person. Ich begann zu erkennen, dass »in mir« die Erfahrungen unzähliger menschlicher Wesen waren. Die Erregungsniveaus, die ich erlebte, waren aufsteigende Wellen im kollektiven Unbewussten, und diese Wellen bauten sich auf und brachen sich wieder in mir! Es war, als ob ich ein Gewitter in seiner Gesamtheit erleben konnte, sogar mit einzelnen Tropfen und den Mustern des Gewitters als Ganzes gleichzeitig.

Mit der Zeit begann ich zu erkennen, dass ich das erlebte, was das Feld der menschliche Rasse als historische Ereignisse erleben wird, sich entfaltend in den nächsten Jahrzehnten, vielleicht in den nächsten hundert Jahren. In früheren Sitzungen hatte ich einen Blick auf den historischen Übergang geworfen, den die Menschheit vollzieht. Heute wurde ich in diesen Übergang hineingenommen und durfte die Erfahrung machen, dass er tief in der kollektiven Psyche unserer Spezies stattfindet, eingebettet in das umgebende Bewusstsein der Schöpferischen Intelligenz. Wenn diese Entwicklungen stattfinden, werden die Menschen denken, dass sie von Ereignissen außerhalb ihrer selbst überholt werden, aber in Wirklichkeit werden diese Ereignisse von der Schöpferischen Intelligenz angetrieben, die aus sich selbst heraus neue Fähigkeiten schöpft, die sich auf die gesamte Menschheit auswirken werden. Ich verließ die Sitzung erschöpft von dem Wissen über das, was vor uns liegt, erschöpft von der Erfahrung, wie sich die Menschheit fühlen wird, wenn unsere Welt um uns herum zerbröckelt, und beflügelt von den neuen Formen, die entstehen.

Das Kernszenario

In einem Bereich relativer Ruhe begann eine kleine Besorgnis zu wachsen. Langsam schauten die Menschen auf und wurden alarmiert. Wie Menschen, die auf einer Insel leben und sich allmählich bewusst werden, dass ein Orkan über sie hinwegfegt, wachten sie allmählich auf, alarmiert über die Ereignisse, die sie überrollt hatten. Die Bedingungen wurden schlechter und schlechter. Die Menschen wurden immer verängstigter, je mehr die Gefahr zunahm, was sie dazu zwang, ihre Überheblichkeit auf einer tieferen Ebene loszulassen. Es gab immer weniger, woran die Menschen festhalten konnten, immer weniger Selbstverständlichkeiten, von denen sie ausgehen konnten – wie sie leben würden, wo sie leben würden, was sie tun würden, wie die Gesellschaft organisiert war, was man besitzen konnte. Die Welt, wie sie sie kannten, brach zusammen.

Jahrzehnte wurden zu Minuten komprimiert, und ich spürte, wie sich die Furcht der Menschen vertiefte, als sie mehr und mehr von dem verloren, was sie als die normalen und notwendigen Strukturen ihrer Welt ansahen. Schritt für Schritt erzwangen die Ereignisse eine schnelle Neubewertung aller Dinge in ihrem Leben. Die Ereignisse, die die Erde überrollt hatten, waren von einem solchen Ausmaß, dass sich niemand vor ihnen schützen konnte. Im menschlichen Feld wuchs der Grad der Beunruhigung, bis schließlich jeder in den Schmelztiegel des bloßen Überlebens gezwungen wurde. Wir saßen alle im selben Boot.

Familien wurden auseinandergerissen – Eltern von ihren Kindern und Kinder voneinander. Leben, wie wir es kannten, wurde im Kern erschüttert. Wir waren darauf reduziert, einfach nur zu überleben.

Eine Zeit lang sah es so aus, als würden wir alle umkommen, aber gerade als der Sturm seinen Höhepunkt erreicht hatte, ging das Schlimmste vorbei und das Unheil legte sich langsam. Obwohl viele gestorben waren, waren viele noch am Leben. Als die Überlebenden begannen, zueinander zu finden, bildeten sich neue soziale Einheiten. Eltern und Kinder aus verschiedenen Familien schlossen sich zusammen, um neue Formen von Familien zu bilden. Überall entstanden neue soziale Institutionen, die unsere neuen Erkenntnisse und Werte widerspiegelten, die wir während der Krise in uns selbst entdeckt hatten. Jeder Aspekt unseres Lebens war von neuen Prioritäten, neuen Wahrnehmungen des Guten, von neuen Wahrheiten geprägt. Diese neuen sozialen Formen schufen neue Bewusstseinszustände, die sich wie eine positive Ansteckung unter den Überlebenden ausbreiteten. Diese neuen sozialen Formen kehrten dann in das System zurück, um weiterhin neue Bewusstseinszustände bei den Menschen hervorzurufen, und der Kreislauf von Kreativität zwischen dem Einzelnen und der Gruppe stieg spiralförmig an.

Das ganze System wurde auf neuen Ebenen lebendig, und diese Lebendigkeit drückte sich auf bisher unmögliche Weise aus. Es war, als hätte die Ökokrise die Myelinisierung der Nervenzellen in unserem Spezies-Gehirn ausgelöst, wodurch neue und tiefere Ebenen der Selbstwahrnehmung entstehen konnten. Immer wieder gab es die Botschaft: »Diese Dinge werden schneller geschehen, als irgendjemand vorhersehen kann, weil der Geist der Spezies hypererregt ist.« Tausende von fraktalen Bildern verdeutlichten diese Lektion wieder und wieder. »Schneller, als irgendjemand vorhersehen kann.« Das Gesicht der Vergangenheit war irrelevant für das Tempo der Zukunft.

Der Mechanismus unseres kollektiven Erwachens

Es gab einen wichtigen Aspekt in dieser Sequenz, der sich auf die aktuellen Mechanismen konzentrierte, die hinter diesem Übergang stehen. Der Schlüssel war die Einsicht, dass diese globale Krise so schwerwiegend sein wird, dass sie sich nicht nur auf den Einzelnen, sondern auch auf das kollektive Unbewusste des Menschen selbst auswirken wird. Das durch die Ökokrise hervorgerufene Leid war so umfassend, so tief und so nachhaltig, dass das Feld des Spezies-Mind in immer höhere Erregungsstufen getrieben wurde. Schließlich geriet es in einen so hoch energetisierten Zustand, dass es anfing, anders zu funktionieren. Ich erlebte diese Veränderungen im Sinne der Konzepte der Supraleitung und der nicht-

linearen Systeme. Ich habe nur ein begrenztes Verständnis dieser wissenschaftlichen Konzepte, aber sie schienen sowohl wörtlich als auch metaphorisch auf die Funktionsweise der kollektiven Psyche zuzutreffen. Ich erlebte sie tiefer, als ich sie kognitiv erfassen konnte, aber die intuitive Aufnahme war außergewöhnlich klar und gut definiert.

Hervorgehoben wurde: (1) die Hyperkonnektivität des Feldes der Arten und (2) die beispiellose Geschwindigkeit, mit der Veränderungen in diesem Feld unter nichtlinearen Bedingungen stattfinden können. Immer wieder sah ich diese Eigenschaften in unserer Zukunft wirken. Wenn Felder unter extremen Druck gesetzt werden, können kleine Veränderungen unverhältnismäßig große Auswirkungen haben. Systeme, die zuvor isoliert waren, können plötzlich beginnen, miteinander zu interagieren, und damit eine latente Verbindung im Feld aktivieren. Ich sah, dass das, was für die Physik gilt, auch für psychologische Felder wahr ist.

Die Geschwindigkeit, mit der neue Formationen in der kollektiven Psyche auftauchten, spiegelte die Supraleitfähigkeit nichtlinearer Systeme wider. Diese neuen Formationen waren nicht nur zeitliche Fluktuationen, sondern wurden zu dauerhaften psychologischen Strukturen, die das nächste Stadium auf der menschlichen Reise des sich selbst-aktivierenden Bewusstseins kennzeichneten.

Der gesamte Prozess schien von seltsamen Anziehungskräften angetrieben zu werden, die das System rasch in neue Muster der Selbstkonfiguration zogen. Die Zeit des Wiederaufbaus war durchdrungen von einem inneren Leuchten, das ein tiefes Erwachen im Herzen des Menschen signalisierte. Es war nicht die überwältigende Brillanz des Diamantenen Leuchtens, das beim individuellen Erwachen erstrahlt, sondern ein sanfteres Leuchten, das die gleiche Realität sanfter und gleichmäßiger über die gesamte Spezies verteilt reflektierte. Die Gesamtheit der Menschheit war dabei, durch einen Prozess von Tod und Wiedergeburt hindurchzugehen, und die Substanz des Erwachens der Gruppe war die gleiche wie die des Individuums, wenn auch langsamer und in kleineren Schritten realisiert. Der Kern dieses Erwachens war die Erfahrung des Einsseins.

Ein Szenario hat die Sache theologisch formuliert: Wir treten in eine Zeit der Gnade ein, in der die Sünden der Vergangenheit massenhaft aufgehoben werden können. Wir müssen sie nicht linear sühnen, sondern können sie ganz aufgeben, wenn wir uns den Kräften öffnen, die sich in der Gegenwart kraftvoll bewegen, um unser Leben neu zu gestalten. In einer Mischung aus westlicher und östlicher Mythologie sah ich, wie die heutigen Generationen die volle karmische Last unserer alten evolutionären Grenzen tragen. Ich sah, dass das gesamte System für eine tiefgreifende Revision dieser Grenzen bereit war und dass wir, die wir Teil dieses Übergangs sind, die Menschheit tatsächlich von ihrer Vergangenheit befreien können, indem wir uns den Herausforderungen dieses radikalen Übergangs stellen. Das kollektive Karma wird exponentiell abgebaut. Die Zeit der großen Läuterung ist eine Zeit der großen Gnade.

Geschichte intensiviert sich. Rückkopplungseffekte beschleunigen sich. Die Zeit verdichtet sich. Die Entwicklung entfaltet sich exponentiell. Die Vergangenheit holt uns rasch ein; Schulden, aufgeschoben von Generationen werden fällig; ein Neuanfang naht. Die ökologische Krise wird eine Konfrontation mit Tod und Wiedergeburt auslösen, die unsere psycho-spirituelle Isolation, sowohl individuell als auch gesellschaftlich, erschüttern und ein Erwachen der gemeinsamen Basis in uns hervorbringen wird. Ich sah, dass wir, sobald wir diesen schmerzhaften Übergang vollzogen hatten, entdecken würden, dass alles gewonnen war. Nichts Wesentliches war verloren gegangen. Wir werden mit Erstaunen auf die tiefe Unwissenheit blicken, die uns auf diesen Kurs der Selbstdezimierung gebracht hat, und wir werden diese Vergangenheit gar nicht lange bedauern. Alles ist gewonnen, alles ist gewonnen.

Ich bin erschöpft von dieser Erfahrung. Ich fühle mich, als ob ich die Zukunft der Menschheit in mir wie ein öffentliches Geheimnis trage. Ich schaue auf mein Volk und bin voller Mitleid über das Schicksal, das sie erwartet, und bin voller Respekt für ihren Mut. Ich möchte ihnen so sehr helfen, das zu überstehen, was auf sie zukommt. Ich bin von der Zeit überrannt und kann nirgendwo anders stehen als dort, wo ich bin.

Ich brauchte mehr als ein Jahr, um mich von dieser Sitzung zu erholen. Monatelang lief ich durch die Stadt, in der ich lebe, und fühlte mich wie jemand, der eine Woche vor dem Abwurf der Bombe durch Hiroshima spaziert, mit unbestreitbarem Wissen über das, was vor uns liegt, und mit tiefem Respekt für alle Beteiligten. Es war schrecklich, den bevorstehenden Zusammenbruch der Menschheit mitzuerleben, aber erlösend, die darauffolgende Wiedergeburt wahrzunehmen. Seit dieser Sitzung habe ich nie mehr an dem größeren Bogen unserer evolutionären Reise gezweifelt, auch wenn ich ihre Opfer betrauere.

Diese Vision zeigte mir, was mir die vorherigen Visionen nicht gezeigt hatten: dass die Transformation der Menschheit durch schreckliches Leid erfolgen wird. Dieses Leiden wird durch eine globale Systemkrise verursacht, die durch eine globale ökologische Krise ausgelöst wird. Unsere Spezies wird sich verändern, wenn unser kollektiver Schmerz einfach nicht mehr zu ertragen ist. In diesem Punkt spiegelt Sitzung 55 die Schlussfolgerung von Duane Elgin in *Awakening Earth* wider, wo er schreibt:

> Es ist das unermessliche Leid von Millionen, ja sogar Milliarden wertvoller menschlicher Wesen in Verbindung mit der weit verbreiteten Zerstörung vieler anderer Lebensformen, das sich durch unsere Selbstgefälligkeit und Isolation brennen wird. Unnötiges Leid ist das psychologische und psychische Feuer, das unser Mitgefühl wecken und Einzelpersonen, Gemeinschaften und Nationen zu einer zusammenhängenden und bewusst organisierten globalen Zivilisation vereinigen kann (Elgin 1993, 121).

Auch wenn das kommende Leid schrecklich zu ertragen sein wird, zeigte mir diese Sitzung, dass die Menschheit diese Krise nicht unversehrt, sondern zum Besseren verändert überstehen wird. Im Zusammenhang mit den früheren Visionen des Erwachens bekräftigte sie, dass wir durch diese Prüfung nicht nur eine neue Geschichtsperiode, sondern eine neue Form des menschlichen Seins hervorbringen werden. Im Laufe der Jahre, in denen ich beobachtet habe, wie sich die Schatten der Geschichte vertieft haben, habe ich festgestellt, dass dieses Versprechen für mich immer mehr an Bedeutung gewinnt. Ohne eine Vision davon, wohin die Natur uns führt, ohne ein Verständnis für das höhere Gut, das unser kollektives Leid in die Geschichte einbringt, könnten wir in dem Leid, das vor uns liegt, ertrinken. Und wir dürfen nicht ertrinken.

Die nichtlinearen Dynamiken des Erwachens

Damit Psychedelika ihre tiefgreifende Wirkung auf unsere Kultur entfalten können, reicht es nicht aus, dass wir einfach nur die mächtigen Erfahrungen aufzeichnen, die sie freisetzen. Wir müssen diese Erfahrungen auch in einen kritischen Diskurs einbetten und sie, wo immer möglich, in einen Dialog mit anderen Lernfeldern stellen. Aus diesem Grund habe ich, als ich diese Sitzung in *Dark Night, Early Dawn* vorstellte, ihre Aussagen über die Rolle, die die kollektive Psyche beim Erwachen der Menschheit spielen wird, so sorgfältig und systematisch entpackt, wie ich konnte.
Diese Aussagen sind:

- dass das Bewusstsein unserer Spezies ein vereinheitlichtes psychisches Feld ist,
- dass dieser Bereich durch das extreme Leid, das durch die globale ökologisc Krise verursacht wird, in einen nichtlinearen oder »weit vom Gleichgewicht entfernten« Zustand getrieben wird, und
- dass der Geist der Spezies in diesem hypererregten Zustand einige der gleichen nichtlinearen Fähigkeiten aufweist, die Wissenschaftler bei physikalischen Systemen beobachtet haben, wenn diese in den nichtlinearen Zustand

getrieben werden, nämlich die Fähigkeit zu schnell beschleunigtem Wandel, erhöhter Kreativität und höherer Selbstorganisation.

Ich habe einen Interpretationsrahmen geschaffen, der die Forschungen von Donella Meadows über globale Trends, die morphische Feldtheorie von Rupert Sheldrake, die Chaostheorie, Peter Russells Global Brain Theory, die mit dem Nobelpreis ausgezeichneten Forschungen von Ilya Prigogine über dissipative Strukturen, die Beobachtungen von Kenneth Ring aus Nahtodstudien und die Analyse der intellektuellen und kulturellen Krisen, die sich im 20. Jahrhundert herausgebildet haben, miteinander verwoben hat. Ich habe diesen Rahmen genutzt, um die Kernaussagen dieser Vision zu untermauern: dass unter dem Druck der extremen Bedingungen unserer Zukunft die menschliche Psyche auf neuen Ebenen lebendig werden wird, dass so etwas wie eine psychologische Phasenverriegelung stattfinden wird, dass die Verbindungen zwischen den Menschen, die bisher zu subtil waren, um erkannt zu werden, offensichtlich werden und dass all dies viel schneller geschehen wird, als irgend jemand hätte vorhersagen können.[2]

Ich bin nach wie vor der Meinung, dass es für das Verständnis der Art und Weise, wie wir diesen historischen Übergang in der kurzen Zeit, die uns zur Verfügung steht, bewältigen werden, von entscheidender Bedeutung ist, die strukturelle Rolle zu verstehen, die die kollektive Psyche dabei spielen wird, aber ich werde diese Argumente hier nicht wiedergeben. Stattdessen werde ich lediglich auf sie verweisen, damit diejenigen, die sich mit diesen Fragen näher befassen möchten, sie nachvollziehen können.

Ich möchte jedoch noch einmal die tiefe Übereinstimmung zwischen der hier vorgestellten Vision des Erwachens der Menschheit und Richard Tarnas' kraftvoller Analyse des Verlaufs der westlichen Geistesgeschichte in *Idee und Leidenschaft - Wege des westlichen Denkens.* hervorheben. Im Epilog dieses Buches stellt Tarnas die kühne These auf, dass die menschliche Spezies als Ganzes denselben Prozess von Tod und Wiedergeburt durchläuft, den die Individuen in Grofs Psychedelischer Therapie durchmachen, allerdings in einem viel größeren Maßstab. Gestützt auf seine pro-

2 Obwohl er nicht auf das kollektive Unbewusste eingeht, betont der strategische Zukunftsforscher Richard David Hames die Rolle, die der nichtlineare Wandel bei diesem historischen Übergang spielen wird: »In dem Maße, in dem sich der Klimawandel durchsetzt und wichtige Muster menschlicher Aktivitäten auf eine Vielzahl vorhersehbarer und unvorhersehbarer Weisen verändert, wird die Notwendigkeit, die nichtlineare Natur des Wandels in komplexen Systemen zu verstehen, von entscheidender Bedeutung sein.... Nichtlinearer Wandel, undiszipliniert und äußerst beunruhigend, ist eben deshalb verwirrend, weil wir uns keiner Sache mehr sicher sein können… Die Veränderungen, die wir jetzt erleben, werden wahrscheinlich zunehmend abrupt, sprunghaft und massiv störend sein« (Hames 2010).

funde Kenntnis von Grofs Werk und sein umfassendes Verständnis der westlichen Geschichte beleuchtet Tarnas die archetypische Abfolge, die seiner Meinung nach den geistigen und kulturellen Krisen der Moderne zugrunde liegt. Der grundlegende Bogen dieser Bahn ist der, dass das Bewusstsein aus einer ursprünglichen, undifferenzierten Einheit auftaucht, einen Prozess der selbstermächtigenden Individuation durchläuft und dann einen Tod der Identität erlebt, der zu einem Wiedererwachen in der ursprünglichen kosmischen Matrix führt, nun aber auf einer neuen Ebene, die die Errungenschaften der gesamten Zeitlinie bewahrt. Wenn man die Geschichte des westlichen Denkens in ihrer Gesamtheit betrachtet, wird deutlich, dass sich der Westen seit Tausenden von Jahren auf dieser Transformationsreise befindet und dass er gegenwärtig in die kritische Phase des Todes und der Wiedergeburt dieses Übergangs auf allen Ebenen eintritt – intellektuell, sozial, politisch, wirtschaftlich, spirituell und ökologisch. Die Stärke von Tarnas' Argumentation liegt in der überzeugenden Art und Weise, wie er so viele Aspekte unserer Geschichte um diese These herum integriert. Dazu muss man sich dem Epilog an sich und der anschließenden Analyse zuwenden, die er in *Cosmos und Psyche* präsentiert.

Mehr als zwanzig Jahre sind vergangen, seit ich diese Vision des kollektiven Erwachens der Menschheit hatte. In diesen Jahren hat sich der Zerfall auf unserem Planeten weiter beschleunigt. Die globale Klimakatastrophe hat sich von einer wissenschaftlichen Hypothese zu einer Planungspriorität des Pentagons entwickelt. Die Eiskappen schmelzen schneller, als irgend jemand vorhergesagt hat, und wir verzeichnen weiterhin ein wärmstes Jahr nach dem anderen. Rekordverdächtige Hurrikane verwüsten weiterhin unsere südlichen und östlichen Küsten, während im Westen eine noch nie dagewesene Anzahl von Waldbränden die von Dürre geplagten Hänge verwüstet. In der Zwischenzeit sterben unsere Riffe weiter, Arten sterben aus, Rohstoffe werden knapper und zwölf Menschen besitzen mehr Vermögen als die gesamte ärmere Hälfte der Weltbevölkerung.[3] Seit 2020 ist das Vermögen dieser Milliardäre inflationsbereinigt um über 80 % gestiegen, während fast die Hälfte der Menschheit in Armut lebt. (Stand März 2026). Der Bericht des *United Nations Intergovernmental Panel on Climate Change* aus dem Jahre 2018 machte brutal deutlich, dass uns diese Entwicklung schnell in eine qualvolle Zukunft führen wird, eine Zukunft, die in David Wallace-Wells' *The Uninhabitable Earth (*2019) mit erschütternder Ehrlichkeit vorausgesagt wird.

In einer Zeit zunehmender Instabilität, in der die alten Gewissheiten zu bröckeln beginnen, ist es verständlich, dass sich die Menschen zu politischen Führern hingezogen fühlen, die versprechen, uns in eine vertrautere und stabilere Zeit zurück-

3 Oxfam, 2026

zubringen. Im Jahr 2016 haben die Vereinigten Staaten einen Präsidenten gewählt, der den wissenschaftlichen Konsens über den globalen Klimawandel leugnet, die alten Trennungen von Religion und Ethnie wieder aufrechterhält und versucht, die Welt abzuschotten. Aber Leugnen wird die Ozeane nicht aufhalten, und religiöse und rassistische Stereotypen führen zu Auschwitz und Dachau. Letztlich wird dieser Weg unseren kollektiven Zerfall nur beschleunigen.

Trotz der fortschreitenden Verschlechterung unseres ökologischen sozialen Gefüges haben wir noch nicht den Wendepunkt erreicht, den Paul Gilding in *The Great Disturbance* voraussieht.

> Dann wird es einen Wendepunkt geben, an dem die Verleugnung aufhört und die Tatsache, dass wir mit einer globalen, zivilisationsbedrohenden Gefahr konfrontiert sind, praktisch über Nacht zur akzeptierten Weisheit wird. An diesem Punkt werden wir dramatisch und mit außergewöhnlicher Geschwindigkeit und Konzentration reagieren.

Wir haben diese Schwelle vielleicht noch nicht erreicht, aber wir werden sie bald erreichen. Gilding führt fort:

> Es ist nicht schwer, sich vorzustellen, wie ein ernsthafter Zusammenbruch, der eine globale Krise auslöst, aussehen würde, wenn man die Trends, die wir diskutiert haben, zusammennimmt. Eine weltweite Hungersnot, bei der eine Milliarde Menschen oder mehr verhungern; eine Reihe von Kriegen, die im Nahen Osten und anderswo um Wasser toben; bewaffnete Konflikte zwischen China, Indien und Pakistan wegen Millionen von Flüchtlingen aufgrund von politischem Zusammenbruch und Nahrungsmittelknappheit; das Ertrinken von Menschen und Nationen auf tief liegenden Inseln in Sturmfluten; die Insolvenz der globalen Versicherungswirtschaft angesichts einer Reihe von Klimakatastrophen und die Folgewirkungen im Bankensektor, wenn nicht versicherte Vermögenswerte als Sicherheiten für Schulden verwendet werden; der Zusammenbruch der globalen Aktienmärkte, wenn die Risiken all dieser Dinge in den Aktienportfolios einkalkuliert werden (Gilding 2011, 106, 108).

Wenn diese oder ähnliche Ereignisse unsere Welt zerstören, wird die Vision des Großen Erwachens in Sitzung 35 auf die Probe gestellt werden. Dann werden wir erfahren, ob das Feld des Geistes der Spezies durch unser kollektives Leiden so übererregt wird, dass es beginnt, auf nichtlineare Weise zu funktionieren. Wenn dies der Fall ist, wird dies eine neue Ära für die Menschheit einläuten. *Aus Dark Night, Early Dawn:*

> In dem Maße, in dem die inhärente Ganzheit der Existenz für immer mehr Menschen zu einer lebendigen Erfahrung wird, werden sich die Einzelnen zu neuen Formen der Kreativität befähigt sehen, die nicht vorhersehbar waren, solange wir in den engen Grenzen eines atomistischen, selbstbezogenen Bewusstseinsmodus gefangen waren. In dem Maße, wie die umfassenden Felder des Geistes stärker werden, werden Synergie und Synchronizität zunehmen. Der Heilige Geist wird in der menschlichen Familie auf eine Weise lebendig werden, die in unserem derzeitigen fragmentierten Zustand unmöglich erscheint. Wie schwierig die Reise auch sein mag, wer könnte sich nicht durch das Privileg, Teil eines solchen Unterfangens zu sein, ermutigt fühlen? Der Schmerz dieser Arbeit sollte nicht gefürchtet, sondern schöpferisch genutzt werden. Wir sind dabei, eine neue Welt für unsere Enkelkinder zu errichten, ja, eine neue Spezies (Bache 2000, 254-56).

Welche Form wird der Mensch der Zukunft haben?

Wenn die Geschichte oder die Natur oder die schöpferische Intelligenz des Universums eine neue Form des menschlichen Bewusstseins auf diesem Planeten hervorbringt, stellt sich die nächste Frage: Welche Form wird dieser zukünftige Mensch annehmen? Wie wird unsere evolutionäre Zukunft aussehen? Um diese Frage zu beantworten, möchte ich die Vision des Großen Erwachens, die hier vorgestellt wird, mit der Vision der Geburt der Diamantenen Seele verbinden, die im vorherigen Kapitel vorgestellt wurde. Es gibt eine so auffällige Konvergenz der Themen in diesen beiden Visionen, dass ich sie, je länger ich sie in meinem Bewusstsein behalte, als tief miteinander verwoben betrachte. Ich biete die folgenden Gedanken als kurze Erklärung dafür an, warum ich glaube, dass die Form, die der zukünftige Mensch annehmen wird, die »Diamantseele« sein wird.

Die Vision der Diamantseele ist eine Vision, die den Zyklus der Reinkarnation zu einem Crescendo kommen sieht, welches die menschliche Erfahrung in ein höheres Register erhebt. So wie »junge Seelen« zu »alten Seelen« werden, werden alte Seelen zu »vollständigen Seelen«. Wenn unsere früheren Leben integriert und zu einem einzigen Bewusstsein verschmolzen sind, kommt es zu einer Explosion unserer Selbstwahrnehmung. Die Hülle des Egos platzt, und wir erleben uns nicht mehr nur als hundertjährige Wesen, sondern als hunderttausendjährige Wesen. Wenn wir auf die Welt blicken, spüren wir unsere Verbindungen mit unzähligen Menschen, die sich in unzähligen Leben gebildet haben. Wir sehen die Erde als unser Zuhause für Tausende von Inkarnationen. Kurz gesagt, wir wissen, dass wir inkarnierende Seelen sind.

In der Erzählung des Großen Erwachens sehen wir eine parallele Geschichte, die sich entfaltet. In dieser Erzählung arbeitet die Intelligenz des Universums systematisch daran, unsere gesamte Spezies in ein neues Kapitel ihres Lebens zu führen: *»Die gesamte menschliche Familie integriert in ein einheitliches Feld des Bewusstseins. Die Spezies wieder mit ihrer grundlegenden Natur verbunden. Unsere Gedanken eingestimmt auf das Bewusstsein der Quelle.«* Nach einem mühsamen Prozess des Ablegens unserer Vergangenheit findet eine rasche Erneuerung des menschlichen Geistes statt, gekennzeichnet durch *»neue Denkweisen, neue Werte… neue Prioritäten, neue Wahrnehmungen des Guten, neue Wahrheiten.«*

Die Parallelen zwischen diesen Erzählungen sind so zahlreich, dass ich zu der Auffassung gelangt bin, dass sie synergetisch miteinander verbunden sind. Das heißt, ich glaube, dass die globale Systemkrise, die sich in der Welt außerhalb von uns abspielt, eng mit der evolutionären Metamorphose verbunden ist, die in uns stattfindet. Während unser Planet um eine stärkere geopolitische Integration kämpft, ringen wir um eine stärkere psycho-spirituelle Integration. Während unsere Nationen mit den Folgen unserer politischen und kulturellen Spaltungen konfrontiert sind, müssen wir uns mit denselben Spaltungen auseinandersetzen, die wir in der Erinnerung an unsere früheren Leben tragen. Während die Erde darum kämpft, *ein* Planet zu werden, kämpfen wir darum, *eine* SEELE zu werden. Ich glaube, dass diese Prozesse tief miteinander verwoben sind und sich gegenseitig verstärken. Mehrere Beobachtungen deuten in diese Richtung.

Erstens, wenn wir über die Herausforderungen nachdenken, die in den kommenden Jahren auf uns zukommen werden, sollten wir uns daran erinnern, dass die globale Systemkrise nicht die Menschen betrifft, wie wir sie uns traditionell vorstellen, sondern die Seelen. Das heißt, aus einer Reinkarnationsperspektive sind Menschen nicht einfach hundert Jahre alte Wesen; sie sind Seelen, die potenziell Tausende von Jahren an Erfahrung in sich tragen. Aus dieser Perspektive trägt jeder von uns viele Lebenszeiten des Lernens um seinen Kern gewickelt. Wenn die große Auflösung eintritt, werden es also die Seelen sein, die sie erleben und entscheiden, wie sie darauf reagieren. Wenn diese lange und anhaltende Krise einen enormen Druck auf unsere sozialen Institutionen ausübt, sich zu verändern und anzupassen, wird sie auch Druck auf unsere individuelle Psyche ausüben, sich zu verändern und anzupassen. Könnte dieser beispiellose Druck dazu führen, dass wir unsere psychologische Vergangenheit ablegen und ein Bewusstsein für die Seele entwickeln, und zwar schneller, als es die Geschichte vermuten ließe?

Nächster Punkt: Unsere geteilte und beschädigte Welt wurde von einer Spezies, die aus der egoistischen Bewusstseinsebene heraus agiert, kreiert. Trotz all seiner Tugenden und Stärken ist das Ego ein fragmentiertes Bewusstsein, das von der zugrunde liegenden Struktur des Lebens, die uns zusammenhält, isoliert ist. Albert Einstein hat einmal gesagt: »Wir können unsere Probleme nicht mit der gleichen Denkweise lösen, die sie verursacht hat.« Ich persönlich glaube, dass die Probleme, die auf uns zukommen, zu groß sind, als dass sie durch egoistisches Bewusstsein gelöst werden könnten, selbst wenn es gut gemeint ist und kollektiv organisiert wird. Es gibt eine strukturelle Beziehung zwischen dem Eigennutz und der Kurzsichtigkeit, die diese Krise verursacht haben, und der Natur des Egos selbst. Ich glaube nicht, dass wir den Planeten zu einem größeren Ganzen entwickeln können, solange wir selbst psychisch fragmentiert bleiben. Wenn das private Ego die Kontrolle über unser Leben behält, werden wir ein gespaltenes Volk bleiben, und wenn das geschieht, werden wir wahrscheinlich untergehen. Das Ego des privaten Selbst hat unsere geteilte Welt aufgebaut und wird ebenso von den Feuern verzehrt, die diese Welt verzehren.

Um diese drohende Krise zu lösen, müssen wir als Spezies dringend erwachsen werden, um von dem, was Duane Elgin unser jugendliches Selbst nennt, zu unserem erwachsenen Selbst zu werden. Aus einer Reinkarnationsperspektive bedeutet »erwachsen werden«, das größere Bewusstsein, das seit Tausenden von Jahren in uns heranreift, anzunehmen und zu integrieren. Es besitzen, die Welt mit seinen Augen sehen und seine angesammelte Weisheit unsere Entscheidungen formen zu lassen. Die Seele lebt in der Geschichte anders als das Ego. Um diese Krise zu lösen, müssen wir die langfristige Perspektive einnehmen, die für die Seele natürlich ist. Die Seele *weiß*, dass ihre Beziehung zu diesem Planeten über die Grenzen ihres gegenwärtigen Lebens hinausgeht. Sie *weiß*, dass die Erde, die wir zurücklassen, die Erde ist, die wir in unserer nächsten Inkarnation erben werden. Sie weiß das, und sie handelt entsprechend.

Nächster Punkt: Aufgrund der Reinkarnation trägt jeder von uns die Vielfalt der Welt in sich selbst. Diese einfache Tatsache kann uns helfen, wenn wir die schweren Entscheidungen treffen müssen, die die Zukunft dieses Planeten bestimmen werden. In einer Welt schrumpfender Ressourcen wird das Argument, unsere Loyalität auf »Wir und die Unseren« zu beschränken, bereits vorgebracht. Das war schon immer die Strategie des Egos, die Welt in Würdige und Unwürdige auf der Grundlage irgendeines Maßstabs aufzuteilen, sei es Nation, Religion, Ethnie oder Klasse. Aber in unserer gelebten Erfahrung als reinkarnierende Wesen trägt jeder von uns Erinnerungen daran, diese »Anderen« gewesen zu sein. Irgendwann in unserer langen Geschichte waren wir wahrscheinlich jede Ethnie, jede Religion, jede Nationalität und jede Klasse. Wir waren reich und arm, männlich und weiblich, Einwanderer und Einheimische. Diese Erinnerungsreste tragen dazu bei, unser Gefühl der Empathie und Verantwortung für andere zu verstärken. Wenn es hart auf hart kommt, kann uns diese innere Geschichte helfen, mutige Entscheidungen zu treffen, die die Menschheit und die anderen Arten, die diesen Planeten mit uns teilen, retten werden. Oder andersherum betrachtet: Wenn wir uns über unsere engstirnigen Eigeninteressen erheben und politische und moralische Entscheidungen treffen, die eine Welt schaffen, die für *alle* funktioniert, kann dies das Gewahrsein für unsere Inkarnationsgeschichte in unserem Bewusstsein nach vorne bringen. Wir könnten durch die politischen und sozialen Entscheidungen, die wir in den kommenden Jahren treffen, buchstäblich *die in Kraft gesetzte Seele* in unser Bewusstsein holen.

Und schliesslich noch ein letzter Punkt. Wenn wir durch diese kollektiven Wehen kommen, werden wir entdecken, dass fünfundneunzig Prozent der Arbeit zur Erschaffung des Zukünftigen Menschen bereits vor Beginn unserer Wehen geleistet wurde. Die Geburt des Zukünftigen Menschen ist der Höhepunkt eines Entwicklungsprozesses, der schon seit Hunderttausenden von Jahren im Gange ist. Durch die systematische Erweiterung und Integration unserer menschlichen Fähigkeiten haben wir uns Leben für Leben auf diesen historischen Durchbruch hin entwickelt. Die Schwangerschaft ist lang und langsam, aber die Geburt ist plötzlich und schnell. Unser Planet liegt in den Wehen und wird uns bald keine andere Wahl lassen, als unser tieferes Selbst in die Geschichte einzubringen. Die Form unserer Zukunft ist bereits in unserer Vergangenheit enthalten. Der zukünftige Mensch *ist* die Diamantseele.

Eine andere Stimme: Bede Griffiths

Die in diesem Kapitel vorgestellte Geschichtsauffassung ist nicht nur typisch für die psychedelische Sicht. Sie taucht schon seit vielen Jahren bei indigenen Völkern und Kontemplativen auf. Lass mich dieses Kapitel mit einem ergreifenden Austausch zwischen Bede Grifiths und Andrew Harvey über unseren Zeitpunkt in der Geschichte abschließen. Bede Griffiths war ein sehr beliebter und geachteter Benediktinermönch, der einen Großteil seines Lebens in Ashrams in Südindien verbrachte und eine tiefe Integration von christlicher und hinduistischer Spiritualität pflegte. Harvey besuchte ihn 1992 im Zusammenhang mit einem Dokumentarfilm, der über sein Leben gedreht wurde. Dieser Austausch fand ein Jahr vor Griffiths' Tod statt. Er war sechsundachtzig Jahre alt.

> Bede hielt plötzlich inne… und sagte dann leise und eindringlich: »Du weißt natürlich, Andrew, dass wir uns jetzt in der Stunde Gottes befinden«.
> Obwohl es ein warmer, duftender Morgen war, fröstelte ich.
> »Wenn du sagst 'Stunde Gottes', was meinst du damit?«

»Ich meine, dass die gesamte Menschheit jetzt an einem Punkt angelangt ist, an dem alles auf dem Spiel steht, an dem ein gewaltiger Bewusstseinswandel in allen Gesellschaften und Religionen stattfinden muss, wenn die Welt überleben soll. Solange sich das menschliche Leben nicht auf das Bewusstsein einer transzendenten Realität konzentriert, die die ganze Menschheit und das ganze Universum umfasst und gleichzeitig unsere gegenwärtige Lebens- und Bewusstseinsebene transzendiert, gibt es wenig Hoffnung für uns.«

Seine ruhige, verhaltene, aristokratische Stimme machte seine Worte noch fesselnder. Bede hustete und starrte auf seine feinen, starken, knochigen Hände.

»Nur sehr wenige Menschen wagen es, sich, der extremen und entscheidenden Situation zu stellen, in der wir uns befinden. Nur sehr wenige Menschen sind bereit, ohne Illusion in unsere Zeit zu schauen und sie als das zu erkennen, was sie ist – eine weltweite Kreuzigung von allem, was die Menschheit auf allen Ebenen und in allen Bereichen erwartet, vertraut oder geglaubt hat.«

Ich hatte ihn in all den vielen Stunden, die wir zusammen verbracht hatten, noch nie so offen und düster über die Zukunft der Welt sprechen hören, und ich kannte ihn schon gut genug, um zu wissen, dass er nie etwas ohne tiefe Absicht sagte.

Wir saßen schweigend zusammen und nahmen den Schmerz und die Herausforderung seiner Worte in uns auf. Dann fragte ich: »Glaubst du, dass die Menschheit es schaffen kann?«

»Natürlich«, sagte er sofort mit fester Stimme, »aber es wird alles kosten. So wie Jesus durch den Tod in die neue Welt der Auferstehung gehen musste, so werden Millionen von uns durch ein Beenden der Vergangenheit und aller alten Seins- und Handlungsweisen gehen müssen, wenn wir durch die Gnade Gottes in die Wahrheit eines wirklich neuen Zeitalters gebracht werden wollen.«

Bede hielt wieder inne und drehte seinen Kopf, um mich direkt anzusehen.

»Ich weiß mit Sicherheit nur zwei Dinge über die Zeit, in die wir eintreten werden. Das erste ist, dass es auf allen Ebenen zu einem unbarmherzigen Kampf zwischen den Kräften kommen wird, die die Menschheit in der Vergangenheit versklaven wollen – und dazu gehören religiöser Fundamentalismus, Nationalismus, Materialismus und die Gier der Unternehmen – und den Kräften, die als Antwort auf den Hunger nach einer neuen zu Art zu leben alles tun werden. Das Zweite, was ich weiß – und das weiß ich aus eigener Erfahrung – ist, dass Gott all jenen Hilfe, Gnade und Schutz schenken wird, die sich aufrichtig verändern wollen und mutig genug sind, das große Abenteuer der Transformation zu wagen.«

Sehr leise fügte Bede hinzu: »Ich glaube, Gott will, dass eine neue Welt und eine neue Menschheit, die aus dem, was sich jetzt entfaltet, geboren wird« (Harvey 2005).

ZEHN

DIAMANTENES LEUCHTEN

Sitzungen 44 bis 69

Wie kann etwas so kristallklares
so frei von irdischer Form,
Tränen des Nachhausekommens hervorrufen?
Sitzung 45

Licht ist seit jeher als Signatur des Göttlichen anerkannt. Es ist eine universelle Konstante in unseren spirituellen Traditionen – eine gewaltige Ausstrahlung, die alles Wissen, alle Liebe und alle Macht in sich vereint. Mystiker halten sich daran; diejenigen, die beinahe gestorben sind, bezeugen es. Es sollte daher nicht überraschen, dass das Licht auf uns wartet, wenn unsere psychedelische Reise uns tief in das Universum führt.

Der folgende Bericht stammt von Walter Pahnke, einer beliebten und angesehenen Persönlichkeit in der frühen psychedelischen Gemeinschaft, die vor allem für die Durchführung des Karfreitagsexperiments an der Harvard-Universität im Jahr 1962 bekannt ist. Besonders bemerkenswert an diesem Erlebnis ist, dass es während Pahnkes erster LSD-Sitzung stattfand. Es muss ein außergewöhnlicher Tag gewesen sein.

> Das Beeindruckendste und Intensivste an dieser Erfahrung war das WEISSE LICHT von absoluter Reinheit und Sauberkeit. Es war wie eine leuchtende und funkelnde Flamme von glühendem Weiß und glühender Schönheit, aber nicht wirklich eine Flamme – eher wie ein strahlend weißer, heißer Barren, aber viel größer und ausgedehnter als ein einfacher Barren. Die damit verbundenen Gefühle waren die von absolutem STAUNEN, EHRFURCHT UND HEILIGKEIT. Kurz vor dieser Erfahrung hatte ich das Gefühl, tief in mich selbst zu gehen, zu dem von allem Schein und aller Falschheit entblößten Selbst. Das war der Punkt, dem ein Mensch mit absoluter Integrität standhalten konnte – etwas Wichtigeres als das bloße physische Leben. Die Erfahrung des weißen Lichts war von höchster Wichtigkeit – absolut selbstbestätigend und etwas, das es wert war, sein Leben und sein Vertrauen darauf zu setzen. Das weiße Licht selbst war so durchdringend und intensiv, dass es nicht möglich war, es direkt anzuschauen. Es war nicht mit mir im Raum, sondern wir waren beide irgendwo

> woanders – und mein Körper blieb weit zurück. (Zitiert in Richards 2016, S. 74)

Wie Pahnke haben viele Reisende berichtet, dass sie von einem übernatürlichen Strahlen überflutet wurden, nachdem sie durch den Ego-Tod gegangen waren. Wenn man in noch tiefere Ebenen der transpersonalen Erfahrung vordringt, trifft man auf Gebiete, die in Lichtfeldern eingebettet sind. Jeder Schritt jenseits der Materie, jenseits der Seele, jenseits der kollektiven Psyche und jenseits der archetypischen Realität führt uns tiefer in eine lebendige Ökologie des Lichts. Schließlich entdeckt man, dass das gesamte Universum in einem Ozean aus strahlendem Glanz schwimmt.

Meiner Erfahrung nach gibt es viele Abstufungen des Lichts. Wenn man tiefer in die Transzendenz vordringt, verändert sich die Qualität des Lichts. Es wird klarer, intensiver und leuchtender und verlangt nach einem neuen Vokabular für Licht. Aus Licht wird LICHT. Klarheit wird zu Hyper-Klarheit. Wenn ich in diesem Kapitel vom Diamantenen Leuchten oder dem Diamantenen Licht spreche, verwende ich keine bunte Metapher, um das Licht zu beschreiben. Ich versuche, eine besondere Qualität des Lichts zu beschreiben, eine einzigartige, intensive Dimension des Lichts.

Wir haben das Licht schon in vielen Sitzungen gesehen. Es erschien im Kosmischen Baum, der ganz aus Licht besteht, und später in der Archetypischen Verschmelzung, wo ich in eine *brillante Klarheit* eintrat. Es tauchte in »Ein Blitz von Gott« auf, als sich alles in einem *Regenfall aus brillantem, funkelndem weißen Licht* auflöste, in »Das Universum wegsingen« mit seinen Visionen eines *tiefen Raums, gefüllt mit ätherischem Licht,* und in »Jesus' Blut«, wo *alles den inneren Glanz dieses ewigen Lichts annahm.* All dies waren, wie sich herausstellte, Vorläufer des Diamantenen Leuchtens, die in den folgenden vier Jahren entstanden.

Nach dem Jahr der »Segnungen« hatte ich keine Ahnung, wie die Sitzungen weitergehen würden. Ich fühlte mich vollkommen zufrieden und reichlich belohnt für die bereits geleistete Arbeit. Ich hatte das Universum erforscht, war tief in das Einssein geführt und in Kosmische Liebe getaucht worden. Was könnte man sich mehr wünschen?

Angesichts des tiefen Friedens dieser Gnade hatte ich erwartet, dass die Tortur des Sterbens jetzt aufhören würde. Nach einer so tiefen Transzendenz der Dualität und dem Eintauchen in die universelle Liebe dachte ich, dass sich der Übergang in die transpersonale Realität sicher stabilisieren und leichter werden würde. Und das wäre er auch, denke ich, *wenn* ich innerhalb der Realitätsebenen geblieben wäre, in die ich bisher eingeweiht worden war. Aber wohl oder übel war die Methode der Erforschung, die ich angenommen hatte, so mächtig, dass sie mich immer wieder über meine Erfahrungsgrenzen hinausdrängte. Ohne mir über die Konsequenzen meines

Handelns im Klaren zu sein, schürte ich das Feuer der Transformation immer weiter, und es eröffneten sich mir immer neue Perspektiven der Realität. Damals wusste ich nicht zu schätzen, was ich heute verstehe – dass das Sterben Teil eines endlosen Entdeckungskreislaufs ist und dass es immer wieder zurückkehren wird, solange man die Grenzen seiner Erfahrung herausfordert. Ich hatte einen Abschluss erwartet. Was ich stattdessen erhielt, war die unendliche Tiefe der Geliebten.

Das Diamantene Licht, das in Sitzung 38 aus meiner Brust explodierte, war der Vorläufer dessen, was jetzt in voller Pracht zum Vorschein kam. Nachdem ich einen weiteren intensiven Zyklus von Tod und Wiedergeburt durchlaufen hatte, wurde ich in eine strahlend klare, äußerst leuchtende Ausstrahlung aufgenommen. Der Buddhismus nennt diese Ausstrahlung *Dhamarkaya* – das klare Licht der absoluten Wirklichkeit.[1] Ich nenne sie das Reich des Diamantenen Leuchtens. Dieses zog mich so sehr in seinen Bann, dass es jegliches Interesse an der weiteren Erforschung anderer Daseinsebenen, die mich zuvor fasziniert hatten, auslöschte. Es war eine ganz andere Ordnung der Wirklichkeit. Ihre Klarheit war so überwältigend, ihre Energie so rein, dass ich mich in zukünftigen Sitzungen nur noch auf sie konzentrierte.

Im Laufe der nächsten vier Jahre und 26 Sitzungen öffneten sich die Tore zur dieser Realität viermal, und nur viermal. Die Namen, die ich diesen vier Sitzungen gegeben habe, sind:

S 45 Der Zustand des Todes
S 50 Diamantenes Leuchten
S 60 Universelles Feld des Lichts
S 66 Natur des Geistes

Dieses Kapitel erzählt die Geschichte dessen, was in diesen vier Sitzungen geschah. Es ist die Geschichte des Eintritts in das Diamantene Licht und der intensiven Reinigung, die stattfand, als dieses Diamantene Licht begann, tiefer in mein physisches Wesen einzudringen. In den ersten beiden Sitzungen ging es darum, auf immer tieferen Ebenen in dieses Licht einzutreten, in den zweiten beiden darum, das Diamantene Leuchten in meinen Geist und Körper aufzunehmen. In diese Erzählung werde ich zwei weitere Teile einweben. Der erste ist eine Reihe von neuen Einsichten in

1 Der *Mahayana-Buddhismus* lehrt, dass es drei *Kayas* oder Existenzweisen gibt – Dhamarkaya, Sambhogakaya und Nirmanakaya. Diese Begriffe haben in verschiedenen Kontexten unterschiedliche Bedeutungen. Im Kontext der Kosmologie ist *Dharmakaya* das *Klare Licht der absoluten Wirklichkeit*, die Essenz und Quelle des Universums, jenseits von Existenz und Nichtexistenz. *Sambhogakaya* ist der Körper der Glückseligkeit, ein Zwischenbereich, der manchmal mit dem Reich der höchsten Gottheit in Verbindung gebracht wird. *Nirmanakaya* ist der manifeste Körper der Existenz; er ist du und ich und das gesamte physische Universum.

den psychedelischen Prozess, die in dieser Zeit entstanden sind. Der zweite ist die Geschichte, wie ich dazu kam, die buddhistische Vajrayana-Praxis in meine psychedelische Praxis zu integrieren und warum.

Sechsundzwanzig Sitzungen sind eine Menge, doppelt so viele wie in den vorherigen Kapiteln und mehr als ein Drittel der insgesamt durchgeführten Sitzungen. Offensichtlich fand in diesen Sitzungen sehr viel statt, weit mehr, als ich hier wiedergeben kann. Die Sitzung des Großen Erwachens fand in der Mitte dieser Sequenz statt, und es gab eine Reihe von »Lehrsitzungen«, die über die ganze Zeit verstreut waren, aber die wichtigste Dynamik dieser vier Jahre war der rhythmische Zyklus des Eintritts in das Diamantene Leuchten und des Eintritts des Diamantenen Leuchtens in mich. Diese vier Tage waren die tiefsten, reichsten und wertvollsten Geschenke auf meiner gesamten Reise. Sie sind die wahren Diamanten des Himmels. Um mich auf diesen Kernprozess zu konzentrieren, werde ich einige Abschnitte streichen, die zwar für sich genommen interessant sind, uns aber von dieser zentralen Erzählung ablenken würden. Bevor ich das tue, lass mich jedoch Folgendes zu ihnen sagen:

Zieht man das halbe Dutzend Sitzungen ab, in denen die Sitzungen »Diamantenes Leuchten« und »Großes Erwachen« verarbeitet wurden, war das stärkste Muster in den verbleibenden Sitzungen eine Reihe von persönlichen Heilungen. Schmerzen aus meiner Kindheit wurden systematisch hervorgeholt und auf entschiedene und effiziente Weise gelöst. Zuerst dachte ich, das sei seltsam, nachdem ich jahrelang auf kollektiver Ebene an der Heilung des kollektiven Bewusstseins gearbeitet hatte. Ich dachte, dass die persönliche Heilung normalerweise vor der kollektiven Heilung stattfinden würde, und es dauerte eine Weile, bis ich verstand, warum sich die Dinge in dieser umgekehrten Reihenfolge abspielten. Ich hatte nicht das Gefühl, dass es daran lag, dass ich diese persönlichen Themen aufgrund der hohen Dosen, mit denen ich arbeitete, einfach übersprungen hatte, obwohl die Arbeit sicherlich anders verlaufen wäre, wenn ich mit niedrigeren Dosen gearbeitet hätte. Es war etwas anderes im Gange.

Später dann fand ich heraus, dass diese Abfolge von Ereignissen kein Zufall war, sondern Teil eines Lebensdrehbuchs, das vor meiner Geburt erstellt wurde. Ich erwähne dies, weil ich denke, dass es auch für andere gilt, die in dieser schwierigen Zeit der Geschichte inkarniert sind. Es war meine persönliche Verwundung im Leben, so bescheiden sie auch war, die es mir ermöglicht hat, mich mit den Wunden der Menschheit im Ozean des Leidens zu verbinden. Mein persönlicher Schmerz hatte die eine Seite einer energetischen Brücke zwischen meiner individuellen Psyche und der kollektiven Psyche verankert, einer Brücke, die es ermöglichte, dass etwas durch mich wirkte, um zerstörerische Energien aus dem Geist der Spezies abzuleiten. Wären meine persönlichen Wunden zuerst geheilt worden, hätte der Anker auf meiner Seite gefehlt und die Brücke zur kollektiven Psyche wäre vielleicht nicht gebildet worden. Dies hätte die Fähigkeit des größeren Systems beeinträchtigt, die beabsichtigte kollektive Heilung zu vollbringen. Jetzt, da mein Anteil an dieser kollektiven Heilung beendet war, war es, als ob der Anker meines persönlichen Schmerzes nicht mehr gebraucht wurde und nun an seinen Wurzeln herausgezogen wurde.

Ich werde keine Zeit auf die Erzählung der persönlichen Heilungen verwenden, die über die in den vorgestellten 4 Sitzungen hinausgehen. Es ist nicht so, dass ich mich für meine persönlichen Themen schäme oder sie mir peinlich sind. Es handelt sich nicht um ein großes Trauma, sondern einfach um die Wunden des Aufwachsens mit Eltern, die unterschiedliche Fähigkeiten haben. Ich halte sie zurück, weil ich nicht nur die Privatheit der anderen Beteiligten respektiere, sondern auch, weil die Details meiner persönlichen Heilung für das Hauptthema dieses Kapitels nicht wirklich wichtig sind und ich nicht möchte, dass sie ablenken. Jeder hat eine persönliche Geschichte, jeder trägt einen persönlichen Schmerz in sich, aber wie wir sehen werden, fallen die Details unserer persönlichen Geschichte als fast irrelevant weg, wenn wir das Diamantene Licht betreten.

Ein letzter Punkt, bevor wir beginnen: In dieser späten Phase der Reise lernte ich, dass es viele Grade des Sterbens in einer psychedelischen Sitzung gibt und dass die tiefsten Durchbrüche in der Regel auf die tiefsten Tode folgen. Mit dieser Entdeckung wurde der Tod mein engster Verbündeter bei der Arbeit. Was in den ersten Sitzungen als Konfrontation mit meinem Schatten begonnen hatte, verwandelte sich in eine Disziplin des aktiven Umarmens des Todes, in welcher Form auch immer er sich zeigte. Weit davon entfernt, etwas zu sein, das man fürchten muss, wurde der Tod etwas, das ich suchte, indem ich mich immer wieder in sein reinigendes Feuer stürzte. Ich weiß, dass es seltsam ist, das zu sagen, aber andere psychedelische Reisende werden das verstehen. Ich war kein Nimmersatt des Schmerzes, sondern ein Nimmersatt für das, was auf seiner anderen Seite liegt.

Was folgt, ist eine sehr intime Geschichte, wie es alle Liebesgeschichten sind. Obwohl es meine Geschichte ist, ist sie mehr als das. Das DIAMANTENE LICHT ist unser gemeinsames Erbe. Es ist die Realität, aus der wir alle kommen und zu der wir alle zurückkehren. Es ist die QUELLE der Existenz, die INTELLIGENZ des Universums, die wesentliche NATUR von allem, was existiert. Es ist das, was wir in unserer Essenz sind.

Dem Durchbruch zum Diamantenen Leuchten in Sitzung 45 ging ein sehr intensiver Reinigungsprozess in Sitzung 44 voraus. Zusammen bildeten diese beiden Sitzungen zwei Hälften eines einzigen Prozesses von Tod und Wiedergeburt, und deshalb werde ich sie zusammen vorstellen.

Sitzung 44 – Der Kristall des Todes

Nach einer ausführlichen Einführung, die viele Einblicke in die verschiedenen familiären Beziehungen bot, kehrte das Thema Angst aus der vorangegangenen Sitzung zurück und begann, sich selbst stärker und hartnäckiger zu entfalten. Ich habe es aufgegriffen und verfolgt. So viel Furcht. Woher kam sie? Was steckte dahinter? Sehr wenige Bilder tauchten auf, um der Angst eine bestimmte Form oder Gestalt zu geben und ich musste mich anstrengen, um mich dafür offen zu halten.

Als die Dinge weitergingen, begann ich zu spüren, dass die Angst überhandnahm. Ich wurde zu Menschen, die im Sterben lagen und Angst vor dem Schmerz, vor dem Unbekannten, vor der Trennung von geliebten Menschen hatten. Angst und Tod verwoben sich in unzähligen Variationen. Ein kleiner Teil von mir erkannte die Symptome eines sich einstellenden META-COEX-Systems, spürte, dass dies Teil eines Zyklus von Tod und Wiedergeburt war, aber bald wurde all dies vom Tod verschluckt. Das Sterben schluckte sogar Angst. Alles war der Tod. Tod und Sterben. Ich lag im Sterben. Die Parameter dieses Sterbens überstiegen alles, was ich bisher gekannt hatte. Wie kann das Sterben solche Ausmaße annehmen?

Irgendwo hier wurde mir klar, dass es viele Grade des Sterbens gibt. Ich war in den Sitzungen schon so oft gestorben. Jetzt war ich eingeladen, noch mehr zu sterben. Ich konnte wählen, so viel oder so wenig zu sterben, wie ich heute wollte.

Ich fand mich in einem Kristall aus Licht schwebend. Der Boden des Kristalls war spitz und klar; der obere Teil war rot gefärbt und verschwand in strahlenden Bändern aus leuchtendem Licht. Meine Arme waren im 90-Grad-Winkel von meinem Körper weggestreckt, in völliger Hingabe, und ich konnte wählen, wie viel ich sterben wollte, wie viel ich zulassen wollte, dass ich mich in dem Licht auflöste, das mich durchstrahlte. Ich konnte die außergewöhnliche Vielfältigkeit der Erfahrung fühlen, die mir als Licht zur Verfügung stand. Im Licht, als Licht, war unendliche Erfahrung möglich. Mich dieser Art von Erfahrung hinzugeben, hieße, auf alle lokalisierten, individualisierten Erfahrungen zu verzichten.

In diesem festgefahrenen Zustand begann ich, mich bewusst für den Tod zu entscheiden. Ich entschied, mich Schicht für Schicht den tieferen Strömen des Lichts zu öffnen. Ich konnte spüren, wie es in mich eindrang, mich veränderte, mich in etwas anderes verwandelte. Meine Füße fest in dem Punkt des Kristalls haltend löste sich mein Oberkörper in reines Licht auf. Ich bewegte mich im Licht. Ich war Licht. Es war freudig; eine völlig andere Welt, eine völlig andere Wirklichkeit. Es war anders als bei früheren Sitzungen. Sie war weniger von Ekstase durchdrungen, dafür aber ätherischer. Obwohl ich weniger weit im transpersonalen Universum war, war das Ego vollständig ausgelöscht.

Nach einer relativ kurzen Zeit in dieser glückseligen Realität wurde ich zu den Strömungen der Angst zurückgebracht. Ich kann nicht sagen, was mich dorthin zurückgeführt hat oder warum. Die Angst war einfach wieder da, und so tauchte ich in sie ein und versuchte, zu ihrem Kern vorzudringen. Diesmal war die Angst um ein Vielfaches größer als zuvor. Sie hatte viel mehr Schichten, viel mehr Variationen. Innerlich schüttelte ich mich, als eine Welle nach der anderen durch mich strömte. Wieder suchte ich nach Erklärungen, aber es gab keine. Fragmente aus meinem gegenwärtigen Leben wirbelten in harmonischem Zusammenklang mit Fragmenten aus früheren Leben und Leben, die aus der kollektiven Psyche zu kommen schienen.

Von einer Perspektive aus war ich dabei, einen kollektiven META-COEX aus Angst im Geist der Spezies zu schmelzen. Aus einer anderen Perspektive befand ich mich in einem schamanischen Kampf mit Dämonen der Angst, aber was für ein seltsamer Kampf war das. Hier »erobert« man, indem man sich hingibt, indem man sich angreifbar macht für das, was einen umgibt. Ich hielt still und öffnete mich und nahm alles in mich auf, was sich mir in meiner Erfahrung darbot, öffnete mich für eine Welle nach der anderen, immer auf der Suche nach irgendeinem Ursprung, den ich aber nicht fand.

Dann verschob sich etwas. Inmitten des kollektiven Chaos tauchte ein persönlicheres Thema auf. Angst verschmolz mit Gefühlen der Hilflosigkeit. Frühe kindliche Erfahrungen der Hilflosigkeit vermischten sich mit der Erinnerung, ein Soldat zu sein, der allein auf einem Schlachtfeld stirbt, nachdem die Schlacht vorbei ist. Der sterbende Atem eines Soldaten vermischte sich mit der Verletzlichkeit eines Säuglings. Keine Kameraden hier, keine Hilfe. Ich war allein. Irgendwo in der Geschichte hatten sich Einsamkeit, Hilflosigkeit und Angst in mir eingenistet. Jetzt kamen die Teile endlich heraus und trennten sich.

Ich blieb mit der Erfahrung von Hilflosigkeit eine lange Zeit. Das lief und lief für Stunden von Uhrzeit und Jahrhunderten von Sitzungszeit. Nachdem ich die Hoffnung aufgegeben hatte, jemals den Boden zu finden, hat es mich undramatisch losgelassen. Irgendetwas hatte sich ausgespielt, und ich war frei. Es war spät in der Sitzung, und ich war hundemüde. Als ich begann, mich gedanklich zu bewegen, fand ich mich in einer Welt wieder, an deren

Rändern Licht schimmerte, aber ich war zu erschöpft und es war zu spät am Tag, um mehr zu tun, als diesen Bereich kurz zu berühren.

(Einen Monat später.)

Sitzung 45 – Das Stadium des Todes

Heute ist ein Tag, auf den ich viele Jahre gewartet habe. Wie kann ich meine Dankbarkeit gegenüber den Menschen und Umständen ausdrücken, die mir den heutigen Tag ermöglicht haben? Wie kann ich mich so richtig bedanken?

Nach einer langen Zeit des Aufbruchs habe ich mir immer wieder gesagt: »Ich habe mir das Recht zu sterben verdient.« Weit davon entfernt, den Tod zu ertragen, suchte ich ihn und verlangte, dass der Tod zu mir kommen sollte. Ich wehrte halbe Sachen ab und bestand auf meinem Recht auf einen vollständigen und endgültigen Tod. Ich hatte meine Schuldigkeit getan; ich hatte das Recht zu sterben verdient, und ich forderte dieses Recht ein. Meine Litanei fokussierte mich und trug mich immer tiefer zu einem Punkt der völligen Konzentration.

Aus dieser Position heraus begann ich zu sterben. Oh, welch süßer Tod! Ich begann zu genießen, was da geschah. Was ich zuvor gefürchtet hatte, öffnete sich nun als unglaubliche Süße. Wie wunderbar, den Tod zu erleben! Was für eine überraschende Umkehrung! Danke, danke, danke.

Als ich starb, geriet ich in einen ekstatischen Modus, eine Erfahrung, die anders war als alles, was ich bisher gekannt hatte; der gesamte Strom der Erfahrung war anders. Lichterfüllt, ja; ein Universum, komponiert aus nichts als Licht. Aber was mir auffiel, ist etwas, für das ich nur schwer Worte finde. Es war, als hätte ich mich in den inneren Fluss von Gottes Wesen hineinbewegt, als würde sich mein Leben nun beugen und durch ein winziges Universum mit unendlichen Dimensionen fließen. Die Erfahrung hatte nichts Unorganisiertes oder Unscharfes an sich, im Gegenteil, sie war außerordentlich klar und präzise. Die Grenzen dieser Klarheit überstiegen alles, was ich bisher gekannt hatte.

Der Kreis des Lebens

Offensichtlich war ein Tod nicht genug, um die Sache in meinem Fall zu erledigen. Ich fand mich in der Mitte eines Kreises aus sich drehenden Bändern und buntem Licht, das mein ganzes Wesen umfasste. Alle meine Zeitmomente waren in ihnen präsent. Ich fiel in diesen Kreis und berührte einen Teil meines Lebens, aber sobald ich das tat, »starb es unter mir weg« und ich fand mich sofort in dem leuchtenden Todeszustand jenseits der individuellen Identifikation wieder. Dann kehrte ich in das Zentrum des Kreises zurück und der Prozess wiederholte sich, nun in eine andere Richtung fallend und einen anderen Bereich meines Lebens berührend. Immer und immer wieder durchlief ich diesen Prozess des »Sterbens in alle Richtungen«, um mir klar zu machen, dass es hier nichts Unfertiges gab. Wohin ich mich auch wandte, es gab keinen Widerstand, nur mühelosen Tod und unglaubliche Süße.

Das Stadium des Todes

Die Wiederholung dehnte den Umfang des Übergangs immer weiter aus und führte mich tiefer und tiefer in die Ekstase, bis es schließlich kein Zentrum mehr gab, zu dem ich zurückkehren konnte, sondern nur noch den reinen, nahtlosen Zustand des Todes. Was für eine seltsame Sprache, um unsere wahre Natur zu beschreiben.

> *Der Raum des Todes.*
> *Unglaublich klar.*
> *Unermesslich leuchtend.*
> *Unglaubliche Ära.*
> *Eine makellose Intelligenz, die nicht über, sondern inmitten der Existenz fließt.*
> *Sich ausstreckend und bewegend in größere Ganzheit von Erfahrung.*
> *Wechselwirkungen der Erfahrung, tausende, vielleicht*
> *Millionen von Wesen umfassend.*
> *Menschliche Erfahrung verschmilzt mit der Erfahrung der Erde.*
> *Nur Berührungen, Geschmäcker.*
> *Ekstatische Ehrfurcht vor der vereinten Bewegung des Lebens*
> *überall im Universum.*

Stundenlang wurde ich in diesem Zustand von den Strömungen mitgerissen. Über diesen Zustand sagt man entweder zu wenig oder zu viel. Der Preis dafür, nichts zu sagen, besteht darin, dass man riskiert, die subtileren Strukturen der Erfahrung zu vergessen, doch wenn man spricht, entsteht die Illusion, dass Worte angemessen sind, was sie nicht sind. Selbst nach 15 Jahren war der heutige Tag so anders als alle vorherigen Arten der Erfahrung, wo Sprache wirklich versagt. Stille Wertschätzung scheint die beste Lösung zu sein, verbunden mit unaufhörlichen Gebeten und Danksagungen.

> *Wie kann etwas so kristallklares,*
> *so frei von irdischer Gestalt,*

Tränen der Heimkehr hervorrufen?
Was sind wir, dass solch gefangene Pracht,
einmal befreit, uns mit Flüssen der Dankbarkeit überflutet?
Wem sollen wir danken für das, was wir sind?
Wohin kann ich meine tiefe Wertschätzung richten?
Es gibt keinen bestimmten Ort,
also sende ich mein Gebet in das nahtlose Gewebe der Existenz,
links und rechts, oben und unten,
in unendlichen Dimensionen rundherum.

Meine Versuche, die Erfahrung zu beschreiben, scheitern,
und am Ende wiederhole ich dieselben Worte immer wieder.
Ich war zu Hause
und frei
und Licht.
Mehr kann ich nicht sagen.

Der Hunger nach Rückkehr

Tritt man einmal in das Diamantene Leuchten ein, ist der Drang, dorthin zurückzukehren, überwältigend. Nichts anderes scheint es wert zu sein, weiter verfolgt zu werden. Die Freuden, die sich mir in früheren Sitzungen eröffnet hatten, verblassten im Vergleich dazu. Wie kann man die Freiheit beschreiben, Licht zu werden, die Begrenzungen von Raum und Zeit so radikal in den Schatten zu stellen? Die Poesie von Rumi und Hafiz bekam für mich eine neue Bedeutung, denn ich war ein hoffnungsloser Liebhaber des göttlichen Zustands geworden.

Das Drama des Liebhabers, der seine Geliebte sucht, spielte sich in der nächsten Sitzung, die ich »Stürmischer Berg« nannte, mit voller Wucht ab. In dieser Sitzung verbrachte ich Stunden damit, mich in verschiedene Bewusstseinszustände hinein- und wieder herauszubewegen, aber das führte nirgendwo hin. Es gab leichte Episoden von toxischer Entleerung, die sich nicht aufbauten, und flüchtige Erfahrungen von Einheitsbewusstsein, die sich immer wieder im Fluss auflösten. Es tat sich keine entscheidende Erfahrungslinie auf, und ich wurde zunehmend frustriert. Obwohl ich vor der Sitzung versucht hatte, alle Erwartungen aufzugeben, war es mir in Wahrheit ein tiefes Bedürfnis, zum Diamantenen Licht zurückzukehren.

In einem Versuch, einen Ausweg aus dieser Sackgasse zu finden, bat ich darum, dass »Le Mystère des Voix Bulgares« aufgelegt wird, die kraftvolle Musik, die mich in Sitzung 45 in den Todeszustand begleitet und in Sitzung 40 das physische Universum ausgelöscht hatte. Sobald die Musik ertönte, bekam ich Krämpfe und erbrach mich heftig. Der Energieunterschied zwischen dem, was ich in den früheren Sitzungen mit dieser Musik erlebt hatte, und dem, was ich heute erlebte, war so groß, dass mein Körper damit nicht mehr zurechtkam. Heute war ich in einer billigen Imitation dieser schönen Ekstase gefangen, gefangen in einem entfernten Echo ihrer wahren Pracht.

Der Schmerz und die Enttäuschung darüber, in einer Realität gefangen zu sein, die so weit von meiner Geliebten entfernt ist, waren schrecklich, aber schließlich habe ich meinen Frieden mit diesem Zustand gemacht.

Nach einiger Zeit fand ich mich an der Seite eines Berges stehend. Es war Nacht, es stürmte, es regnete in Strömen, aber ich konnte die Sterne am Himmel sehen. Die Musik der »Voix Bulgares« wurde zu meinem Lied an »mein Geliebtes«. Diese Frauen, die zuvor die Stimme von Gott waren, die mich in die Transzendenz sangen, wurden zu meiner Stimme, als ich von außerhalb der Tore zu meinem Geliebten sang. Ich wusste, dass mein Geliebtes anwesend war; ich wusste, dass dies meine essentielle Natur war. Ich hatte es einmal gekannt und würde es wieder kennen. Obwohl ich hilflos auf der Erde gefangen war, sang ich zum Himmel, weil ich wusste, dass es mich hören konnte.

Ich sang das Liebeslied unserer vergangenen Umarmung.
Ich sang, was wir getan hatten im Versprechen, was wir wieder tun würden.
Ich sang meine ewige Liebe und mein Versprechen, zurückzukehren.

Als ich ein Lied nach dem anderen dieser Musik sang, die sich nun in meine Seele eingebrannt hatte, begann der Schmerz sich zu entspannen. Obwohl ich weiterhin aus dem Paradies ausgesperrt war, schloss ich schließlich Frieden mit meiner Situation. Diese kurzzeitige Unterbrechung änderte nichts. Ich würde zurückkehren. Wir würden wieder Eins sein. (S 46)

Neue Einblicke in den psychedelischen Prozess

Nach meinem ersten Eintritt in das Diamantene Leuchten hatte ich in meinen Sitzungen immer wieder das Gefühl, »neu anzufangen«. Der Todeszustand war kein Ende, sondern ein neuer Anfang, und es würde Zeit brauchen, sich auf diese neue Realität einzustellen. Es überrascht nicht, dass die nächsten Sitzungen mit Episoden intensiver Reinigung und Klärung alter karmischer Muster gefüllt waren. Im weiteren Verlauf der Arbeit ergaben sich eine Reihe neuer Erkenntnisse über den psychedelischen Prozess.

Zunächst bekam ich ein klares Gefühl dafür, dass mir diese leuchtenden Bewusstseinszustände langsam und kontrolliert zugeführt wurden, fast wie eine Infusion. Egal, wie oft ich darum bettelte, in die Transzendenz zu explodieren, ein größeres Bewusstsein ließ dies absichtlich nicht zu. Es dauerte Jahre, bis ich verstand, was meiner Meinung nach hinter dieser Zurückhaltung steckte.

Eine unsichtbare Präsenz schien meine Individualität zu schützen, auch wenn sie diese immer wieder bis an ihre Grenzen brachte. Ein zu schnelles Zuviel an Bewusstsein würde das Zentrum der Integration überwältigen, das erforderlich ist, um ein Bewusstsein zu entwickeln, das sich innerhalb der Raum-Zeit aufbaut. Langsam wurde mir klar, dass etwas die Integration dieser extremen Bewusstseinszustände in mein verkörpertes Bewusstsein absichtlich lenkte, auch wenn mich das Tempo dieser Integration furchtbar frustrierte. Bei der Arbeit ging es nicht einfach darum, hinauszugehen und neue Dimensionen der spirituellen Realität zu erfahren, sondern darum, dieses Bewusstsein zurückzubringen und es hier auf der Erde zu stabilisieren. Ein kognitiv überwältigender Rausch, auch wenn er kurzfristig wunderbar ist, würde langfristig nichts Produktives bewirken. Diese Zustände wurden mir so schnell zugemutet, wie ich sie bewältigen konnte, aber um sie zu bewältigen, erforderte es mehr Reinigung und mehr Entgiftung.

Zweitens begann ich zu erkennen, dass mein System Energie über mehrere Sitzungen hinweg anhäufte und speicherte, auch wenn diese Sitzungen manchmal Monate auseinander lagen. Ich hatte beobachtet, wie jede Sitzung mehr oder weniger dort begann, wo die vorhergehende Sitzung aufgehört hatte. Ich wusste also, dass sie thematisch eng miteinander verwoben waren, aber ich hatte angenommen, dass jede Sitzung energetisch auf eigenen Füßen stand, dass der energetische Output jeder Sitzung separat und unabhängig war. Jetzt begann ich zu erkennen, dass sich eine energetische Dynamik über die Sitzungen hinweg aufbaute. Mein System speicherte irgendwie die Energie, die in mehreren Sitzungen aktiviert wurde, und nutzte diese gespeicherte Energie dann, um diese massiven periodischen Durchbrüche zu erzeugen. Dies war eine ernüchternde Entdeckung, da sie meine Berechnung der wahren Kosten jedes Durchbruchs veränderte. Jede neue Einweihung in eine tiefere Ebene der Realität wurde nicht durch Stunden, sondern durch Monate und sogar Jahre der Arbeit ermöglicht.

Und zuletzt vollzog sich in diesen Sitzungen eine Verschiebung im strukturellen Fluss meiner Erfahrung. In früheren Sitzungen, wie der Kosmischen Reise oder dem Eintritt in die archetypische Realität, war meine subjektive Erfahrung die einer Ausdehnung nach außen, während ich weite kosmologische Landschaften erkundete. In dieser Reihe von Sitzungen kehrte sich der Fluss der Erfahrung um. Ich erlebte immer wieder, dass ich mich im Zentrum eines enormen Energie- und Lichtfeldes befand, zu dem ich durch meine Arbeit im Ozean des Leidens Zugang erhalten hatte, doch nun wurde dieses Feld wieder in mich hineingezogen. Wenn dies geschah, konzentrierte sich die Energie extrem und ließ mich in einer noch helleren Ebene des Lichts explodieren. In meinen Notizen schrieb ich:

Ich erlebe immer wieder so etwas wie ein Ausstrecken und Zusammenziehen dieses Feldes, das es verdichtet, es konzentriert und innerhalb des Zentrums stabilisiert, das »Ich« repräsentiere. Anstatt in die unzähligen Welten, die auf dieser Ebene existieren, hinauszufliegen zu dürfen, werde ich gebündelt und durch eine Metamorphose geführt, die mich in eine völlig neue Ebene der Realität bringt. (S 48)

Dies war eine neue Form des Tod-Wiedergeburts-Prozesses. Riesige Erfahrungsräume aus früheren Sitzungen verdichteten sich in diesem Geschehen. Es fühlte sich an, als würden alle meine früheren psychedelischen Erfahrungen in ihnen verzehrt, um mich in eine Realität zu führen, die noch einmal »realer« war als die vorherigen Ebenen und die nach anderen Regeln funktionierte.

Am Ende führte mich die Intelligenz, die meine Sitzungen leitete, in der 50. Sitzung zurück in das Diamantene Leuchten. Dies sollte mein tiefstes Eintauchen auf meiner gesamten Reise sein. Da der reinigende Teil dieser Sitzung meine Beziehung zu meinem Vater berührt, möchte ich erwähnen, dass das Bild, das sie von ihm vermittelt, bei weitem nicht vollständig ist. Ich werde nach der Sitzung mehr darüber sagen.

Sitzung 50 – Diamantenes Leuchten

Als die Sitzung begann, ließ ich den Stress zu, bis er sich zu einem Ausbruch von Hilflosigkeit entfaltete. Ich hatte keine Lust, alte Erfahrungen von Hilflosigkeit wieder zu erleben. Ich fand mich in meiner Kindheit wieder – ich lebte mit Eltern, die kein tiefes Verständnis für mich aufbrachten, hilflos angesichts des frühen Todes meines Vaters, hilflos in einem Zuhause, das keine ausreichende Fürsorge bot.

Ich bewegte mich tiefer in meine Erfahrung, ein Kind im Haus meines Vaters zu sein, fühlte in das, was unsere Beziehung gewesen war und was sie nicht gewesen war, und eine tiefe Traurigkeit durchfuhr mich. Aus meiner Erfahrung, selbst Vater zu sein, ließ ich das Leben meines Vaters mit mir Revue passieren und wurde von der Tragik weggeschwemmt, wie wenig wir tatsächlich geteilt hatten. Ich fühlte seine Anwesenheit im Hintergrund meines Lebens als eine mächtige Kraft, die mich ansporns hatte, hart zu arbeiten, meine Pflichten zu erfüllen und große Dinge zu vollbringen. Aber sie war auch eine so starke Präsenz, dass ich darauf achtete, sie nicht zu verärgern. Am ergreifendsten war es, zu erkennen, wie eingeschränkt unser Kontakt war, wie wenige Gelegenheiten es gegeben hatte, seiner natürlichen Art, in der Welt zu leben, zu begegnen. Er war so sehr auf seine Arbeit konzentriert und so oft von zu Hause weg. Es gab so viel Potenzial für uns, aber es rann durch seine Finger. Ich weinte tief. Wellen der Traurigkeit drängten durch mich hindurch, über das, was nicht gewesen war. Dann konzentrierte ich mich auf meine Mutter und ein ähnliches Muster zeigte sich – es wurde sich um alle Äußerlichkeiten gekümmert, aber mein Herz war in einer kleinen Kammer verschlossen.

Gemeinsam hatten meine Eltern mein grundlegendes Gefühl dafür geprägt, wer und was ich war. Durch meine Mutter erlebte ich immer wieder, dass ich mich nie gut genug fühlte. Von meinem Vater hatte ich eine subtile Sorge aus der Ära der Großen Depression über finanzielle Sicherheit und berufliche Leistung verinnerlicht. Von beiden Seiten wurde mir nie das Gefühl vermittelt, dass ich gut, geschützt und genug bin, so wie ich bin. Meine Kindheit spielte sich in hundert Szenen ab, und unter all diesen Szenen fühlte ich meine Einsamkeit. Schon als Kind habe ich versucht, mich allein durchs Leben zu schlagen. Es gab keine wirkliche Hilfe von meiner Familie, keine tiefe Verbundenheit mit meinen Brüdern und Schwestern. Das Traurigste an allem war, dass ich nicht erkannte, wie verzerrend meine Isolation war. Es war alles, was ich gekannt hatte. Ich weinte über all die Jahre des ungelösten Schmerzes.

Tiefere pränatale Ebene

Darunter entfaltete sich eine tiefere Ebene, die mich zeitweise in ein seltsames und besonders intensives Gebiet führte. Hier trug mich das Thema »keine Hilfe« zurück in die Zeit vor meiner Geburt, in eine Welt ausgedehnter Zeit und erweiterter Assoziationen, eine viel gesättigtere Realität als meine jetzige.

Ich erlebte, wie ein erwachsener Mann im Kampf stirbt, wie ein Mann gefangen und niedergeschlagen wird, wie er um Hilfe ruft und keine findet. Ein sehr alter Schmerz, ein großer Schmerz. »Ich konnte sie nicht retten… ich konnte den Vormarsch nicht aufhalten… meine Männer… mein Volk!« Eine überwältigende Welle von Eindringlingen. Hoffnungsloser Schmerz über die Ungerechtigkeit, die allen widerfährt. Mehr als nur ein früheres Leben, fühlte es sich stellenweise wie eine kollektive Erinnerung an, die aus vielen Leben ausgewählt und komprimiert wurde. Es war sehr alt, vielschichtig und sehr dicht.

In dieser zweiten Realität durchlebte ich einen Zusammenbruch mit dem Thema »keine Hilfe«. Ich war »vor Gott« und erlebte eine absolute Verzweiflung, die man nur vor seinem Schöpfer erleben kann. »Hilf mir! Hilf mir!« stöhnte ich. Hier um Hilfe zu rufen, bedeutete, aus dem Zentrum des Seins herauszurufen. Hier abgewiesen zu werden, bedeutete, unwiderruflich und für immer abgewiesen zu werden. Ich schrie vor Gott und vor allen. Ich flehte um Hilfe, aber es kam keine. Stattdessen floss dieser unverwechselbare Schmerz immer weiter aus mir heraus, so als würde man ein aufgestochenes Geschwür ablassen.

Ich bewegte mich zwischen meiner Kindheit und diesem Bereich vor der Geburt hin und her und erkannte dann, dass mein ganzes Dasein als Chris Bache darauf ausgerichtet war, diese tieferen Gifte in der Raum-Zeit zu kristallisieren. Vor und zurück, vor und zurück. Die Energie des vorgeburtlichen Bereichs war um ein Vielfaches größer als in meiner jetzige Inkarnation. Immer, wenn ich in diesen Bereich eintauchte, wurde meine Erfahrung viel intensiver und kaleidoskopischer, ein riesiger Strudel, der sich in perfekt ausbalancierter Rotation um mich drehte.

An einem Punkt erlebte ich, was sich wie eine sehr alte Entscheidung anfühlte, die sich in vielen Leben wiederholte. Ich erlebte völlige Hilflosigkeit, Verwundbarkeit und Isolation, und ich fühlte, dass ich mich für Wut entschied, um damit fertig zu werden. Auf die Hilflosigkeit hatte ich mit Wut geantwortet. Hin und her bewegte ich mich zwischen den beiden, während ich die Sicherheit und die Hitze der Wut erforschte. Wut hatte mir Kraft gegeben; sie hatte mir erlaubt, mich zu bewegen; sie hatte den Schmerz zurückgehalten. Jetzt wurden diese Verbindungen aufgelöst.

Ich begann zu spüren, dass ich bei dieser Übung »meine Inkarnation verschlang«.Dieser Zusammenbruch, der sowohl mein gegenwärtiges als auch mein vergangenes Leben umfasste, schien die Saat meines gegenwärtigen Lebens zu verzehren. Es fühlte sich an, als würden die tiefsten Wurzeln meiner historischen Existenz freigelegt und aufgelöst. Was getan worden war, wurde nun rückgängig gemacht; was ich gewesen war, wurde neu angepasst.

Es fühlte sich an, als ob mein ganzes Leben freiwillig gewählt worden war und nicht karmisch bedingt. Könnte das wahr sein? Die Verwundung, die ich von meinen Eltern erhalten hatte, schien Teil eines größeren Plans zu sein, mich in der kollektiven Psyche so zu verankern, dass ich zu einem Kanal wurde, um spezifische Gifte aus dem Geist der Spezies zu ziehen. Nun, da diese Aufgabe erfüllt war, zogen die Sitzungen meine Inkarnation mit den Wurzeln heraus und lösten den persönlichen Schmerz auf, der mich in diese historischen Strömungen eingewoben hatte. Hätte ich meinen persönlichen Schmerz vorher überwunden, hätte ich mein Werk nicht vollenden können.

Ich wusste nicht, wohin dieser Prozess gehen und wie er enden würde. Es gab nur die persönliche Tragödie meines Lebens, sich in einer endlosen Spirale entfaltend. Ich weiß nicht, ob sie sich irgendwann erschöpft hat oder ob da noch mehr Schmerz zu ergründen ist. Alles, was ich weiß, ist, dass ich mich nach langer Zeit in einer anderen Wirklichkeit befand. Es gab keinen ausgeprägten Übergang, weder einen spürbaren Tod noch Sterben. Ich war völlig erschöpft von den Schmerzen, völlig verbraucht. Der Übergang war allmählich. Langsam begann ich zu begreifen, dass ich in einer anderen Realität existierte.

Diamantenes Leuchten

Ich begann mich zu bewegen, und als ich das tat, löste die kleinste Bewegung meines Geistes Wellen der Ekstase aus. Das Licht, in das ich in Sitzung 45 eingetreten war, war wieder da und mit ihm die Ekstase und die Unbekümmertheit der Transzendenz. Ich hatte mir immer wieder gewünscht, in diesen Bereich zurückkehren zu können, war aber bis auf kurze Vorgeschmäcker vor den Toren ferngehalten worden. Nun wurde ich durch ein unergründliches Schicksal zurückgebracht und in dieser Welt abgesetzt..

Das Licht war nicht außerhalb von mir, es umgab mich nicht und es war auch nicht als Fluss in mir verdichtet. Vielmehr wurde ich völlig in Licht aufgelöst. Ich war im Licht, und das Licht war in mir; es war, als gäbe es nur einen dünnsten Unterschied zwischen »mir« und dem Licht. Ich hatte nur die vagesten Andeutungen von Grenzen. Soweit ich mich überhaupt sehen konnte, sah ich aus wie funkelnder Diamantstaub.

Ich begann, mich langsam aufzufalten, wie ein frisch geschlüpftes Küken, das seine Flügel ausbreitet, und meine kleinsten Bewegungen ließen Wellen der Freude durch mich hindurchfließen. Die Ekstase war fast mehr, als ich bewältigen konnte. Ich wagte nicht, mich schnell zu bewegen, denn die Glückseligkeit überwältigte mich. Als ich begriff, was geschah, begann mein Herz zu singen, aber immer ganz sanft. Wie ein Kranker, der lange krank war und vorsichtig aus seinem Krankenbett klettert, bewegte ich mich langsam und vorsichtig in diese Welt, die mir gleichzeitig vertraut und neu war. Ich war wieder da! Ganz langsam streckte ich mich ins Licht.

An diesem Punkt versagen die Worte, weil die üblichen Unterscheidungen nicht mehr gelten. Der Dualismus zwischen mir«»und »dem Licht«, zwischen Handelndem und Umgebung, gilt nicht mehr. Wenn ich sage: »Ich bewegte mich in das Licht« oder »Das Licht empfing mich und zog mich heraus«, ist das wahr, aber es verdeckt die tiefere Erfahrung. Die tiefere Erfahrung war die Entfaltung in Mein Selbst, hinein in meine eigene Wirklichkeit.

Ich streckte mich ganz langsam aus, um die Reichweite meines neuen Seins zu erkunden, und es war alles Licht. Das am schwierigsten zu beschreibende Merkmal ist die außerordentliche KLARHEIT.

Ich war Licht.
Diese Welt war Licht,
und Licht kennt keine Grenzen.
Als sich meine Erfahrung, Licht zu sein, vertiefte, wurden meine
Grenzen
erweitert.
Als ich größer wurde, wurde ich gleichzeitig auch klarer.
Als sich die Klarheit vertiefte,
wurde ich jenseits der Muster gehoben, die meine historische
Existenz
ausmachen.
Die Sehnsüchte, die den Strom meines historische Lebens gebil-
det
hatten, wurden in ihre nuklearen Formen zurückgeführt,
drückten sich auf diesen außerkörperlichen Ebenen aus.
Kleine vergangene Anliegen wurden gegen kosmische Muster aus-
getauscht.
Solche Freude,
und die Freude kam nicht aus dem Inhalt der Erfahrungen,
sondern aus dem Modus des Bewusstseins selbst.
KLARHEIT.
STRAHLENDE, LEUCHTENDE, TRANSPARENTE
KLARHEIT.
EXQUISITE FREUDE.
DIAMANTENES LEUCHTEN.

In die Raum-Zeit hinein und wieder hinaus

In diesem durchscheinenden Zustand leuchtenden Friedens fühlte ich mich an einem Punkt in meine irdische Identität zurückversetzt. Ich spürte, wie meine vertraute Welt langsam um mich herum erstarrte, Trugbilder von Dualität, die die Klarheit der Einheit verbargen. Ich bewegte mich vor und zurück, von Klarheit zu den Bedingungen der historischen Existenz und wieder zurück zur Klarheit. Die Welt der Form erstarrte um mich herum und zerfiel dann wieder. Ich wurde abwechselnd innerhalb und ausserhalb der Raum-Zeit fokussiert.

Ich konnte die volle Klarheit des Diamantenen Lichts innerhalb der Bedingungen meiner geschichtlichen Existenz nicht lange aufrechterhalten. Ich konnte es eine kurze Zeit halten, aber dann wurde ich von den scheinbaren Realitäten, an denen ich beteiligt war, abgelenkt. Bald war ich über Bord gegangen und befand mich in einem Meer von Eindrücken. Dann, gerade, als ich mich wieder auf die »normalen« Bedingungen meines irdischen Lebens eingestellt hatte, fielen die Formen weg und ich wurde schrittweise wieder in meinen ursprünglichen, unberührten Zustand hergestellt. Welch eine Freude, erneuert zu werden; welch Traurigkeit, diese Klarheit zu verlieren.

Jenseits des Diamanten Leuchtens

Von den vielen wunderbaren Erlebnissen von heute, gibt es eines, das über alle anderen herausragt, aber ich kann nur eine kleine Andeutung über die wahren Dimensionen vermitteln.

Es war spät in der Sitzung. Ich befand mich in einem Zustand außergewöhnlicher Klarheit und schwebte ruhig in einem Frieden, der jenseits der historischen Existenz lag. Plötzlich drehte sich alles um 90 Grad, und ein riesiger Spalt öffnete sich und enthüllte ganze Welten jenseits der Welt, in der ich mich befand. Durch sie hindurch leuchtete das erhabenste, erlesenste LICHT, das weit weg jenseits des Diamantenen Lichts lag, so wie das Diamantene Licht jenseits der Raum-Zeit ist. Dieses ABSOLUTE LICHT traf mich wie ein Blitzschlag. Es hat mich völlig in seinen Bann gezogen und ließ mich in Verzückung erstarren. Welch eine Pracht! Eine exponentielle Steigerung der Klarheit. Ich kann nicht beschreiben, wie sehr mich diese HYPERKLARHEIT berührte. In nur wenigen Sekunden definierte sie meine Lebensziele völlig neu. Die fortschreitende Verwirklichung ist endlos. Koste es, was es wolle!

Kommentar

Diese letzte Erfahrung dauerte nur Sekunden, aber sie veränderte mein Verständnis der Existenz völlig. Jetzt verstand ich, dass es, egal wie tief ich in den göttlichen Kosmos eindringen würde, immer noch tiefere Dimensionen geben würde. Es gibt kein Ende dieser Reise. Dies bedeutete eine so tiefgreifende Veränderung in meinem Denken, dass es mich zuerst bis auf die Knochen erschütterte und dann entspannte und in unendliches Staunen versetzte.

Wie viele von uns bin ich immer davon ausgegangen, dass es einen endgültigen Endpunkt für diese Reise gibt, ein absolutes Ziel, das wir schließlich erreichen können. Manche haben vom Einssein mit Gott oder dem Aufgehen in der suprakosmischen Leere als einem solchen Endpunkt gesprochen. Ich hatte beides probiert, aber dabei hatte ich gelernt, dass es viele Permutationen und Grade des göttlichen Einsseins und sogar Grade der Formlosigkeit gibt, auch wenn es wie ein Widerspruch in sich selbst klingen mag, dies zu sagen. Die kontinuierliche Entfaltung neuer Erfahrungshorizonte in meinen Sitzungen verschob die Zielpfosten immer weiter nach hinten, aber sie hatte meine Erwartung nicht aufgelöst, dass es einen endgültigen Haltepunkt auf dieser Reise gibt.

Als sich das Diamantene Leuchten zum ersten Mal öffnete, vermittelte es ein so starkes Gefühl der Vollendung und der Heimkehr, dass ich dachte, ich hätte endlich gefunden, wonach ich gesucht hatte. Ich konnte mir nichts Erfüllenderes oder Vollkommeneres vorstellen als dieses reine Licht. Und tatsächlich fand ich hier meinen persönlichen Haltepunkt. Aber genau in dem Moment, als ich diesen Höhepunkt erreicht hatte, zeigte mir diese Sitzung, dass es Dimensionen der Existenz gibt, die über diesen Punkt hinausgehen. Ich sah, dass es mehr Dimensionen des Lichts gibt, als ich jemals in diesem Leben erforschen kann, selbst mit dieser mächtigen Methode. Es gibt einfach nicht genug Zeit, und ich habe nicht genug Kraft, sie alle zu berühren. Wir sind wirklich Kinder, die in den Armen eines unendlichen Kosmos erwachen.

Und das ist der Grund, warum ich mit mir selbst sanfter umgehen würde, wenn ich diese Reise noch einmal beginnen würde. Das Ziel dieser Arbeit, so habe ich gelernt, besteht nicht darin, einen Endzustand zu erreichen oder das Ende dieser Grenzenlosigkeit zu erreichen. Ich denke, das Ziel tiefer Arbeit besteht darin, uns für diese Unendlichkeit transparent zu machen, so viel davon in unser irdisches Leben zu lassen, wie wir geschickt handhaben können, und mit dem Rest geduldig zu sein. Dafür ist ein sanfterer Weg gut geeignet. Ich habe jetzt mehr Respekt vor langsamen, aber stetigen Schritten unserer Selbstentwicklung.

Lass mich hier eine Bemerkung über meinen Vater hinzufügen, denn ich könnte es nicht ertragen, ein so unvollständiges Porträt des Mannes, den ich so sehr liebte, in die Welt zu schicken. Wenn wir in einer Sitzung ein COEX-System mit schmerzhaften Erinnerungen aktivieren, wird es vorübergehend zu unserer gesamten Realität. Beim Wiedererleben dessen, was in der Beziehung schiefgelaufen ist, verlieren wir vorübergehend den Bezug zu dem, was gut gelaufen ist, bis die Katharsis ihren Lauf genommen hat und der Schmerz wieder verarbeitet ist. Dann kommt das ganze Bild wieder ins Blickfeld. Was diese Sitzung von meinem Vater zeigt, ist zwar wahr, aber es ist eine unvollständige Wahrheit.

Mein Vater war ein robuster und starker Mann, der seine Familie sehr liebte, und wir spürten seine Liebe. Er wurde 1916 in Mississippi geboren und war ein Selfmademan, der den Horatio-Alger-Mythos[2] lebte. Als er elf Jahre alt war, starb sein Vater am Vor-

---

2 Der *Horatio-Alger-Mythos* beschreibt die Vorstellung, dass jeder, unabhängig von seiner Herkunft, durch harte Arbeit, Ehrlichkeit und Entschlossenheit erfolgreich werden kann und Wohlstand erreichen kann. [A. d. Ü.]

abend der Weltwirtschaftskrise plötzlich an einer Lungenentzündung, und sein Leben wurde finanziell hart. Nach zwei Jahren Highschool ging er arbeiten, um seine Mutter und seine Schwester zu unterstützen, und verkaufte zeitweise aus dem Kofferraum ihres Autos heraus Schokoriegel auf Wochenmärkten. Während des Zweiten Weltkriegs trat er in das Army Air Corps ein, flog Bomber und kehrte als Major mit dem Distinguished Flying Cross[3] und dem Respekt und der Loyalität seiner Männer zurück. Obwohl er nie ein College besucht hatte, wurde er eine hochrangige Führungskraft im Army Corp of Engineers, wo er landesweit für sein administratives Fachwissen anerkannt wurde. Mein Vater entwarf und baute unser Familienhaus und wählte einen Afroamerikaner als Chefzimmermann, was 1956 in Mississippi ungewöhnlich war. Er liebte die freie Natur und schien dort am glücklichsten zu sein. Meine besten Erinnerungen an meinen Vater sind das Jagen und Fischen mit ihm. Ja, er war jähzornig, aber seine Tugenden überwogen bei weitem seine Unzulänglichkeiten. Was man in dieser Sitzung sieht, ist der Schmerz von jemandem, der mehr von seinem Vater wollte, nicht weniger. Er starb im Alter von fünfzig Jahren an kongestivem Herzversagen, zwei Wochen bevor ich aufs College ging.

Vajrayana – eine buddhistische Praxis

Wir befinden uns jetzt in der Mitte dieses Vierjahreszeitraums, zwei Sitzungen sind bereits abgeschlossen und zwei stehen noch aus. An diesem Punkt möchte ich einen Schritt zurücktreten und eine weitere Ebene in die Geschichte einfügen. Ich möchte eine Veränderung beschreiben, die in der Art und Weise, wie ich meine Sitzungen in diesen vier Jahren durchgeführt habe, stattgefunden hat. Um diese Veränderung zu beschreiben und was sie bedeutete, muss ich erklären, wie sich der Eintritt in diese intensiven Bewusstseinszustände auf meinen Körper auswirkte. Das bedeutet, dass wir einen kleinen Umweg von der Hauptgeschichte machen, der aber dieser Abstecher wird die Handlung vertiefen.

Am Morgen meines ersten Eintritts in das Diamantene Leuchten bot Carol mir an, eine tibetische Übung für mich zu machen, die sie kürzlich gelernt hatte, Chöd genannt. Chöd bedeutet »Schneiden«. Es ist eine Praxis des Vajrayana-Buddhismus zur Beseitigung von Hindernissen und zum Durchschneiden des Egos. Sie geht zurück auf Machig Labdrön, eine verehrte weibliche Praktizierende aus dem Tibet des 11. Jahrhunderts. Carol hatte die Praxis von ihrer Lehrerin, Lama Tsultrim Allione, erhalten, die sie wiederum von ihrem Lehrer, Chögyal Namkhai Norbu Rinpoche, erhalten hatte. Ich nahm ihre Einladung schnell an, denn sie kam zur rechten Zeit. Die vorangegangene Sitzung war gut zu Ende gegangen, und der heutige Tag

3 Das *Distinguished Flying Cross (*DFC) wird an Angehörige der US-Streitkräfte (Marine, Marine Corps, Küstenwache) für Heldentum oder außergewöhnliche Leistungen während des Fliegens verliehen. [A. d. Ü.]

schien ein guter Tag zu werden. So begannen wir an diesem Morgen den Tag damit, dass Carol vierzig Minuten lang Chöd für mich machte, und dann begannen wir die Sitzung.

Zu diesem Zeitpunkt war ich bereits ein erfahrener Reisender. Ich wusste, wie mein System auf LSD reagierte, und ich hatte ein gutes Gefühl für die Größe und Form meines psychedelischen Fensters. An diesem Tag jedoch öffnete sich mein Fenster weiter und blieb länger offen als jemals zuvor. In meinen Sitzungsnotizen schrieb ich:

> *Heute war es so, als ob das mich umgebende Feld von einer unsichtbaren Macht zurückgezogen worden wäre, als ob es gereinigt worden war, bevor ich dort ankam, sodass sich meine Erfahrung bei meiner Ankunft weiter öffnete und länger offenblieb, als es normalerweise der Fall ist. Es gab einen Quantensprung an Wachheit und Klarheit, und obwohl es schon früher Quantensprünge gegeben hat, war dieser anders. Es fühlte sich an, als ob mehrere alte Schichten von mir weggeräumt worden wären. Als ich mich in diese neue Umgebung ausdehnte, stieß meine Erfahrung auf weniger Widerstand. Sie floss sanfter, erreichte weitere Horizonte und blieb länger offen. (S 45)*

Diese Veränderung war so spürbar, dass ich unmittelbar nach der Sitzung beschloss, selbst Chöd zu lernen. Zwei Monate später erhielt ich die Praxis von Lama Tsultrim, und sie wurde ein regelmäßiger Teil meiner spirituellen Praxis. Seit diesem Tag habe ich nie wieder eine psychedelische Sitzung gemacht, ohne vorher Chöd zu praktizieren.

Dies ist der Anfang einer längeren Geschichte darüber, wie ich Carol in den Vajrayana-Buddhismus folgte und wie wir gemeinsam viele Retreats in Tara Mandala, einem von Lama Tsultrim gegründeten buddhistischen Retreat-Zentrum in Colorado, besuchten. Carol wurde Mitglied des Vorstands, und Tara Mandala wurde Teil unserer Familie, da wir viele Sommer-Retreats dort verbrachten. Ich hatte jahrelang Kurse in Buddhismus unterrichtet und kannte die Philosophie gut, aber dies war die Praxis, nicht die Theorie, und so lernte ich die Kernpraktiken des Vajrayana. Nach Chöd gab es Reinigungspraktiken, Gottheitspraktiken, Guru-Yoga-Praktiken und Kontemplationspraktiken. Kurz gesagt, ich lernte, in der Sprache der *Dakinis* (weibliche Meditationsgottheiten) zu beten. Ich lernte, die konzentrierte Kraft von Mantras zu respektieren und kreative Visualisierung zu nutzen, um innere Türen zu öffnen. Mit einer Sensibilität, die ich in meinen psychedelischen Sitzungen entwickelt hatte, konnte ich die kraftvollen Felder spüren, die diese alten Praktiken umgeben, weil unzählige Buddhisten sie im Laufe der Geschichte praktiziert hatten.

So kam es, dass ich in den letzten fünf Jahren meiner psychedelischen Reise, als die Arbeit in ihre intensivste Phase eintrat, die Vajrayana-Praxis in meine psychedelische Praxis integrierte. Ich hatte schon immer meditiert, aber dies bedeutete eine formellere Verpflichtung gegenüber einer bestimmten Linie der Dharma-Übertragung. Ich war mit dem größten Teil des buddhistischen Denkens vertraut – nicht mit dessen patriarchaler Struktur – und viele seiner Lehren hatten sich in meinen Sitzungen bestätigt. Der Vajrayana-Buddhismus wird manchmal als eine Synthese aus der Weisen-Tradition des indischen Buddhismus und der schamanischen Bön-Tradition, die in Tibet beheimatet ist, beschrieben. Der Schamanismus ist also in seine Struktur eingebaut. Vielleicht fühlte es sich deshalb für mich immer natürlich an, die Vajrayana-Praxis mit meiner psychedelischen Praxis zu verbinden.

Von Sitzung 45 an habe ich die Vajrayana-Praxis mit meiner psychedelischen Praxis verwoben. Ich habe auch meine psychedelische Praxis mit meiner Vajrayana-Praxis verwoben, indem ich auf meine Erinnerungen an die Transzendenz zurückgriff, um verschiedene Visualisierungs- und Kontemplationspraktiken zu vertiefen. Es war für mich immer eine Zweibahnstraße, aber hier konzentriere ich mich darauf, was Vajrayana meiner psychedelischen Praxis gegeben hat, und diese Geschichte dreht sich um Energie. Ich habe bereits die energetischen Aspekte der psychedelischen Arbeit beschrieben, wie jede tiefere Ebene der Realität auf einer höheren Ebene der Energie arbeitet. Jetzt möchte ich beschreiben, wie sich das Eintauchen in diese Energiefelder nach jeder Sitzung auf mich ausgewirkt hat.

Ich machte die Erfahrung, dass ich, sobald ich in einer Sitzung einen soliden Kontakt mit einer bestimmten Ebene der transpersonalen Realität hergestellt habe, auch nach dem Ende der Sitzung weiterhin eine lebendige Verbindung zu dieser Realität andauert. Es ist als ob sich ein stabiles Fenster zum Universum öffnet, und nachdem es sich wieder schließt, verbindet mich ein kleiner Faden weiterhin mit dieser Ebene und durch diesen Faden fließt ein Rinnsal ihrer Energie in mich hinein. Nur ein Rinnsal, aber Rinnsale summieren sich. Je länger ich auf einer bestimmten Ebene der Realität verweile, desto stärker wird der Faden und desto grösser wird der Energiefluss.

Als sich meine Praxis im Laufe der Jahre vertiefte und ich eine stabile Verbindung zu immer mehr Ebenen der spirituellen Realität herstellte, hatte ich das Gefühl, dass sich mehrere Energiestränge bildeten, die mich dauerhaft mit all diesen Ebenen verbanden. Durch diese Stränge strömten jeden Tag verschiedene Schattierungen von Energie in meinen Körper und in meinen Geist. Während der Jahre, in denen ich aktiv praktizierte, war dies eine sehr greifbare Empfindung. Nachdem ich 1999 mit meinen Sitzungen aufgehört hatte, ließ dieser Fluss langsam nach, aber er hat nie ganz aufgehört.

Diese Energie nährte mich spirituell und half mir, zu dem Wesen heranzuwachsen, zu dem ich wurde, aber sie wurde auch zu einem Problem. Meine Sitzungen waren so intensiv, dass mein System irgendwann Schwierigkeiten hatte, mit all dieser »zusätzlichen« Energie umzugehen. In tiefen psychedelischen Sitzungen öffnet man sich für enorme Energiewellen. Sie tragen einen in riesige Energielandschaften, die faszinierend zu erleben sind, aber nach dem Ende der Sitzung kann sich das feinstoffliches Energiesystem gedehnt und schmerzerfüllt anfühlen. Diese kurzfristige Wirkung lässt in der Regel innerhalb weniger Tage nach, aber je länger und je intensiver man mit psychedelischen Substanzen arbeitet, desto stärker wird dieser »Rinnsaleffekt«. Was macht man mit all dieser Energie, die zwischen den Sitzungen ständig in einen hineinfließt, die im Herzen pulsiert und aus dem Schädel strahlt? Wie integriert man das neue energetische Wesen, zu dem man langsam wird, jetzt, da man sich nicht mehr im visionären Zustand befindet und das System wieder auf seine »normale« Form und Größe geschrumpft ist?

Ich fand heraus, dass Chöd und andere Vajrayana-Praktiken mir nicht nur dabei halfen, am Tag einer Sitzung in tiefe Bewusstseinszustände einzutreten und sie wieder zu verlassen, sondern auch, diesen Energiefluss nach einer Sitzung zu steuern, indem ich ihm einen Platz zum Auslaufen gab. Jahrelang war es so, dass sich diese Energie in meinem Körper aufgestaut hatte und ich mich zeitweise sehr unwohl fühlte. Da waren die Kopfschmerzen (ein Schmerz im Ajna-Chakra oder »dritten Auge«), die drei Jahre lang immer wieder auftraten, und die Überempfindlichkeit des Gehörs, die dazu führte, dass ich mich eine Zeit lang nicht einmal im selben Raum mit einem laufenden Kühlschrankkompressor aufhalten konnte. (Medizinische Untersuchungen ergaben nichts Ungewöhnliches.) Als ich mit den Vajrayana-Praktiken begann, verschwanden diese Symptome der Energieüberlastung. Diese alten Rituale verbanden mich mit dem Universum auf eine Weise, die es dieser Energie erlaubte, freier zu fließen. Sie erlaubten meinem System zwischen den Sitzungen durchzulüften. Das Singen dieser Gebete stimmte meinen »Körper, meine Sprache und meinen Geist« auf das Universum in einer Weise ein, die es der in mir fließenden Energie ermöglichte, mit einer größeren Umgebung zu verschmelzen. Es war, als ob diese Übungen mir einen Weg zur Kommunikation mit dem Universum gaben, der auf halbem Weg zwischen meiner irdischen Realität und meiner Sitzungsrealität lag. Wenn ich mit den Dakinis tanzte, fühlte ich mich entspannt, gereinigt und trainiert. Meine Energie begann kühler zu werden, und ich konnte in meiner Haut angenehmer atmen.

Ich verstehe die Debatte unter buddhistischen Praktizierenden über psychedelische Mittel und die Vorbehalte, die einige Lehrer*innen ihnen gegenüber als Mittel der spirituellen Transformation haben.[4]

Und doch habe ich persönlich nie einen Gegensatz zwischen meiner buddhistischen und meiner psychedelischen Praxis gespürt. Ein Unterschied in der Betonung, der Methode und sogar den Zielen vielleicht, aber kein Widerspruch in den Grundwerten. Ich glaube nicht, dass das buddhistische Verbot gegen die »Einnahme von Drogen, die den Geist vernebeln«, auf psychedelische Substanzen zutrifft, *wenn sie therapeutisch eingesetzt werden,* denn unter diesen Umständen vernebeln sie den Geist nicht. Ganz im Gegenteil, sie sensibilisieren den Geist übermäßig, und indem wir diese Überempfindlichkeit geschickt fokussieren, können wir die Gifte und Toxine unseres Geistes an die Oberfläche bringen und sie entfernen. Ich denke, Chögyam Trungpa hatte Recht, als er LSD als eine Art »Super-Samsara« beschrieb. LSD verstärkt die samsarischen Tendenzen unseres Geistes und lädt zu einer Konfrontation mit diesen Tendenzen ein, die, wenn sie gut gehandhabt werden, die Befreiung des Geistes unterstützt. Obwohl meine psychedelische Reise zu einer kosmologischen Erkundung wurde, die über die Befreiung hinausreichte, fühlte sie sich immer kongruent zur Befreiung an.

Obwohl ich dem damals nicht viel Aufmerksamkeit geschenkt habe, fühlt es sich jetzt für mich vielleicht bedeutsam an, dass die Vajrayana-Praxis an dem Tag in mein Leben trat, an dem sich das Diamantene Leuchten zum ersten Mal für mich öffnete. Ich glaube nicht, dass Chöd oder der Buddhismus meine Erfahrung in diese Richtung gelenkt haben. Ich denke, dass der Weg, der mich zum Diamantenen Leuchten gebracht hat, in den Jahren vor diesem Durchbruch eingeschlagen wurde. Dennoch war es ein Segen, als diese beiden Dinge in meinem Leben zusammenkamen. Die Vajrayana-Praxis hat gut zu meiner psychedelischen Praxis gepasst, sowohl beim Öffnen des psychedelischen Fensters als auch bei der Verstärkung des Ergebnisses.

Vajrayana bedeutet »Diamantener Weg«, und in den *Sutras* (Schriften) und *Termas* (verborgene Lehren) Tibets fand ich die klarste Darstellung des Diamantenen Leuchtens, in das ich eingetreten war. Ich weiß, dass Licht in vielen spirituellen Traditionen besprochen wird, und ich bin sicher, dass ich Parallelen zwischen meiner Erfahrung mit diesem Licht und ihren Lehren finden kann, aber es war mein Karma, dass ich im Vajrayana fand, was ich brauchte, und ich bin Carol dankbar, dass sie mich auf diese Linie gebracht hat.

---

4 Badiner und Grey 2002; Osto 2016.

Wendepunkt

Nach der 50. Sitzung schwenkten die Sitzungen von der Vertiefung in das Diamantene Leuchten hin zu einer tieferen Integration des Leuchtens in mein irdisches Wesen. Diese Verschiebung geschah nicht, weil ich danach suchte, sondern weil mich etwas Größeres orchestrierte. Ich habe erst im Nachhinein herausgefunden, was passiert ist.

Das Thema der Integration des Lichts war natürlich nie ganz abwesend gewesen. Obwohl ich es damals nicht erkannt hatte, war die Übung, sich in der 50. Sitzung in die Raum-Zeit hinein und aus ihr heraus zu fokussieren, eine Trainingsübung zur Integration des Lichts. Es war ein früher Versuch, mich zu lehren, wie ich das Diamant-Bewusstsein innerhalb der Bedingungen meiner physischen Existenz aufrechterhalten kann. Ich scheiterte furchtbar daran, aber es war ein Anfang. Das Thema der Integration hatte sich auch in der 47. Sitzung auf anschauliche Weise gezeigt.

> *Ich befand mich in einem Feld von Licht, vertraut aus früheren Sitzungen. Der intensive tahitische Gesang zerstückelte das Licht, zerbrach es in kleine Stücke, wie ein Koch, der Gemüse zerkleinert. Er zerhackte auch die verbleibenden Fragmente der Persönlichkeit zu einem feinen Staub und vermischte sie mit dem strahlend weißen Licht, um mein Wesen mit dem Licht kompatibler zu machen. Tiefe Ebenen des inneren Seins wurde neu konfiguriert, um die himmlischen Realitäten, die ich zuvor »außerhalb« von mir erforscht hatte, besser in mir widerzuspiegeln. (S 47)*

Nach der Begegnung mit dem ABSOLUTEN LICHT in Sitzung 50 drehte sich alles noch stärker in Richtung Integration. Anstatt dass ich tiefer in das Diamantene Licht hineingezogen wurde, begann das Licht, sich tiefer in mein physisches und psychisches Wesen zu bohren. Es fühlte sich an, als würde das Licht mich auf physiologischer Ebene umstrukturieren, meine Biologie und mein feinstoffliches Energiesystem tatsächlich neugestalten. Das erforderte mehr Reinigungsübungen und mehr Loslassen von alten Mustern.

Wie wir gesehen haben, schüttelt jeder Durchbruch zu einer tieferen Realitätsebene Verunreinigungen aus dem System, die entfernt werden müssen, wenn der Fortschritt fortgesetzt werden soll, und das gilt besonders für das Diamantene Licht. Nach der 43. Sitzung hatte es vier Sitzungen intensiver Reinigung gebraucht, bevor sich die Türen zum Diamantenen Licht wieder öffneten. Nun wiederholte sich das gleiche Muster. Nach der glorreichen 50. Sitzung lautete die Eröffnungszeile der 51. Sitzung: *»Der heutige Tag wurde vollständig im Schlamm verbracht«.*

Die persönlichen Heilungen, die in diesem Vierjahreszeitraum stattfanden, waren Teil dieses Verinnerlichungsprozesses. Wenn das Licht in unser inkarniertes Wesen eindringen und sich darin stabilisieren soll, muss es dieses Wesen zuerst heilen. Um mit Allem Was Ist vollständig eins zu werden, müssen wir mit uns selbst eins werden. Die Erfahrung des kosmischen Einsseins zwingt alle Verletzungen des Selbst an die Oberfläche. Wo immer wir in einer unserer Inkarnationen durch das Leben eingeengt wurden, werden wir geheilt, sodass das Licht vollständiger in unsere Herzen und unseren Geist eindringen und freier in die Herzen und den Geist der Menschen um uns herum fließen kann.

Nebenbei bemerkt, zeigte mir eine Sitzung aus dieser Zeit, dass sogar die Hölle selbst dem Zweck dient, die Seele zu heilen und sie wieder in das göttliche Licht zu integrieren.

Himmel und Hölle (Sitzung 57)

Eine Glocke, die in der Musik läutete, wurde zu einer Todesglocke, die meine Hinrichtung einläutete. Die ganze Erfahrung war völlig klar und eindeutig. Ich wusste, was geschah, und es gab nichts, was ich tun konnte oder wollte, um es aufzuhalten. Ich sah mit Faszination zu, wie ich langsam und entschlossen hingerichtet wurde. Mit jedem Ertönen der Glocke schnitt ein riesiger Schnitt durch meine stehende Form, so fein, dass meine Körperteile stehen blieben. Als die Glocke läutete, schnitt die Sense tiefer und tiefer, und mein Wesen wurde mühelos in Stücke geschnitten. Als es vorbei war, war ich völlig tot, aber nun auf eine neue Art lebendig. Ich war in eine Wirklichkeit außerhalb von Samsara eingetreten, weit jenseits der zyklischen Existenz. Dort eröffneten sich mir plötzlich neue Perspektiven des Verstehens. Wohin ich meine Gedanken auch lenkte, neue Panoramen von Einsichten stürzten in meinen Geist.

In einem Szenario lernte ich, Himmel und Hölle auf eine neue Art und Weise zu verstehen. In einer verblüffenden Umkehrung der Perspektive sah ich, dass die Hölle nicht das Gegenteil des Himmels ist, wie es gewöhnlich gelehrt wird, sondern der schützende Begleiter der göttlichen Verwirklichung. Ich sah, dass im Jenseits die »Hölle« in Wirklichkeit ein Zustand tiefer Läuterung ist, in den nur diejenigen eintreten, die sich ihrer spirituellen Entwicklung zutiefst verpflichtet fühlen, denn es gibt langsamere Pfade für die weniger spirituell Ambitionierten. Die Erfahrung der Hölle entsteht, wenn unsere fehlerhafte und unvollkommene persönliche Geschichte mit unserer leuchtenden göttlichen Natur in Kontakt gebracht und dort gehalten wird, sodass die Kraft unserer göttlichen Natur unsere geschichtlichen Begrenzungen reinigen und heilen kann. Im Nach-

hinein dient alles Leiden der Glückseligkeit. Erst wenn das Werk der Hölle vollendet ist, können wir beginnen, es zu schätzen.[5]

Die Bedeutung dieser Wende in Richtung Integration war mir nicht klar, als ich diese Erfahrungen machte. Erst später, als ich meine Reise mit Hilfe der Einsichten, die mir in meinen letzten beiden Sitzungen gegeben wurden, als Ganzes verarbeitete, begann ich, die Bedeutung dieser Verschiebung zu verstehen. Die vielen Reinigungen und Heilungen, denen ich mich nach der 45. und 50. Sitzung unterzog, schienen eine stärker *verkörperte* Erfahrung des Diamant-Bewusstseins in der 60. und 66. Sitzung zu ermöglichen.

Die 60. Sitzung begann mit der Vertiefung der Heilung mit meinem Vater, die ich hier verkürzt wiedergebe, und führte mich dann in eine Erfahrung des Diamantenen Leuchtens, das eng mit meiner irdischen Existenz verwoben war. Ohne dass irgendetwas gesagt wurde, wurde ich darin gecoacht, wie ich das Licht in mein tägliches Leben aufnehmen kann.

Sitzung 60 – Universelles Feld des Lichts

Zu Beginn der Sitzung konnte ich den Geruch des Tabaks riechen, der meinen Vater umgab, als ich jung war, und ich konnte das unverwechselbare Aroma seiner Südstaaten-Zigarettenmarke Picayune schmecken. Ich konnte die stacheligen Borsten seines unrasierten Gesichts spüren, wenn ich ihn umarmte. Die sinnlich spürbaren Besonderheiten, die ich erlebte, waren so detailliert, dass sie eine tiefe Begegnung mit meinem Vater signalisierten. Ich wurde in unsere gemeinsame Geschichte hineingezogen und erlebte ihre Grenzen und Enttäuschungen, wobei ich die Erkenntnisse der 50. Sitzung fortsetzte. Obwohl nicht so emotional ergreifend wie jene Sitzung, war in der jetzigen die Regression tief und detailliert.

Das ging lange Zeit so weiter, körperliche Empfindungen vermischten sich mit emotionalen Strukturen und zogen mich in immer tiefere Ebenen unserer Beziehung. Dann, nach einer langen Zeit, änderte sich plötzlich alles. Wie schon so oft, gab mein persönliches Drama nicht allmählich nach, sondern löste sich auf einmal in Luft auf. Jetzt aber begriff ich die Bedeutung der Plötzlichkeit dieses Übergangs. Es bedeutete, dass der Bereich, den ich betrat, in keiner Weise eine Erweiterung oder Fortsetzung der irdischen Erfahrung war. Ich konnte diesen neuen Bereich nicht erreichen, indem ich diese anderen Erfahrungen ausbaute

5 Mehr darüber, was die Hölle ist und was nicht, findest du in *Dark Night, Early Dawn*, Kapitel 4, »Solving the Riddle of Heaven's Fire« (Bache 2000).

oder verbesserte. Stattdessen löste sich die gesamte historische Existenz plötzlich von mir, als ein einziges Stück.

In diesem Zusammenhang habe ich deutlich gesehen, dass die Details meiner speziellen Geschichte nicht wichtig waren. Jeder Mensch hat eine persönliche Geschichte, manche angenehmer als andere, manche problematischer. Aber wie komplex unsere karmische Geschichte auch sein mag, wie angenehm oder unangenehm sie auch sein mag, sie ist irrelevant für die gemeinsame Tatsache, dass alle Formen der persönlichen Geschichte auf dieser tieferen Ordnung liegen, die jetzt durchbricht. Die Irrelevanz der Details des persönlichen Lebenslaufs war eine verblüffende Erkenntnis. Auf dieser Ebene spielten die Details keine Rolle.

Der Kreis des Lebens

Als meine Beziehung zu meinem Vater wegfiel, betrat ich ein expandierendes, ekstatisches Feld von Energie und Licht. Wie in der 4. Sitzung, fand ich mich in der Mitte eines bunten, sich drehenden Kreises aus holographischen Bildern wieder, die die Details meines ganzen Lebens enthielten. Wieder einmal fiel ich in diesen Kreis, berührte einen Teil meines Lebens, und als ich das tat, »starb es unter mir weg« und ließ mich in dem leuchtenden Todeszustand jenseits der individuellen Identifizierung zurück. Dann kehrte ich in die Mitte des Kreises zurück, mein Leben baute sich um mich herum wieder auf, und der Prozess wiederholte sich, um die gleiche Lektion wie zuvor zu untermauern, nämlich dass mein Todesprozess abgeschlossen war, dass es keinen Bereich gab, der noch festhielt. Nun aber war eine zusätzliche Botschaft in diese Übung eingewoben, eine neue Lektion, die zu dem hinzukam, was zuvor mitgeteilt worden war.

Das wiederholte Auflösen meines Lebens in das Licht zeigte mir auf, dass in diesem Übergang die äußere Form des eigenen Lebens intakt bleibt, aber innerlich ist das Leben, das ich lebe, das Feld des Lichts selbst. Die äußere Form meines Lebens wurde durchlässig für eine andere Ordnung der Wirklichkeit. Entleert von persönlichen Inhalten, wurde ich transparent für ein flüssiges Licht, das alle Wirklichkeiten durchdringt. Nachdem mir diese Lektion vermittelt worden war, trat ich in den leuchtenden Zustand ein und verweilte dort lange Zeit, um seine weiträumige Klarheit in mich aufzusaugen.

Vertrieben aus der Gegenwart

Nach einer gewissen Zeit in dieser transzendentalen Ekstase wurde ich wieder in das Alltagsleben zurückgezogen, aber nun trennte mich ein dünner Film von meiner Erfahrung. Ich hatte das ausgeprägte Gefühl, vom Fluss der eigenen Erfahrung einen Schritt entfernt zu sein, so als würde ich alles nur aus zweiter

Hand mitbekommen. Ich fühlte mich leicht vom gegenwärtigen Moment verschoben und bekam all meine Erfahrungen direkt nach der Begebenheit. Meine Erfahrung war auch leicht unscharf; alles war räumlich und zeitlich leicht verwischt.

Zuerst war diese subtile Verzerrung nur irritierend, aber sie wurde zunehmend mühsam. Egal, wie sehr ich mich bemühte, ich konnte nicht in meine Erfahrungen zurückkehren. Ich war winzig klein und ausgeschlossen von der vollen Unmittelbarkeit meines eigenen Lebens. Es war als wäre ich ein Geist, der nicht mehr in sein Leben zurückkehren konnte. Erlebnisse, die vorher freudig waren, wurden verdorben durch diese leichte Verschiebung, die dem Leben die Schärfe nahm. Ich war in einer allgegenwärtigen Verzerrung gefangen, die nicht dadurch gelöst werden konnte, dass ich die eine oder andere Art von Erfahrung hatte, sondern nur dadurch, dass ich insgesamt in einen ganz anderen Modus von Erfahren wechselte.

Plötzlich kam ein Durchbruch in einen unglaublich scharfen, intensiven und hellen Erfahrungsmodus. Ich war wieder in der unmittelbaren Erfahrung von Chris Bache, aber jetzt in einer viel intensiveren und leuchtenderen Form. Da wurde mir klar, dass die Verdrängung aus der Unmittelbarkeit, die ich erlebt hatte, in Wirklichkeit die normale Art und Weise meines Daseins in der Welt war! Die kristallartige Klarheit des Todeszustandes beleuchtete eine allgegenwärtige Verzerrung, die meinem Tagesbewusstsein innewohnte. Die konzentrierte Unmittelbarkeit dieser laserartigen Reinheit machte meine gewohnte Art der Erfahrung unerträglich langweilig. Der gewöhnliche Verstand ist im Vergleich dazu so verwässert.

Mein ganzes Leben lang dachte ich, ich sei bei Bewusstsein gewesen, aber jetzt sah ich, dass ich nur halb bei Bewusstsein war, gefangen in einem permanenten Dunst, wie ein Kurzsichtiger ohne Brille. Den ganzen Rest der Sitzung verbrachte ich in diesem Zustand der Hyper-Klarheit, fokussiert auf das Hier und Jetzt. Keine transpersonale Exotik, nur ein Leuchten über alle Maße, fokussiert in meiner unmittelbaren Erfahrung. Dies war das verkörperte Diamant-Bewusstsein.

Leuchtende Klarheit

Ich war sehr erleichtert, als ich zum ersten Mal in die Leuchtende Klarheit zurückkehrte, und die Erleichterung verwandelte sich in Dankbarkeit, als ich erkannte, dass es mir erlaubt war, in diesem Zustand zu bleiben. Die Dankbarkeit vertiefte sich in Ekstase, als aus Minuten Stunden wurden und der Zustand sich nicht auflöste.

Visuell registrierte ich den Zustand von Hyper-Klarheit als ein klares Lichtfeld, das sich etwa einen halben Zentimeter um meinen Körper herum erstreckte. Es war, als würde mein Körper fließen und diese leuchtende Hülle war eine sichtbare Reflektion der ekstatischen Erleuchtung, die ich im Inneren erlebte. Wohin ich auch ging (geistig), was ich auch tat, dieser diamantartige Fluss begleitete mich.

Dann, gelegentlich, öffnete sich eine viel tiefere Erfahrung des Lichts. Als dies geschah, trat ich über mein individuelles Erleuchtungsfeld hinaus in ein Universelles Lichtfeld. Die erste Erfahrung war wundervoll, aber mich für die zweite zu öffnen, war mein wahr gewordener, tiefster Traum. Ich bewegte mich mehrere Male zwischen diesen beiden Zuständen hin und her und kam aus verschiedenen Situationen in das Universelle Feld, fast, so schien es, aus verschiedenen Lebenssituationen. Von wo auch immer ich eintrat, war das, was ich betrat, immer dasselbe – ein exquisites nahtloses Feld von Licht.

Bald darauf löste sich eine letzte Membran auf und ich bewegte mich hinein, hindurch und als Licht. Das Licht sättigte mich vollständig. Es gab keine Grenzen für seine Ausdehnung und kein Stück Leben in mir oder außerhalb von mir, das es nicht umarmte. Die Erfahrung war wie die eines Fisches, der im Ozean schwimmt, aber hier war der Ozean ein Ozean aus Licht. Das Licht durchdrang jede Zelle meines Wesens und alle irdischen Formen um mich herum. Wir alle atmeten dieses Licht. Wir sind dieses Licht. All unsere Erfahrung ist nahtloses Licht. Freude und Wunder. Ständige Gebete der Danksagung und Dankbarkeit.

Die Sitzungen, die auf diese lichtdurchtränkte Sitzung folgten, reinigten weiterhin mein Inneres. Während sich das Licht seinen Weg tiefer in mein irdisches Wesen bahnte, wurde jedes Verhalten, das seinen Eintritt blockierte, aufgedeckt und angesprochen. In einer Sitzung kam meine vielleicht tiefste persönliche Angst zum Vorschein – die Angst, gesehen zu werden und als mangelhaft zu gelten. Jemand sieht dich an, sieht, wer und was du bist und ist enttäuscht. Man sieht es in seinen Augen und in seinem niedergeschlagenen Gesicht, und es gibt nichts, was du tun kannst, um es zu ändern. Als diese Wunde zu ihrem Ursprung zurückgebracht und geheilt wurde, verwandelte sich die Sitzung in eine ekstatische Erfahrung der Vollkommenheit des Seins inmitten des immer unvollkommenen Werdens. Eine andere Sitzung deckte gnadenlos die Ungereimtheit auf, mit der ich so hart daran arbeitete, himmlische Reinheit in meinen Sitzungen zu kultivieren, während ich mein Bewusstsein weiterhin mit »Bardo-Fernsehen« zwischen den Sitzungen beschmutzte. Da gibt es noch mehr zu tun. Eine dritte Sitzung drängte tief in ein anhaltendes persönliches Bedürfnis, das ich im Zusammenhang mit körperlicher Leidenschaft hatte. Sie zeigte mir, dass die strahlende Glückseligkeit der »unermesslichen Vorurteilslosigkeit« jenseits aller Selbstbezogenheit liegt und jenseits aller persönlichen Hoffnungen und Ängste, einschließlich dieser einen. Meine Ängste loszulassen war eigentlich einfach gewesen, aber diese spezielle Hoffnung aufzugeben, fiel mir verdammt schwer. Das Beste, was ich tun konnte, war, sie der unendlichen Weisheit »*meiner Geliebten*« zu überlassen.

Die Durchlässigkeit der verkörperten Anwesenheit

Zu Beginn dieses Buches habe ich gesagt, dass es in meiner psychedelischen Arbeit zwei Grundrichtungen gibt. Die erste war das spirituelle Erwachen, die zweite die kosmische Erforschung. Zwar habe ich die persönliche Befreiung als mein grundlegendes Ziel nie aufgegeben, aber die Arbeit an der kollektiven Befreiung und das Abenteuer der Erforschung des Kosmos haben meine Sitzungen dominiert. Jetzt, in diesen späten Sitzungen, schien sich der Bogen der Arbeit wieder auf das ursprüngliche Ziel des spirituellen Erwachens zu spannen.

Nach all den Abenteuern, die ich bei der Erkundung der verschiedenen Realitätsebenen erlebt hatte, wurden die Sitzungen nun immer einfacher und einfacher. Es war, als ob ich, nachdem ich in die tiefe Struktur der archetypischen Realität und die radikale Einfachheit der ursprünglichen Ganzheit eingetaucht war, nirgendwo anders hingehen konnte als dorthin, wo ich bereits war. Nachdem das Bewusstsein, das meine Sitzungen leitete, mich in das Diamantene Leuchten geführt und mir dann die unendliche Tiefe des Kosmos gezeigt hatte, schien es mich nun in mein gegenwärtiges Leben und in etwas zurückzubringen, das einer klassischen spirituellen Verwirklichung nahekam. In einer Sitzung schrieb ich:

> *Die Sitzungen sind immer schwieriger zu beschreiben, nicht wegen ihrer exotischen Qualitäten, sondern wegen ihrer Alltäglichkeit. In auffallendem Gegensatz zu meinen früheren Sitzungen ist der Bezugsrahmen meiner gegenwärtigen Erfahrung mein unmittelbares Leben. Mein persönliches Leben wird von innen nach außen gekehrt und umgestaltet. Stücke aus der Vergangenheit werden systematisch nach vorne gebracht und entleert, so wie man Flaschen aus einem Regal nimmt und sie ausgießt. Nun aber, wenn jede Flasche geleert ist, löse ich mich nicht in den jenseitigen diamantenen Glanz des Dharmakaya auf, sondern in die alltägliche Welt meiner bodenständigen Existenz, die in Sūnyatā (Leere) transparent wird. Die Ekstase der transzendierenden Raum-Zeit scheint sich der Transparenz der verkörperten Gegenwart innerhalb der Raum-Zeit zu beugen. Wohin führt dieser Prozess? (S 65)*

Bevor ich die letzte Sitzung des Diamantenen Leuchtens vorstelle, möchte ich ein Beispiel für diese Erdung-in-der-Gegenwart geben, das außerhalb dieser vier Sitzungen stattfand. In dieser Sitzung wurde ich in eine beeindruckende Erfahrung der Leere in meinem Universitätsklassenzimmer geführt. Es fühlte sich an, als ob die Erfahrung von *Sūnyatā* in das Zentrum meines Lebens getrieben wurde, sich dort einnistete, wo ich jeden Tag so viele Stunden verbringe.

Unterricht ohne Anwesenheit des Selbst (Sitzung 63)

Nachdem meine Grenzen im reinigenden Teil der Sitzung niedergerissen wurden, ergoss sich meine Erfahrung nun über ihre Grenzen hinaus in die Menschen, die ich um mich herum sah (vor meinem geistigen Auge). Auffallend war, wie konkret und »greifbar« die Erfahrung war. Jeder behielt seine besonderen Eigenschaften, und dennoch, als wir miteinander in Kontakt kamen, verschmolzen unsere Gedanken wie Strömungen im Ozean des Geistes miteinander.

Die Menschen wurden zu meinen Schülern in meiner aktuellen Buddhismus-Klasse. An diesem Punkt war mein Bewusstsein nicht mehr an meinen persönlichen Körper gebunden, sondern lief ungehindert in ihr Leben hinein und aus ihm heraus und umfasste sogar Details der Geschichte des Raumes, in dem wir uns trafen. Der lebhafte Tanz der Verschmelzung reichte dann tiefer, um den letzten Rest der Eigenpersönlichkeit aufzulösen. Der letzte Rest von Egoismus löste sich in der schieren Unmittelbarkeit der Lebenserfahrung auf. Nun erlebte ich den Kontakt der Gehirne beim Lehren als einen Prozess, der völlig frei von irgendeinem Selbst war. Es gab kein Ich in mir, das lehrte, und kein Ich in den Schülern, die lernten. Es gab nur die unmittelbare Erfahrung des Kontakts, einen reinen Strom des Bewusstseins, der ungehindert floss, wenn wir uns versammelten.

Vorübergehend die träge Gewohnheit aufgebend, in Begriffen von Identitäten zu denken, bohrte sich die schiere Unmittelbarkeit des Bewusstseins in mich hinein. Auch hier wurde mir eine Einsicht vor Augen geführt und eine Praxis gegeben, um diese Einsicht in meinem täglichen Leben zu verankern. Die Essenz dieser Praxis war es, mich daran zu erinnern und mir bewusst zu machen, dass es kein Selbst gibt, das sich in meinem Raum begegnet. Das Zusammentreffen zweier Bewusstseinsströme schafft einen Funken der Erfahrung, der eine primäre Wirklichkeit ist, nicht eine zweitranginge Realisierung, die vom Selbst abgeleitet ist. Wiederholt wurde betont: Es gibt nichts anderes als den unmittelbaren Strom einer Erfahrung. Der Fluss von »ungeteilter« Erfahrung besitzt die gleiche absolute Realität wie der Fluss von »privater« Erfahrung.

In diesen kurzen Stunden verstand ich, was es bedeutet, in der Unmittelbarkeit der gegenwärtigen Erfahrung wach zu sein. Das war Welten entfernt von transpersonaler Exotik, von der Ekstase der archetypischen Realität oder dem durchsichtigen Subtilen des Spezies-Minds. Es war ein Eintreten in eine immer entschwindende Gegenwart, deren Transparenz die Mauern zwischen den Herzen zum Schmelzen bringt und die Erfahrung für den kreativen Fluss des Universums öffnet.

Ich habe die Sprache des Buddhismus verwendet, um die Erfahrung des Diamantenen Leuchtens zu umrahmen, und ich werde dies auch in dieser letzten Sitzung tun. Der Begriff, den die Buddhisten für das reine Gewahrsein, das die eigene essentielle Natur ist, verwenden, ist »Natur des Geistes«, was einige religiöse Traditionen als die göttliche Natur bezeichnen würden.

Sitzung 66 – Die Natur des Geistes

Was in der ersten Hälfte der Sitzung geschah, ist mir inzwischen vertraut, aber immer noch schwer zu beschreiben. Die beste Beschreibung, die ich geben kann, ist, dass ich mich auf mein Leben einlasse und es reinige. Es fühlt sich an, als ob ich einen Aspekt meines Lebens packe und dann mit ihm ringe. Ich kämpfe nicht gegen es an, sondern lasse es einfach nicht los. Ich nehme eine Haltung der konzentrierten Hingabe ein und erlaube mir, alles zu erleben, was auftaucht, und Unbehagen beginnt zu fließen. Es fühlt sich an, als ob ein Faden gezogen wird, der meine Person von innen nach außen entwirrt.

Der Prozess erfordert ein hohes Maß an Konzentration. Wie beim Reiten eines bockenden Pferdes, du kannst abgeworfen werden, so wie ich mehrmals heute. Als ich weggeschleudert wurde, landete ich in einem Zustand des transpersonalen Wohlbefindens, aber ohne die Hyper-Klarheit des Diamantenen Leuchtens, das mir so viel bedeutet. Ich wusste, dass ich diese Klärung nur erreichen konnte, indem ich in das eigentümliche Feld zurückkehrte, das keinen Namen und keine Form hat, außer dass es ein aktuelles psycho-physisches Unbehagen ist. Du willst nicht über diesen Bereich hinausgehen; du willst in ihm bleiben, bis sich alles von selbst auflöst und es nur noch Licht gibt. So suchte ich weiter nach innerem Unbehagen, und wann immer ich eines fand, blieb ich dabei, bis es sich um mich herum auflöste. Eine Stunde verging mit dieser Arbeit, eine sehr lange Stunde.

Meine stärkste Empfindung aus meinen jüngsten Sitzungen ist, dass jede psychedelische Praxis im Grunde genommen eine Reinigung ist. Wo man am Ende ankommt, ist genau dort, wo man am Anfang war, aber am Anfang ist die ursprüngliche Natur des eigenen Geistes durch Verzerrungen und Ablenkungen verdeckt. An diesem Punkt ist der einzige Gedanke, der in einer Sitzung geschieht und der für mich von bleibendem Wert ist, die Beseitigung dieser Verzerrungen, und so fokussierte ich mich ausschließlich auf die Reinigung – ich bleibe so lange wie möglich dabei, kehre so oft wie möglich zu ihr zurück und durchdringe sie so tief wie möglich.

Eins mit meinen Brüdern

Irgendwann fand ich mich nach der Reinigung an einem Punkt der Aussöhnung wieder. Ich erlebte eine Gemeinschaft, wie ich sie in diesem Leben noch nicht gekannt habe. An einem Punkt hatte ich die Erfahrung, völlig »eins mit meinen Brüdern« zu sein, gemeinsam triumphierend in einem großen Unterfangen. Ich habe schon früher persönliche Siege erlebt, aber dies war der Sieg einer Gemeinschaft, eine Erfahrung totaler Solidarität mit Menschen. Und es fühlte sich eindeutig wie eine Versöhnung mit den Menschen an. Rückstände von Gefühlen der Unterlegenheit oder des Ausgeschlossenseins von der Kameradschaft der Menschen, wurden vollständig re-assimiliert. Es war ein wunderbares Gefühl der Zugehörigkeit zur Gesellschaft der Menschen – alle von uns sachkundig, vollkommen und dem Gemeinwohl dienend.

Der zukünftige Mensch

Diese Gefühle des Friedens und der Harmonie sprangen dann über die Ufer der Zeit, und in wenigen Minuten wurde ich wieder in den weiten Bogen der Entwicklung des Schicksals gehoben. Ich fühlte den größeren Plan für die Menschheit, über die kommende Dunkelheit hinaus in die Freude, die folgt. Der gesamte Kontext der menschlichen Erfahrung hatte sich erhellt. Anstelle von existentieller Isolation, Konkurrenz und Konflikten herrschte nun ein tiefes Gefühl von Einigkeit und Harmonie. Eine psycho-soziale Gleichheit hatte Einzug gehalten. Das Ausmaß der Verlagerung ist für mich immer noch schwer zu begreifen. In der Schöpfung war wirklich eine neue Ordnung entstanden

Die Natur des Geistes

Dann wurde eine andere Musik aufgelegt, und ich war überrascht, mich in die Unbehaglichkeitszone zurückkehrend zu finden. Ich drehte mich sofort um und konzentrierte mich wieder auf die Aufgabe der Reinigung. Weitere Phasen intensiver Reinigung kamen und gingen. Schließlich erlebte ich dieselbe »Verlagerung aus der Erfahrung«, die ich in Sitzung 60 erlebt hatte. Heute war es ganz besonders akut. Ich war von meiner Erfahrung getrennt und nicht in der Lage, mich auf die unmittelbare Realität einzustellen. So sehr ich mich auch bemühte, ich konnte mich nicht in den gegenwärtigen Moment zurückbringen, sondern blieb in den subtilen Echos meiner Erfahrung stecken. Ich war in diesen Prozess vertieft, als der endgültige Durchbruch stattfand.

Nach vielen Zyklen der Reinigung und des Kampfes erschient mein Lehrer, Chögyal Namkhai Norbu Rinpoche, plötzlich.[6]

Ich sah sein Gesicht und fühlte stark seine Anwesenheit. Ohne etwas zu sagen, führte er mich zur Natur des Geistes. Augenblicklich und ohne jede Art Übergang öffnete sich mein Geist zu reiner, grenzenloser Klarheit. Absolut ohne Inhalt, es war sowohl der Kontext als auch der Inhalt aller Gedanken und Empfindungen.

Als sich mein Geist für sich selbst öffnete, war ich verblüfft. Das war anders als die ekstatische Klärung des Dharmakaya. Das war Klarheit im Körper, absolut inhaltslos. Es war das Gefäß aller Erfahrungen. Als der Zustand anhielt, verwandelte sich mein Schock in Erstaunen und dann in taumelige Freude. Ich fühlte, wie verschiedene Gedanken und Empfindungen auftauchten und in der räumlichen Klarheit verschwanden, ohne sie im Geringsten zu beeinträchtigen. Mein Geist begann, sich schneller zu bewegen und breiter zu strecken, ohne dass die räumliche Klarheit beeinträchtigt wurde. Dies war die grundlegende Bedingung für meine Existenz, die Essenz meines Wesens. Ich war so dankbar. Tränen der Freude. Tränen der Dankbarkeit. Welch ein Segen, dies in meiner eigenen Existenz zu entdecken, so wie wenn man Diamanten in den Taschen einer Jeans findet.

Ich blieb lange Zeit in diesem Zustand. Ganz gleich, wie viele Wendungen mein Geist nahm, es war unmöglich, aus diesem Zustand herauszutreten. Ich fühlte die wilde ekstatische Freude der Erlösung von Voreingenommenheit. In dieser atemberaubenden Klarheit war eine exquisite Intimität mit anderen, mit mir selbst und mit der Zeit möglich, wobei alle drei an verschiedenen Punkten auftauchten.

> *Mit anderen war es die Intimität, die die Trennung auflöste und in unsagbare Fürsorge und Mitgefühl überging.*

---

6 Chögyal Namkliai Norbu Rinpoche (1938-2018) war ein Dzogchen-Meister, der als geistige Emanation von Adzom Drugpa (1842-1924) und Shabdrung Ngawang Namgyel (1594-1651) angesehen wird. War Norbu Rinpoche an diesem Tag tatsächlich bei mir anwesend, oder hat sich ein größeres Bewusstsein in meine Geschichte mit Rinpoche eingekleidet, um mir diese Übertragung zu geben? Ich weiß es nicht. Was auch immer das Vehikel war, die Übertragung war echt. Sie war alle Gnade, die ich mir von meinem Lehrer hätte wünschen können.

Bei mir war es die Intimität, in meinem eigenen Wesen zu ruhen.

Mit der Zeit war es die Intimität, im gegenwärtigen Moment zu leben,
alle zukünftigen Momente wurden zu einfachen Wiederholungen der Einladung, ausgedehnt in der Gegenwart zu sein.

Ich kann meine Dankbarkeit nicht in Worte fassen. Dankeschön. Danke.

ELF

LETZTE VISION

Sitzungen 70 bis 73

Wenn eine Vision von den Donnerwesen des Westens kommt,
dann kommt sie mit Schrecken wie ein Gewittersturm;
aber wenn der Sturm der Erkenntnis vorüber ist,
ist die Welt grüner und glücklicher;
denn wo immer die Wahrheit der Vision in die Welt kommt,
ist es wie ein Regen.

Black Elk; Black Elk Speaks

Ich hatte nie die Kontrolle über das, was in meinen Sitzungen geschah. Ich fand früh heraus, dass ich alle Absichten bestimmen konnte, die ich wollte, aber wenn man mit so hohen LSD-Dosen arbeitet, spielt das kaum eine Rolle. Von Anfang an hatte eine größere Intelligenz die Kontrolle über meine Sitzungen. Ich lernte, dass das Beste, was ich tun konnte, war, einfach aus dem Weg zu gehen und mich dorthin führen zu lassen, wo sie mich haben wollte. Und so war es auch bei meinen letzten Sitzungen. Dieselbe Intelligenz, die mich all die Jahre geleitet hatte, choreographierte das Ende unserer gemeinsamen Zeit, bevor ich überhaupt wusste, dass wir uns trennen würden.

Es war eine lange Reise, die mehr Segnungen mit sich brachte, als ich mir je hätte träumen lassen. Aber es war auch eine härtere Reise, als ich erwartet hatte. Als ich mich meinem fünfzigsten Jahr auf dieser Erde näherte, begann ich mich zu fragen, wie lange ich das noch durchhalten konnte. Dass ich nur viermal in sechsundzwanzig Sitzungen in den Zustand eintreten konnte, der mir am meisten am Herzen lag, hatte mich sehr nachdenklich gemacht. Jahre der Arbeit für Stunden der Einheit ist ein hoher Preis für diese Diamanten. Dennoch war ich noch nicht bereit, die Sitzungen aufzugeben. Ich war immer noch von dem Erstaunen angetrieben, wohin sie mich als Nächstes mitnehmen würden und was sie mich lehren würden. Aber eine tiefere Weisheit sollte sich durchsetzen.

In diesem Kapitel werde ich drei der vier Sitzungen aus dem letzten Jahr meiner Reise vorstellen. Die Namen dieser Sitzungen lauten:

S 70 Die finale Vision
S 72 Die Früchte meiner Arbeit
S 73 Diamantene Vision

Die letzten beiden Sitzungen waren ein einziger langer Abschied. Ich nenne sie die »Abschiedssitzungen«. In ihnen beendete die Schöpferische Intelligenz unsere Arbeit und gab mir eine letzte Runde persönlicher Anweisungen, bevor sie mich auf den Weg schickte. Doch vor diesem süßen Abschied gab es noch ein schweres Stück Arbeit zu erledigen.

Die 70. Sitzung war eine äußerst anspruchsvolle Sitzung, anspruchsvoller, als ich es in diesem späten Stadium der Reise für möglich gehalten hätte. Meiner Meinung nach war die heftige Zerlegung, die ich durchmachen musste, notwendig, um mich in den radikal erweiterten Zeithorizont zu bringen, der sich öffnete. In dieser Sitzung führte mich das Universum tiefer in die Tiefe Zeit, als es mich jemals zuvor geführt hatte. Aufbauend auf früheren Sitzungen gab es mir eine letzte Reihe von Lehren rund um den Menschen der Zukunft. Dies war der finale Teil der Hauptgeschichte der Menschheit, der krönende Abschluss von allem, was zuvor geschehen war. Es war die letzte große Vision auf meiner Reise

Sitzung 70 – Die finale Vision

Die heutige Sitzung war so tiefgreifend, dass ich in mittendrin dachte, es würde ein kleines Buch brauchen, um sie zu beschreiben. Neue Anordnungen von Erfahrung eröffneten sich, neue Grundformen. Einmal mehr kam ich mit dem Versuch an die Grenze, Realitäten zu beschreiben, die jenseits meiner Vorstellungskraft liegen.

Nach der Eröffnungsphase wurde meine Existenz für lange Zeit herausgefordert und ich wurde psychisch zerlegt. Da ich mit dieser Übung inzwischen vertraut war, öffnete ich mich und leistete keinen Widerstand gegen das, was geschah. Als ich merkte, dass der Prozess immer schwieriger wurde, war ich froh, denn je tiefer die Reinigung, desto produktiver die Sitzung. Mein Vorhandensein wurde Schicht für Schicht weggeschält. Manche Schichten lösten sich sanft, manchmal war es wie das Abreißen von Rinde an einem Baumstamm. Manchmal hielt etwas in mir fest, wenn ich aufgefordert wurde, einen besonders bedeutsamen Teil meines Lebens aufzugeben, etwas, von dem ich zutiefst überzeugt war, dann lockerte ich meinen Griff, und dieses »Etwas« war weg und der Prozess setzte sich fort.

Ich gab mich dem Prozess immer wieder hin, aber es hörte nicht auf. Es überschritt Ebenen, die ich schon von früher kannte, aber es ging weiter. Ich ergab mich immer weiter, aber hier und da begann ich Angst zu haben. Es war nicht so, dass es ein »Ich«, Chris Bache, gab, das sich entzog, denn Chris Bache war bereits in Stücke zerbrochen, aber irgendetwas unter meiner üblichen Identität begann zu protestieren.

Der Prozess schnitt zu tief.
Was geschah?
Ich verstand nicht, was geschah oder warum.
Eine tiefe existentielle Angst stieg auf.
Wo war ich?
Wo sollte das hinführen?
Meine geistige Gesundheit war in Gefahr.
Ich habe auf die Erleichterung gewartet, die sich nach einem bedeutsamen Durchbruch einstellt,
aber heute folgte auf die Durchbrüche nicht Befreiung,
sondern nur weitere Bloßlegung.
Es war erbarmungslos.

Die Angst stieg, aber sie überwältigte mich nicht. Ein Teil von mir sah sie und verstand gerade genug, um zu wissen, dass ich immer noch wählen konnte, wie ich dem, was geschah, begegnen wollte. An einem kritischen Punkt traf ich die bewusste Entscheidung, mich diesem Prozess noch vollständiger hinzugeben und mich tiefer in dieses neue Territorium führen zu lassen, als ich es je zuvor getan hatte.

Als ich kapitulierte, erlöste mich das nicht, wie ich gehofft hatte, sondern eskalierte über alle Maße. Es erreichte eine Intensität, jenseits allen Verstehens. Es wurden Kräfte aktiviert, die mir völlig neu waren, selbst nach neunundsechzig Sitzungen. Sobald ich mich der Angst hingab, verblasste sie und war von diesem Zeitpunkt an kein bedeutender Faktor mehr. Die Angst war einfach eine begrenzte Membran gewesen.

Im Chaos des Klangs, in der treibenden Kadenz der disziplinierten Verschmelzung, fiel ich auseinander.[1] *Ganze Teile nicht nur meines persönlichen Schicksals, sondern auch der Realität, wie ich sie kannte, fielen plötzlich und dramatisch weg, wie wenn große Teile eines Gletschers plötzlich ins Meer stürzen. Immer wieder fielen Teile meines Lebens weg, dann Teile des Lebens selbst. Ich verlor immer wieder alle Bezugspunkte und hatte gerade genug Kohärenz übrig, um diese Tatsache zu erkennen und sich ihr immer wieder hinzugeben und immer weiter in unbekanntes Terrain einzutauchen. Ich weiß nicht, wie ich dieses Territorium beschreiben soll, außer durch die Wiederholung des Ausdrucks »abfallen«. Zerstückelt werden, nicht die Gliedmaßen, sondern die Wirklichkeit,*

---

1 Die Musik war ein intensives Stück mit dem Titel »Anger« von Ryuichi Sakamotos Album Discord, die ich in eine Schleife gelegt hatte, um sie zu wiederholen.

sogar ein Teil meiner Welt wird in Stücke gerissen, beiseite geworfen. Tiefer und tiefer ins Chaos stürzend.

Schließlich, nach einer sehr langen Zeit, begann ich zu erkennen, dass der Prozess sich von selbst abgeschlossen hatte. Manchmal enden diese Dinge auf dramatische Weise mit einer starken Signatur. Zu anderen Zeiten, wenn die Reinigung besonders tief ist, wie es heute der Fall war, wenn es sich anfühlt, als hätte man mehrere Sitzungen Arbeit in einer einzigen Sitzung vollbracht, lässt sie einen zu erschüttert zurück für solche Verzierungen. Nach einer solchen Säuberung kommt ein Gefühl, ein Gefühl des erschöpften Abschlusses. Was auch immer es ist, an dem du gearbeitet hast oder das dich beschäftigt hat, ist zu Ende. Du hast es auf den Grund gebracht, und es ist nicht mehr da.

Völlig ohne Bezugspunkt drehte ich mich um, um zu erkunden, wo ich war. Wie in anderen Sitzungen der letzten Zeit hatte ich das Gefühl, mich in meiner vertrauten Welt zu befinden. Ich fühlte mich nicht von der physischen Welt entfernt, sondern sehr wohl als Teil von ihr. Ich war mir der Umgebung im Raum und der Existenz in dieser Umgebung bewusst. Gleichzeitig sah ich in meiner inneren Vision auch einen üppigen, grünen Wald, über dem sich die Wolken bewegten, durch den die Sonne schien und die im Wind tanzenden Blätter beleuchtete. Diese beiden Realitäten besetzten den gleichen Raum ohne Komplikation trotz ihrer unterschiedlichen Ordnungen.

Alles sah ganz gewöhnlich aus, als ich plötzlich, ohne die geringste Bemühung oder Bewegung meinerseits, sowohl diesen Wald als auch meine unmittelbare Umgebung völlig anders wahrnahm. Die Formen des Waldes wurden flüssig, und alles begann zu schimmern und sich zu bewegen. Die Zeit öffnete sich, und ich begann, die physische Welt als das Aufgehen und Fließen von Lebensformen zu erleben. Eine andere Art, dies zu auszudrücken, ist, dass sich die Zeit zu beschleunigen begann. Erst vergingen Monate, dann Jahre in Sekunden. Dies war keine Halluzination, sondern eine Exkursion in die Art und Weise, wie die Zeit in einem tieferen Teil des Universums erkannt wird.

Ich erlebte die ganze Welt als ein pulsierendes, dynamisches, lebendiges Ganzes, das Generation um Generation von Lebewesen aufwirft und sie dann wieder in sich aufnimmt, wie Wellen, die an einen Strand gespült werden. Die zeitliche Ausdehnung war enorm. In den wenigen Sekunden, die eine Welle braucht, um an den Strand zu rollen und am Ufer zu landen, wurde ich Zeuge, wie eine ganze Generation von Menschen geboren wurde, ihr gesamtes Leben lebte und verging, wie ihr Leben wieder in der Totalität absorbiert wurde und wie ihre Energieformen wieder aufgenommen und sich in die nächste Welle einfalteten, wenn sie auf das Ufer prallte. Generation über Generation von reinkarnierenden Wesen.

Dies war eine erschütternde und zugleich transzendente Erfahrung. Es gab kein Infragestellen oder Anzweifeln des Geschehens. Es handelte sich nicht um eine symbolische oder imaginäre Darstellung des Lebens, sondern um die echte Sache – Leben aus einem anderen zeitlichen und räumlichen Blickwinkel heraus erfahren. Die Wirklichkeit öffnete sich, und die Welt der individuellen Bezugspunkte löste sich in den größeren Rhythmen des »Lebens-Das-Durch-Uns-Lebt« auf.

Wäre ich nicht durch viele vorangegangene Begegnungen auf diese Erfahrung vorbereitet worden, hätte sie mich völlig zerstört. Von innen heraus das GRÖSSERE LEBEN zu erfahren, zusammengesetzt aus all unseren individuellen Leben, aber so weit über sie hinausgehend, dass es sie in jeder vorstellbaren Weise in den Schatten stellt, zu bezeugen, wie an einem Sonntagnachmittag zehn Generationen menschlicher Wesen in nur einer Minute vergehen, das hätte mich erschüttert, wenn es etwas zu erschüttern gegeben hätte. Aber nach all diesen Jahren gab es nichts zu erschüttern, und so sah ich das Leben, wie es ist.

Was ich sah und erlebte, war Samsara im Rohzustand – das gesamte physische Universum als ein rastlos wogendes Feld von kurzlebigen Lebensformen. Wie der Wald, der durch den ständigen Wandel von Wachses und Vergehen von Bäumen lebt, dreht sich alles in unserem Universum ständig um. Alles ist zeitlich. Alles, steigt und fällt immer wieder aufs Neue. Eine endlose Abfolge von »Geburten«, gefolgt von »Toden«, Enden gehen ineinander über in Anfänge. Nichts wird verschwendet, alles wird erhalten. Die Wurzeln sind völlig verwoben. Kein Privatleben, keine privaten Absichten. Alles ist in Zeit und Raum verbunden. Eine einzige lebendige Strömung, die auf einer tieferen Ebene als unser individuelles Leben existiert. Der Ozean der Existenz, aus dem die temporären Formen des Lebens aufstiegen und in den sie zurückfielen, war ein Ozean des Lichts. Dieses Licht überwältigte und löschte das physische Universum nicht aus, wie es in einigen früheren Sitzungen der Fall war. Vielmehr sah ich heute, wie sich das Licht als physische Existenz manifestierte. Die physische Welt entstand aus dem Licht und kehrte zum Licht zurück, in einer ständigen Bewegung innerhalb mehrerer Zeitspannen gleichzeitig, von denen einige Sekunden, andere Jahrhunderte dauerten. Vom jedem der möglichen Bezugsrahmen heraus sah ich die Welt, wie sie ist:

> *Licht, das sich als Materie manifestiert,*
> *Dharmakaya, der sich als Nirmanakaya manifestiert,*
> *der Himmel, der die Erde kontinuierlich gebiert.*

Es war ein wunderschöner Anblick. Vor diesem gewaltigen Hintergrund tauchten die folgenden drei Erfahrungen auf.

Gebaut für Geschwindigkeit

Zunächst gab es den letzten Teil der Meistergeschichte der Menschheit, ein Schlussakkord von allem, was zuvor geschaffen war.

Unter dem Auf- und Abstieg der kurzlebigen Lebensformen der physischen Existenz lagen tiefere FORMEN, die den gesamten Prozess einfingen und strukturierten.

Ich erlebte diese FORMEN wie ein Flussbett, durch das der Fluss des Lebens in seinen kurzen und kurvenreichen Zyklen fließt. Dies war die vorherrschende Metapher für den Prozess. Ein Flussbett hält und kanalisiert das Wasser, das durch es fließt. In ähnlicher Weise kanalisieren diese FORMEN die Lebensenergie, die durch sie fließt. Kurzlebige Miniformen (menschliche Leben) erhielten ihre Struktur und Richtung von diesen größeren FORMEN. Das Thema dieser ganzen Sequenz war: »Die sich ständig verändernden Manifestationen von Leben entstehen auf der Grundlage von FORMEN, die sich langsamer verändern.« Mein Fokus lag auf der FORM, die der Kanal für die menschliche Ethnie war, die FORM des Homo sapiens.[2]

Meine früheren Visionen über die Zukunft der Menschheit und das Große Erwachen wurden bestätigt und auf sachliche Art und Weise kommentiert. Das, was ich in früheren Sitzungen gesehen hatte, wurde bekräftigt, und nun kam ein letztes Stück hinzu. Dieses Stück bewegte mich zutiefst. Es fühlte sich extrem wichtig an, als wäre es ein entscheidendes fehlendes Stück von dem, was ich zuvor gesehen hatte.

Das fehlende Stück war die Erkenntnis, wie dynamisch wir in dem größeren Zeitbogen sind. Der ständige Wechsel reinkarnierender Generationen war von großer Bedeutung. Von meinem erweiterten Zeithorizont aus sah ich, dass Historiker und Theologen uns gelehrt haben, zu statisch über die »menschliche Natur« zu denken. Der ständige Wechsel von reinkarnierenden Generationen in Verbindung mit der kontinuierlichen Anhäufung von Erfahrungen auf dieser tieferen, zentralisierten Ebene bedeutet, dass wir unsere kollektive Vergangenheit in einem Zustand des dynamischen Wandels in uns tragen. Unsere gesamte

2 Diese FORMEN schienen in etwa so zu funktionieren wie die morphischen Felder von Rupert Sheldrake. Sie bündelten das Lernen von Generationen zu einem lebendigen Bauplan der Spezies, einem Bauplan, der sich verändert und wächst, wenn die Spezies lernt.

Geschichte lebt in unserer lebendigen FORM und unterliegt unter den richtigen Bedingungen einem rasanten Wandel.

Wir sind eine besonders dynamische Spezies, gerade weil jede Generation so relativ kurzlebig ist, während sich unser Lernen als Spezies kontinuierlich auf tieferen Ebenen akkumuliert, was zu periodischen Verschiebungen in unserer zugrunde liegenden FORM führt. In diesem auf zwei Ebenen gleichzeitig stattfindenden dynamischen Prozess schien unsere Spezies für eine rasche Transformation ausgelegt zu sein.

Das kommende Große Erwachen ist eine Verlagerung in der FORM unserer Spezies, in unserer zugrundeliegenden Architektur. Es ist ein Fakt, dass wir unsere psychische Vergangenheit in unserer gegenwärtigen FORM tragen, die uns erlauben wird, diese schnell zu transzendieren, WENN unsere Aufmerksamkeit zutiefst erregt ist. Die Last der Geschichte fühlte sich für ein solches Wesen vergleichsweise leicht an.

Die Bilanz ist, dass der Mensch auf Geschwindigkeit ausgelegt ist. Wir reisen mit einem viel leichteren Gepäck durch die Geschichte, als wir bisher dachten. Dass wir das nicht erkennen, liegt an der Gewohnheit, in einem zu kleinen Zeitrahmen zu denken. Wenn wir unseren Zeithorizont auch nur geringfügig auf hunderttausend Jahre ausdehnen, scheint die Menschheit für einen beschleunigten Wandel geschaffen zu sein.

Was sich vor dem Hintergrund der Vision des Waldes abspielte, wurde auch in meiner unmittelbaren Umgebung registriert. Was ich in dem größeren Ganzen wirken sah, sah ich auch in meiner eigenen Umgebung wirken. Ich war ebenso eine flüchtige Form. Jeder und alles um mich herum war vergängliche Form. Unser kollektives Leben bildete einen Lebensprozess, der sich nahtlos durch Zeit und Raum erstreckte, ohne dass es einen einzigen Faden der Trennung gab.

Der Diamantenschleifer

An einem Punkt sah ich, wie sich alles Menschliche ständig in etwas auflöste, das wie ein verworrener Sumpf aussah, der das ständige Verdauen und Wiederverdauen der menschlichen Erfahrung darstellt, die den Mutterboden des Reinkarnationsprozesses bildet. Dann sah ich leuchtende Funken Diamantenen Lichts, die vom Planeten in den tiefen Raum schossen. Ich wurde Zeuge der Geburt einer brillanten Individualität aus diesem Sumpf. Keine egoistische Individualität, sondern etwas, das größer und heller ist. In der ständigen Umwälzung der Raum-Zeit-Erfahrung zog das Leben eine exquisite Seelen-Individualität heran, die fern eines jeden Bezugsrahmens bleibt, die wir uns gegenwärtig vorstellen können, und die fähig ist, immer größere Erfahrungsfelder zu integ-

rieren. Ich war Zeuge der Geburt von Diamantseelen. Das Universum ist ein Diamantenschleifer!

Wir haben versucht, uns in einem viel zu engen Zeitrahmen zu verstehen. Der wahre Zeitrahmen der Natur verblüfft den Verstand und sprengt alle unsere Bezugsrahmen. Das Leben ist ein Farmer, der Funken eines Diamantenen Bewusstseins wachsen lässt, und es macht wenig Unterschied, ob es eine Million oder eine Milliarde Jahre dauert, bis diese Funken aus der von ihm geschaffenen evolutionären Brutstätte auftauchen.

Aus all den Körperteilen unserer vielen historischen Leben taucht eine Individualität auf, die genügend Kraft besitzt, um das Bewusstsein durch den Wechsel seiner körperlichen Formen in der Reinkarnation aufrechtzuerhalten. Im wahrsten Sinne des Wortes gibt es bis zu diesem Punkt im Evolutionsprozess kein dauerhaftes, individuelles Sein. Erst an diesem Punkt wird die Fragmentierung, die durch das wiederholte Betreten und Verlassen von Raum und Zeit entsteht, aufgehoben. Hier werden die Mini-Individualitäten unserer kleinen Leben zu einer Seelen-Individualität integriert, die sich über weite Strecken der Zeit erstreckt.

Ein Zeichen dieser aufstrebenden Seelen-Individualität ist, dass die Menschen in Projekte investieren, die in einem Leben nicht vollständig realisiert werden können. Die Menschen werden umso »wirklicher«, je mehr sie ihr Leben in Projekte investieren, die über die Grenzen ihres gegenwärtigen Lebens hinausreichen. Die Liebe, die über den Tod hinausgeht, die Hingabe des eigenen Lebens, damit andere leben können, die Hingabe des ganzen Seins an ein Projekt, das Generationen dauern wird, um es zu vollenden – all das waren Symptome der Seele, die in der Geschichte auftauchten. Je bewusster der Einzelne wird, desto mehr Beziehungen entstehen, die über das Leben hinaus Bestand haben. Die Menschen erwachen in der Verbundenheit mit anderen Menschen. Ich habe gesehen, dass dies auf bestimmte Menschen in meinem Leben zutrifft.

Der zukünftige Mensch

Der Zeitrahmen, in dem sich all dies abspielte, war erstaunlich. In einem neuen und zutiefst bewegenden Teil der Sitzung tauchte ich wieder in die tiefe Zukunft der Menschheit ein und verbrachte Zeit mit der FORM des Wesens, zu dem wir werden, dem Zukünftigen Menschen. Was für eine brillante Kreation! Welch eine Anmut und welch ein Adel! Es war ein solches Privileg, dieses Wesen zu erleben, und so hilfreich, wenn wir uns auf die vor uns liegenden schwierigen Jahre einlassen. Die Menschen brauchen eine Vision von dem, was wir werden, von dem, was aus unserer verworrenen Vergangenheit hervorgeht.

Ich sah den Zukünftigen Menschen aufrecht stehen, und das schien mir bedeutsam. Vor dem Hintergrund der vielen sitzenden Buddhas stand dieses Wesen aufrecht. Die Bedeutung dieser Haltung schien in seiner Dynamik und seinem Engagement für die Erde zu liegen. Das war erleuchteter Humanismus in Aktion. All unser Wissen, all unsere historischen Errungenschaften wurden bewahrt und in erleuchteter Aktivität vorangetrieben. Dieser tiefe Einblick hat mich überwältigt. Seine Schönheit, Erhabenheit und Einfachheit durchdrangen mein Herz. Dieser Einblick goss einen köstlichen Nektar in mich hinein und durch mich hindurch in die Menschheit..

Kommentar

Ich verbrachte die gesamte nächste Sitzung damit, diese Erfahrung zu verdauen, ihre Lehren zu absorbieren und mich von der enormen Zeitausdehnung zu erholen. Diese Vision verdient eine ausführliche Diskussion, aber jedesmal, wenn ich es versuche, stelle ich fest, dass meine Worte stottern und nicht weit genug reichen. Jetzt denke ich in der linearen Zeit, aber diese Vision kommt aus einer viel tieferen Dimension der Zeit. Ich denke, es ist besser, sie in Ruhe zu lassen und sie direkt zu deinem Herzen sprechen zu lassen, so wie sie zu meinem gesprochen hat. Ich möchte nur eines hinzufügen:

Es wird oft gesagt, dass unsere Zukunft ein offenes Ende hat, ohne sicheren Ausgang, und dass deshalb nichts weniger als unser maximaler Einsatz jetzt und in den kommenden Tagen erforderlich ist. Ich teile diese Überzeugung. Und doch kommt diese Vision von einem tieferen Ort, und sie besagt Folgendes: Wir werden unser Schicksal verwirklichen. Die historische Krise, in die wir jetzt eintreten, ist die Geburtsstunde des Wesens, das seit zahllosen Generationen in uns heranreift. Die Diamantseele wird in der Geschichte geboren werden. Wir werden erwachen, und wenn wir das tun, werden wir das Universum als das sehen, was es wirklich ist. Es ist der Körper Gottes, die Große Mutter, der Diamantenschleifer. Mit der Diamentenseele beginnt alles von Neuem.

Die Lebwohl – Sitzungen

Nachdem diese letzte Vision überbracht und aufgenommen worden war, schwenkten die Sitzungen auf den Abschluss zu. Sitzung 72 ließ meine gesamte psychedelische Odyssee Revue passieren. Mir wurden die wichtigsten Wendepunkte gezeigt und wie alle Teile zusammenpassen. Alle Punkte wurden miteinander verbunden. Erfahrungen, die viele Jahre zurücklagen, wurden hervorgeholt und in den Kontext des nun vollendeten Ganzen eingeordnet. Es fühlte sich an, als würde mein gesamtes Lebenswerk untersucht und ins rechte Licht gerückt. Der Tag hatte etwas von einem feierlichen »Gut gemacht«- Gefühl. Ich habe nicht versucht, alle Einzelheiten dieser Gesamtschau wiederzugeben, aber es ist erwähnenswert, dass ein Teil der strukturellen Gestaltung, die ich diesem Buch gegeben habe, aus dieser Sitzung stammt. Mein kurzer Bericht wird nur andeuten, wie detailliert dieser Rückblick war und was das für mich bedeutete.

Sitzung 72 – Die Früchte meiner Arbeit

Ich begann die Sitzung mit einer Erinnerung über das Diamantene Licht der Reinen Klarheit. Ich fühlte, wie wahr es ist, dass Sekunden in diesem unberührten Bereich unzählige Jahrhunderte des Wanderns in Samsara ungeschehen machen. Es fühlte sich an, als wären alle meine psychedelischen Sitzungen ein einziges langes Ngöndro gewesen, das mich auf den Eintritt in diese Wirklichkeit vorbereitet hat. Ich erinnerte mich an die vielen Verkrustungen und Fixierungen in mir, die auf dieser Reise aufgebrochen worden waren, und ich wusste, dass es keine Abkürzung für diese langwierige Läuterung für das Erwachen gab.

Ausgerichtet auf meine wahre Absicht, begann ich die Sitzung klar fokussiert auf die Aufgabe, zum Diamantenen Leuchten zurückzukehren. Nichts in den dazwischenliegenden Bereichen war letztendlich für mich von Bedeutung. Nach einer relativ kurzen Zeit begann ich meine Grenzen zu verlieren, als sich die Transzendenz öffnete. Zuerst versuchte ich, mich zu wehren, noch mehr Unreinheiten aus meinem System zu ziehen, aber es gab nichts Problematisches, an dem ich arbeiten konnte, und der Prozess ließ sich nicht aufhalten. Also öffnete ich mich. Wie auf eine so intensive Kernschmelze wie Sitzung 70 eine so relativ zahme Sitzung wie diese folgen kann, ist mir schleierhaft, aber ich habe es zugelassen.

Der heutige Tag war kein Tag neuer Offenbarungen, sondern ein Tag, an dem ich alles verdaut habe, was mich auf meiner Reise begleitet hat. Zuvor aufgenommene Lektionen wurden zu einem Flickenteppich tieferen Verständnisses zusammengefügt. Der Grundtenor von allem war freudiges Feiern. Mir wurde gesagt, ich solle mich zurücklehnen und die »Früchte meiner Arbeiten« verinnerlichen. Der Fokus lag heute darauf, die fortschreitende Manifestation bereits getaner Arbeit zu integrieren.

Es war eine eindeutig körperliche Qualität in dieser heutigen Sitzung. Ich wurde in einer leuchtenden Wärme gegart, die mich sättigte. Es fühlte sich an, als ob ich Zustände in meinen Körper integrieren würde, die ich zuvor in subtilen Bereichen oder außerhalb der physischen Realität erlebt hatte. Ich erinnerte mich an frühere Jahre und die intensiven physischen Reinigungen, die mein Körper ertragen hatte, als er mich in außergewöhnlich reine Zustände des Seins beglei-

tete. Heute wurde diese verfeinerte Energie mit instinktiver Freude begleitet. Es gab nichts, was ich tun musste, damit dies geschah; es wurde alles mit mir, für mich getan. Alles, was ich tun musste, war, mich zu entspannen und es geschehen zu lassen.

Der übergreifende Verlauf meiner Arbeit wurde mit einem Kommentar nochmals begutachtet, der die verschiedenen Teile ins rechte Licht rückte. Dieser Rückblick spielte sich in einem Ausmaß ab, das sowohl unmittelbar als auch weitreichend war. Das folgende Szenario, das sich bereits in früheren Sitzungen angedeutet hatte, wurde überprüft und auf sachliche Weise bekräftigt. Ich war mit der Aufgabe inkarniert, die kollektive Psyche von einigen der karmischen Gifte unserer turbulenten Geschichte zu befreien, um die Transformation zu unterstützen, die die Menschheit durchmacht. Die Stärken und Errungenschaften meiner Kindheit waren bewusst als Teil dieser Aufgabe gewählt worden. Sobald diese Aufgabe erfüllt war, fanden zwei Dinge statt.

Zunächst war ich in tiefere Ordnungen der Wirklichkeit hineingezogen worden, erst das Universum, dann die archaische Realität und das kausale Einssein und schließlich das Diamantene Leuchten. Diese Einweihungen waren die unmittelbare Konsequenz der kollektiven Heilungsarbeit, die karmische Belohnung, wenn man so will. Das Ausmaß der Energie, das an diesem Austausch beteiligt war, ist für mich immer noch schwer zu ermessen. Das Diamantene Leuchten war anfangs weit entfernt von meiner historischen Existenz. Es gab eine Art »Distanz« zwischen meinem verkörperten Bewusstsein und dieser brillanten Klarheit. Die zweite Sache, die sich einstellte, war, dass sich diese Distanz auflöste, als das Licht in mein verkörpertes Sein eintrat und es transformierte – »die Hülle auflöste«. Der heutige Tag war einfach eine Fortsetzung dieses Prozesses, und er trug eine Dynamik in sich, die sich über Jahre hinweg aufgebaut hat. Erfahrungen aus früheren Sitzungen wurden wiederholt und um diese größere Geschichte herum zusammengefügt. Die Tötung der Kinder in Sitzung 10 – ein Weckruf, der mich an meine Seelenaufgabe erinnert. Der Kampf am Vorabend der Beendigung meiner Arbeit in Sitzung 17 – ein Anstoß für eine Verpflichtung, meine Arbeit später wieder aufzunehmen, um diesen Zweck zu erfüllen.

> *»Ich übernahm die Verantwortung für die Angst und den Versuch, einen Unterschied in dem mich umgebenden Leben zu machen. Diese Veränderung war fundamental. Es reichte in Tiefen, die ich heute nicht mehr ergründen kann, und hatte Auswirkungen auf mich, die ich nicht in Worte fassen kann. Es schien eine freie Entscheidung bezüglich der grundlegendsten aller Fragen zu sein.« (S 17)*

Das tiefe Gefühl, mein Lebensziel erreicht zu haben, kam acht Jahre später, als der kollektive Schmerz in Sitzung 24 endgültig aufgelöst wurde. Andere Einsichten, die sich im Laufe der Jahre am Rande eingeschlichen hatten, wurden bestätigt. Die Erkenntnis, dass es nichts gibt, was mich daran hindern könnte, das Diamantene Leuchten zu erben, wenn ich sterbe, dass es nichts mehr gibt, was ich in dieser Inkarnation tun muss, um es zu sichern. Das Gefühl des Neubeginns in diesem Leben, der Beginn meines »nächsten Lebens« in meinen Vierzigern, der Stress, zwei Leben in einer Inkarnation zu vereinen, die komplexe Logik des beschleunigten Wachstums. All dies wurde nun als offenkundig akzeptiert.

Angesichts dieses Hintergrundes wurden meine letzten Sitzungen überprüft, und zwar wieder als Tatsache. Das Licht des »himmlischen Herrschaftsgebietes« arbeitete sich zur Quelle der Existenz hin. Alle Dualitäten von Ort, von Reinem Land und Samsara, lösten sich auf in das ganz Einfache der fortschreitenden Enthüllung des natürlichen Geistes, des evolutionären Abenteuers vom Ziehen des Formlosen in die Form, und schließlich der vollständigen Befreiung. Die ganze Arbeit ist jetzt getan. Jetzt ist alles Gnade, während der Zuwachs von Verdienst und Weisheit seine Magie entfalten und mein verbissenes Herz erweicht.. Ich brauchte nichts weiter zu tun, als mich zu öffnen und die Dinge ihren natürlichen Lauf nehmen zu lassen. »Öffne und empfange. Öffne und empfange.«

Nirwana in jeder Sekunde

Der kraftvollste Teil der Sitzung kam spät am Tag. Ich befand mich in einem außergewöhnlich klaren Bewusstseinszustand, der im Hier und Jetzt verankert war. Die Welt entstand und verging um mich herum, als ich plötzlich in einen Zustand gezogen wurde, in dem ich die Bedeutung der Aussage verstand:

> *»Wenn du volle Aufmerksamkeit schenkst, ist alles Nirvana, aber wenn du deine Aufmerksamkeit auch nur für eine Sekunde verlierst, beginnt überall wieder Samsara.«*

Könnte es wirklich so einfach sein, dass der Unterschied zwischen Nirvana und Samsara ausschließlich eine Frage der Qualität und Präzision der eigenen Aufmerksamkeit ist? Wie ist das möglich? Und dennoch, hier war es.

Es gibt einen Raum, der immer offen ist, in der Mitte eines jeden Augenblicks, in jeder Handlung. Hier war er. Unverwechselbar. Völlige Freiheit inmitten von Handlung. Wie bewegt man sich dorthin? Es gibt eine Haltung der inneren Aufmerksamkeit, die Freiheit und Glückseligkeit bringt. In der sich die

Welt mühelos als Eins bewegt. Für einen Moment fallengelassen, zerfällt die Welt in ihre vertrauten Teile und Samsara beginnt wieder. Ein Geschmack. Eine weitere Lektion für das tägliche Training.

Die nächste Sitzung fühlte sich wie die zweite Hälfte desselben Abschieds an. Die letzte Sitzung meiner Reise begann damit, dass ich ins Licht geführt wurde, und fügte dann vier Erfahrungen hinzu, die alle in meiner psychedelischen Geschichte wurzeln und alle von persönlicher Bedeutung sind. Vielleicht ist es besser, etwas über diese Erfahrungen zu sagen, bevor ich die Sitzung präsentiere.

Die Klänge des Erwachens der Menschheit schienen dazu bestimmt zu sein, sicherzustellen, dass ich die wahre Bedeutung der konvulsivischen Periode der Geschichte, in die wir eintreten, festhalte und nicht den Geschichten von Katastrophen erliege, die bei diesen Ereignissen um sich greifen werden. Obwohl ich in der Sitzung sage, dass diese Vision zu erschütternd ist, um sie jemals mit anderen zu teilen, habe ich meine Meinung darüber offensichtlich geändert. Ich habe beschlossen, dass es nicht meine Aufgabe ist, das, was mir gegeben wurde, zurückzuhalten oder darüber zu urteilen, was die Menschen aufnehmen können oder nicht.

Transparent für das Göttliche knüpfte an die Erfahrung des Kreis des Lebens in der 60. Sitzung. Es vermittelte mir eine tiefere Erfahrung derselben Dynamik, als wollte es sicherstellen, dass ich verstehe, was in den kommenden Jahren mit mir geschehen wird.

Der Schoß der Schöpfung stellte die Hauptgeschichte der menschlichen Evolution in einen größeren kosmologischen Kontext. Es war, als ob das Bewusstsein, das meine Sitzungen leitete, meinen Blick am Ende der Reise auf einen größeren Horizont lenken und mir einen höheren Aussichtspunkt geben wollte, von dem aus ich alles betrachten konnte, was auf unserem Planeten vor sich ging, um mich daran zu erinnern, dass das gesamte Evolutionsprojekt, so sinnvoll und schön es auch sein mag, nur ein Tropfen im unendlichen Ozean des Seins ist.

Das diamantene Sehen fügte dem Porträt des zukünftigen Menschen einen letzten Pinselstrich hinzu. Sie zeigte mir, dass die evolutionäre Wende, die wir vollziehen, nicht nur in unseren Herzen und Köpfen, sondern auch in unseren Sinnen zu spüren sein wird. Dies war ein so tiefes Geschenk, dass diese Sitzung ihren Namen trägt.

Sitzung 73 – Diamantenes Sehen

Nach einer scheinbar sehr langen Zeit, die aber nur eine Stunde Uhrzeit war, wich die statische Aufladung, die ich im Hintergrund erlebt hatte, plötzlich dem Licht. Das schimmernde Leuchten war einfach da und nahm mich auf.

Der gesamte Rest der Sitzung wurde im Licht verbracht, absorbierte und verarbeitete es auf eine Art und Weise, die weitgehend ohne Plan oder Absicht zu sein schien, abgesehen von den unten aufgezeichneten Erfahrungen. Diese Sitzung war einfach da, um genossen und aufgesogen zu werden. Es hat mich auf allen Ebenen gesättigt – körperlich, emotional und geistig. Nicht so intensiv wie in manchen Sitzungen, weniger überwältigend, weniger Glückseligkeit erzeugend, aber näher, dichter dran, leichter zugänglich. Ich beschreibe diese Dinge unbeholfen, ohne die Bedeutung meiner Unterscheidungen zu verstehen. Innerhalb dieser frei fließenden Absorption stechen die folgenden Erfahrungen hervor.

Die Klänge des Erwachens der Menschheit

Es wurde ein Lied gespielt, das eine komplexe Mischung aus Musik und Geräuschen von sozialem Chaos war. Mein Verstand nahm diese Klänge auf und verstärkte sie hundertfach.

Plötzlich erlebte ich Szenen einer weit verbreiteten menschlichen Katastrophe – brennende Gebäude, Explosionen, sterbende Menschen, tiefes soziales Chaos. Das Seltsame war jedoch, dass ich all dies innerhalb der gewaltigen Ekstase von Licht erlebte. Ich erlebte die Wellen des gesellschaftlichen Umbruchs nicht als Tragödie, sondern als die Geburt von etwas Schönem. Immer wieder erlebte ich Ereignisse, die mich normalerweise zu Tränen gerührt hätten, hier aber in tiefe Glückseligkeit versetzten. Diese Klänge des Schmerzes waren die Klänge der Geburt der Menschheit. In diesen Klängen war nichts als Glückseligkeit.

Das war eine zutiefst bewegende, aber auch eine zutiefst problematische Erfahrung für mich. Es verstärkte die Sitzung des Schöpferischen Erwachens, indem es mir absolut keinen Platz gab, von dem aus ich menschliches Leid erfahren konnte, außer aus purer Freude, aber dies stellte eine so erschütternde Umkehrung meiner normalen Perspektive dar, dass es mir schrecklich vorkam. In der normalen Welt klingt es pathologisch, vom menschlichen Untergang als großem Segen zu sprechen, aber diese Erfahrung kam aus einer Perspektive jenseits der Raum-Zeit. Es ging darum, den kommenden Zusammenbruch als das zu sehen, was er wirklich ist – die Gelegenheit des Erwachens der Menschheit. In dieser Erkenntnis verwurzelt, gab es für mich bei diesem Übergang absolut keinen Raum für irgendetwas anderes außer Freude. Das brachte mich dazu, andere Beispiele zu finden, in denen die Natur aus einer scheinbaren Tragödie großes Gutes hervorbringt, indem sie einen Teil ihrer selbst opfert, um etwas Neues und Schönes hervorzubringen. Es schien mir wichtig, dieses Prinzip zu begreifen, wenn der Menschheit die Stunde ihres großen Opfers naht.

Der Preis für die Akzeptanz dieser Vision ist eine Vertiefung meiner Isolation. Ich kann diese Vision niemals mit anderen teilen, denn wer könnte sie besser verstehen als jemand, der durch die Feuer der Hölle gegangen ist und die Wiedergeburt erlebt hat, die darauf folgt? Ich bin dazu verdammt, sie für mich zu behalten

Transparent für das Göttliche

Je tiefer ich in das Licht hineingezogen wurde, desto mehr verschwanden die Klänge der Zwietracht, und meine Erfahrung verlagerte sich allmählich, bis ich schließlich in einen wunderschönen Modus der Erlebens überging, der schwer zu beschreiben ist.

Ich erlebte mich als mich selbst, umgeben von den Menschen und Aktivitäten meiner vertrauten Welt, und doch war ich völlig hohl geworden, leer von jeglichem persönlichen Inhalt und letztlich transparent für eine flüssige, goldenen Intelligenz, die alle Wirklichkeiten durchdrang und durch mich hindurch in denjenigen oder dasjenige eindrang, das sich in meiner Nähe befand. Das Bild, das mir dafür einfiel, war das Sonne-Neptun-Quadrat in meinem Geburtshoroskop. Es war so, als hätte ich mich dem Göttlichen (Neptun) völlig hingegeben und wäre für seine gewaltigen Energien transparent geworden.

Ich wurde völlig transparent für das Göttliche, aufgelöst in seinem zielgerichteten Wirken. Ich hatte immer wieder die Erfahrung, ich zu sein, in meiner Welt lebend und die Dinge zu tun, die ich normalerweise tue, vor allem zu lehren, aber unter dieser Fassade war die Substanz »Ich« entleert worden und nun floss diese goldene, flüssige Energie, die alles umgibt und durchtränkt.

Ist es das, worauf alles hinausläuft? Ist es das, was passiert, wenn wir das Licht immer tiefer aufnehmen? Eine tiefere Intelligenz übernimmt die Kontrolle und verfolgt ihre Ziele durch uns? Oder ist »übernehmen« ein zu starkes Wort? Welch wunderbare Hingabe, welch großzügige Leichtigkeit.

Die Gebärmutter der Schöpfung

Irgendwann danach wurde ich für kurze Zeit in einen besonders tiefen Zustand versetzt, in dem es schien, als würde ich mich völlig außerhalb der Hülle von Raum und Zeit bewegen. Die Erfahrung war schwer festzuhalten, aber ich habe Teile behalten.

Für eine kurze Zeit lebte ich außerhalb des gesamten Projekts der Evolution und erlebte die gesamte Raum-Zeit von einem unendlich größeren Horizont aus. Dieser Horizont war durchtränkt mit Schichten um Schichten des strahlenden Lichts, und ich spürte seine Absicht. Die Raum-Zeit erschien als dunkle, längliche

Sphäre innerhalb des Lichts, und sie war mit Linien bedeckt, die der Computergrafik einer topologischen Form[3] *ähnelten, was das Gefühl vermittelte, dass die Raum-Zeit selbst eine geschaffene, entworfene Realität war.*

Von einem Horizont aus, vor scheinbar Milliarden von Jahren Vergangenheit und Zukunft erlebte ich, wie methodisch das Licht daran gearbeitet hat, seine eigene Schöpfung langsam zu beleben, indem es Teile der Brillanz in die Raum-Zeit einbrachte. Ich sah, dass alles, was in der nahen Zukunft der Menschheit auftauchte, nur ein Schritt in einer Entwicklung war, die sich über zahllose Äonen der Zeit fortsetzen würde. Dieser Vorgeschmack auf die Tragweite des göttlichen Projekts bestätigte und erschütterte gleichzeitig meine Wahrnehmungen. Das Ausmaß dessen, was dort in jenem Moment geschah, stellte die gesamte Geschichte der Erde in den Schatten.

Irgendetwas an dieser Erfahrung schien mir die Erlaubnis zu geben, die Raum-Zeit hinter mir zu lassen, wenn ich sterbe, und nicht zurückzukehren, was mich von der Schuld befreite, die ich fühlte, diese Option zu wählen.

Diamantenes Sehen

Das stärkste Erlebnis des Tages habe ich mir für den Schluss aufgehoben. Es war die letzte Gabe meiner zwanzigjährigen Reise.

Es war spät in der Sitzung, vielleicht nach fünf Stunden. Ich lag da, hatte die Augenbinde abgenommen, *vertieft in einen frei fließenden Strom der Wahrnehmung. Plötzlich veränderte sich meine Sicht. Ohne Vorwarnung wurde mir klar, dass ich auf eine völlig neue Weise sah.*

Ich sah Dinge mit einer funkelnden Klarheit und brillanten Detailgenauigkeit, wie ich sie noch nie zuvor erlebt hatte. Die Sonne strömte in den Raum, und ich sah alles mit einer glasklaren, laserartigen Ultra-Intensität. Ich sah mit Diamantener Klarheit jedes Detail, jede Nuance, jede Lichtbrechung. Ich schaute auf meine Hände und sah ohne die geringste Verwirrung die Schatten in jeder Pore, die Furchen aus Fleisch zwischen den Poren, die glitzernden Haare, die tausend Details, die das Ganze formen, die tausend leuchtenden Staubkugeln, die in der Luft schweben und dem Raum um meine Hände herum dreidimensionale Tiefe verliehen. Und KLAR, so unglaublich klar, dass es mir den Atem raubte und mir sogar jetzt noch die Tränen in die Augen treibt. Meine Hände waren so klar, dass sie von innen heraus zu leuchten schienen.

3 Topologische Form bezeichnet geometrische Objekte, die bei stetiger Verformung (Dehnen, Biegen, Stauchen) ihre grundlegenden Eigenschaften beibehalten, ohne zerrissen zu werden. [A. d. Ü.]

Ich erkannte, was passiert war. Die Diamantene Klarheit, die ich zuvor in den subtilen Bereichen der transpersonalen Realität erfahren hatte, war nun auch in meine physischen Sinne eingedrungen. Überall erhalte ich Hinweise auf eine größere Weiterentwicklung. Das Licht hat sich seinen Weg tiefer in mein verkörpertes Wesen gebahnt und dabei meine psychische Konditionierung, mein feinstoffliches Energiesystem und jetzt sogar meine physiologische Wahrnehmung aufgelöst. Das war Diamantenes Sehen. Es war, als ob ich zum ersten Mal in meinem Leben wahrhaftig sehen würde, als ob das, was vorher als Sehen durchging, nur eine grobe Annäherung an das wirkliche Sehen war. Wie hatte ich diesen gazeartigen Vorhang jemals als echtes Sehen akzeptieren können?

Nach zehn Minuten verschwand diese fesselnde Klarheit. Wenn ich nun meine Hände betrachtete, sah ich sie so, wie ich sie normalerweise sehe, und sie wirkten im Vergleich dazu stumpf. Das war keine trübe Verzerrung, sondern meine normale Sicht, intakt und scharf. Wie konnte ich diese leuchtende Sicht verlieren? Wie ist es möglich, in der einen Minute so klar und in der nächsten so verschwommen zu sehen?

In diesem Moment verstand ich die Bedeutung dieses vergänglichen Segens. Ich hatte durch die Augen des Zukünftigen Menschen gesehen. Diese leuchtende Sicht wird eines Tages die natürliche Art und Weise des Menschen sein, zu sehen! Alle Menschen werden eines Tages so sehen, wie ich an diesem Nachmittag gesehen habe. Die Wahrnehmung ist nicht einfach ein mechanischer Prozess. Unsere Sinne sind jetzt nur eine Annäherung an das, was sie im Begriff sind zu werden. Da unser Bewusstsein mit der Zeit immer stärker wird, verändert sich langsam die gesamte Grundlage der menschlichen Erfahrung. Wir befinden uns noch in den Anfängen dessen, was der Mensch wird. Was für ein wunderbares Wesen die Natur da erschafft.

Warum ich meine Sitzungen beendet habe

Ich hatte das Ende meiner Sitzungen nicht kommen sehen, aber sobald diese Sitzung vorbei war, wusste ich, dass es für mich Zeit war, aufzuhören. Dies war keine kalkulierte Entscheidung; ich wusste einfach, dass ich an einem Punkt angelangt war, an dem ich aufhören musste. Obwohl ich in den kommenden Jahren in der einen oder anderen Form leichte Reisen praktizieren würde, war meine Zeit für die Arbeit mit hohen LSD-Dosen vorbei. Es gab zwei Gründe für diese Entscheidung. Der eine war physischer Schmerz; der andere war Herzschmerz.

Ich beendete meine Sitzungen zunächst, weil ich chronische Schmerzen in meinem subtilen Energiesystem hatte. Es bewegte sich so viel Energie in den Wochen und Monaten nach jeder Sitzung durch mich hindurch, dass ich mich immer unwohl fühlte. Die Vajrayana-Praktiken hatten geholfen, aber selbst sie konnten nicht mit dem erhöhten Energiefluss Schritt halten, der in diesen letzten Jahren in mich eindrang. Trotz aller Vorsichtsmaßnahmen, die ich getroffen hatte, trotz aller Yoga- und Meditationsübungen und trotz der Reinigungen, die in den Sitzungen selbst stattgefunden hatten, verschwand dieses Problem nicht. Es wurde sogar noch schlimmer.

In den letzten Jahren fühlte sich mein Körper, wenn er sich nach einer Sitzung wieder um meinen Geist sammelte, so an, als hätte ich schwere feuchte Kleidung um eine helle Glühbirne gewickelt. Mein *Prana* oder *Ch`i* war so stark, dass mein Meridiansystem Schwierigkeiten hatte, die Energie zu managen. Mein Herz-, Stirn- und Kronenchakra pulsierten die ganze Zeit über mit Energie. Ich spürte einen ständigen Druck in meinem Kopf, den ich manchmal durch Meditation lindern konnte, aber nur vorübergehend. Nach der 70. Sitzung hatte ich eine pochende Vibration in der Brust, die über Wochen anhielt. Nachdem sie im Wachzustand abgeklungen war, tauchte sie nachts monatelang wieder auf, manchmal weckte sie mich aus einem tiefen Schlaf.

In früheren Jahren hatte ich gedacht, dass diese Energieprobleme ein Zeichen dafür sind, dass mein Ego-Tod unvollständig war. Ich dachte, wenn ich nur einen »vollständigen Ego-Tod« durchmachen könnte, würden sie sich auflösen. Schließlich wurde mir jedoch klar, dass sie nicht dadurch verursacht wurde, dass ich zu wenig *starb,* sondern zuviel. Mit jeder Runde von Tod und Wiedergeburt wurde ich tiefer in den Schmelzofen der Schöpfung getaucht. Obwohl ich diese Energie kurzfristig gut verkraften konnte, hatte mein Körper auf lange Sicht immer mehr Schwierigkeiten, sie zu bewältigen. Mein System lief einfach zu heiß. Schließlich erkannte ich, dass ich aufhören musste, mich in das Feuer der reinen Ausstrahlung zu stürzen, egal wie sehr ich mich danach sehnte. Ich musste mein System abkühlen lassen. Ich musste meinem physischen Wesen erlauben, das, was es bereits empfangen hatte, vollständiger zu integrieren. William Blake schrieb: »Du weißt nie, was genug ist, wenn du nicht weißt, was mehr als genug ist«. Mein Körper sagte mir, dass 73 hochdosierte Sitzungen mehr als genug waren.

Der zweite und bedeutsamere Grund, warum ich mit den Sitzungen aufhörte, war, dass ich den Herzschmerz der Trennung von *meiner Geliebten* nach dem Ende einer Sitzung nicht mehr ertragen konnte. Es wurde einfach zu schmerzhaft für mich, von einer so tiefen Auflösung in den kristallinen Körper Gottes wieder zurückzukommen. Dort hat die Grausamkeit der vorübergehenden Natur des psychedelischen Pfades mich am tiefsten getroffen. Wenn ich das Göttliche nur ein - oder zweimal berührt hätte, wäre es vielleicht anders gewesen. Vielleicht hätte dann die Freude der Umarmung alles mitgerissen und die Erinnerung wäre ausreichend gewesen. Aber *meine Geliebte* hatte mich so oft und so tief in sich aufgenommen, dass ich den

Schmerz, am Ende des Tages von ihr getrennt zu sein, nicht mehr ertragen konnte. Es ist besser, nicht mehr einzudringen, als einzudringen und gehen zu müssen.

Ein dritter Grund für die Beendigung meiner Sitzungen wurde mir erst Monate, nachdem ich sie beendet hatte, bewusst. Nachdem das Diamantene Leuchten begonnen hatte, systematisch in mein physisches Wesen einzudringen, hatte sich alles in den Sitzungen gewendet. Nachdem ich Jahre damit verbracht hatte, das Universum zu erforschen, wurde alles in meinen Sitzungen einfacher und einfacher. Ich wurde immer wieder in die unmittelbare Gegenwart geführt, in das Hier und Jetzt, in mein physisches Leben. Mir wurde allmählich klar, dass ich mein Bewusstsein *nicht* mehr erweitern durfte, damit sich dieser Integrationsprozess vollenden konnte. Jede Verstärkung meines natürlichen Bewusstseins würde die Bedingungen stören, die notwendig sind, damit etwas stattfinden kann, das stattfinden will. Ich musste still sein und es zu mir kommen lassen.

Wenn es nach mir gegangen wäre, hätte ich wohl nicht die Geduld gehabt, auf diesen Segen zu warten. Ich hätte weiterhin die Membran meines Bewusstseins gebogen und wäre ihm entgegengelaufen. Aber die Konsequenzen, die sich daraus ergaben, waren zu schmerzhaft, sowohl in meinem Körper als auch in meinem Herzen. Was auch immer als Nächstes in mein Leben kommen mochte, ich musste die Sitzungen beenden. Schließlich schloss ich einen Pakt mit meiner Geliebten. Ich flehte sie an, mich nie wieder so tief in sich aufzunehmen, bis ich für immer bei ihr bleiben konnte. Mit dieser Abmachung war meine Reise wirklich zu Ende und soll erst nach meinem Tod wieder aufgenommen werden.

ZWÖLF

VOM BERG KOMMEND

Die meisten Menschen sehen unseren Weg manchmal als zwei große Reisen an – Aufstieg und Abstieg – eine Reise zur Erleuchtung und eine Reise, um ein vollständiger Mensch zu werden. Auf dem Weg des Aufstiegs geht es darum, eine Dimension nach der anderen zu verwirklichen, bis hin zur absoluten Dimension. Der Weg des Abstiegs besteht im Grunde darin, unser Leben in unsere Verwirklichung zu integrieren.

A. H. Almaas, *Runaway Realization*

Was sind wir, dass wir zu solch tiefen Ausflügen ins Universum fähig sind? Wer hat diese exquisite Kreatur geschaffen, die in der Lage ist, diese extremen Schwankungen des Bewusstseins zu steuern? Erschüttern wir unsere irdische Identität, erweitert sich unser Bewusstsein, bis wir für acht Stunden am Stück zu einer anderen Art von Wesen werden. Ein Wesen, das Dinge tun kann, die »wir« nie tun könnten, das Dinge weiß, die »wir« nie wissen könnten. Ein Wesen, das Zeit atmet, das in der Stratosphäre des planetarischen Bewusstseins tanzt, das sich in dem Einen auflöst, das alles in sich wiegt.

Und gerade wenn wir unsere größte Ausdehnung erreicht haben, geschieht das zweite Wunder. Das Bewusstsein zieht sich langsam wieder zusammen und bringt uns sanft in unsere normale Form und Größe zurück. Die Türen, die wir aufgeschlagen hatten, schließen sich eine nach der anderen, während wir uns verabschieden. In den schwindenden Stunden machen wir uns Notizen, um uns an jeden Kuss, jedes ausgetauschte Geheimnis, jede Nuance zu erinnern, ungefiltert von Raum und Zeit. Wir verweilen in den zerknitterten Laken, wo uns die wilde Leidenschaft gezeigt hat, was noch möglich ist, was getan werden muss, was vor uns liegt. Wir sonnen uns im Abendrot und packen alles für den morgigen Sonnenaufgang dieses außergewöhnlichen und geheimnisvollen Lebens.

Ich denke, wir stehen noch ganz am Anfang, um zu verstehen, wie sich der Eintritt in diese extremen Bewusstseinszustände auf uns auswirkt. Wir beginnen gerade erst zu lernen, wie wir die Möglichkeiten, die sie freisetzen, verarbeiten können. Solange wir in unseren Sitzungen nahe an der Küste der uns bekannten Welt bleiben und die Schmerzen unserer Vergangenheit aufdecken, haben wir therapeutische Modelle, wie wir damit umgehen können. Reisen wir ein wenig weiter hinaus, um die

Intelligenz zu erfahren, die die gesamte Existenz durchdringt oder die Kontinuität des Lebens nach dem Tod, dann haben wir immer noch spirituelle Modelle, um diese Segnungen zu verinnerlichen. Aber wenn unsere Reisen uns in große Entfernungen von der bekannten Welt führen, wenn wir in die wirklich tiefen Gewässer des Kosmos eindringen, wie werden diese Abenteuer dann von uns integriert? Was bedeutet »Integration« in diesem Zusammenhang überhaupt?

Wie verdaut ein endliches Wesen, das auf die Bedingungen der Raum-Zeit abgestimmt ist, seine Streifzüge ins Unendliche? Wie absorbiert ein zeitgebundenes Wesen Ausflüge in die Tiefe Zeit? Welche Auswirkungen hat die Verschmelzung mit der gesamten Existenz, nachdem wir zurückgekommen sind und wieder nur einer unter vielen sind? Wie kommt unser alltägliches Selbst mit solch extremen Schwankungen der Bewusstseinsmembran zurecht, nicht nur ein- oder zweimal, sondern vierzig-, fünfzig-, sechzigmal? Ich stelle mehr Fragen, als ich Antworten habe. Mein Leben ist zu einem lebendigen Experiment in diesen Fragen geworden, bei dem das Ergebnis noch nicht feststeht.

Kurz nach dem Ende meiner Reise sagte *Spirit* in meiner Morgenmeditation zu mir: »Zwanzig Jahre rein, zwanzig Jahre raus«, was bedeutet, dass ich zwanzig Jahre brauchen würde, um meine zwanzigjährige Reise zu verarbeiten. Damals tröstete mich das und ich dachte mir: »Klingt ganz richtig.« Doch jetzt, wo ich mich der Zwanzig-Jahres-Markierung nähere, glaube ich jedoch, dass diese Schätzung viel zu optimistisch war. Ich habe das Gefühl, dass ich mehr als ein Leben brauchen werde, um all die Erfahrungen, die ich gemacht habe, vollständig zu verdauen, dass sie nicht nur mein jetziges Leben, sondern den gesamten Entwicklungsverlauf meiner SEELE geändert haben.

In diesem Kapitel werde ich keine zusammenfassenden Überlegungen zu meiner Reise und ihren Auswirkungen anstellen. Die Sitzungen sprechen für sich selbst, und jeder Versuch, sie in einem Fazit zusammenzufassen, würde zu kurz greifen. Stattdessen möchte ich einige Herausforderungen schildern, mit denen ich konfrontiert war, als ich von den psychedelischen Bergen herunterkam und sage etwas darüber, wohin mich diese Reise heute gebracht hat. Bevor ich das tue, muss ich jedoch über ein Ereignis sprechen, das sich kurz nach dem Ende meiner Reise in meinem persönlichen Leben zugetragen hat.

Innerhalb eines Jahres nach Beendigung meiner Sitzungen beschlossen Carol und ich, unsere Ehe zu beenden. Gerade als meine psychedelische Reise zu einem friedlichen Abschluss gekommen war und *Dark Night, Early Dawn* kurz vor der Veröffentlichung stand, erreichten die Spannungen, die seit Jahren in unserer Beziehung vorhanden waren, einen kritischen Punkt und beendeten unsere lange Partnerschaft. Wir waren seit vierundzwanzig Jahren verheiratet. Eine Scheidung ist eine sehr persönliche und private Angelegenheit. Ich bringe meine nur deshalb in diese Geschichte ein, weil es unmöglich ist, über diese Jahre nach der Sitzung zu sprechen, ohne sie zumindest zu erwähnen.

Meine Scheidung veränderte die gesamte Landschaft meines Lebens, aber in all meinen Sitzungen habe ich es nicht kommen sehen. In den ersten Sitzungen, in denen ich mein Leben als ein abgeschlossenes Ganzes erlebt hatte, war mir dieser wichtige Wendepunkt verborgen geblieben. In all den Jahren, die ich mit der Erforschung der Tiefen Zeit verbracht habe, wurde mir dieses wichtige Stück meiner persönlichen Zukunft nie gezeigt, nicht einmal in meiner letzten Sitzung. Warum war das so? Hat mich die Medizin im Stich gelassen? War es mein Versagen, war ich von meinem wahren Lebensweg abgekommen? Ich glaube nicht, dass eines von beidem der Fall war. Ich glaube nicht, dass die Intelligenz, die ich in meinen Sitzungen erlebte, ein so wichtiges Ereignis in meinem Leben »übersehen« haben könnte, zumal sie Carols und meine Beziehung im Laufe der Jahre mehrmals analysiert hatte. Wenn meine Sitzungen mir unsere Trennung nicht gezeigt haben, glaube ich, dass es einen Grund für dieses Schweigen gab.

Ich denke, dass meine Sitzungen mich meine Scheidung nicht sehen ließen, weil es einige Entscheidungen gibt, die wir auf der Ebene des inkarnierten Selbst selbst treffen müssen, wenn wir uns bestimmten Herausforderungen stellen wollen, die in unserem Lebensskript enthalten sind. Diese schwierigen Entscheidungen müssen ohne die Hilfe von außen getroffen werden, wenn wir die Lektionen, die vor uns liegen, wirklich verinnerlichen und sie zu einem Teil unserer irdischen Weisheit machen wollen. Ohne ins Detail zu gehen, glaube ich, dass die Entscheidung, meine Ehe zu beenden, für mich eine solche Lektion war. Ich glaube, dass mir das Wissen um meine Scheidung vorenthalten wurde, um mir zu ermöglichen, auf meine eigene Art und Weise und in meiner eigenen Zeit zu dieser Erkenntnis zu gelangen. Ich bekam keinen Rat von außen, denn das war etwas, das ich selbst tun musste, um ein tief eingebettetes karmisches Muster in meiner persönlichen Geschichte aufzulösen.

Ich möchte klar und deutlich sagen, dass meine psychedelische Arbeit nicht die Quelle der Probleme war, die zu Carols und meiner Trennung führten. Carol unterstützte meine psychedelische Tätigkeit in diesen letzten zehn Jahren, so wie ich ihre Vajrayana-Praxis unterstützte, und diese gegenseitige Unterstützung war eine Selbstverständlichkeit in unserer Partnerschaft. Wenn überhaupt, haben meine Sitzungen unsere Ehe vertieft und ihr Leben verlängert. Ich glaube auch nicht, dass die Tatsache, dass wir uns kurz nach dem Ende meiner Sitzungen getrennt haben, eine besondere Bedeutung hat. Die Dinge, die uns auseinandergetrieben haben, haben sich zu diesem Zeitpunkt einfach zugespitzt.

Ich werde nicht mehr über meine Scheidung sagen, außer dass sie für meine Familie sehr schmerzhaft war. In der kritischen Woche, in der sich die Dinge zuspitzten, zog ein starkes Gewitter durch unsere Nachbarschaft und riss einen großen gesunden Baum in unserem Garten in zwei Teile. Zwei Tage später zog ein zweiter Sturm durch und riss einen weiteren großen Ast von demselben Baum ab. So hat sich unsere Trennung angefühlt, als würde man in der Mitte entzwei gerissen werden.

Es dauerte lange, bis ich mich in dieser neuen Landschaft zurechtfand und meinen Kindern helfen konnte, ihren Platz zu finden, aber mit der Zeit wurde es langsam besser. Als wir uns trennten, wollte Carol nach Santa Fe ziehen, um näher an Tara Mandala zu sein, also legten wir unser Familienzentrum dorthin und ich besuchte sie so oft ich konnte. Eines nach dem anderen schlossen unsere Kinder das College ab und traten ihren Weg in die Welt an. Mit der Zeit heirateten wir beide wieder, und unser Familienkreis erweiterte sich. Carol setzte ihre buddhistische Ausbildung fort und beendete später ihr dreijähriges Einzelretreat unter der Aufsicht ihres Lehrers Tulku Sang Ngag Rinpoche. Ich veröffentlichte *Dark Night, Early Dawn,* was mich an das Institute of Noetic Sciences in Kalifornien brachte, wo ich zwei Jahre lang als Direktor für transformatives Lernen arbeitete und viele engagierte Menschen in der Bewusstseinsgemeinschaft traf. Danach kehrte ich nach Ohio zurück, um mein akademisches Leben wieder aufzunehmen, und Christina Hardy, die ich am California Institute of Integral Studies kennengelernt hatte, kam mit mir. Drei Jahre später waren wir verheiratet. Das Leben ist weitergegangen. Jedesmal, wenn unsere neue Familie zu besonderen Anlässen und Feiertagen zusammenkommt, fügen wir unserer Geschichte ein neues Kapitel hinzu.

Die tiefe Traurigkeit

Insgesamt denke ich, dass es mir gut gelungen ist, meine Sitzungen nach und nach zu integrieren. Ich habe sie gewissenhaft aufgezeichnet und viele Stunden damit verbracht, über ihre Bedeutung zu sinnieren, folgte der persönlichen Führung, die sie mir gaben, und versuchte, ihre Lehren in mein Leben zu integrieren. Aus diesem Grund dachte ich, dass die Beendigung meiner Sitzungen ein recht unkomplizierter Prozess sein würde. Ich dachte, ich könnte mich einfach zurückziehen und würde von den vielen Geschenken, die mir in diesen zwanzig Jahren zuteil geworden waren, genährt werden. Es stellte sich heraus, dass dies nur zur Hälfte richtig war. Ich lernte, dass die Integration der ganzen Reise etwas anderes ist als die Integration einzelner Sitzungen. Da ich meine Reise so lange und intensiv vorangetrieben hatte, erwies sich der Abstieg vom psychedelischen Berg als eine Herausforderung in sich selbst. In dieser Hinsicht ist meine persönliche Geschichte ein abschreckendes Beispiel. Es ist nicht einfach eine Geschichte der Heldenreise, wie sie Joseph Campbell erzählt, in der der

Held triumphierend zurückkehrt und Geschenke mitbringt. Zum Teil ist es das, aber es ist auch die Geschichte eines Entdeckers, der durch die schiere Schönheit dessen, was er gefunden hat, verwundet wurde und dann noch einmal verwundet wurde, weil er seine Reise so lange geheim halten musste.

Nachdem ich meine Sitzungen beendet hatte, dauerte es etwa fünf Jahre, bis sich mein subtiles Energiesystem beruhigte und sein neues Gleichgewicht fand. Die Menge an Energie, die durch meinen Körper floss, ließ langsam nach, und ich fühlte mich wieder wohler in meiner Haut. Während dieser Abkühlungsphase begann ich zu bemerken, dass die Synchronizitäten mit meinen Schülern, die ich in *The Living Classroom* beschrieben habe, seltener auftraten, was die Rolle unterstreicht, die die reine Energie beim Zugang zu diesen immer vorhandenen Informationsfeldern spielt. Während der Spitzenjahre hatte ich mich manchmal wie ein Blitzableiter gefühlt, der um mich herum Einsichten und Öffnungen auslöste, über die ich wenig Kontrolle hatte. Jetzt stellte ich fest, dass ich mit diesem Prozess kooperieren musste, damit sich diese Verbindungen manifestieren konnten. Die Blitze schlagen immer noch ein und die Pfeile treffen immer noch unsichtbare Ziele, aber heute ist es ein subtilerer Tanz geworden.

Der wichtigere Übergang fand auf einer tieferen Ebene statt. Im Laufe der Jahre wurde ich von einer tiefen Traurigkeit ergriffen. Die Scheidung brachte natürlich ihre eigene Traurigkeit mit sich, aber das hier war etwas Tieferes. Es gab Freude in meinem Leben, vor allem die Freude über meine Kinder und meine Beziehung zu Christina, aber mein Enthusiasmus für das Leben selbst schwand. Ich begann mich einsam zu fühlen, getrennt von *meiner Geliebten* durch die Bedingungen meiner Existenz. Wenn man einmal die Freude erfahren hat, Licht zu werden, sich in den kristallinen Körper des Göttlichen aufzulösen, kann das Leben auf der Erde beginnen, sich ausgedörrt anzufühlen. Schließlich erreichte ich einen Punkt, an dem mir klar wurde, dass ich nur darauf wartete, zu sterben. Ich tat meine Arbeit, kümmerte mich um meine Familie und hielt meine Vorträge, aber im Grunde meines Herzens wartete ich auf den Tod, damit ich zu *meiner Geliebten* zurückkehren konnte. Ich litt unter dem Verlust der Verschmelzung mit dem Göttlichen.

Ich wusste, dass andere das durchgemacht hatten, was ich durchmachte, dass ich damit nicht allein war. Ich verstand die dunkle Nacht der Seele, die Mystiker durchleben. Ich wusste, dass Menschen, die tiefe Nahtoderfahrungen gemacht haben, manchmal eine ähnliche Entfremdung vom Leben empfinden. Während ihre Familie und Freunde sich freuen, dass sie »von den Toten zurück sind«, sehnen sie sich im Stillen nach der himmlischen Schönheit, die sie berührt haben, aber verlassen mussten. Carl Gustav Jung erlebte diese Entfremdung nach seiner Nahtoderfahrung im Jahr 1944. »Jetzt muss ich in diese triste Welt zurückkehren«, schrieb er in *Erinnerungen,*

Träume, Reflexionen. »Jetzt kommt die graue Welt mit ihren Kisten!«[1] Ich wusste genau, was er meinte.

Jungs Melancholie dauerte sechs Monate, aber meine wurde im Laufe der Jahre immer tiefer. Ich hatte die Göttliche Weite so oft betreten, war so tief in ihre Schönheit hineingezogen worden, dass meine Wunde besonders tief war. Das ist eine Wunde, die von denen, die sie nicht erlebt haben, nicht leicht zu verstehen ist. Wie kann man davon verwundet werden, das man zu viel Gott hat? Das klingt wie ein Widerspruch in sich. Sicherlich ist mehr von Gott immer besser. Wir wollen glauben, dass es so ist, dass irgendwo etwas falsch gelaufen sein muss. Aber nein, es war genau das. Ich war untröstlich über den Verlust der innigen Gemeinschaft mit *meiner Geliebten*, in dem Wissen, dass ich nie wieder die Freude erleben würde, mich so vollständig im Göttlichen aufzulösen, bis ich sterbe.

Ich hatte nur mich selbst, dem ich die Schuld an meinem Zustand geben konnte. Ohne die Kosten zu kalkulieren, hatte ich mich wiederholt ins Kosmische Feuer gestürzt und um die Erfahrungen gebettelt, die mir gegeben worden waren. In meiner Meditation sagte das Universum zu mir: »Selbst zugefügte Wunden, mein Sohn. Das ist alles. Selbst zugefügte Wunden«. Es versicherte mir, dass die Dinge sich regeln würden. Es sagte mir auch, dass es das »Sterben des Sehens« und das »Sterben des Bewahrens« gibt. Ich hatte das Sterben des Sehens in meinen Sitzungen hinter mir. Jetzt war es an der Zeit, dem Bewahren abzusterben.

Ich befand mich in einem seltsamen Zustand. Alles, was ich auf meiner psychedelischen Reise gelernt hatte, war nun Teil meines Wesens und gab mir eine innere Ruhe und Vertrauen in die angeborene Weisheit des Lebens. Durch meine Sitzungen konnte ich die Schönheit und Großartigkeit unseres lebendigen Universums sehen. Ich sah überall Menschen, die sich selbst herausforderten, mehr zu werden, wobei ihre früheren Leben in den Talenten und Schwächen, die sie für selbstverständlich hielten, wieder zum Vorschein kamen. Ich wusste, dass ihr Leid in der Glückseligkeit, die auf jeden Tod folgt, und in der unstillbaren Leidenschaft ihrer Seele für fortgesetzte Selbst-Transformation geheilt werden würde. Ich spürte den Puls unseres kollektiven Herzens, während wir mit unserer Vergangenheit kämpften, um unser zukünftiges Selbst zu gebären. Ich konnte sehen, wie sich die Genialität der schöpferischen Intelligenz überall um mich herum manifestierte, und doch wollte ich nicht mehr hier sein.

Ich wusste, dass das Universum der Körper meiner Geliebten war und dass es unmöglich war, sich jemals von ihr zu entfernen. Ich wusste, dass ich jeden Augenblick in sie eingetaucht war, dass sie die Wurzel und die Blume meiner Existenz war. Aber dieses Wissen ersparte mir nicht den Schmerz, von der vollen Intensität ihrer

1 Jung [1961] 1989, 293, 295

Gegenwart getrennt zu sein. Ich wusste, dass es große Wesen gab, die fähig waren, ständig im göttlichen Bewusstsein zu leben, aber ich wusste auch, dass dies jenseits meiner gegenwärtigen Fähigkeit lag. Es würde mich lebenslange spirituelle Praxis kosten, bis ich fähig wäre, ständig in dem Bewusstsein zu verweilen, das mir am meisten am Herzen lag, und ich konnte mir nicht einmal vorstellen, wie das aussehen würde. Wie kann man von Tag zu Tag in diesem höchst leuchtenden Zustand leben? Ich war nicht an einer kleinen Erleuchtung interessiert. Ich wollte mich wieder in der kristallinen Strahlkraft des Diamantenen Leuchtens auflösen.

Von Zeit zu Zeit machte ich leichte Sitzungen mit Psilocybin-Pilzen und Ayahuasca. Diese Substanzen halfen mir, die Wissens- und Energiefelder zu integrieren, die mich nun aufgrund meiner LSD-Arbeit umgaben. Sie ermöglichten mir einen Kontakt mit dem Universum, der leichter war als in meinen LSD-Sitzungen, aber auch diese waren vorübergehend und konnten meine Sehnsucht nicht stillen. Am Ende wurde ich ungeduldig mit dem Kommen und Gehen dieses vorübergehenden Pfads.

Im Laufe der Jahre wurde mir klar, dass ich mich mit meinem Zustand abfinden musste. Es ist keine gute Art zu leben, wenn man auf den Tod wartet, und ich wusste, dass dies nicht die Art war, wie diese Arbeit enden sollte. Alles in meinem Leben schrie »gescheiterte Integration«, aber da ich mir so viel Mühe gegeben hatte, jede Sitzung zu integrieren, war mir nicht klar, wo mein Versagen lag. Dennoch begann ich zu erkennen, dass ich irgendwo einen Fehler gemacht haben musste, und ich machte mich auf die Suche nach ihm.

Trotz all meiner Bemühungen, auf meinem Weg geerdet zu bleiben, trotz all der spirituellen Praxis, der ich mich gewidmet hatte, trotz all der Reflexion und des Schreibens, hatte ich irgendwo auf dem Weg die kritische Balance zwischen Transzendenz und Immanenz verloren, zwischen dem Überschreiten des physischen Universums und dem Leben in ihm. Ironischerweise hatte ich in mir selbst genau das Versagen reproduziert, das ich an den Religionen des Axialzeitalters kritisiert hatte. Ich hatte mich so sehr von der Welt jenseits von Raum und Zeit verzaubern lassen, dass ich innerhalb von Raum und Zeit den Halt verlor. Ich war so tief in die Große Weite vorgedrungen, dass ich nicht an zu viel Gott litt, denn alles ist Gott, sondern an zu viel Transzendenz.

Was für ein heikler Balanceakt. Ein wenig Transzendenz ist eine gute Sache. Sie ist heilend, beruhigend und erhellend. Sie kann uns daran erinnern, wer und was wir sind. Sie kann uns lehren, was wir hier tun und was »hier« ist. Aber wenn wir zu tief aus dem Brunnen der Transzendenz trinken, kann dies unser Gefühl der Zugehörigkeit zur Erde untergraben, und das ist eine ebenso wichtige Wahrheit. Die meisten spirituellen Sucher, die ich kannte, wollten mehr Transzendenz in ihrem Leben; ich erholte mich von zu viel Transzendenz. Tiefe Transzendenz ist etwas, das man nicht zurückgeben kann, wenn man es einmal erfahren hat. Man kann die Erfahrung des Göttlichen Lichts nicht zurückgeben. Man muss einen Weg finden, mit seiner Schönheit für den Rest seines Lebens zu leben.

All dies brach in den Jahren, nachdem ich meine Sitzungen beendet hatte, über mich herein. Solange ich in regelmäßigen Abständen in diese tiefere Realität zurückgekehrt war, hatte ich die Tiefe meines Ungleichgewichts nicht vollständig erkannt. Ich war davor geschützt, durch den ständigen Rhythmus meiner Rückkehr abgepuffert. Erst als ich meine Sitzungen beendete, wurde mir das ganze Ausmaß meines Ungleichgewichts bewusst. Erst da wurde mir klar, wie sehr ich mich trotz meiner besten Absichten transzendental überfordert hatte.

Ich denke, man kann mit Sicherheit sagen, dass die von mir beschriebenen Vorgänge nicht in therapeutischen Protokollen auftauchen, bei denen das Psychedelikum sanfter ist, wie Psilocybin, oder bei denen die Anzahl der Sitzungen geringer ist. Es gibt eine selbstbegrenzende Qualität, wenn wir diese Substanzen auf eine Art und Weise verwenden, die den Rahmen unseres irdischen Lebens eher intakt lässt. Erst wenn die stärkeren Psychedelika mit größerem Wagemut eingesetzt werden, taucht diese besondere Herausforderung auf. Die Freude, tief in das Göttliche einzutauchen, ist auch der Schmerz des Eintauchens in die Tiefe, ein Schmerz, der nicht aus dem Versagen, sondern aus dem Erfolg geboren wird.

Es dauerte etwa zehn Jahre, bis ich wieder voll im Leben angekommen war. Ich tat dies, indem ich mein Leben fest in die Hand nahm, teils durch Handeln, teils durch schiere Hingabe. Ich milderte meine Erinnerungen an die Transzendenz, indem ich das immanente Göttliche tiefer in mich aufnahm. Ich traf die bewusste Entscheidung, dort zu leben, wo ich war, so wie ich war. Ich erneuerte meine Meditationspraxis – nicht, um zu ändern, was mit mir geschehen wird, wenn ich sterbe, denn dieser Sieg ist bereits errungen, und auch nicht, um zu versuchen, diese fernen Gestade in diesem Leben zu erreichen. Ich praktiziere, um für *meine Geliebte* zu singen, um ein besseres Gefäß ihrer Schöpfung in meinen verbleibenden Jahren auf dieser Erde zu werden.

Ich weiß nicht, ob ich es ohne Christinas Liebe geschafft hätte, den Berg vollständig hinter mir zu lassen. Da sie selbst auf einer Reise war, verstand sie die Herausforderung, vor der ich stand. Sie hielt mich in den Jahren der Traurigkeit, glaubte an mich, als ich an mir selbst zweifelte, und beruhigte mich, als die Ganzheit so weit entfernt schien. Ich schulde ihr mehr, als ich ihr zurückgeben kann. Als Liebhaberin der Erde und Tochter der Sterne wird sie nicht müde, die Vielfalt zu kartografieren, die das Unendliche in jedes unserer Leben gießt, und die starken Schicksale aufzudecken, die in unseren astrologischen Horoskopen verborgen sind.

Als Teil meines Abstiegs musste ich mich mit einer übermäßigen Bindung an Marihuana auseinandersetzen, die ich in diesen Jahren entwickelt hatte. Indem Marihuana meine Grenzen aufweichte, ermöglichte es mir, ein wenig über der Erde zu schweben und nicht ganz vom Berg zu fallen. Es linderte meinen Herzschmerz, aber es löste nicht das tiefere Problem. Ich musste meine Abhängigkeit von Marihuana aufgeben und mir erlauben, mich vollständig in meinem physischen Körper zu konsolidieren, wenn das Göttliche, das ich in meinen Sitzungen erfahren hatte, jemals vollständig in meinem Leben erwachen sollte. Das tat ich also.

Die Integration des transzendenten und des immanenten Göttlichen ist für mich eine Arbeit, die noch nicht abgeschlossen ist. Die Sehnsucht, zurückzukehren, ist nicht verschwunden, aber sie ist überschaubar geworden. Wenn der Preis dafür, dass ich diese Erfahrungen gemacht habe, darin besteht, dass ich für den Rest meines Lebens von ihrer Schönheit verfolgt werde, dann ist das besser, als wenn ich sie überhaupt nicht gemacht hätte, denn das wäre ein unvorstellbarer Verlust. Das würde heißen, mit Fragen und Zweifeln im Dunkeln zu tappen.

Die Krankheit des Schweigens

Dies bringt mich zu der zweiten Herausforderung, der ich mich gegenübersah, als ich von den Substanzen loskam. Ein Teil meiner Traurigkeit wurde nicht dadurch verursacht, dass ich mich von der göttlichen Kommunion trennte, sondern dadurch, dass es mir nicht erlaubt war, mit anderen darüber zu sprechen, wodurch ich in einer Verschwiegenheit lebte, die mir von meiner »*psychedelisch-phobischen*« Kultur auferlegt wurde. Die Bürde dieses Schweigens lastete auf meiner gesamten Reise, aber sie wurde besonders schwierig, als sich die Reise ihrem Ende näherte und nach ihrem Abschluss.

Als ich mit meinem nicht genehmigten Experiment begann, wusste ich, dass der Preis für dieses Unterfangen mein Stillschweigen sein würde, und ich habe diesen Preis bereitwillig gezahlt, weil es die einzige Möglichkeit war, diese Arbeit zu tun. Aber ich wusste damals nicht, wie bedrückend dies werden würde, und auch nicht, was es mich kosten würde. Ich ahnte nicht, welchen Schaden ich mir selbst zufügen würde, wenn ich mich auf diese Weise in zwei Hälften spalte. Wenn man sich spaltet, um in seiner Kultur zu leben, wenn man dies dem einen sagen kann, dem anderen aber nicht, dann geht man Kompromisse im Äußeren ein, die sich auf das Innere auszuwirken beginnen. Chronische Zurückhaltung schafft Risse mit ungewissen Folgen. Letztendlich hat die Geheimhaltung, die es mir ermöglicht hat, diese Arbeit zu tun, es mir auch unmöglich gemacht, sie vollständig in mein Leben zu integrieren.

In traditionellen Kulturen ist es üblich, dass jemand, der von einer Visionssuche zurückkehrt, als erstes seine Vision mit den Ältesten seiner Gemeinschaft teilt. Er tut dies erstens, um deren Rat darüber zu erhalten, was die Vision bedeutet, und zweitens, weil seine Vision nicht ihm allein gehört. Tiefe Visionen sind keine Privatangelegenheit. Sie sind nicht nur für unsere persönliche Erbauung gedacht. In tiefen Visionen spricht das Universum zu uns und zu unserer Gemeinschaft. Wir sind der Träger der Vision, der erste von vielen Empfängern. Wie sehr unterscheidet sich dies doch von der Welt, in der ich gelebt habe.

Aufgrund der restriktiven Gesetze meiner Kultur in Bezug auf Psychedelika konnte ich meine visionären Erfahrungen nicht in meine Welt zurückbringen. Ich integrierte meine Sitzungen so gut ich konnte, aber meine Integration war, wie die Arbeit selbst, privat und heimlich. Obwohl ich mir in meinem persönlichen Leben treu blieb, war es mir nicht erlaubt, in meinem öffentlichen Leben ganz zu sein. Und wenn man in seinem öffentlichen Leben nicht ganz ist, kann man dann jemals wirklich ganz sein? Wie können Transzendenz und Immanenz unter solch kompromittierenden Umständen ihr Gleichgewicht finden? Integration ist nicht nur ein psychologischer, sondern auch ein sozialer Prozess. Wenn man in einer Kultur, die Psychedelika gegenüber feindselig oder auch nur naiv eingestellt ist, mit psychedelischen Substanzen arbeitet, trennt man sich unweigerlich von seinen Freunden und Nachbarn.

Weil es einem nicht möglich ist, diesen wichtigen Teil des Lebens mit ihnen zu teilen, werden diese Beziehungen brüchiger. Man kann in ihre Welt eintreten, aber sie können nicht in deine eintreten. Selbst wenn sie offen für ein Gespräch über Psychedelika sind, kommt die Diskussion schnell ins Stocken, es sei denn, sie sind selbst psychedelisch initiiert worden. Es ist niemandes Schuld, aber durch diese unsichtbare Grenze wird man in ihrer Gegenwart weniger authentisch, weniger sein volles Selbst. Wiederum sprach Carl Jung für mich, als er schrieb: »Einsamkeit entsteht nicht dadurch, dass man keine Menschen um sich hat, sondern dadurch, dass man nicht in der Lage ist, die Dinge mitzuteilen, die einem selbst wichtig erscheinen, oder dass man bestimmte Ansichten vertritt, die andere für unzulässig halten.«[2] Von den vielen Dingen, mit denen ich auf dieser Reise gerechnet hatte, war der persönliche Preis dieser Einsamkeit der am wenigsten erwartete.

Ich war in Ohio nicht Teil einer psychedelischen Subkultur, und so vertiefte sich meine Isolation mit der Vertiefung meiner psychedelischen Praxis. Ich spürte dies in all meinen Beziehungen, aber besonders akut wurde es in meinem Berufsleben. Ich bin ein geborener Lehrer. Jeder Knochen in meinem Körper möchte neue Dinge lernen und dieses Wissen mit anderen teilen. Und doch musste ich an meiner Universität über die philosophisch bedeutsamsten Erfahrungen meines Lebens schweigen. Aus erster Hand die Wahrheiten zu erfahren, die psychedelische Erfahrungen offen-

2 [1961] 1989, 282-83.

baren können, aber nicht in der Lage zu sein, sie mit meinen Studenten und Kollegen zu teilen, wurde für mich immer schmerzhafter. Da meine Reise so viele Jahre dauerte und so tief ging, wusste ich, dass ich, um die Erkenntnisse wirklich weiterzugeben, am Anfang beginnen und sie Schicht für Schicht verarbeiten müsste, aber das war unter meinen Umständen einfach nicht möglich. Um den Job zu behalten, den ich liebte, musste ich das Erzählen dieser Geschichte so viele Jahre lang aufschieben, dass es mich schließlich innerlich krank machte. Das Leben in einem psychedelischen Kämmerchen ist für die Seele genauso schädlich wie das Leben in jeder anderen Kammer, in der man gezwungen ist, die Wahrheit seines Wesens zu verbergen.

An meiner Universität agierte ich vorsichtig. Ich konnte Kurse über psychedelische Forschung unterrichten, was mir in gewisser Weise geholfen hat, aber ich musste auch eine persönliche Distanz zu dem Thema wahren, was ich auch tat. In meinen Kursen über Religionspsychologie und transpersonale Studien referierte ich über Grofs Forschungen, aber ich ließ meine Studenten nie wissen, dass ich diese Arbeit selbst durchführte. In meinem Buddhismus-Kurs diskutierte ich mit meinen Studenten über Leerheit und Nondualität und schöpfte aus meiner psychedelischen Erfahrung, um diese Konzepte für sie lebendig werden zu lassen, aber ich gestand diese Erfahrung nie offen ein. Infolgedessen habe ich mich selbst in meinem Unterricht nicht offen gezeigt. Tatsächlich verleugnete ich mich immer wieder, indem ich vorgab, etwas anderes zu sein, als ich war.

An einer Universität lehrt man natürlich sein Fach, man lehrt nicht sich selbst. Es gibt eine Grenze, die man nicht überschreitet, und das ist eine gute Grenze. Wenn man zu viel von sich selbst in den Unterricht einbringt, kann das für die Studenten schnell zur Belastung werden. Es beeinträchtigt die Freiheit, die sie brauchen, um sich auf neue Ideen einzulassen und sie zu verarbeiten. Wenn man jedoch nichts von sich selbst einbringen, kann dies dazu führen, dass ein Kurs an Relevanz und Fundament verliert. Das ist so, als ob man einen Kurs über Poesie geben, aber nie sagen dürfte, dass man selbst Gedichte schreibt, oder einen Kurs über Malerei, bei dem man so tut, als hätte man nie einen Pinsel in die Hand genommen. Es gibt eine Zeit und einen Ort für einen solchen Austausch, aber in meiner Welt gab es nie eine Zeit und nie einen Ort. Alles musste indirekt und im Verborgenen geschehen, niemals offen und aufrichtig. Die auf diese Weise verwässerte Wahrheit ist eine kompromittierte Wahrheit, und was für eine Gültigkeit hat das?

Das Gebot, zu schweigen über das, was ich in meinen Sitzungen gelernt hatte, wurde zu einem Kampf, der sich in meinem Körper abspielte. In meinen Kursen stellten mir die Studenten manchmal eine Frage, die ich nur aufgrund meiner psychedelischen Erfahrung beantworten konnte, aber aus demselben Grund konnte ich nicht laut sagen, was ich wusste. Als Antwort auf ihre Frage würde sofort eine Antwort in mir aufsteigen, aber ich musste mich selbst kontrollieren, um das Gespräch innerhalb der Grenzen einer »angemessenen« Diskussion zu halten. Dieser Konflikt war besonders schwierig, wenn ich sehen konnte, dass die Frage aus einem tiefen Bedürfnis in ihrem Leben kam, dass sie wirklich nach einer Antwort suchten und die Antwort von Bedeutung war. In diesen Situationen verlor ich manchmal für einen Sekundenbruchteil die Kontrolle über meine Stimme. Ich spürte ein Hängenbleiben in meiner Kehle, einen unwillkürlichen Krampf, der sich in einem kleinen Bellen äußerte. Das war mir peinlich. Ich musste mich entschuldigen und Ausflüchte machen. Die Spannung zwischen dem, was ich sagen konnte, und dem, was ich sagen durfte, hat mich eingeschnürt.

Es war schwierig, in diesem Schweigen zu leben, aber ich bin in keinster Weise ein Opfer. Ich übernehme die Verantwortung für die Entscheidungen, die ich getroffen habe, und, auf einer tieferen Ebene, für die Umstände meines Lebens, und dies führt eine neue Ebene in die Geschichte ein. Im Laufe meiner Selbsterforschung erfuhr ich, dass ich die Angst, meine Wahrheit zu sagen, aus anderen Leben mit in dieses Leben gebracht hatte. In diesen früheren Inkarnationen hatte ich einen hohen Preis dafür gezahlt, dass ich mich gegen die religiösen und politischen Autoritäten meiner Zeit ausgesprochen hatte. Als ich mich öffentlich äußerte oder Kunst machte, die den konventionellen Glauben in Frage stellte, wurde ich gefoltert und hingerichtet. In anderen Leben hatte ich meine persönliche Wahrheit aufgegeben, um zu überleben, und hatte infolgedessen ein erstickendes Leben geführt. Meine Seele trug diese Wunden in mein jetziges Leben. In diesem Leben ein unorthodoxer Denker in einem konservativen Umfeld zu sein, verbotenes Wissen mit illegalen Substanzen zu sammeln und ein öffentlicher Vortragsredner mit Geheimnissen zu sein, die er nicht zu teilen wagte, war alles Teil eines karmischen Drehbuchs, das mir helfen sollte, diese vergangenen Wunden zu konfrontieren und zu heilen. Dieses kulturell verordnete Schweigen war zwar schmerzhaft für mich, aber es war auch der Schmelztiegel, in dem ich daran gearbeitet habe, meine persönliche Macht wiederzuerlangen. Keine laute Macht, sondern die beständige Macht, die man hat, wenn man trotz starker Widerstände an seinen Überzeugungen festhält.

Jedesmal, wenn ich den Mut gefunden habe, mich gegen den Widerstand meiner Kollegen für ein Thema einzusetzen, an das ich glaube, hat mich das Leben belohnt. Mein erstes Buch über Reinkarnation hätte ein Karrierekiller für einen jungen Akademiker sein können, aber stattdessen wurde *Das Buch von der Wiedergeburt* in fünf Sprachen übersetzt und zu einem festen Bestandteil meiner Kurse. *Dark Night, Early Dawn* stellte eine größere Bedrohung dar, weil ich dort begann, mich mit meiner psychedlischen Vergangenheit auseinanderzusetzen, aber auch das hat mich nur bereichert. Es brachte mich nicht nur an das Institute of Noetic Sciences, sondern auch an das California Institute of Integral Studies, wo ich Mitglied des Lehrkörpers in der Abteilung für Philosophie, Kosmologie und Bewusstsein wurde. Die Lehrtätigkeit in diesem dynamischen Umfeld ermöglichte es mir, Studenten, von denen viele selbst psychedelisch veranlagt waren, für die psychedelische Diskussion zu begeistern. Nachdem ich nach Ohio zurückgekehrt war, verlieh mir meine Universität sogar ihren Distinguished Professor Award für die Veröffentlichung von *Dark Night, Earl Dawn* – vielleicht auch nur ein Hinweis darauf, dass unsere überlasteten Kollegen nur selten die Bücher, für deren Bewertung sie zuständig sind, tatsächlich lesen!

Die Möglichkeit, mit anderen zu teilen, was ich in meinen Sitzungen gelernt habe, war das fehlende Stück in meinem Integrationsprozess. Meine tiefe Traurigkeit wurde nicht nur durch den Verlust von Kommunikation verursacht, sondern auch dadurch, dass ich keine Gemeinschaft hatte, mit der ich meine Erfahrungen teilen und deren Erfahrungen im Gegenzug erhalten konnte. Jetzt, da ich die Verjährungsfrist für meine psychedelischen »Verbrechen« hinter mir gelassen habe, war das Anerkennen dieser verborgenen Seite meines Lebens Teil meines persönlichen Weges, auf der Erde wieder ganz zu werden.

Das liebliche Tal betreten

Dieses Buch wird zwanzig Jahre nachdem ich meine Reise beendet habe, veröffentlicht. Es war ein langer Weg, vom psychedelischen Berg herunterzukommen. Vielleicht ist dies ein weiterer Hinweis darauf, dass man nicht tun sollte, was ich getan habe. Vielleicht ist es klüger, sich stets sanfter zu öffnen, weniger aufzunehmen, aber mehr zu behalten, geduldig zu sein mit kleineren Schritten in die Unendlichkeit. Aber ich habe es letztendlich geschafft, den Berg hinabzusteigen und das liebliche Tal meines Lebens zu betreten.

Eine Interviewerin fragte mich einmal, was das Wichtigste sei, das ich aus all meinen Sitzungen gelernt habe. Unter dem Druck, auf der Stelle eine Antwort geben zu müssen, bot ich ihr eine Liste an und lud sie ein, eine davon auszuwählen:

> Dass das Universum der manifeste Körper eines Göttlichen Wesens von unvorstellbarer Intelligenz, Mitgefühl, Klarheit und Macht ist, dass wir alle Aspekte dieses einen Wesens sind, niemals auch nur einen Moment von ihm getrennt, dass wir uns dieser Verbindung immer mehr bewusst werden, dass die physische Realität aus Licht entsteht und immer wieder zum Licht zurückkehrt, dass das Licht unsere wesentliche Natur und unsere Bestimmung ist, dass alles Leben sich als Eins bewegt, dass Reinkarnation wahr ist, dass es eine tiefe Logik und Bedeutung für die Umstände unseres Lebens gibt, dass alles, was wir tun, zur Evolution des Ganzen beiträgt, dass

> unser Bewusstsein in einem Ozean der Zeit und einem Meer der Glückseligkeit weitergeht, wenn wir sterben, dass wir über alle Maßen geliebt sind und dass die Menschheit auf einen evolutionären Durchbruch zusteuert, der uns und das Leben auf diesem Planeten auf tiefster Ebene verändern wird. (Bache 2017)

Es braucht Zeit, um solche Erfahrungen zu integrieren und sie sich zu eigen zu machen. Zeit und Austausch. In seinem wunderbaren Buch über Nahtoderfahrungen, *Endloses Bewusstsein,* beschreibt Pim van Lommel die Herausforderungen, vor denen Menschen stehen, wenn sie versuchen, ihre Transzendenzerfahrungen in ihr tägliches Leben zu integrieren. Dort schreibt er: »Der Integrationsprozess kann erst dann richtig in Gang kommen, wenn die Erfahrung geteilt werden kann«.[3] Das gilt auch für tiefe psychedelische Erfahrungen. Zumindest in meinem Fall gab es einen Grad der Integration, die stattfand, bevor ich meine Geschichte mit anderen teilte, und eine tiefere Ebene, die sich öffnete, als ich dieses Buch schrieb.

Während ich *an LSD und das Bewusstseins des Universums* gearbeitet habe, hat sich die Integration meiner psychedelischen Erfahrungen auf unerwartete Weise vertieft. Sie fangen an, anders in mir zu leben als zuvor und ich in ihnen. Es fühlt sich an, als ob sich meine Erinnerungen an die Sitzungen zu einem größeren lebendigen Ganzen zusammengefügt haben und dass sich das Innere und Äußere meines Lebens auf eine neue Synthese zubewegen. Es gibt ein Sprichwort der Navajo: »Wenn du eine Sache ordnest und ihr einen Namen gibst, und du stimmst mit ihr überein, dann wird es.«[4]

Indem ich meine Geschichte erzählte, ihr einen Namen gab und meine Erfahrungen zugab, wurde etwas Neues in Gang gesetzt. Ein neuer Friede hat sich über mich gelegt. Zunächst linderte dieser Frieden meine existentielle Einsamkeit und machte den Verlust der Gemeinschaft erträglicher, doch dann vertiefte er sich weiter. Als ich das Buch beendete und begann, öffentlich darüber zu sprechen, begann sich in meinem Leben eine neue spirituelle Transparenz zu öffnen. Manchmal habe ich das Gefühl, dass *die Geliebte* nicht darauf wartet, dass ich sterbe, sondern dass sie hier zu mir kommt. Wohin das führen wird, weiß ich nicht. Es entfaltet sich immer noch und bringt mich an neue Orte, aber das ist sicherlich die Arbeit der Integration – sich seine Erfahrungen so tief wie möglich zu eigen zu machen, sie zu verflechten und zu manifestieren. Sie durch sich hindurchfließen zu lassen und ihre Präsenz auf dieser Erde zu formen.

---

3 Lommel 2010, 51.

4 Waters 1970.

Durch das Schreiben und Sprechen aus meiner wahren Mitte heraus betrat ich endlich das liebliche Tal, in dem ich ganz und gar ich selbst sein kann, wissend, was ich weiß und was ich nicht weiß, fähig, frei über das zu sprechen, was ich gesehen habe, mit all meinen sichtbaren Unzulänglichkeiten und Fehlern. Für mich ist das liebliche Tal eine Zeit des Ausbalancierens – des Ausbalancierens zwischen meinen Erinnerungen an das Auflösen im Geist und im Herzen des Universums und dem Stehen auf unserer reichen Erde, dem Ausgleich zwischen der Tiefen Zeit und der Gegenwart, dem Ausgleich zwischen dem Selbst und der Umgebung. Langsam beginne ich zu verstehen, was 'Spirit‘ damit meinte, dass man stirbt, wenn man sich zurückhält.

Es ist die wiederholte Hingabe an das Unendliche hier und jetzt, Moment für Moment, in den sich ständig verändernden Umständen meines Lebens. Mit Geduld und Übung kann es eines Tages so sein, wie die große Indische Heilige Śri Ānandamaî Mā sagt:

Dann kommt eine Zeit
wenn der Geliebte einen nicht mehr verlässt;
wo auch immer man hingeht, Er immer ist an deiner Seite
und Seine Gegenwart ist ständig spürbar....
Bäume, Kräfte, das Wasser und das Land,
alles ist der Geliebte, und nur Er.[5]

5 Lipski 2007:118.

DREIZEHN

POSTSCRIPTUM

In der durch die globale COVID-Pandemie bedingte Pause, die 2020 kurz nach der Veröffentlichung von *LSD und das Bewusstsein des Universums* begann, hielt ich inne und betrachtete mein Werk aus der Perspektive einiger meiner ersten Leser, die mit mir korrespondierten. Ihre Reaktionen haben mich tief berührt, und ich möchte einige Gedanken als eine Art Postscriptum zum Buch zusammentragen – einige Beobachtungen nach der Veröffentlichung, die ich mit zukünftigen Lesern teilen möchte.

Was können Menschen tatsächlich erleben? Diese Frage hatte schon immer revolutionäre Implikationen. Gut dokumentierte Nahtoderfahrungen beispielsweise haben den Irrtum des Glaubens entlarvt, dass alles im Universum auf Materie reduziert werden kann, und so zu dem Paradigmenwechsel beigetragen, der sich heute vom reduktionistischen Materialismus abwendet.

Und doch fürchte ich, dass ich die Leser mit diesem Buch an ihre Grenzen bringe. Ich möchte mich beinahe für die extreme Natur der hier beschriebenen Erfahrungen entschuldigen. Mir ist vollkommen bewusst, dass ich die Leser bitte, Erfahrungen ernst zu nehmen, die selbst progressive Denker als zutiefst problematisch empfinden mögen – die Überwindung der linearen Zeit, das Aufgehen im kollektiven Bewusstsein, das »Herunterladen« von Teilen der schöpferischen Absicht des Universums, das zum Licht werden. Ich verstehe, wie ungeheuerlich diese Behauptungen klingen und in der Tat auch sind.

Hätte ich diese Studie nach nur 10 oder 15 Sitzungen veröffentlicht, wären die Erfahrungen bescheidener und leichter in unsere Realitätsmodelle zu integrieren gewesen. Oder hätte ich mit niedrigeren LSD-Dosen oder sanfteren Psychedelika wie Psilocybin gearbeitet, wären die Ergebnisse eher mit den Daten heutiger Therapieprotokolle vereinbar gewesen. Doch dies ist nicht die Geschichte von *LSD und dem Bewusstsein des Universums*. Im Guten wie im Schlechten: Die Geschichte, die ich hier erzähle, basiert auf einer Reihe vollständig internalisierter, hochdosierter LSD-Sitzungen über einen Zeitraum von zwanzig Jahren. Obwohl ich ein solch extremes Vorgehen heute keinesfalls empfehle, stehe ich zu den Erkenntnissen dieser Reise und bitte meine Leser, mir zu folgen und in das Herz und den Geist unseres außergewöhnlichen Universums zu blicken.

Therapeutische Heilung vs. Spirituelles Erwachen vs. Kosmologische Erkundung

Ein solch extremes Vorgehen erfordert eine deutliche Erweiterung unserer Erwartungen. Ich habe festgestellt, dass manche Leser dazu neigen, meine Erzählungen in ihnen vertrautere Kategorien einzuordnen, etwa die therapeutische Anwendung von Psychedelika zur Heilung der Psyche oder deren spirituelle Anwendung zur Beschleunigung des spirituellen Erwachens. Der Schwerpunkt meiner Arbeit liegt jedoch in der kosmologischen Erkundung, und dies ist ein anderes Unterfangen, das uns dazu anregt, radikalere Möglichkeiten in Betracht zu ziehen.

Manchmal haben Podcast-Interviewer meine frühen Sitzungen mit ihren dramatischen Handlungssträngen und farbenprächtigen Bildern, wie im Kapitel »Einführung ins Universum«, genauer unter die Lupe genommen, spätere Sitzungen, die vergleichsweise inhaltsärmer und daher schwerer verständlich sind, wie im Kapitel »Diamantenes Leuchten«, jedoch übergangen, obwohl diese Erfahrungen für mich persönlich viel wertvoller waren. Manchmal konzentrieren sich Leser auf das Ausmaß des Leides im Buch, als ob dies bedeuten würde, dass etwas falsch gelaufen ist, anstatt die schiere Länge der Reise zu erfassen, die dieses Protokoll ermöglicht – mit ihren vielen Toren und der sich wiederholenden Spirale von Tod und Wiedergeburt. Der Tod des Egos dominiert nach wie vor die Diskussion, und zwar auf Kosten der Anerkennung anderer Formen des Todes, die auf tieferen Ebenen der Initiation stattfinden.

Ich verstehe diese Tendenz, am Vertrauten festzuhalten. Als jemand, der jahrelang darum rang, seine eigenen Erfahrungen zu begreifen, verstehe ich die Herausforderung, dem radikal Unbekannten zu begegnen. Und doch muss ich die Leser genau dazu auffordern, denn dies ist die philosophische Bedeutung der Revolution, in die uns Psychedelika eingeführt haben. Indem sie unser Bewusstsein erweitern, bringen sie das Ferne näher. Wenn wir unser Bewusstsein ein wenig erweitern, stammt das aufsteigende Material meist aus dem nahen Bereich unseres persönlichen Unbewussten. Wenn wir unser Bewusstsein kraftvoll erweitern, kann uns das für unsere göttliche Natur und das Leben öffnen, das alles durchdringt. Eine weitere Erweiterung unseres Bewusstseins kann uns in die tiefsten Tiefen des Kosmos führen, wo es kaum Landkarten gibt.

In den Anfängen kritisierten einige Wissenschaftler Psychedelika als zu einfache »Abkürzung zu mystischen Erfahrungen«. Dabei konzentrierten sie sich jedoch auf den Freizeitkonsum anstatt auf die therapeutische Anwendung von Psychedelika, bei der die schwierige Auseinandersetzung mit dem Schatten stattfindet. In einer systematischen psychedelischen Praxis, deren Ziel nicht flüchtiger Kontakt mit diesen ekstatischen Bereichen, sondern stundenlanges Verweilen in ihnen mit klarer Wahrnehmung und aktiver Absorption ist, gibt es keine Abkürzungen. Mein einziger Kritikpunkt an dieser Methode ist, dass sie den Reinigungsprozess sehr beschleunigt und intensiviert, und durch den spirituell Praktizierende langsamer hindurchgehen können.

Dieser Vergleich greift jedoch zu kurz, denn kosmologische Forschung ist etwas anderes als spirituelles Erwachen. Das intensive Programm, das ich vielleicht unklugerweise gewählt habe, führte mich über die Erleuchtung hinaus tief in den Schmelztiegel der Schöpfung, und die dadurch geforderte Läuterung war umso größer. Ich verstehe spirituelle Lehrer, die meinen Bericht ablehnen und sagen, dass so viel Leid »für spirituelles Erwachen nicht notwendig« sei, und sie haben Recht. Man muss weder die Zeit transzendieren, noch in archetypischer Realität aufgehen oder zum Ursprung des Universums zurückkehren, um sein wahres Wesen zu erkennen oder im Zustand der Nichtdualität und Leerheit zu ruhen. Dies sind zwei völlig verschiedene Wege.

Analogie zur Sonne

Auf der Suche nach einer Analogie zur Verdeutlichung des Unterschieds zwischen spirituellem Erwachen und kosmologischer Erforschung, wende ich mich unserer Sonne zu. Die Temperatur im Zentrum der Sonne erreicht über 27 Millionen Grad, doch bis ihr Licht die 151 Millionen Kilometer entfernte Erde erreicht, hat es sich auf die gemäßigte Temperatur abgekühlt, die uns jeden Morgen begrüßt. Aus ihrem Licht entspringt alles Leben auf unserem Planeten.

In dieser Analogie lässt sich spirituelles Erwachen mit der Öffnung zur Sonne vergleichen – mit der Öffnung für das Geschenk des Lebens, das sie bringt, mit dem Erwachen zur Verbundenheit allen Lebens auf diesem Planeten und dem Anzapfen ihrer enormen Schöpfungskraft in jedem Augenblick. Man entspannt sich in unserer gemeinsamen solaren Natur jenseits der Unterschiede der Arten. Zugegeben, eine begrenzte Analogie, aber eine, die das Thema der Erleuchtung unterstreicht: das Leben in Fülle im Hier und Jetzt, das Wissen um die gegenseitige Abhängigkeit aller Lebensformen und das Ruhen in der Gegenwart, die weder kommt noch geht, weder beginnt noch endet.

Kosmologische Erkundung ignoriert diese Wahrheiten nicht, sondern erforscht dieses Licht tiefer. Auf dieser Reise lassen wir die Erde hinter uns und begeben uns zum Zentrum der Sonne. Im Aufgeben unserer Körper und Grenzen und im Auflösen in ihrer sengenden Hitze, werden wir schließlich selbst zur Sonne werden und erfahren, was nur durch dieses Werden erlernt werden kann. Wir werden zu der Energie, die diesen Planeten und alles, was sich in und auf ihm befindet, erfüllt. Wir umarmen sie und nähren sie mit unserem strahlenden Glanz. Dann, wenn wir Glück haben, werden wir noch weiter geführt. Indem wir in den Kern unseres Sterns eindringen, werden wir vielleicht in *Kommunion mit den Sternen* katapultiert und erleben das Licht, das gleichzeitig von den hundert Milliarden Sternen unserer Galaxie ausstrahlt. Wenn wir sehr viel Glück haben, dehnen wir uns vielleicht noch weiter aus, bis hin zur *Kommunion mit den Galaxien*, und erfahren das gesamte Universum als ein einziges lebendiges Gewebe leuchtender Energie. Wenn die Wirkung dieser heiligen Erfahrung nachlässt, kehren wir zu unserem ruhigen Leben auf unserem Heimatplaneten zurück. Dasselbe Leben, dieselbe Sonne, aber so vieles hat sich verändert.

Ich habe keinerlei Einwände gegenüber denen, die glauben, dass es besser ist, seine Jahre auf der Erde der Kultivierung von Erleuchtung zu widmen als die Tiefenstruktur des Kosmos zu erforschen. Sie mögen Recht haben, und ich habe das selbst schon oft gedacht. Es sind persönliche Entscheidungen, die das eigene Karma und die Lebensumstände widerspiegeln. Ich bitte lediglich darum, diese Unternehmungen als eigenständig zu betrachten. *Kosmologische Erkundung* mag das Erwachen fördern, aber sie dient mehr als nur dem Erwachen. Sie dient unserem Bedürfnis, unser Universum zu verstehen, bewusst an seinen Wundern teilzuhaben und die außergewöhnliche Liebe und Intelligenz, die es erschaffen hat und es in jeder Sekunde durchdringt, unmittelbar zu erfahren. Sie dient unserem Bedürfnis zu verstehen, wie das Leben funktioniert, warum es so schwer ist wie es ist, welchen Sinn unser Leiden hat und was hier entsteht. Sie opfert Leib und Leben, um zu lernen, wie der Kreislauf der Wiedergeburt funktioniert, wohin uns die Reinkarnation führt und wo die Menschheit auf ihrer langen evolutionären Reise steht. Und schließlich dient sie unserer Sehnsucht, zur Quelle zurückzukehren, aus der wir kamen, uns wieder vollständig daran zu erinnern, was wir sind, und den tiefen Frieden und die Stille der Heimkehr zu erfahren.

In diesem Licht betrachtet, glaube ich nicht, dass das Leid, das ich auf meiner Reise durchgemacht habe, unverhältnismäßig zum größeren Ganzen ist. Die Herausforderungen der kosmologischen Erkundung erscheinen mir nicht schwieriger als die Strapazen, die Bergsteiger oder andere Forscher auf sich nehmen. Wenn wir uns für irdische Freuden zu solchen Extremen aufraffen, ist es dann unvernünftig, dies auch für kosmische Freuden zu tun?

Verinnerlichung zeitweiliger Erfahrungen

Spirituelle Praxis zielt auf eine dauerhafte Bewusstseinsveränderung ab, doch der psychedelische Weg ist ein »*Weg der zeitweiligen Versenkung*«. Unsere Aufenthalte im Unendlichen sind nicht von Dauer. Für manche macht dies den psychedelischen Weg zu einem minderwertigen Pfad und einer Ablenkung vom wahren Erwachen.

Das kann er sein, das gebe ich zu, muss es aber nicht. Die Tatsache, dass die Erfahrungen der kosmologischen Erkundung vorübergehend sind, macht sie nicht irrelevant für das spirituelle Erwachen. Im Gegenteil, sie lädt uns ein, zu erkennen, wie selbst vorübergehende Erfahrungen einen nachhaltigen Einfluss auf unser Leben ausüben können.

Wir können unsere visionären Erfahrungen vielleicht nicht unmittelbar nach einer Sitzung vollständig verwirklichen, aber sie verändern den Verlauf unseres Lebens. Selbst ein zeitweiliges Eintauchen in den *Permanenten Zustand* kann unser Leben verändern. Meine Erfahrung ist, dass psychedelische Erfahrungen, wenn sie auf klaren Kontakt und starke Erinnerung ausgerichtet sind, wenn wir sie bewusst wahrnehmen und in unser Leben integrieren, wie *seltsame Attraktoren* wirken und uns durch das gesteigerte Bewusstsein in eine tiefe Verbundenheit mit dem Leben führen.

Die beste Strategie ist meiner Meinung nach, kontemplative und psychedelische Praktiken gleichzeitig zu pflegen, denn die Stärken der einen gleichen die Schwächen der anderen aus. Eine tägliche spirituelle Praxis kann die extremen Energie- und Erkenntnisschübe, die uns während einer Sitzung durchströmen, erden. Umgekehrt kann das Erleben der innewohnenden Lebendigkeit allen Seins, selbst für nur wenige Augenblicke, tiefgreifende Veränderungen bewirken.

Können wir diesen Erfahrungen trauen?

Aber können wir diesen Erfahrungen vertrauen? Sie können so extrem sein, so weit über die Wirklichkeit, wie wir sie gewöhnlich kennen, hinausgehen – wie können wir sicher sein, dass sie das sind, was sie zu sein scheinen? Manche Leser waren von der ontologischen Tragweite meiner Erfahrungen so überwältigt, dass sie nach einer plausibleren Erklärung suchten. Vielleicht sind es einfach nur Echos, die aus den Tiefen meines persönlichen Unbewussten oder des kollektiven Unbewussten unserer Spezies zurückhallen. Vielleicht wurden sie durch meine Ausbildung als Professor für Religionswissenschaft geprägt und stellen somit nur eine erweiterte, sich selbst erfüllende Prophezeiung meiner spirituellen Erwartungen dar. Zwei kluge Kommentatoren – Geoff Ward und Kenneth Ring – haben diese Fragen in klaren und aufrichtigen Diskussionen aufgeworfen.[1]

Ob tiefen psychedelischen Erfahrungen vertraut werden kann, ist eine entscheidende und komplexe Frage, die eine ausführlichere Antwort verdient, als ich sie

1 Ward, Geoff. »The agony and the ecstasy: through hell to get to heaven on a life-changing psychedelic odyssey.« Medium, 18 Nov 2019; Ring, Kenneth and Bache, Christopher. »Are deep psychedelic experiences trustable? An exchange between Ken Ring and Chris Bache.« Medium, 10 June 2020.

hier geben kann. Ich habe diese Frage erstmals in *Dark Night, Early Dawn* in einem Abschnitt mit dem Titel »Die epistemische Rechtfertigung psychedelischer Erfahrungen«[2] und ausführlicher in meinen Antworten an Ward und Ring behandelt.[3] Hier ist nur Platz für ein paar kurze Anmerkungen.

Obwohl ich mich gut mit den Weltreligionen auskannte, begann ich meine psychedelische Arbeit als überzeugter Agnostiker mit einer stark atheistischen Neigung, der den Aufstieg der Wissenschaft und den Bedeutungsverlust der Religion im modernen Denken gut kannte. Nach sieben Jahren im Graduiertenstudium hatte ich mich gänzlich von der Religion distanziert. Meine Dissertation über die Logik religiöser Metaphern kam zu dem Schluss, dass unsere endliche Sprache es uns schlichtweg nicht erlaubt, präzise über das Unendliche zu sprechen, dass jede Diskussion über das Göttliche einem Blick mit Taschenlampen auf die Sterne gleicht. Mit diesen Erwartungen ging ich an meine psychedelische Arbeit heran.

Je tiefer meine Praxis wurde, desto mehr überraschten mich meine Sitzungen und führten mich in Bereiche, die jenseits dessen lagen, was ich mir in den von mir studierten religiösen Traditionen oder dem wissenschaftlichen Weltbild, das sie in meinem Denken widerlegt hatte, vorstellen konnte. Da waren die transtemporalen Landschaften der *Tiefen Zeit,* der Wandel von einem persönlichen zu einem kollektiven Transformationsmodell, die unerwarteten Details des vereinigten Körper-Geistes unserer Spezies und die erschütternden Visionen der Zukunft der Menschheit.

Psychedelische Erfahrung ist partizipatorisch

Ich will damit nicht andeuten, dass meine psychedelischen Erfahrungen unabhängig von meiner persönlichen und kulturellen Prägung waren. Im Gegenteil, in Anlehnung an Jorge Ferrers Erkenntnisse in *Revisioning Transpersonal Theory* vertrete ich die Auffassung, dass alle psychedelischen Erfahrungen *partizipatorisch* sind. Das bedeutet, dass unser Sein den Teil des Universums, den wir in diesen Zuständen erfahren, auf komplexe Weise hervorruft. »Der partizipatorische Ansatz«, schreibt Ferrer, »präsentiert ein enaktives Verständnis des Heiligen, das spirituelle Phänomene, Erfahrungen und Erkenntnisse als *gemeinsam erschaffene* Ereignisse begreift.«[4]

---

2 2000: 26-31

3 Bache, Christopher. »A response to Geoff Ward's review of LSD and the Mind of the Universe.« Medium, 31 July 2020; Ring, Kenneth und Bache, Christopher, »Are deep psychedelic experiences trustable? An exchange between Ken Ring and Chris Bache.« Medium, 10 June 2020.

4 Ferrer, Jorge. »Participatory Spirituality and Transpersonal Theory: A Ten-Year Retrospective.« Journal of Transpersonal Psychology, 2011: 2.

Doch die logische Konsequenz dieser partizipatorischen Sichtweise ist folgende: Je mehr Prägungen wir losgelassen haben, wenn diese Verbindung stattfindet, desto offener und weitreichender sind die Erfahrungen, die entstehen können. Unsere historische Prägung ist der Ausgangspunkt dieses Gesprächs, nicht sein Endpunkt. Aus Kapitel eins dieses Buches:

> *Meiner Erfahrung nach ist das Bewusstsein ein unendlicher Ozean an Erfahrungsmöglichkeiten. Wenn wir diese verstärkenden Substanzen einnehmen, wirkt unser Geist, in den wir uns diesem Ozean öffnen, wie ein Kristallkeim, der bestimmte Erfahrungen aus seinem unendlichen Potenzial katalysiert. Während wir durch diese Begegnungen nach und nach geheilt, gereinigt und transformiert werden, verändert sich der »Kristallkeim« unseres Bewusstseins. In den folgenden Sitzungen werden noch tiefere Erfahrungen aus diesem Ozean katalysiert. Wiederholen wir diesen Prozess viele Male über einen längeren Zeitraum, findet eine Reihe von Initiationen in immer tiefere Bewusstseinsebenen statt und eine sich vertiefende visionäre Verbindung entfaltet sich. (S 44)*

Während ich zwar anerkenne, dass meine persönliche Prägung eine Rolle bei dem spielte, was in meinen Sitzungen geschah, und sicherlich auch bei meiner Interpretation derselben, lautet die entscheidende Frage jedoch: Ist es mir gelungen, die Prägungen meines Lebens vor und während meiner Sitzungen ausreichend aufzulösen, um durch die Filter meiner persönlichen und kulturellen Geschichte hindurchzusehen? Betrachtet man die Details meiner Reise, so wird man meiner Ansicht nach feststellen, dass meine Sitzungen meine Annahmen häufiger erschütterten als bestätigten. Auf vielfältige Weise, die hier nicht alle aufgeführt werden können, lässt sich das übergreifende Muster erkennen: Meine berufliche Ausbildung und meine persönlichen Erwartungen wurden im Verlauf der Sitzungen immer wieder infrage gestellt und neu definiert.

Darüber hinaus denke ich, dass es im Wesentlichen von zwei Faktoren abhängt, ob man diesen Erfahrungen Glauben schenken kann: 1) ob sie sich in der Arbeit anderer Psychonauten wiederfinden und 2) von der Qualität der Erfahrungen selbst. Mit »wiederfinden« meine ich, dass die Strukturen, Kategorien und Erkenntnisse meiner Erfahrungen auch in den Sitzungen anderer Menschen sichtbar sind. Hierbei möchte ich auf die große Übereinstimmung zwischen meinen Erfahrungen und den psychedelischen Erfahrungen hinweisen, die Stanislav Grof von Hunderten von Probanden gesammelt und veröffentlicht hat. Ich mag mit dem von mir angewandten extremen Protokoll die Grenzen des Erfahrungsfähigen erweitert haben, doch die Übereinstimmung zwischen meinen und ihren Berichten ist eindeutig.

Letztendlich ist es wohl der besondere Charakter der Erfahrungen selbst, der die größte Erkenntniskraft besitzt. So viele unserer Erwartungen verglühen in diesen feurigen Tiefen, wenn wir in die Größere Wirklichkeit eintreten. Wenn man sich wiederholt für kohärente Ebenen visionärer Erfahrung öffnet, wenn die daraus gewonnenen Erkenntnisse atemberaubend klar und schlüssig sind und wenn das Wissen einen in transzendentale Ekstase und zurück trägt, dann kann ich nicht anders, als glauben, dass hier etwas Verlässliches vorliegt. Ich würde keine Stunde des Eintauchens in das Diamantene Leuchten gegen jahrelange verifizierbare Erfahrungen in Raum und Zeit eintauschen, so groß ist die Wahrheit und Kraft dieser Begegnung. Doch ich weiß, dass diese Einschätzung bei denen, die diese Zustände selbst erfahren haben, stärker Anklang finden wird als bei denen, die sie nicht erfahren haben.

Wir befinden uns noch in den Anfängen der Erforschung der außergewöhnlichen Potentiale, die diese Substanzen in uns freisetzen. Mit der Zeit werden wir unweigerlich über die Nutzung von LSD zur Heilung von Lebenswunden hinausgehen und beginnen, mit ihm die Grundlagen des Lebens selbst zu erforschen. Wenn meine Schlussfolgerungen in diesem Buch heute radikal erscheinen mögen, wird dies in den kommenden Jahren weniger werden.

Tiefer Dank

Zum Schluss möchte ich allen Lesern, die mir geschrieben haben – Psychonauten wie Meditierenden – meinen tiefen Dank aussprechen. Danke, dass Ihr mir mitgeteilt habt, dass meine Sitzungen euch berührt haben und dass allein das Lesen manchmal Erinnerungen und Initiationserfahrungen in Euch ausgelöst hat. Danke, dass Ihr Eure Geschichten mit mir geteilt und Eure Erfahrungen verglichen habt. Und schließlich danke ich Euch für Eure Eingebungen bezüglich der neuen Menschheit, die in der Geschichte auftaucht. Denn in diesem Übergang gehen wir alle Hand in Hand.

ANHANG I

WAS STIRBT UND WIRD WIEDERGEBOREN?

Meine psychedelische Reise erzeugte einen sich wiederholenden Zyklus von Tod und Wiedergeburt, der mich systematisch in immer tiefere Ebenen des Bewusstseins einführte. Dies wirft eine Frage auf, die zum Nachdenken anregt: Was genau ist das Sterben und die Wiedergeburt in dieser Spirale der Initiation? Auf den tieferen Ebenen gibt es oft ein akutes Gefühl des Sterbens, aber worauf bezieht sich dieses Gefühl? Stirbt das Ego einfach immer wieder, oder steckt da mehr dahinter? Ich möchte kurz vier sich überschneidende Antworten auf diese Frage vorschlagen.

Das Ego

In den frühen Stadien der Reise stirbt unsere physische Identität, das Körper-Geist-Ich. Was stirbt, ist das Bündel von Gewohnheiten, Überzeugungen und Fähigkeiten, die durch unsere irdische Geschichte entstanden sind. Wir müssen alles loslassen, was unsere physische Existenz uns gesagt hat, dass wir sind, um das zu betreten, was jenseits der physischen Existenz liegt. Aber in späteren Sitzungen, nachdem das Ego seinen Griff auf unser Bewusstsein aufgegeben hat, was genau stirbt dann?

Das kollektive Ego

Wenn sich das Rad von Tod und Wiedergeburt auf der subtilen Ebene des Bewusstseins dreht, wo die Tode weitgehend kollektiv sind, ist das, was stirbt, meiner Meinung nach ein Teil des kollektiven Egos. Wenn sich der Patient in diesen Sitzungen über die persönliche Psyche hinaus auf die kollektive Psyche ausdehnt, dann ist das, was angegangen, geheilt und schließlich transzendiert wird, eine Matrix von Erinnerungen, die im kollektiven Unbewussten gehalten wird und zu unserer Selbstidentität als Spezies beiträgt. Obwohl wir an diesen Toden teilnehmen und sie akut spüren, hat sich das, was »wir« in diesem Stadium sind, verlagert. In diesen Sitzungen sind wir nicht mehr unser privates Selbst, sondern haben uns erweitert, um einen Aspekt des kollektiven Bewusstseins mit einzubeziehen.

Den Puls des Lebens, den man in diesen Stunden fühlt, ist der Puls der Menschheitsgeschichte. Die COEX-Systeme, die sich in diesen Übungen auflösen, sind keine persönlichen Komplexe, sondern META-COEX-Systeme innerhalb des kollektiven Unbewussten. Die Intelligenz, die diese kollektive Wiedergeburt initiiert und leitet, ist nicht das höhere Selbst des Einzelnen, sondern so etwas wie das höhere Selbst der menschlichen Spezies, die archetypische Intelligenz, die uns mit der Schöpferischen Intelligenz des Universums verbindet.

Angesichts des therapeutischen Charakters meiner Arbeit im Ozean des Leidens ist meine Beschreibung des Ego-Tods der Spezies in *Dark Night, Early Dawn* und in diesem Buch in die Richtung gegangen, das Trauma von Schmerz und Gewalt zu lösen, aber viele der META-COEX-Systeme, die unsere kollektive Identität formen, haben nichts mit akutem Leiden zu tun. Viele sind einfach kulturell eingeprägte Gewohnheiten, die unser Gefühl für das, was wir sind und wer wir sein können, einschränken. Ein Teil des kollektiven Egos stirbt zum Beispiel immer dann, wenn wir eine tiefe Erfahrung der Überschreitung kultureller Verbote oder konventionellen Denkens machen. Die Öffnung für ekstatische transpersonale Landschaften kann dazu beitragen, kollektive Glaubenssysteme aufzulösen, die unser Gefühl der Verbundenheit miteinander und mit dem Universum einschränken. Die Befreiung unserer Spezies hat viele bewegliche Komponenten.

Doch was ist das Sterben, wenn sich die Spirale von Tod und Wiedergeburt weiterdreht, nachdem unsere Arbeit auf der kollektiven Ebene ihren Lauf genommen und ihren Abschluss gefunden hat? So weitreichend die Realität des kollektiven Egos auch sein mag, letztlich ist es ein anthropozentrisches Phänomen. Im Kontext des riesigen Kosmos ist unser Artenbewusstsein eine relativ kleine Sache. Früher oder später wächst die transpersonale Erfahrung über diese menschlichen Proportionen hinaus, und wir müssen nach umfassenderen Erklärungen für das suchen, was in diesen späteren Sitzungen stirbt.

Die Schamanische Persona

Um zu verstehen, was in meinen Sitzungen zu diesem Zeitpunkt geschah, habe ich das Konzept der *Schamanischen Persona*[1] eingeführt.

Ich denke, alle Reisenden haben die Erfahrung gemacht, dass wir uns nach dem Ende einer Sitzung manchmal nicht mehr an alle Erfahrungen und Erkenntnisse erinnern können, die wir während der Sitzung gemacht haben. Und doch, wenn wir in der nächsten Sitzung wieder in den psychedelischen Zustand eintreten, ist dieses »fehlende Wissen« wieder präsent und wartet auf uns. Irgendetwas in unserer Psyche

---

1 Bache 2014; 2015.

hat sich an unsere Erfahrungen auf einer Ebene erinnert, die tiefer liegt als unsere egoische Identität. In ähnlicher Weise haben wir zu Beginn unserer Sitzungen oft das Gefühl, unsere »psychedelische Identität« wiederzuerlangen, eine stabile transpersonale Identität, die uns aus unseren früheren Sitzungen vertraut ist und tiefer liegt als unsere egoische Identität. Wenn wir in den psychedelischen Zustand eintreten, gehen wir wieder »mit den Alten.«

Ich möchte vermuten, dass sich durch das wiederholte Öffnen und Schließen des Bewusstseins in unseren Sitzungen ein halbautonomes, zustandsabhängiges Bewusstsein bildet, das alle unsere psychedelischen Erfahrungen speichert und integriert, einschließlich derer, die unser Ego-Selbst nicht speichern kann. Dieses Bewusstsein erinnert sich nicht nur an unsere Erfahrungen, sondern bewahrt auch das Wissen und die Fähigkeiten, die wir dabei erworben haben. Ich nenne dieses psychedelisch erzeugte Selbstbewusstsein die *Schamanische Persona.* Die Schamanische Persona spiegelt die natürlich verbindende Kraft des Lebens wider. Das Leben erinnert sich an seine Erfahrungen auf allen Ebenen und hält an ihnen fest, wie Rupert Sheldrake und Ervin László argumentiert haben.[2]

Die Schamanische Persona kann als zustandsabhängiges Alter Ego betrachtet werden. Indem ich diese Entität als Schamanische *Persona* bezeichne, will ich nicht suggerieren, dass sie eine maskierende Funktion hat, sondern lediglich darauf aufmerksam machen, dass es sich um eine lebendige Identität handelt, die sich mit der Vertiefung unserer psychedelischen Erfahrungen verändert. Man könnte sie auch als das *Schamanische Selbst*[3] bezeichnen.

Je mehr transpersonale Erfahrungen wir in unseren Sitzungen gesammelt haben, desto stärker wird unser Schamanisches Selbst sein. Wenn unsere psychedelischen Erlebnisse chaotisch und fragmentiert waren, wird unser Schamanisches Selbst schwächer sein. Wenn unsere Erfahrungen gut fokussiert und klar waren, wird es stärker und stabiler sein. Je erfolgreicher wir unsere psychedelischen Erfahrungen in unser Bewusstsein integriert haben, desto »näher« und vertrauter fühlt sich unser Schamanisches Selbst mit unserem gewöhnlichen Selbstgefühl an. Es wird sich mehr wie »wir« anfühlen, eine natürliche Erweiterung unserer irdischen Identität. Umgekehrt wird

2 Sheldrake 1981; 1988; 1991, und László 1995; 2003; 2004: 2014.

3 Ego-State-Psychologie hat gezeigt, dass diese Aufteilung der Erfahrung ein gemeinsames Merkmal unserer psychologischen Verfassung ist. Viele Bereiche unseres inneren Lebens haben diese abgekapselte, halbautonome Qualität. Wenn ich diese Parallele zu den Ich-Zuständen ziehe, möchte ich jedoch eine Einschränkung hinzufügen. Die Ego-State-Psychologie neigt dazu, Ich-Zustände als Reaktion auf ein Trauma zu betrachten. Die schamanische Persönlichkeit hingegen entsteht aus einem Überschuss an Segnungen, aus der Erweiterung unseres Erfahrungshorizonts in psychedelischen Bewusstseinszuständen. Zur Ego-State-Psychologie siehe Emmerson (2007), Rowan (1990), Watkins (1987) und Zinser (2011).

sich unser Schamanisches Selbst umso »entfernter« und »fremder« anfühlen, je weniger gut unsere Erfahrungen integriert waren – sei es, weil wir die Sitzungen schlecht gemanagt haben oder weil der Inhalt einer Sitzung besonders tief war.

Da die Schamanische Persona eine Synthese aus einer spezifischen Reihe von Erfahrungen ist, ist sie eine spezifische Einheit mit einer spezifischen Identität. Sie ist kein Archetyp. Sie ist die lebendige Erinnerung an unsere einzigartige psychedelische Geschichte, und als solche hat sie den Charakter und die Grenzen dieser Geschichte in sich aufgenommen. Eine Schamanische Persona, die eine stabilisierte Erfahrung auf der psychischen Ebene verkörpert, ist zum Beispiel eine ganz andere Entität als eine Schamanische Persona, die eine stabilisierte Erfahrung auf der subtilen Ebene oder auf der kausalen Ebene verkörpert. Mit »stabilisierter Erfahrung« meine ich, dass wir eine bestimmte Bewusstseinsebene oft genug betreten haben, sodass wir uns an das Gebiet gewöhnt und uns mit dem Terrain vertraut gemacht haben. Unser psychophysisches System hat die notwendigen Reinigungen und Anpassungen durchlaufen, damit wir auf dieser Ebene ein kohärentes Bewusstsein und ein gutes Erinnerungsvermögen aufrechterhalten können.

Ich denke, dass das Konzept der Schamanischen Persona eine dritte Ebene auf die Antwort dessen hinzufügt, was in diesem ständigen Kreislauf von Tod und Wiedergeburt stirbt und wiedergeboren wird. Wenn unser Bewusstsein beginnt, sich für Bewusstseinsebenen zu öffnen, die tiefer sind als die Ebenen, die wir bisher erlebt haben, muss unsere gesamte psychedelische Geschichte diesem Neuland weichen. Genauso wie unsere irdische Identität im Ego-Tod stirbt, müssen unser angesammeltes psychedelisches Wissen und die auf *diesem Wissen basierende seelische Identität sich* ergeben und sterben, bevor ein noch tieferer Modus des transpersonalen Bewusstseins in unseren Sitzungen voll zum Vorschein kommen kann. Im Wesentlichen ist das, was meiner Meinung nach bei diesen späteren Öffnungen stirbt, unsere Schamanische Persona, die lebendige Erinnerung an unsere psychedelische Geschichte. Obwohl sich der Tod der Schamanischen Persona wie ein persönlicher Tod anfühlen mag, ist es nicht das Ego, das hier stirbt, sondern eine tiefere Identität, die in unseren Sitzungen geboren wurde. Es ist eine Hybrid-Identität, die sowohl persönlich als auch transpersonal ist und in die viele transpersonale Erfahrungen eingeflochten sind.

Bei einem anhaltenden psychedelischen Heilverfahren kann unsere schamanische Persönlichkeit mehrmals sterben und wiedergeboren werden, da sich immer wieder neue Realitätsebenen öffnen. Nach dem Ego-Tod entsteht eine Schamanische Persona als lebendige Integration unserer frühen transpersonalen Erfahrungen. Wenn sich unsere Erfahrung in den folgenden Sitzungen weiter vertieft, wird diese erste Schamanische Persona schließlich aufgeben und sterben müssen und eine zweite Schamanische Persona gebären, die unsere neuen transpersonalen Erfahrungen integriert. Diese zweite Persona wird die Erinnerungen und das Wissen der ersten Persona beibehalten und ihr das neue Wissen und die Fähigkeiten hinzufügen, die wir auf dieser zweiten Ebene erworben haben. Wenn wir die Grenzen der Erfahrung weiter verschieben, wird früher oder später auch diese zweite Schamanische Persona aufgeben müssen, damit sich eine noch tiefere Dimension des Bewusstseins öffnen und voll funktionsfähig werden kann.

Dieses Muster von aufeinanderfolgenden Toden und Wiedergeburten ist der natürliche Rhythmus aller Identitäten, die auf dem psychedelischen Pfad auftauchen. Die *Essenz* dieser Identitäten, wie alle Identitäten in der Welt von Samsara, ist das Absolute, aber die Form, die diese Identitäten annehmen, spiegelt die wechselnde Tiefe und Weite unserer Erfahrung wider. Letztendlich gewöhnt man sich einfach an die fließende Natur aller Bezugspunkte innerhalb unseres riesigen, selbstbewussten Universums.

Eine Dimension des Kosmos

Lass mich nun eine vierte Antwort auf die Frage vorschlagen, was in unseren Sitzungen stirbt und wiedergeboren wird, indem ich auf die Konzepte der psychischen, subtilen und kausalen Ebenen der Erfahrung zurückgreife.

Die Erfahrungsfäden, aus denen sich die schamanische Persönlichkeit auf der psychischen Bewusstseinsebene zusammensetzt, sind in der Regel persönlicher und seelenzentrierter Natur, wie wir in Kapitel 5, »Tiefe Zeit und die Seele«, gesehen haben. Auf der niedrigen subtilen Ebene, wo die kollektiven Muster zu überwiegen beginnen, werden die Fäden zunehmend kollektiv und unsere gesamte Spezies umfassen. Auf höheren subtilen Ebenen, wo die Ströme der Erfahrung archetypischer sind, werden die Fäden der schamanischen Persönlichkeit entsprechend archetypisch. Wenn wir diese Entwicklung in die kausalen Ebenen des Bewusstseins fortsetzen, werden die Fäden dieser Erfahrungen so universell, dass die Kategorie der Schamanischen Persona zu klein wird, um angemessen zu beschreiben, was in diesen Zusammenbrüchen stirbt und wiedergeboren wird.

Für mich ist die Kategorie der Schamanischen Persona immer mit einem Hauch von Selbstliebe behaftet; sie ist eine Erweiterung und Ergänzung meiner individuellen Identität. Als solche ist sie eine zu kleine Einheit, um die Erfahrungsqualität dieser späteren Tode zu beschreiben, zumindest so, wie ich sie erlebt habe. Es mag zwar immer noch zutreffen, aber für sich genommen ist das eine unvollständige Beschreibung. Es ist klar, dass wir hier Stadien auf einem Kontinuum markieren, aber irgendwann ist es notwendig, zu versuchen, diese fortgeschrittenen Übergänge in einem größeren Bezugsrahmen begrifflich zu fassen. Aber hier endet der klare Weg, und die

Dinge werden unsicherer. An diesem Punkt kann ich nur meine Ahnungen teilen, die sich im Laufe der Jahre gebildet haben.

Wie beschreibt man den größeren Lebensbogen, der in diesen fortgeschrittenen Zusammenbrüchen zum Vorschein kommt? Wie viel können wir wirklich über die Rolle wissen, die diese Mega-Todesfälle im tieferen Gewebe des Lebens spielen können? Welchen Bedarf an einer »Wiedergeburt« haben solch tiefe Ebenen der Realität überhaupt? Ich kenne die endgültige Antwort auf diese Fragen nicht, aber ich glaube, wir sollten damit beginnen, alles, was in unserer psychedelischen Praxis geschieht, aus dem Blickwinkel der Großen Kette des Seins als Ganzes zu betrachten.

Lass mich mit einer Beobachtung beginnen, die ich auf den letzten Seiten von *Dark Night and Early Dawn* machte:

> Um Ken Wilbers Vokabular zu gebrauchen: Wenn wir ein Holon sind, das als Teil in einer Reihe von immer größer werdenden Ganzheiten funktioniert, dann kann die Dynamik von Tod und Wiedergeburt verschiedene Funktionen für verschiedene Realitätsebenen haben, die alle gleichzeitig realisiert werden. Aus der Perspektive des kleineren Holons kann der Effekt von Tod und Wiedergeburt zum Beispiel die Befreiung in das Größere sein, während der Effekt desselben Übergangs aus der Perspektive des größeren Holons darin bestehen kann, ihm einen größeren Zugang zu und eine Integration mit dem kleineren Feld zu ermöglichen. Ein Ereignis, das als spiritueller »Aufstieg« von unten funktioniert, kann gleichzeitig als »Abstieg« von oben fungieren (Bache 2000, 298).

Diese Erkenntnis lädt uns dazu ein, die Dynamik von Tod und Wiedergeburt mehrdimensional zu betrachten. Es ist eine Einsicht, die sich über mehrere Ebenen der Realität generalisiert. Auf der subtilen Ebene des Bewusstseins können Tod und Wiedergeburt beispielsweise ein Portal öffnen, das nicht nur dazu dient, zerstörerische Energien aus dem Geist der Spezies abzuleiten, sondern auch dazu, dem Geist der Spezies heilende Energien aus einer höheren Quelle zuzuführen, wie die in Kapitel 8 beschriebenen Sitzungen zeigen. Auf noch tieferen Ebenen können solche Portale es ermöglichen, dass eine beliebige Anzahl von transzendentalen Segnungen direkt in niedrigere Existenzordnungen einfließen. Es stellt sich also die Frage: Wie beeinflusst das Hinzufügen dieses Prinzips der Infusion von Oben die Frage, wie wir verstehen können, was auf diesen tiefen Ebenen der psychedelischen Erfahrung stirbt und wiedergeboren wird?

Ich möchte mich hier auf Sri Aurobindos involutionäre/evolutionäre Kosmologie stützen, weil sie stark mit der Kosmologie übereinstimmt, die in der psychedelischen Arbeit auftaucht, wie Stan Grof in seinem wunderbaren Buch *The Cosmic Game* gezeigt hat. Nach Sri Aurobindo werden in der kaskadenförmigen Involution* des Göttlichen viele Ebenen der Existenz erschaffen. Während diese Ebenen von »oben« durchlässig sein mögen, sind sie von »unten« weniger durchlässig. Wie bei einem Blick durch eine Reihe von Einwegspiegeln sieht das Göttliche, wenn es »nach unten« blickt, alles, was es geworden ist, aber wenn es von niedrigeren Ebenen »nach oben« blickt, sieht das Göttliche weniger.[4]

Wenn es uns, die wir unten sind, entweder durch harte Arbeit oder durch Gnade gelingt, Zugang zu einigen dieser höheren Ebenen zu erhalten, findet manchmal ein besonderer Zauber statt.

Nehmen wir einmal an, dass es uns durch die feurigen Übungen der Erforschung der Psyche gelungen ist, die Erfahrung auf der hohen subtilen Ebene des Bewusstseins zu stabilisieren. Um diese Ebene zu erreichen, hat sich das, was »wir« sind, verändert. Wir sind nicht mehr unser privates Selbst, sondern sind vorübergehend zu einem Aspekt der subtilen Ebene der Realität geworden. In unseren Sitzungen leben wir als eine Lebensform, die diese anspruchsvolle Luft atmet. Wenn sich durch weitere Übungen ein Tor zu noch tieferen Ebenen des Bewusstseins auf der kausalen Ebene öffnet, kann meiner Erfahrung nach eine kosmische Verbindung zwischen dem kausalen und dem subtilen Bereich entstehen. Tiefes verbindet sich mit Tiefem. Wenn verschiedene Ebenen spiritueller Realität bewusst miteinander in Verbindung treten, sei es auch nur für ein paar Stunden, scheint dies das Gewebe der Existenz zu nähren und ihm Freude zu schenken, da sich das »Unten« an das »Oben« erinnert und die Segnungen des »Oben« freier in das »Unten« fließen. Was hier geschieht, ist ein kosmischer Tanz zwischen den tiefen Ebenen des göttlichen Gewebes. Es ist Gott, der mit Gott kommuniziert und sein sich selbst manifestierendes, selbstentstehendes Wesen auf eine Weise nährt, die wir vielleicht erahnen, aber vielleicht nie ganz begreifen können.

Was stirbt und wird wiedergeboren in diesen fortgeschrittenen Zyklen von Tod und Wiedergeburt? Jenseits des Egos, jenseits des kollektiven Egos, jenseits der Schamanischen Persona ist das, was »stirbt«, meiner Meinung nach etwas von wahrhaft kosmischem Ausmaß. Etwas tief im Gefüge des Universums gibt sich hin und wird in dieser Hingabe von Oben genährt. Eine Dimension der Existenz, die außerordentlich groß ist, erwacht vollständiger zu sich selbst, und sehr zu unserer Überraschung scheint das Göttliche unsere Mitarbeit bei der Ermöglichung dieser Gemeinschaft wirklich zu schätzen.

---

4 Grof 1998; Aurobindo 1987: Satprem 1993.

ANHANG II

DIE GRENZEN DER ASTROLOGISCHEN KORRESPONDENZ VERSCHIEBEN

Stanislav Grof und Richard Tarnas haben die kühne Hypothese aufgestellt, dass es eine Korrespondenz zwischen den Erfahrungen der Menschen in tiefen nicht-alltäglichen Bewusstseinszuständen und den Rhythmen unseres Sonnensystems gibt. Grof schreibt:

> Diese Arbeit hat gezeigt, dass die Astrologie, insbesondere das Studium planetarer Transite, sowohl den archetypischen Inhalt nicht-alltäglicher Bewusstseinszustände als auch den Zeitpunkt, zu dem bestimmte Zustände am wahrscheinlichsten auftreten, vorhersagen und erhellen kann. (Grof 2009, 51)

Ich begrüße diesen Vorschlag, frage mich aber auch, ob es einschränkende Bedingungen gibt, die gelten. Gelten die astrologischen Zusammenhänge, die für die frühen Stadien unserer psychedelischen Reise gelten, auch für die späteren Stadien, nachdem man den perinatalen Prozess durchlaufen und den Ego-Tod hinter sich gelassen hat? Unsere Planetentransite spiegeln den Moment unserer Geburt wider und sind daher Teil der Matrix der Raumzeit. Wenn unsere Sitzungen uns wiederholt über die Raumzeit und sogar über die archetypische Realität selbst hinausführen, verblasst dann diese planetarische Korrespondenz? Gibt es einen Abschwächungseffekt, wenn wir uns in immer tiefere Bewusstseinszustände begeben? Oder ist es so, dass, solange wir einen Körper hier auf der Erde haben, unser Eintritt in *irgendeinen* Bewusstseinszustand, egal wie expansiv oder weit entfernt von der physischen Realität, sich immer im Rhythmus mit dem Puls unserer persönlichen und globalen Transite bewegen wird? Ich betrachte dies als eine offene Frage.

Geburtsinformationen von Christopher Bache
Juli 1949, 10:46 Uhr, Vicksburg, Mississippi

Daten der Sitzungen

Die Grenze zwischen Geburt und Tod überschreiten

24. November, 1979
18. Dezember 1979
17. Mai 1980
01. Juli 1980
13. Dezember 1980
27. Februar 1981
03. Juli 1981
05. September 1981
26. September 1981
21. Mai 1982

Der Ozean des Leidens & Tiefe Zeit und Seele

04. August 1982
28. Dezember, 1982
26. Februar 1983
25. März. 1983
15. 29. April, 1983
29. Juli, 1983
03. September 1983

Einweihung ins Universum

04. Juli 1990
29. Juli 1990
01. August 1990
13. Januar 1991
17. Februar 1983
27. April 1991
24. Juli 1991

Die größere Wirklichkeit der archetypischen Realität

04. August 1991
20. Oktober, 1991
08. Dezember 1991
28. Februar 1992
29. März 1992
05. April 1992
02. Mai 1992
15. Juni 1992
08. Juli 1992
02. Januar 1993
06. Januar 1993

Segnungen der Gnade

02. Februar 1993
03. April 1993
07. Mai 1993
27. Juni 1993
06. August 1993
03. August, 1993
01. Oktober 1993
01. Dezember 1993

Die Geburt des zukünftigen Menschen[1]

22. 07. Februar 1991
23. 27. April 1991
24. 24. Juli 24, 1991
28. 28. Februar 1992
29. 29. März 1992
31. 02. Mai 1992

---

1 Die hier aufgelisteten Sitzungen folgen nicht der linearen Abfolge, die in den anderen Kapiteln dargestellt ist, weil ich in diesem Kapitel Teile von Sitzungen zusammenfasse, die über einen Zeitraum von fünf Jahren verteilt sind. Die tatsächliche chronologische Abfolge der Sitzungen bewegt sich daher von Kapitel 8, »Segnungen«, bis Kapitel 10, »Diamantenes Leuchten«.

39. 27. Juni 1993
43. 11. Dezember 1993
47. 05. Juli 1994
55. 15. Dezember 1995

Diamantenes Leuchten

15. Januar, 1994
08. Februar 1994
10. Juni 1994
15. Juli 1994
07. August 1994
07. Oktober 1994
13. Januar, 1995
24. März 1995
02. Juni 1995

Herbst 1995
(genaues Datum nicht erfasst)

03. November 1995
15. Dezember 1995
26. Januar 1996
09. Februar 1996
06. März 1996
20. März 1996
21. April, 1996
15. Juni 1996
06. September 1996
25. Oktober 1996
12. Januar, 1997
15. Mai 1997
20. Juni 1997
02. August 1997

QUELLENANGABE

Almaas, A. H.: *Runaway Realization*, Shambhala Publications, Boston 2014
Almeder, Robert: *Death and Personal Survival,* Littlefield Adams, Lanham Md. 1992
Alverga, Alex Polari de: *Forest of Visions*, Park Street Press, Rochester Vt. 1999
Aurobindo, Sri: *The Essential Aurobindo,* Edited by Robert McDermott, Lindisfarne Books, Herndon 1987
Bache, Christopher: »*On the mergence of Perinatal Symptoms in Buddhist Meditation*«, Journal for the Scientific Study of Religion 20: 339-50; 1982
—»*A Reappraisal o f Teresa o f Avila's Supposed Hysteria*«, Journal of Religion and Health 24: S 21-30, 1985
—*Das Buch von der Wiedergeburt,* Fischer-Verlag, Frankfurt 2018
—»*Mysticism and Psychedelics: The Case of the Dark Night*« Journal o f Religion and Health 30: 215-36, 1991
—»*A Perinatal Interpretation of Frightening NDEs: A Dialogue with Kenneth Ring*«, Journal of Near Death Studies 13, Nr. 1: 25-45; 1994
—»*Expanding Grof's Concept o f the Perinatal: Deepening the Inquiry into Frightening NDEs*«, *1996*
—*Dark Night, Early Dawn.* State University of New York Press, Albany 2000
—»*Reincarnation and the Akashic-Field: A Dialogue with Ervin Laszlo*«, World Futures 62: 114-26, 2006
—*The Living Classroom,* State University of New York Press, Albany 2008
—»*The Collective Dynamics of Contemplative Practice*«, In Meditation and the Classroom, edited by Fran Grace and Judith-Simmer Brown, 65-74. State University of New York Press, Albany 2011.
—»*Teaching in the New Paradigm*«, Spanda Journal III, no. 1: 173-79; 2012
—»*Reflections on the Mystery of Death and Rebirth in LSD Therapy*« In *Seeking the Sacred with Psychoactive Substances*, vol. 2, edited by J. Harold Ellens, 227-49. Santa Barbara, Californien 2014
—»*Death and Rebirth in LSD Therapy: An Autobiographical Study*« Journal of Transpersonal Research Nr. 1: 80-94, 2015
—»*Meet the Professor Who Self Administered 73 High-Dose LSD. Session.*« Interviewed by Z. Biehl. Psymposia website; September 5. 2017
Badiner, Allen and Alex Grey, Hrsg.: *Zig Zag Zen,* San Francisco 2002
Baring, Anne: *The Dream of the Cosmos*, Archive Publishing, Dorset/England 2013
Berry, Thomas: *The Dream of the Earth,* Sierra Club Books, San Francisco 1988
—*The Great Work*, Bell Tower/Random House, New York 1999
Blewett, D. B, N. Chwelos: *Handbook for the Therapeutic Use of Lysergi Acid Diethylamide- 25; 1959*
—*Individual and Group Procedures*, edition - OCR by MAPS. Edits by Erowid 2002
Bowman, Carol: *Mama, ich war schon einmal erwachsen*, AMRA Verlag, Hanau 2020
—*Ich werde wieder bei dir sein.* AMRA Verlag, Hanau 2016
Carhart-Harris, Robin, Mendel Kaelen, Mark Bolstridge, T. M. Williams, L. T. Williams, R. Underwood, Amanda Feilding, and David J. Nutt: »*The Paradoxical Psychological Effects of Lysergic Acid Diethylamide (LSD).*« Psychological Medicine 2016

Clark, W. C.: *»Religion and the Consciousness-Expanding Substances«*, In Religion Ponders Science, edited by E. Booth. Appleton-Century, New York 1964
—*Chemical Mysticism,* Sheed and Ward. Cranston, Sylvia, and Carey Williams, New York 1984.
— *Reincarnation.* Julian Press, New York 1969
Dalai Lama, His Holiness: *Die Welt in einem einzigen Atom*, Kamphausen Verlag, Berlin 2005
Alighieri, Dante: *Die Göttliche Komödie,* Diogenes, Zürich 1998
Devereux, Paul: *The Long Trip,* Penguin/Arkana, New York 1997
Diamond, Jared: *Kollaps,* Fischer-Verlag, Frankfurt 2011
Edwards, Paul: *»The Case Against Reincarnation«*, Parts I-IV.Free Inquiry 6; 1986/1987.
—*Reincarnation,* Prometheus Books, New York 1996
Eisenstein, Charles: *Die Renaissance der Menschheit,* Scorpio-Verlag, München 2012
Elgin, Duane: *Awakening Earth.* Morrow, New York 1993
—*Promise Ahead,* Morrow, New York 2001
Ellens, J. Harold, Hrsg.: *Seeking the Sacred with Psychoactive Substances,* Vols. 1 and 2. Praeger, Santa Barbara, Calif. 2014
Emmerson, Gordon: *Ego State Therapie,* Ernst-Reinhard-Verlag, München 2014
Ferrer, Jorge: *Revisioning Transpersonal Theory,* State University of New York Press, Albany 2002
—*»Participation, Metaphysics and Enlightenment: Reflections on Ken Wilber's Recent Work«*, Transpersonal Psychology Review 14, no. 2: 3-24; 2011a
—*»Participatory Spirituality and Transpersonal Theory: A Ten-Year Retrospective«*, Journal of Transpersonal Psychology 43, no. 1: 1-34; 2011b
—*»Participation and Spirit: An Interview with Jorge N. Ferrer«*, Journal of Transpersonal Research 5, no. 2: 97-111; 2013
Ferrer, Jorge and Justin Sherman, Hrsg.: *The Participatory Turn,* State University of New York Press, Albany 2008
Fiore, Edith: *You Have Been Here Before,* Ballantine Books, New York 1978
Forte, Robert, Hrsg.: *Entheogens and the Future of Religion,* Council on Spiritual Practices, San Francisco 1997
Gilding, Paul: *Die Klimakrise wird alles ändern, und zwar zum Besseren*, Herder Verlag, Freiburg 2012
Grof, Stanislav: *Topographie des Unbewussten,* Klett Coda, Stuttgart 1978
—*LSD- Psychotherapie*, Klett Coda, Stuttgart 1983
—*Beyond the Brain,* State University of New York Press, Albany 1985
—*Das Abenteuer der Selbstentdeckung,* Kösel Verlag, München 1987
—*The Cosmic Game,* State University of New York Press, Albany 1998
—*Die Psychologie der Zukunft,* Astrodata, Wettwil/Schweiz 2002
—*The Ultimate Journey,* Multidisciplinary Association for Psychedelic Studies, Ben Lomond, Calif. 2006
—*»Holotropic Research and Archetypal Astrology«* Archai: The Journal of Archetypal Cosmology 1: 50-66; 2009
—*»Two Case Studies: An Archetypal Astrological Analysis of Experiences in Psychedelic Sessions and Spiritual Emergencies*.« Archai: The Journal o f Archetypal Cosmology 4: 111-26; 2012
Hames, Richard: *»The Real Global Emergency-An Essay in Hope.«* An address given in Bangkok, 6. February 2010
Harvey, Andrew: *»Servant of a Transformed Future: A Meeting with Bede Griffiths«* Alternatives Magazine, no. 33; 2005

Havens, Joseph: »*Memo on the Religious Implications of Consciousness Changing Drugs*« Journal; for the Scientific Study of Religion 3: 216-26; 1964
Hawken, Paul: *The Ecology of Commerce,* HarperCollins, New York 1993
—Blessed Unrest. Penguin, New York 2007
Houston, Jean: *Jump Time,* Sentient Publications, Boulder, Colo. 2004
Hubbard, Barbara Marx: *Conscious Evolution,* New World Library, Novato, Californien 1998
—*Emergence;* San Francisco: Hampton Roads. Husserl, Edmund,(1931) 2013. Ideas. Routledge, New York 2001
Huxley, Aldous: *Die Pforten der Wahrnehmung,* Piper, München 1995
—*Moksha: Auf der Suche nach der Wunderdroge, P*iper, München 2017
James, William(1902): *The Varieties o f Religious Experience,* Routledge, London 2002
Johnson, M., W. Richards, and R. Griffiths: »*Human Hallucinogen Research: Guidelines for Safety*«; Journal of Psychopharmacology 22, no.6: 603-20; 2008
Jung, Carl Gustav: *Erinnerungen, Träume und Gedanken (*1962,) Patmos Verlag, Ostfildern 2026
Klein, Anne: *Meeting the Great Bliss Queen,* Beacon Press, Boston 1995
Korten, David: (1995) *When Corporations Rule the World,* Berrett-Koehler, San Francisco 2001
—*The Great Turning,* Berrett-Koehler, Oakland Calif. 2006
Lászlo Ervin: *Macro Shift*, Berrett-Koehler, San Francisco 1994
—*The Interconnected Universe,* World Scientific, River Edge, N.J. 1995
—*The Connectivity Hypothesis,* State University of New York Press, Albany 2003
—*Science and the Akashic Field,* Inner Traditions, Rochester, Vt. 2004
—*Der Akasha-Code,* Nova Verlag, Petersberg 2010
—*The Chaos Point,* Piatkus/Little, Brown, London 2010
—*The Self-Actualizing Cosmos,* Inner Traditions, Rochester, Vc. 2014
—*Was ist Realität?,* Mosquito Verlag, Immenstadt 2018
—*The Intelligence of the Cosmos,* Inner Traditions, Rochester, Vt. 2017
Leininger, Bruce, and Andrea Leininger mit Ken Gross: *soul survivor,* Verlag Allegria, Berlin 2017
Lipski, Alexander: *The Essential Śri Anandamayi Ma,* Ind.: World Wisdom, Bloomington 2007
Lommel, Pim van: *Endloses Bewusstsein,* Patmos Verlag, Ostfildern 2024
Lucas, Winafred: *Regression Therapy,* Vols. I and II. Deep Forest Press, Crest Park, Calif. 1993
Macy, Joanna: *World as Lover, World as Self,* Parallax Press, Berkeley Calif. 1991
—*Coming Back to Life,* New Society Publishers, British Columbia, Canada 2014
Meadows, Donella, Dennis Meadows, and Jorgen Randers:
—*Die Grenzen des Wachstums: Das 30-Jahre-Update,* Hirzel Verlag, Stuttgart 2008
—*Beyond the Limits,* Chelsea Green Publishing Co., White River Junction, Vt. 1992
—*Limits to Growth,* Chelsea Green Publishing, White River Junction, Vt. 2004
Metzner, Ralph, Hrsg.: *Sacred Vine of Spirits: Ayahuasca.* Park Street Press, Rochester, Vt. 1997
—*Handbuch für nachhaltige Erfahrungen mit Entheogenen*, Nachtschatten verlag, Solothurn/Schweiz 2017
Monroe, Robert: *Der zweite Körper,* Heyne Verlag, München 2007
Netherton, Morris, and Thomas Paul: *Past Lives Therapy,* William Morrow Co., New York 1978
Newton, Michael: *Die Reisen der Seele,* Edition Astrodata, Wettswil/Schweiz 1996
—*Die Abenteuer der Seelen,* Edition Astrodata, Wettswil /Schweiz 2024
—*Erinnerungen aus dem Zwischenreich,* Edition Astrodata, Wettswil/Schweiz 2019
Nicol, David:. *Subtle Activism,* State University of New York Press, Albany 2015
Oroc, James: *Tryptamine Palace,* Park Street Press, Rochester, Vt. 2009

Osto, Douglas: *Altered States,* Columbia University Press, New York 2016
Ott, Jonathan: *Pharmacotheon,* Nacural Products Co., Kennewick, Wash. 1993
Oxfam Report on Inequality: Maitland, A., Taneja, A., Kamande, A., Brown Solá, C., Bignell, H., Lawson, M., & Stahl, R. M.: *Resisting the Rule of the Rich: Protecting Freedom from Billionaire Power.* Oxfam International 2026
Pahnke, W., and W. Richards: »*Implications of LSD and Experimental Mysticism*«, Journal of Religion and Health 5: 175-208; 1966
Pollan, Michael*:* *Verändere dein Bewusstsein,* Verlag Antje Kunstmann, München 2019
Richards, William: *Heilige Erkenntnis,* Plassen Verlag, Kulmbach 2019
Ring, K. and E. Elsaesser: *Was wir aus den Nahtoderfahrungen für das Leben gewinnen,* Crotona Verlag, Amerang 2020
Ring, Kenneth: *Den Tod erfahren, das Leben gewinnen,* Scherz Verlag, Bern 1985
—*Heading Toward Omega,* Morrow, New York 1984
Rowan, John: *Subpersonalities,* Routledge, New York 1990
Russell, Peter: *The Global Brain Awakens,* Global Brain Inc., Palo Alto, Calif. 1995
—*Waking Up in Time.* Origins Pres2, San Rafael, Calif. 2009
Satprem: *Sri Aurobindo or The Adventure of Consciousness,* Sri Aurobindo Ashram, Pondicherry 1993
Shroder, Tom: *Acid Test,* Penguin Press, New York 2014
Scientific American: »*End the Ban on Psychoactive Drug Research*«, Editorial. February: 1-2; 2014
Sheldrake, Rupert.: *A New Science of Life*J. P. Tarcher, Los Angeles 1981
—*The Presence of the Past,* Vintage, New York 1981
—*Die Wiedergeburt der Natur,* Rohwolt, Hamburg 1994
Alexander und Ann Shulgin: *PIHKAL: Eine molekulare Liebesgeschichte*, Transform Press, Nordenstedt 2019
—*TIHKAL: Die Fortsetzung,* Transform Press, Nordenstedt 2020
Smith, Huston: »*Do Drugs Have Religious Import*«, Journal of Philosophy 61; 1964
—»*Psychedelic Theophanies and the Religious Life*«, Christianity and Crisis 27; 1967
—*Cleansing the Doors of Perception,* Jeremy Tarcher/ Putnam, New York 2000
Snow, Robert: *Looking for Carroll Beckwith,* Daybreak Books, Emmaus, Pa. 1999
Stace, Walter: *Mysticism and Philosophy,* Macmillan Press, London 1960
Stevenson, Ian: *Twenty Cases Suggestive of Reincarnation,* 2nd rev. Hrsg. University Press of Virginia, Charlottesville 1974a
—*Xenoglossy,* University Press of Virginia, Charlottesville 1974b
—*Reinkarnation,* Aurum Verlag, Bielefeld 2003
—*Children Who Remember Previous Lives,* University Press of Virginia, Charlottesville 1987
—*Reincarnation and Biology,* Vols. I and II., University Press of Virginia, Charlottesville 1997
Stolaroff, Myron: »*Are Psychedelics Useful in the Practice of Buddhism?*« Journal of Humanistic Psychology 39, no. 1: 60-80; 1999
Strassman, Rick: *DMT; Das Molekül des Bewusstseins,* AT Verlag, Aarau/Schweiz, 2004
St. John, Graham: *Mystery School in Hyperspace,* Evolver Editions, Berkeley 2015
Tarnas, Richard: *Idee und Leidenschaft*, dtv -Verlag, München 1999
—*Cosmos and Psyche,* Penguin, New York 2006
Ten Dam, Hans: *Exploring Reincarnation,* Viking Press, New York 1990
Trachsel, Daniel: *Psychedelische Chemie,* Nachtschattenverlag, Solothurn /Schweiz 2011
Tucker, Jim: *Kinder erinnern sich,* Allegria Verlag, Berlin 2014

Von Franz, Marie-Louise: »*The Transformed Berserk: Unification of Psychic Opposite*«, ReVision 8, no. 1:17-26; 1985
Wallace-Wells, David: *Die unbewohnbare Erde*, Ludwig Buchverlag, München 2019
Walsh, Roger, and Charles Grob: *Higher Wisdom,* State University of New York Press, Albany 2005
Wambach, Helen: *Reliving Past Lives,* Bantam Books, New York 1978
—*Life Before Life,* Bantam Books, New York 1979
Waters, Frank: *Masked Gods,* Ballantine Books, New York 1970
Watkins, John: *Hypnotherapeutic Techniques,* Irvington Publishers, New York 1987
Weiss, Brian: *Die zahlreichen Leben der Seele,* Goldmann Verlag, München 2005
Whitton, Joel, and Joe Fisher: *Das Leben zwischen den Leben,* München 1989
Wilber, Ken: *Das Atman Projekt,* Probst Verlag, Lichtenau 2012,
—*Eros, Kosmos, Logos: Eine Jahrtausendvision,* Fischer Verlag, Frankfurt 2001
Woolger, Roger: *Other Lives, Other Selves,* Bantam, New York 1988
Zachner, R. C.: *Mysticism: Sacred and Profane,* Oxford University Press, London 1959
Zinser, Thomas: *Soul-Centered Healing,* Union Street Press, Grand Rapids, Mich. 2011

BIOGRAPHIE

CHRIS BACHE

Chris Bache ist ein pensionierter Universitätsprofessor, Autor und Redner, der einen Großteil seines Lebens zwischen der akademischen Welt und der Erforschung psychedelischer Erfahrungen verbracht hat. Er war 33 Jahre lang als Professor für Religionswissenschaft an der Youngstown State University tätig und hielt Vorlesungen zu östlichen Religionen, Buddhismus, transpersonalen Studien, Religionspsychologie und vergleichender Mystik. Außerdem lehrte er regelmäßig am California Institute of Integral Studies und war von 2000 bis 2002 Direktor für Transformatives Lernen am Institute of Noetic Sciences. Er ist Mitglied des Beirats von Grof Legacy Training und unterrichtet seit kurzem im ketaminunterstützten Trainingsprogramm am Polaris Insight Center in San Francisco.

Zum Religionsphilosophen an der Brown University ausgebildet, gelangte Chris schon früh in seiner Karriere zu der Überzeugung, dass Psychedelika nicht nur in der Psychologie, sondern auch in der Philosophie eine Revolution darstellten. Dementsprechend begann er 1979 mit seiner psychedelischen Praxis und behielt dabei seine doppelte Identität als Professor bei Tag und als Psychonaut bei Nacht bei.

Als psychedelischer Forscher trieb Chris diese Praxis intensiv voran und ging über therapeutische Heilung und spirituelles Erwachen hinaus, um die Tiefenstruktur des Universums selbst zu erforschen. Nachdem er seine Sitzungen 1999 eingestellt hatte, verbrachte er weitere 20 Jahre damit, seine Erfahrungen zu verarbeiten, bevor er LSD und das Bewusstsein des Universums veröffentlichte.

Chris hat vier Bücher geschrieben: Das Buch von der Wiedergeburt (1990), Dark Night, Early Dawn (2000), The Living Classroom (2008, 2024) und LSD und das Bewusstsein des Universums (2019).

Er liebt Musik, Camping, Wandern, Kajakfahren und Motorradfahren, auch wenn das Alter die Liste etwas verkürzt. Er ist seit langem praktizierender Buddhist, Vater von drei Kindern und lebt in Weaverville, North Carolina. Seine Website ist chrisbache.com.

Katrin Schuster

Die Nacht gehört den Geistern

Die visionäre Welt einer blinden Seherin

In diesem Buch beschreibt die Autorin, wie ihre Erfahrungen in veränderten Bewusstseinszuständen sie zu einem tieferen Verständnis von Körper, Weiblichkeit, Naturverbundenheit und Urvertrauen geführt haben, und ordnet diese Erlebnisse in einen aufgeklärten und zugleich traditionsbewussten Kontext ein.

ISBN 978-3-03788-802-5
320 Seiten, 14,8 × 21 cm, Softcover

Stella Schaller mit Felix Hoch

Coming Home

Psychedelische Erfahrungen nachhaltig integrieren

Du hast eine psychedelische Erfahrung gemacht, die dich tief inspiriert, berührt oder herausgefordert hat. Die Frage ist nun: Wie verarbeitest du das Erlebte und wie bringst du es dauerhaft in dein Leben? Dieses Buch bietet dir eine umfassende Begleitung auf deinem Integrationsweg.

ISBN 978-3-03788-717-2, 144 Seiten, 18 × 25,4 cm, Softcover
4-farbig, illustriert

Marcel Levermann

Selbst-Verständlichkeit

Präsenz durch Traumaheilung und Transzendenz

Dieses wegweisende Werk von Marcel Levermann verbindet auf einzigartige Weise jahrtausendealte Weisheit der Nondualität mit den modernen Erkenntnissen der Traumaforschung, Neurobiologie und Philosophie. Es zeigt unmissverständlich auf, warum Therapie ohne eine transzendente Dimension an ihre Grenzen stösst.

ISBN 978-3-03788-716-5
252 Seiten, 13,5 × 21,5 cm, Softcover

Ralph Metzner

Entheogene Psychotherapie

Spiritualität, Reinkarnation und der Einfluss unserer Ahnen

Auf der Grundlage seiner Erfahrung als transpersonaler Psychotherapeut erforscht Metzner die spirituellen Assoziationen, karmischen Verstrickungen sowie die Ahnenverbindungen, die unsere individuelle Psychologie prägen.

ISBN 978-3-03788-683-0, 168 Seiten, 14,8 × 21 cm, Softcover

Ralph Metzner

Alchemistische Reflexionen

Inspirationen für inneres Wachstum

Alchemistische Prozesse können die innere Transformation anstossen und begleiten. Ralph Metzner befasste sich über fünf Jahrzehnte hinweg intensiv mit der psychonautischen Praxis für spirituelles Wachstum.

ISBN 978-3-03788-690-8, 90 Seiten, 14,8 × 21 cm, Softcover

Ismael Wetzky

Psychedelische Begegnungen

Zugang zu multidimensionalem Bewusstsein

Durch Substanzen wie DMT, LSD und Psilocybin erleben Menschen Zustände, in denen sich das herkömmliche Raum-Zeit-Gefüge auflöst und stattdessen eine übergeordnete Struktur erkennbar wird. Viele berichten von Begegnungen mit fremdartigen Intelligenzen, die auch als Lehrer oder Führer auftreten können.

ISBN 978-3-03788-694-6, 228 Seiten, 14,8 × 21 cm, Softcover

Lucys
Alles, was deinen Geist bewegt
Das Magazin für psychoaktive Kultur
erscheint 4x pro Jahr!
Lucys
Alles, was deinen Geist bewegt
Fliegenpilz-Anwendung
Pilze für inneres Wachstum
Psychedelische Rituale
Praxis und Anleitung
Psychoaktive Atemarbeit
Die Kunst der bewussten Atmung
Serie
Bewusste Tiere
NACHTSCHATTEN
ab Juni im Presse-handel
· Tägliche News auf lucys-magazin.com
· 14-täglich Lucys-News-TV
· Monatliche Podcasts
· Regelmässige Social-Media-Beiträge
Lucys
Alles, was deinen Geist bewegt
Fliegenpilz-Anwendung
www.lucys-magazin.com